AF325970

STATISTIQUE

DE LA VIGNE

DANS LE DÉPARTEMENT

DE LA COTE-D'OR.

DIJON. — IMPRIMERIE DE CH. BRUGNOT,
RUE JEHANNIN, N. 1.

STATISTIQUE
DE LA VIGNE

DANS LE DÉPARTEMENT

DE LA COTE-D'OR,

PAR

M. LE Dr MORELOT,

MEMBRE DE LA COMMISSION D'AGRICULTURE DE L'ARRONDISSEMENT
DE BEAUNE,
ET DE PLUSIEURS SOCIÉTÉS SAVANTES.

DIJON.

CHEZ VICTOR LAGIER, LIBRAIRE,
PLACE SAINT-VINCENT.

PARIS.

CHEZ Mme HUZARD, LIBRAIRE,
RUE DE L'ÉPERON, N. 17.

1831.

STATISTIQUE
DE LA VIGNE

DANS LE DÉPARTEMENT

DE LA COTE-D'OR.

Les vignes qui fournissent les vins de première qualité dans le département de la Côte-d'Or, végètent sur des coteaux dont la chaîne a environ quatorze lieues d'étendue, depuis Dijon jusqu'à Santenay, dernier village de la Côte-d'Or au sud. Cette côte, dont les riches produits, répandus dans presque toute l'Europe, ont fait donner au département qui la renferme le nom qu'il porte, mérite une attention particulière. Elle n'a jamais été examinée que très superficiellement, et c'est pour remplir une grande lacune que j'ai entrepris un travail spécial sur cet objet important. J'étendrai mes recherches à tous les autres vignobles, quoiqu'ils n'offrent pas un intérêt aussi majeur, puisque leurs produits ne sont en général destinés qu'à alimenter un commerce local; mais je ne veux rien négliger de ce qui a rapport à la vigne dans notre département.

La chaîne des coteaux qui forment la Côte-d'Or court du nord-est au sud-ouest, en sorte que les premiers rayons du soleil levant et les derniers, à son déclin, vivifient toutes les parties de cette côte. Les sommets étaient

autrefois garnis de forêts ou d'arbres de haute futaie qui
ont été abattus peu à peu, et il n'y a pas un siècle que
les derniers ont été renversés [1]. Des orages accompagnés
de grêle, qui avaient désolé à des époques très rappro-
chées différens cantons, furent cause de leur proscription. L'opinion généralement admise que ces arbres
étaient des chataigniers, a été reconnue fausse. Il a été
démontré, par Buffon entre autres, que c'était le chêne
blanc, *Quercus pedunculata*. La charpente de l'église
Saint-Benigne de Dijon est de ce bois, et celle de l'église
Saint-Pierre de Beaune, qui a été démolie, était également de cette espèce de chêne.

Quelques coteaux présentent encore des couronnemens
de bois de toute essence, mais en petit nombre, comme
au-dessus de Marsannay, de Premeaux, d'Aloxe, de Savigny et de Chassagne. La verdure que ces bois offrent en
été repose plus agréablement la vue que ces sommets
dégarnis et pelés, surchargés de pierres ou de morceaux
de roche au milieu desquels croissent quelques plantes
aromatiques assez rares qui conviennent aux moutons et
au gros bétail.

Cette pelouse descend au quart, au tiers, quelquefois
à moitié du coteau; la pente en est rapide et forme un
angle d'environ trente à trente-cinq degrés. A partir de
l'endroit où commence la culture de la vigne, la pente
s'adoucit sensiblement, et l'angle d'inclinaison varie
depuis six à trente degrés.

Du pied de nos coteaux, on voit se dérouler une plaine
immense arrosée en tout sens par des ruisseaux abondans

---

[1] Ces forêts remontaient à la plus haute antiquité, car on lit dans Eumène :
*Pagus Arebrignus.... cujus in clivo montium, cultura perspicua est, nam retrò
cætera sylvis, rupibus invia securarum sint cubilia bestiarum.*

qui s'échappent des vallons formés par nos montagnes, et qui vont tous se perdre dans la Saône. La perspective n'est bornée que par les cîmes du Jura et les crêtes couvertes de neige du Mont-Blanc, du Saint-Gothard, etc.

Le soleil, dont rien ne peut intercepter les rayons, répand également sur toutes les parties de notre côte sa chaleur bienfaisante. Ni bois, ni marais, ni rivières considérables ne peuvent altérer par leurs effluves la pureté de l'air ni diminuer les salutaires effets de l'action solaire. Cette heureuse exposition doit donc être regardée comme une des causes de la supériorité de tous nos produits. Il en est une autre sans doute bien plus importante, et qui influe non moins encore sur leurs qualités, c'est la nature du sol. Nous allons examiner avec quelques détails cet objet essentiel.

CHAPITRE PREMIER.

De la nature du sol des bons vignobles et de leurs produits.

La base de nos coteaux est une roche calcaire qui varie dans ses principes, selon les différens courans qui l'ont formée. La connaissance intime de cette roche est, à mon avis, un des points les plus utiles de l'étude de notre sol. Il est à croire que la quantité plus ou moins pure du sous-carbonate calcaire qui constitue la masse de nos montagnes, influe singulièrement sur la formation de la terre végétale, ce qui ne fait que confirmer l'opinion du célèbre sir Humphry Davy, que les sols paraissent devoir leur origine aux décompositions des roches.

Cette manière d'envisager la nature du sol sous le rapport des substances qui en composent la base, pour expliquer la différence qu'on remarque dans les produits, me paraît entièrement neuve.

Tous les agronomes sont d'accord que les différentes roches se décomposent, se réduisent en une poussière plus ou moins tenue; que cette poussière se combine avec d'autres substances, se mêle avec une quantité plus ou moins grande de débris organiques; et que ce mélange constitue, à proprement dire, la terre végétale, dont la qualité varie en raison de la bonne proportion des principes. Mais personne, je crois, n'a appliqué les connaissances locales de la base des coteaux à la théorie agricole, et n'a fait remarquer que l'identité de tels ou tels produits, ou la différence de ces mêmes produits n'étaient que le résultat de la décomposition des roches analogues dans le premier cas et différentes dans le second.

On a fait à cette théorie une objection qui, au lieu de détruire le principe que je viens d'énoncer, ne fait que le confirmer. Il croît, a-t-on dit, des vignes plantées dans un sol granitique comme l'Ermitage, auprès de Tain, ou composé de cailloux roulés quartzeux comme celui de Châteauneuf du Pape, de la Nerthe, de la Gaude, etc., ou formé de schiste comme celui de la Malgue près Toulon, etc., qui donnent des vins excellens. Je suis bien éloigné de nier cette vérité; mais chacun de ces vins a une qualité particulière, une saveur absolument différente les uns des autres; aucun d'eux n'a de rapport avec ceux de notre côte pour le goût. C'est donc le sol qui leur imprime leurs propriétés natives et qui les fait différencier entre eux.

Je suis encore bien convaincu que l'exposition , la sécheresse du sol , l'âge des ceps , leur variété, influent puissamment sur la qualité du vin; mais s'il est meilleur dans certaine partie d'un même coteau, celui qui est inférieur en qualité à celui-ci offre toujours une certaine identité de principes qui les rapprochent l'un de l'autre.

La vérité de cette assertion sera bientôt démontrée par les détails dans lesquels j'entrerai. La description que je donnerai de chacun des coteaux qui composent le bon vignoble de notre département lui servira de preuve. Je ferai remarquer le gissement de chaque monticule, la nature du sous-carbonate calcaire propre à tel groupe; et je prouverai que les produits sont de même qualité sur les montagnes dont la roche est la même, et que s'il est des climats sur ces mêmes coteaux dont le vin soit d'un goût plus parfait et d'une essence supérieure, c'est qu'il se trouve qu'en cet endroit les débris de la pierre sous-jacente sont plus homogènes avec le reste de l'humus , et que l'exposition en est plus sèche et plus favorable.

Nous prendrons notre point de départ du sud au nord en partant d'une des extrémités de notre chaîne , de Santenay , premier village du département au sud, en suivant sa direction jusqu'au territoire de Dijon, où finit notre côte au vallon de l'Ouche.

Depuis Santenay [1] jusqu'à la gorge qui conduit à Gamay, on trouve un groupe de trois petits coteaux unis entre eux et formant une lieue de longueur sur le pen-.

[1] Ce village, placé dans la position la plus riante, outre les avantages de son excellent territoire, possède une fontaine saline dont j'ai fait l'analyse avec M. Pautet. Un grand nombre de malades s'y rendent chaque année et se trouvent très bien de l'usage de cette eau qui est purgative. Il ne faudrait qu'un événement fortuit pour lui donner un succès de vogue.

chant desquels sont bâtis le village de Santenay, peuplé de plus de quatorze cents ames ; le petit hameau de Morgeot, et le village de Chassagne [1], qui renferme près de mille ames, situé à mi-côte, dans une position très-agréable. A peu de distance, et en suivant le vallon, on trouve le village de Saint-Aubin dont le territoire fournit de bons vins, moins fins que ceux des communes dont nous venons de parler, mais qui ont beaucoup de rapport pour les qualités.

La roche de ces monticules est un sous-carbonate calcaire grossier donnant d'assez bonnes pierres, et présentant, surtout près de Santenay, un énorme amas de gryphites unies entre elles par une pâte calcaire d'un grain grisâtre.

Les cantons de choix de Santenay sont les Gravières, le clos Tavannes, le Noyer-Barre, etc. Les vins qui en proviennent n'ont pas un bouquet délicat, mais ils sont fermes, moelleux, très-colorés et se gardent bien : ils ne valent pas ceux de Chassagne.

Les climats les plus distingués de cette commune sont les Morgeots qui entourent les maisons du hameau de ce nom, le clos Saint-Jean, le clos Pitois, la Maltroye, les Boucherettes, les Vignes-Derniers, les Champs-Gains, etc. Les vins qui en proviennent sont très-bons, peut-être moins légers, moins agréables que ceux de Vollenay : ils ont plus de corps et plus de couleur. On pourrait faire un petit reproche aux habitans de ce village : ils sont trop laborieux vignerons ; leurs vignes produisent trop, et

---

[1] Ce village est très ancien, et l'on voit encore sur le sommet de la montagne une de ces pierres druidiques, sur l'usage desquelles les archéologues ne sont pas d'accord. Les gens du pays la nomment *Tonton-Marcel.*

souvent l'excessive quantité en affaiblit la qualité [1].

Du vallon de Gamay jusqu'à celui d'Auxey, on rencontre une masse de roches qui forment trois crêtes les plus élevées des monticules de toute notre côte. La pierre de ces roches est plus homogène qu'aucune de nos pierres; elle est plus compacte, plus dure; elle n'est pas gelisse, et c'est une des meilleures qu'on puisse employer pour la construction des bâtimens. Ces roches sont parsemées de spath calcaire, de cristallisations quartzeuses; on trouve même des bancs entiers de spath calcaire qui offrent au coup d'œil un très-bel effet.

Sur cette portion de côte, d'une lieue d'étendue , se trouvent, le village de Puligny bâti au pied de la montagne et renfermant près de douze cents ames , le hameau de Blagny , et le beau village, ou pour mieux dire, la petite ville de Mursault, avec près de deux mille habitans.

Le sol de cette côte est convenable plus spécialement aux vins blancs ; c'est-là , entre Chassagne et Puligny , qu'est placé le climat si renommé du Montrachet, dont le vin délicieux, parfumé, rivalise avec le Tokay. Au-dessus du vrai Montrachet se trouve une pièce de vigne qui porte le nom de Chevalier-Montrachet, et au-dessous une autre qu'on appelle le Bâtard ; mais ni l'un ni l'autre des vins qui proviennent de ces climats ne peuvent entrer en comparaison avec le vrai, bien qu'ils n'en soient séparés que par un chemin même assez étroit. Puligny a encore plusieurs autres climats distingués , entre autres la Perrière.

---

[1] Je donnerai à la fin de ce chapitre un détail exact du nombre d'hectares plantés en vignes de qualités supérieures, bonnes et médiocres, et je ferai connaître leurs produits moyens.

Blagny est entouré de plusieurs centaines d'ouvrées de vignes qui ne produisent que des vins blancs vifs, légers, agréables au goût et qui vont de pair avec les Mursault de première qualité [1].

Au bas de Blagny on trouve le clos Vaillon, dont le vin rouge est très estimé, et qui approche, pour les qualités, des meilleurs vins de notre côte.

Mursault doit son antique réputation à ses vins blancs. Un goût particulier, qui ressemble à celui de la noisette, suffit pour les distinguer. On peut y ajouter encore une franchise et une finesse exquises. Les climats de Mursault, qu'on doit mettre en première ligne, sont les Perrières (6 hectares), la Goutte-d'Or (3 hectares), les Charmes, les Genévrières, etc. [2].

Ce village, ainsi que celui de Puligny, sont très renommés pour leurs excellens vins ordinaires, vulgairement appelés *passe-tout-grain*. Ces vins proviennent de plants moitié noirien, moitié gamay, et plus encore de la nature du sol. Comme les vignes qui les produisent sont presqu'en plaine, je n'en parle que comme objet à noter, n'entrant pas dans les considérations qui font ici le sujet de notre examen.

La vérité du principe que j'ai avancé, que la décomposition d'une roche de même nature, devait donner des produits identiques, me paraît évidemment prouvée par l'examen de la roche qui constitue le coteau de Puligny

---

[1] Le plateau de la montagne de Blagny est couvert de plantes aromatiques, parmi lesquelles on recherche la petite sauge (*Salvia officinalis* L.), qui y croît en abondance. Cette plante est très employée par les habitans des villages voisins contre l'anorexie, l'aménorrhée et les fièvres intermittentes d'automne.

[2] Mursault occupe la place où était jadis une forêt nommée *Muris saltus*. Au sommet de la montagne qui domine le village, il existait un château fort, ou d'autres constructions qui portaient le nom de Montmeillan, *Mons eminens*. A peine en trouve-t-on quelques vestiges.

et de Mursault. C'est une même masse, c'est une cristallisation semblable, c'est un agrégat de coquillages de même nature, pris à Mursault ou au Montrachet, c'est-à-dire aux deux extrémités; c'est le même carbonate de chaux, différant seulement par quelques propriétés extérieures, mais le même dans sa composition intime.

Le vin de Montrachet, cependant, est supérieur en qualité à ceux du reste du même coteau; mais ceci tient à l'exposition qui incline au sud-est; et d'ailleurs, la terre de ce canton est tenue, légère, très perméable à l'action de l'air. Elle est composée d'un mélange admirable d'argile, de sous-carbonate de chaux, de tritoxide de fer, et de débris de matières végétales. On doit donc attribuer la supériorité des produits de ce climat à cet heureux concours d'une bonne exposition et d'une terre convenable. Mais je ne cesserai de faire remarquer que les autres bons vins blancs de cette partie de notre côte se rapprochent tous plus ou moins, pour la qualité, de celui si parfait qu'on recueille au Montrachet.

Au vallon d'Auxey commence un troisième groupe de monticules, qui s'étend jusqu'à la gorge de Pommard. On y distingue encore trois crêtes qui dessinent autant de petites montagnes. Sur la première, au sud, est bâti le village de Monthelie [1]. Sur celle du centre se trouve le charmant village de Vollenay, qui se présente comme en amphithéâtre dans un enfoncement à mi-côte [2]; enfin,

---

[1] Ce village, ou pour mieux dire, le monticule sur lequel il est bâti, est nommé dans les anciens titres *Mons Lyœus* : on y a trouvé, à diverses époques, un grand nombre d'objets d'antiquité.

[2] Vollenay est un très ancien village; il fut un apanage des ducs de Bourgogne. Il y a quelques années que l'on fit, au sujet d'un procès entre la commune et un particulier, de grandes fouilles, qui mirent à découvert les fondations d'un vaste château fort, qui couvrait presque tout le village du côté inférieur. D'après le genre de maçonnerie employé, on s'est convaincu que ces

au pied de la troisième, est placé le beau village de
Pommard, peuplé de quatorze cents habitans, qui s'é-
tend de l'est à l'ouest dans la gorge dont je viens de
parler, et vulgairement appelé *la Combe*.

Quelques écrivains, plus épris du merveilleux que de
la vérité, ont cru voir dans l'enfoncement de la roche
qui est au-dessus de Vollenay, un volcan éteint; ils ont
donné pour raison de leur opinion, que cet enfoncement,
appelé *la Cave*, était comme un cratère, et que les vins
blancs qui proviennent des vignes plantées dans cet endroit avaient un goût sulfureux. On a fait une grande
dépense d'esprit pour prouver une chose que l'inspection seule des lieux réfute complétement. Cette excava-
tion est due à des éboulemens intérieurs, occasionnés
lors des pluies de longue durée, par une sorte de torrent
qui se précipite au dehors pendant un jour ou deux,
après quoi il se tarit. Le goût sulfureux tient donc à une
toute autre cause qu'à un volcan.

Toute la roche qui forme le noyau de cette partie de la
côte, est une pierre calcaire qui se brise facilement et se
lève en feuillets assez minces. Au-dessous de Monthelie, on
trouve des carrières de bonnes pierres à bâtir, mais qui se
lèvent par couches épaisses seulement de quelques pouces;
elles sont d'un grain très fin, de couleur rougeâtre, et
offrent fréquemment de petits points d'une jolie cristallisation et des débris de testacés de diverses espèces.

Cette côte est renommée par l'excellence de ses vins;
nous en indiquerons les cantons les plus distingués. Le
premier que l'on rencontre en sortant de Mursault est le

___

fondations remontaient au moins à huit siècles. On sait que Hugues IV fit res-
taurer ce château en 1250. Les ducs et les duchesses s'y plaisaient beaucoup,
en raison de la beauté du site et de l'excellence de l'air, des eaux et des vins.

Sautenot, qui fait encore partie du territoire de ce village;
le vin qu'il fournit, quand il a été gardé, rivalise avec
tous les meilleurs vins de la Côte-d'Or. Après le Sautenot,
on entre sur le finage de Vollenay, et l'on y trouve les
Chevrets; au-dessus d'eux sont les Caillerets, qui produisent des vins de la plus grande finesse, d'où est venu le
proverbe rural : « Qui n'a pas de vigne aux Caillerets ne
sait pas ce que vaut le Vollenay. » En suivant, on trouve
les Champans, un des meilleurs climats de cette commune; au-dessus sont les Tailles-Pies. Après ceux-ci,
on rencontre les cantons de la Chapelle, des Bouzes-d'Or,
des Angles, etc., etc.

Quand on sort de ces vignes, on entre sur le territoire
de Pommard, qui offre les excellens climats des Fremyets,
des Bertins, des Croix-Noires, des Rugiens, etc. Là se
termine le coteau de Vollenay.

Tous les vins qui se récoltent sur cette partie de la
côte excellent par leurs qualités ; ils ont une finesse, un
bouquet, une délicatesse, un goût suave qui ne se rencontrent en aucune espèce de vin : aussi, quand ils ne
sont ni trop nouveaux ni trop vieux, c'est-à-dire bien en
leur point, on pourrait dire qu'ils l'emportent sur tous
les vins.

Autrefois on fesait à Vollenay ce qu'on appelait du vin
de primeur : on ne laissait les raisins en cuve que quelques heures seulement ; et à peine la fermentation était-
elle établie qu'on mettait sur le pressoir; elle se conti-
nuait dans les tonneaux, qui se couvraient par le bondon
d'une écume épaisse qu'on nommait *liage*. Le vin, fait de
cette manière était prêt à boire dès la seconde année.
Les inconvéniens qui résultaient de cette méthode, ont
fait admettre d'autres procédés qui paraissent plus sûrs

et plus avantageux , sans pour cela diminuer le mérite
du vin de Vollenay.

Toutes les vignes dont je viens de donner les noms
fournissent un vin de même qualité, quelques-uns l'emportent sur d'autres ; mais la supériorité n'est due qu'à
l'exposition, encore ne sais-je si le meilleur gourmet
pourrait en bien apprécier la différence. Cette identité
tient donc, comme je l'ai dit, à la nature du sol, qui
est partout la même sur cette portion de nos coteaux.

La côte de Vollenay est séparée de celle proprement
dite de Pommard , par un vallon étroit appelé la Combe.
Cette côte s'étend presqu'à la gorge qui conduit de Beaune
à Bouze. Cette partie offre aussi trois divisions , mais
seulement dans les sommets : la première porte le nom
de Montagne de Pommard ou de Luleune [1]; la seconde
se nomme le Mont Saint-Désiré , et la troisième, un peu
plus séparée des autres, s'appelle la Montée-Rouge. La
nature de la roche est la même dans ces trois monticules : elle se montre, plus visiblement que partout
ailleurs, composée de débris de testacés ; on trouve
à chaque pas, en les parcourant, des chamites, des
échinites, quelques bélemnites, des madrépores, et sur
les sommets on rencontre des pétrifications placées entre
les différentes couches dont la roche est composée : la
pierre qui en provient est de mauvaise qualité ; elle se
feuillille, ne résiste pas à la gelée, et par conséquent
est peu employée dans la maçonnerie.

---

[1] Dans une sorte d'enfoncement qui sépare la montagne de Pommard de
celle de Saint-Désiré , existait autrefois un village qui avait le nom de *Lacun*
ou *Lacune*, dont on a fait le mot Luleune. J'ai découvert , à la fin de 1823, un
cimetière, dans lequel j'ai trouvé plusieurs pierres sculptées représentant des
Gaulois, des fers de sabres, des vases en terre, une médaille consulaire et
une de Gordien.

Cette côte produit d'excellens vins, mais qui diffèrent un peu de ceux de Vollenay. Les cantons les plus renommés sont, en sortant de Pommard, les Cloux-Blancs, le clos de Cîteaux, la Commareine [1], les Arveley, les Épeneaux petits et grands; plus haut sont les Pezerolles, les Argilières, le clos Orgelot et les Boucherottes. C'est vers cet endroit que commence le territoire de Beaune : on rencontre alors les Boucherottes de Beaune, les Champimons, les Sisies, les Aigrots, le clos des Mouches, etc.

Les vins qui proviennent de ces climats, depuis Pommard jusqu'au vallon de Bouze, sont tous à peu près de même qualité, fermes, colorés, pleins de franchise; ils ont un peu moins de finesse et de bouquet que ceux de Vollenay; mais s'ils n'ont pas cette propriété, ils ont celle de se mieux garder : on les estime ordinairement à la vente, valoir dix francs de moins que les Vollenay.

Au vallon de Bouze commence cette partie de la côte de Beaune, qui s'étend jusqu'à la gorge qui conduit à Savigny; elle forme trois mamelons séparés seulement vers leurs sommets. Le premier, qui domine la ville de Beaune, et du pied duquel sortent les belles sources de l'Aigue et de la Bouzaize, porte le nom de Monderonde; le mamelon qui le suit s'appelle Pierre-Blanche, et le troisième, qui fait contour sur Savigny, est nommé Mont-Battois [2].

La roche qui forme ces monticules est de meilleure

---

[1] Le nom de Commareine vient des comtes de Vienne, seigneurs de Commarin; ils possédaient cet excellent clos de vignes même avant 1100. Dans des titres de cette époque, ces seigneurs de Commarin désignaient cette propriété sous le nom de *notre chevance de Pommard.*

[2] Cette montagne est traversée de l'ouest à l'est par l'ancienne voie romaine qui conduisait d'Autun à Besançon. Cette grande voie passait devant la colonne de Cussy; elle est encore très bien conservée dans plusieurs endroits.

qualité que celle des montagnes entre Pommard et Beaune. Quoiqu'on y trouve une grande quantité de débris de testacés, la pierre est plus compacte, d'une pâte plus homogène, d'une couleur rougeâtre et veinée de blanc : on rencontre souvent dans l'intérieur des blocs de fort belles cristallisations qui sont d'un bon effet. Cette pierre serait assez généralement susceptible d'être polie, et même avant que l'on n'eut mis les roches de La Doix en aussi grande exploitation qu'elles le sont, on tirait des carrières de Savigny des blocs qui étaient employés en cheminées, tablettes, etc.

Cette portion de notre chaîne, que l'on peut appeler la côte proprement dite de Beaune, offre un nombre très considérable de climats fameux et renommés. En prenant son point de départ du vallon, on trouve d'abord le clos de la Mousse, dont le vin a une finesse et un agrément qui lui sont propres ; ensuite viennent les Theurons ; au-dessus sont placés les Cras ; plus loin sont les Grêves, dont le vin est si parfait ; à une petite distance sont les Fêves, les Perrières, les Sans-Vignes, qui végètent sur un sol où fut jadis un village [1] ; les clos du Roi, les Marconnets, tous cantons de prédilection, qui donnent des vins exquis. Aux Marconnets finit le territoire de Beaune et commence celui de Savigny ; là sont les Jarrons, les Peuliers, la Dominode, etc., qui donnent des vins presqu'aussi agréables que ceux des cantons que nous venons de citer.

[1] Ce village a été détruit, il y a à peu près trois siècles. En 1822, un vigneron, en creusant une fosse pour coucher un provin, fit un trou qui lui donna entrée dans une très belle cave. C'est au pied de cette même montagne que se trouve la source intermittente de Genêt. Après de longues pluies, l'eau s'échappe avec violence du milieu des pierrailles et jette une masse considérable : ce cours ne dure ordinairement que très peu de jours. On croit généralement qu'il serait possible de le rendre pérenne.

Les vins de cette côte, quand ils proviennent uniquement d'un des cantons que je viens de nommer, peuvent aller de pair avec les meilleurs vins de toute la Côte-d'Or; ils sont fermes, francs, colorés, pleins de feu et de bouquet; ils sont moelleux et ont le précieux avantage de pouvoir se garder long-temps. Cependant, d'après une ancienne coutume, lorsque l'on fait le prix des vins, tous les ans, à l'administration des hospices de Beaune, les vins de cette côte sont estimés valoir dix francs de moins que ceux de Pommard, par queue ou deux pièces, ce qui fait vingt francs au-dessous de ceux de Vollenay.

A peu près à l'entrée de la gorge où se termine la côte proprement dite de Beaune, se trouve le beau village de Savigny, peuplé de seize à dix-sept cents habitans. Le vallon dans lequel il est bâti, court de l'est à l'ouest, offrant un espace assez large en plaine, et à droite et à gauche, des coteaux d'une demi-lieue couverts de vignes[1]. Le plus étendu de ces coteaux porte le nom de Noël; il forme une masse qui s'étend, comme je l'ai dit, d'une demi-lieue de l'ouest à l'est; puis, faisant un angle, il tourne tout d'un coup du sud au nord pour aller finir au village de Pernand.

Ce coteau a pour base une roche calcaire, légèrement blanchâtre, dont les feuillets peu épais se détachent

---

[1] Au-delà de Savigny, on trouve la continuation du vallon qui se resserre, et dont les montagnes qui le forment n'offrent plus que des masses immenses de bois qui s'étendent l'espace de deux lieues.

Au milieu de ce vallon, on trouve une fontaine délicieuse appelée la Fontaine-Froide, et dont en effet les eaux sont glaciales. Tous les ans, le lundi après le 5 août, il s'y fait une vogue qui attire un grand concours de curieux qui viennent y chercher le plaisir. Un site enchanteur, des eaux qui jaillissent avec abondance, des ombrages charmans, les jeux, les danses, des tables dressées sur l'herbe, çà et là, les chants des buveurs, le mouvement non interrompu des promeneurs, tout cela forme l'effet d'une lanterne magique dont il est difficile de donner une description.

avec facilité. On trouve en abondance, sur cette côte, ces pierres minces connues sous le nom de pierres tégulaires, qui servent à remplacer les tuiles dans la couverture des maisons de la campagne, et auxquelles on donne le nom de *laves* ou *laverins*. Cette roche est grossière et de mauvaise qualité; elle est très gelisse; aussi s'en sert-on peu pour la maçonnerie. Je ne sais si l'on peut attribuer à cette cause seule la différence que l'on remarque dans les produits, qui, quoique peu sensible, est cependant appréciée par les gourmets.

Ce coteau offre plusieurs cantons estimés, et qui fournissent des bons vins. En sortant de Savigny, on trouve les Gnettes, les Gravins, les Serpentières, les Savières; et au-dessus de ces climats, le clos de la Bataillère, dont les vins agréables rivalisent avec les meilleurs de la côte de Beaune. C'est en cet endroit que se termine le finage de Savigny, et que commence celui de Pernand[1]. Là se rencontrent les climats appelés les Vergelesses, les Boutières; un peu plus loin, la Croix-de-Pierre et les Caradeux. Au-delà, en approchant de Pernand, les vignes sont encore de bonne qualité, mais ne donnent que des vins moins fins.

Les produits de ce coteau ont tous des qualités à peu près analogues; ils ont du feu, de la force; ils sont de garde, mais ils ont moins de bouquet que ceux des autres côtes que nous avons examinées. On leur reproche d'avoir en primeur un goût un peu herbacé, qui se dissipe cepen-

---

[1] Ce village, placé à mi-côte, a un aspect très pittoresque. Il est peut-être un des plus anciens de nos pays. On y a trouvé une immense quantité d'objets d'archéologie qui sont en grande partie perdus. Dans le fond du vallon de Frétille était une abbaye qui fut brûlée au temps de la Ligue : on y a trouvé du blé et de l'orge en 1822 sous les décombres. Ce blé avait été très légèrement torréfié lors de l'incendie, et il s'était conservé en bon état pendant deux siècles; il était tel encore qu'on eût pu en faire du pain.

dant en vieillissant. Ces diverses qualités, qui sont communes à tous les vins de ce coteau, prouvent péremptoirement l'influence du sol sur la nature des produits, et si j'avais besoin de preuves encore plus concluantes, ce serait ce coteau qui me les fournirait. Au reste, l'examen que nous venons de faire l'a suffisamment démontré ; et cependant celui auquel nous allons nous livrer prouvera davantage encore la vérité du principe que j'ai émis.

Au village de Pernand se termine la côte de Beaune, car à Aloxe commence une nouvelle portion de chaîne qui s'étend presque sans interruption jusqu'au vallon de Nuits. La montagne de Corton, au pied de laquelle s'élève ce village[1], semble se détacher du reste de la côte. Placée sur un plan plus rapproché, elle s'avance vers le sud, en présentant sa croupe garnie de pampres, et son sommet couronné d'un bois dont la verdure repose agréablement la vue. On ne saurait imaginer une exposition plus favorable ; la vigne y éprouve les influences du soleil depuis l'instant où il colore l'horizon jusqu'au moment où il en disparaît : aussi les produits se ressentent-ils de la double combinaison d'un sol propice et d'une exposition magnifique.

Le sous-carbonate calcaire, qui forme la masse de cette portion de côte, est plus pur que celui des coteaux dont nous avons parlé précédemment. La roche est une sorte de marbre dont le fond rouge est nuancé de taches vio-

---

[1] Aloxe est un village très-ancien qui occupait une autre place que celle où il est à présent. Il devait être traversé par une grande route dont on voit des vestiges, qui s'embranchait avec la voie romaine, dont j'ai déjà parlé au-dessus du Mont-Battois, et se dirigeait sur Dijon. Elle passait après Aloxe dans un lieu nommé Tapetès, qui a été détruit, et sur l'emplacement duquel fut bâtie une église en l'honneur de la Vierge, sous le nom de Notre-Dame-du-Chemin.

lettes, parsemé de petits noyaux blancs, souvent entre-
mêlés de morceaux de spath calcaire et de cristallisations
fort belles. Cette pierre est susceptible de prendre un
très-beau poli ; elle est employée dans nos pays, pour
cheminées, meubles, tablettes, autels, etc. On la lève
dans la carrière par bancs d'un pied d'épaisseur, quelquefois moins, d'autres fois beaucoup plus, et on
peut obtenir des assises de huit à douze pieds de
longueur; elle sert surtout pour les jambages de portes
et de croisées dans les bâtisses, et la consommation
qu'on en fait est très-considérable. On va souvent chercher au loin des blocs pour colonnade qui se trouveraient
aisément dans les carrières de La Doix, et les colonnes
seraient d'autant plus belles que le poli qu'on donne à
cette pierre, ne le cède en rien à celui des plus beaux
marbres [1].

Presque tous les cantons d'Aloxe sont d'une qualité
distinguée. En sortant de Pernand, on trouve Le Charlemagne, ainsi nommé, parce que, suivant une ancienne
tradition, on prétend qu'il fut planté par ordre de ce
prince; plus loin les Rues-d'Aloxe, les Dolles, les Ver-
gennes, le Pouget, les Renardes, les Cervottes, les Bres-
sandes, et au-dessus de ces vignes est placé le Corton,
qui occupe la partie supérieure du coteau, vignoble d'environ dix à douze hectares, qui fournit un vin qui peut
passer pour un des premiers de toute la Côte-d'Or.

Les vins d'Aloxe, qui proviennent des cantons dont
je viens de parler, ont une réputation justement méritée,

---

[1] On trouve autour de la ville de Beaune, outre la pierre de **La Doix**, dont
j'ai donné une description, la brèche de Saint-Romain et d'Orches et le beau
marbre de Bouze. L'exploitation en est déjà considérable. Mais lorsque le canal
de Bourgogne sera en pleine activité, on doit espérer que l'exploitation se doublera par les demandes qui en seront faites par Paris et d'autres villes.

et qui les fait rechercher de tous nos négocians. On les juge mal la première année; ils ont quelque chose de dur ou âpre qui éloigne celui qui n'en connaît pas les qualités. Mais quand la fermentation insensible s'est opérée, il se développe une spirituosité particulière, un bouquet fin et agréable, et une saveur parfaite; ils sont colorés, fermes, francs, moelleux, et ils ont en outre le privilège de se bien garder, et de pouvoir soutenir les voyages de long cours. Des vins d'Aloxe envoyés en Angleterre s'y sont toujours bien maintenus, et n'ont nullement souffert du trajet de mer.

Je remarquerai que, quoique le vin de Corton soit un peu supérieur aux vins qui viennent des autres climats, il n'en diffère que par rapport à son exposition plus favorable. Tous les vins d'Aloxe ont les mêmes qualités; ce qui tient, comme je l'ai fait observer, à la nature du sol, qui se compose du même sous-carbonate calcaire. Je ferai voir bientôt, en traitant de l'analyse des terres, que ce sel entre pour près de moitié dans la composition des terres de nos coteaux : il n'est donc pas étonnant que l'on trouve une grande affinité dans les produits d'une même côte.

Depuis Aloxe jusqu'au village de Comblanchien, ce qui comprend l'espace d'une grande lieue, il n'y a, pour ainsi dire, point de coteau de vignobles, puisque la majeure partie de la montagne n'offre que des bouquets de bois[1]. Le hameau de Buisson, qui est à l'extrémité sud,

[1] Il y a quelques siècles que toute cette partie de côte n'était qu'une forêt qui descendait jusqu'à Corgoloin; les villages de Serrigny et de Comblanchien se trouvaient aux deux extrémités. Cette forêt avait environ trois mille toises de longueur.

On a trouvé à Corgoloin plusieurs objets curieux d'archéologie, une belle figurine en bronze de l'empereur Adrien, un fût de colonne de quatorze pieds de hauteur, et des médailles.

fait une espèce de pointe tournée au sud-est, et delà toute cette partie de côte semble se diriger vers le nord-est jusqu'au village de Comblanchien, où elle change de direction ; elle en prend une plus favorable qui fait présenter la croupe des coteaux à l'est-sud-est et au sud-est. Les territoires de Buisson, Corgoloin et Comblanchien occupent cette partie de la côte qui ne donne que des vins ordinaires de bonne qualité.

Entre Comblanchien et Premeaux se trouve un clos d'environ trente hectares, possédé par un riche propriétaire, qui, avec beaucoup de soin et de dépense, est parvenu à créer un vignoble qui se classera parmi les distingués de notre côte. Cette masse de vignes était, il y a quelques années, divisée à l'infini, et ceux qui possédaient ces parcelles de terrain réunissant les raisins qui en provenaient avec d'autres de qualité inférieure, il était impossible d'en apprécier au juste la valeur. Maintenant que toutes ces parcelles sont réunies dans la main d'un seul, on pourra mieux connaître la qualité du vin de ce coteau, qui est bien exposé, et repose sur une roche de sous-carbonate calcaire qui ressemble beaucoup à celui d'Aloxe.

A un quart de lieue de Comblanchien se trouve le village de Premeaux[1], réputé pour ses belles eaux et une fontaine d'eau ferrugineuse, et plus encore par de forts bons vins : là commence la côte de Nuits.

La montagne de Premeaux se compose d'un sous-car-

---

[1] Premeaux offre à l'observateur une sorte de vallon qui a dû naissance à une source assez abondante, mais qui, dans l'antiquité la plus reculée, devait fournir un volume immense d'eau. Ces eaux ont entraîné peu à peu les terres et formé un vallon profond, sur les deux côtés duquel est bâti le village, qui est traversé par la grande route. La descente en était extrêmement rapide ; il y a environ cinquante ans, qu'on fit une haute levée qui l'a rendue très-facile.

bonate calcaire d'un grain très-fin, et presque semblable
à celui dont j'ai parlé plus haut. Les nuances de violet
et de blanc sont moins bien dessinées que dans le marbre de La Doix, mais ont beaucoup d'analogie avec lui.
Cette pierre est excellente pour les constructions, et de
même qu'à La Doix, on en tire des blocs énormes qui,
lorsqu'on les taille, rendent un son clair et comme métallique.

En sortant de Premeaux, on trouve les Perrières, les
Corvées, les Didiers; au-dessus sont les Cailles, les Forêts, les Pruliers, tous climats renommés : là on entre
sur le territoire de Nuits, et devant soi on a le Saint-
George, canton si distingué, l'un des meilleurs de la côte;
puis les Vaucrains et les Cailles. Tous ces vignobles sont
placés presqu'au pied du coteau, sur un plan d'une inclinaison fort douce; il est impossible d'en cultiver les
parties supérieures : il est si raide, qu'il forme un angle
de près de quarante degrés. Les pluies et les orages en
ont arraché la terre végétale; aussi le coteau n'offre-t-il
qu'une pelouse rare, entremêlée de gros morceaux de
roche ou de pierrailles, absolument inculte.

Les vins de cette portion de côte sont très-spiritueux[1],
fermes, moelleux, et semblables à ceux d'Aloxe; on ne
peut bien en apprécier le mérite qu'à la seconde et même
à la troisième année. Le Saint-George est supérieur aux
autres vins de cette côte; je ferai encore observer qu'il
doit cette qualité à deux causes : la première, c'est que

---

[1] On ne sait à quoi attribuer l'espèce de dédain qu'on avait, avant le commencement du xviiie siècle, pour les vins de Nuits. En 1625, la queue n'en
valait que vingt-cinq livres, et jusqu'en 1700, leur prix en a toujours été très
modique. Leur célébrité paraît dater d'une maladie qu'eut Louis XIV en 1680.
Fagon, son médecin, le lui ordonna comme propre à rétablir ses forces; dès
lors il prit faveur et devint justement apprécié.

le vin du Saint-George ne se fait qu'avec les raisins de ce climat ; la seconde, c'est sa belle exposition ; mais quant aux qualités intimes du vin, c'est la même chose. Le Saint-George a seulement plus de finesse, plus de bouquet et beaucoup plus de délicatesse.

Au vallon de Nuits commence cette portion de notre chaîne, si renommée par l'excellence de ses vins, et qui pourtant ne l'emportent sur ceux de la côte de Beaune que parce qu'ils ont la réputation d'être plus spiritueux, de se mieux conserver et de moins se détériorer par les voyages, ce qu'on pourrait encore leur contester. Ce groupe de coteaux s'étend jusqu'à Chambolle, l'espace d'une bonne lieue. Cette partie de la côte est ornée des beaux villages de Vosnes et de Vougeot ; au milieu de Vougeot passe la grande route, qui longe aussi les murs du clos [1].

La roche qui forme la base de cette petite chaîne, est un sous-carbonate calcaire très-pur, n'offrant que peu de mélange de substances étrangères ; c'est une sorte de marbre blanc, avec quelque veinules rosées d'une couleur fort agréable. Ces marbres qui n'ont été vus jusqu'ici que très-superficiellement, pourraient devenir une branche assez importante de commerce. Il ne faudrait qu'une mise de fonds qui fût proportionnée à l'entreprise, pour aller chercher profondément des blocs d'une pâte plus solide et plus compacte que celle que l'on trouve à la surface de la montagne. Les échantillons

---

[1] Tout ce coteau était couvert sur son sommet d'une forêt de grands chênes blancs qui furent détruits, parce qu'on prétendit qu'ils attiraient les orages. Depuis leur destruction, les orages n'ont pas été moins dangereux pour cette partie de la côte, surtout pour Chambolle et Morey, qui sont souvent ravagés par la grêle.

tirés jusqu'actuellement sont poreux et remplis de matières hétérogènes.

En sortant de Nuits, on remonte un peu vers la côte pour se diriger du côté de Vosnes : là se trouvent les climats très-distingués de Vignes-Rondes, des Boussclots, des Cras, des Chagniots, des Echezeaux, des Boudots. Le territoire de Nuits finit en cet endroit, et c'est là que commence celui de Vosnes, l'un des villages de notre vignoble le plus rcnommé par l'excellence de ses produits.

En y arrivant, on trouve d'abord les Mal-Consorts [1], la Grand'-rue, les Varoilles, cantons très-considérables, qui offrent nécessairement quelques variations dans leurs produits, en raison de leur étendue et de leur exposition, mais qui sont tous précieux par leurs qualités supérieures.

Un peu plus loin on trouve la Tàche : ce petit canton, de trente-trois ouvrées (1 hectare 38 ares), jouit d'une réputation justement méritée, et qu'il doit à la précaution de ne faire le vin qu'avec les raisins qui s'y récoltent. Sa belle exposition et l'excellence de la terre contribuent encore à donner au vin une grande supériorité. A l'opposé est la Romanée-Saint-Vivant, dont l'étendue est d'environ dix hectares. Ce canton est circonscrit par des chemins, et vient se terminer en angle sur le village de Vosnes.

La Romanée-Conti est placée au-dessus; elle est enfermée dans une enceinte d'environ un hectare soixante-onze ares (41 ouvrées). Ce climat fournit sans con-

---

[1] Les Mal-Consorts étaient une espèce de pâtis couverts d'épines et de broussailles jusque vers l'an 1610. Il fut esserté et converti en un vignoble d'excellente qualité.

tredit le meilleur vin de tout le département. Son inclinaison est au sud-est, et forme un angle d'environ cinq à six degrés [1].

Les Richebourgs ne sont séparés de la Romanée-Conti que par un sentier. Leur étendue est d'environ six hectares, et comme ils s'étendent davantage sur la pente rapide de la montagne, les produits en sont moins exquis que ceux de la Romanée; ils sont cependant d'une grande valeur. Il est même certain que si on ne fesait le vin des Richebourgs qu'avec des raisins cueillis à la hauteur de la Romanée, on aurait une qualité équivalente; mais ceux qui croissent à une plus grande hauteur se trouvant dans une terre sujette à être lavée en quelque sorte par les pluies, ne donnent pas une liqueur aussi parfaite que ceux de la Romanée. Malgré cela on reconnaît toujours que c'est la même espèce de vin, quoique avec un peu moins de finesse et de perfection, parce que c'est bien le même genre de terrain; la roche sous-jacente est la même, et le détritus de cette roche a les mêmes propriétés.

En quittant le territoire de Vosnes, on rencontre le clos si célèbre, connu sous le nom de clos de Vougeot [2]. Il contient quarante-sept hectares (1150 ouvrées). Son exposition est E.-S.-E, et son inclinaison offre de grandes différences. La partie supérieure qui donne le meilleur

---

[1] La différence de nom de ce même canton vient du nom des propriétaires. Une partie appartenait à la maison du prince de Conti, et l'autre partie à l'abbaye de Saint-Vivant. Ces propriétés ont passé dans d'autres mains, qui ne les soignent pas avec moins d'attention, afin de leur conserver leur antique réputation.

[2] Le village de Vougeot tire son nom d'une fontaine très-abondante qui prend sa source sur le territoire de Chambolle, un peu au-dessus du clos, et qui porte le nom de Vouge. Cette petite rivière fait tourner un grand nombre de moulins, passe à Citeaux, et se jette dans la Saône à Esbarres.

vin a une pente de dix à douze degrés. L'étendue de ce
clos est trop considérable pour que l'on puisse croire que
les produits aient partout la même qualité et la même valeur. Il existe bien certainement des nuances marquées,
mais elles disparaissent par le mélange des raisins qui
s'en fait au moment de la vendange, et par les soins
donnés à la confection de ce vin, qui tient, avec la Romanée, le Chambertin et quelques autres, le premier
rang parmi les vins de la Côte-d'Or et peut-être de toute
la France.

Autrefois le clos de Vougeot appartenait aux moines de
Cîteaux, qui y fesaient trois cuvées séparées. Celle provenant des raisins de la partie supérieure ne se vendait
pas ; elle était réservée, tant elle était exquise, par
l'abbé, pour être offerte en présent aux têtes couronnées,
aux princes et aux différens ministres des états catho-
liques. Celle de la partie moyenne était presque égale en
qualité à la première, aussi se vendait-elle très-cher.
Enfin, la troisième cuvée se fesait avec les raisins de la
partie inférieure ; quoiqu'elle ne valût pas les deux premières, elle était cependant très-bonne et se vendait bien.
Le vin se confectionnait dans les pressoirs qui sont placés
tout au haut du clos et au nord. Là il était versé, à
mesure de sa fabrication, dans des tuyaux entés ensemble
avec le plus grand soin, et qui le conduisaient dans les
celliers du couvent l'espace de plus d'une lieue. Il y était
soigné avec beaucoup de précautions, et selon que l'avait
appris une longue expérience, qui se transmettait comme
par tradition de celleriers en celleriers. Le vin du clos
de Vougeot, au témoignage des anciens gourmets, valait
alors mieux qu'il ne vaut aujourd'hui, bien qu'il soit ex-

cellent, car les soins les plus minutieux sont apportés à sa préparation.

A peine a-t-on dépassé les maisons de Vougeot qu'on se trouve sur le territoire de Flagey. Ce village, bâti dans la plaine à plus d'une demi-lieue de la montagne, a un finage très-étendu qui fait une pointe jusque sur la côte, où se trouvent les climats de choix nommés les Échézeaux et la Poulaillère, qui fournissent des vins fins délicats, colorés, d'un très-bon goût, et qui vont de pair avec ceux dont nous allons parler.

Au village de Chambolle la côte offre une sorte de rupture opérée dans une roche avec violence, et formant un assez grand intervalle entre les deux côtés. Ce petit vallon se nomme la Combe d'Orveau [1]; il se dirige à l'ouest et conduit dans les villages des arrières-côtes. Depuis la Combe d'Orveau, la montagne ne forme qu'une seule et même masse qui se prolonge jusqu'au delà de Gevrey, où elle cesse tout d'un coup. Là se trouve une gorge assez resserrée, qui sépare le territoire de cette dernière commune de celui de Brochon. Cet étroit vallon conduit dans les villages des montagnes placés plus à l'ouest.

Sur cette partie de côte, dont l'exposition est superbe, se trouvent placés plus au midi, et au milieu du coteau, le village de Chambolle, dont on n'aperçoit qu'une partie, l'autre occupant le vallon dont j'ai parlé ; un peu plus loin, environ un quart de lieue, celui de Morey, dans une position charmante, et à une bonne demi-lieue de là, le magnifique village de Gevrey, orné de belles habitations, et

---

[1] Il existe dans cet endroit une source intermittente qu'on appelle le Grône. Son irruption est annoncée par une fontaine placée plus bas, qui jette beaucoup plus d'eau. Alors les habitans se hâtent de nettoyer le lit du Grône. Faute de cette précaution, le village de Chambolle a été plusieurs fois inondé.

peuplé d'au moins treize cents ames. La grande route de Beaune à Dijon passe au pied de ce coteau.

La roche qui la forme est un sous-carbonate calcaire d'une grande pureté; il est comme celui de la chaîne de Nuits, un marbre blanc veiné de rouge. La croute extérieure de cette roche se détache en *lavereins,* et il s'opère dans celle-ci un phénomène semblable à ce qu'on observe dans les autres parties de la côte; elle fuse, se décompose par son exposition à l'air, et forme, à la longue, le terrain précieux dont nous allons nous occuper. On doit y ajouter encore une autre cause; la partie supérieure de ce coteau renferme un grand nombre de dépôts de marne improductive ; mais quand elle a été exposée long-temps à l'air, elle prend de la qualité ; les pluies l'entraînent vers les parties inférieures , et ces alluvions tendent continuellement à améliorer encore les excellens terrains qui sont au-dessous.

Au couchant du clos de Vougeot, et avant d'entrer à Chambolle , on trouve les Musigny , les Amoureuses, les Hauts-Douais, vignobles d'environ treize hectares (325 ouvrées), et qui fournissent un vin qui a beaucoup de rapport avec celui des Romanées. Plus bas, en descendant, on rencontre les climats des Charmes, des Sordes, des Babillers, qui donnent de très-bons vins, quoiqu'un peu inférieurs à ceux des Musigny.

En suivant le chemin, depuis la hauteur du village et en allant toujours au nord, on trouve à gauche les Cras, les Friéez, les Nones, les Varoilles, les Bonnes-Mares, tous cantons distingués, d'une étendue d'environ vingt-cinq hectares (600 ouvrées), qui produisent un vin extrêmement fin, et qui diffère peu de celui des climats cités plus haut. A droite, c'est-à-dire en descendant vers la plaine, sont les vignobles nommés le Clos-à-l'Orme, les Gruanchets, les Noirots, les Beaubruns, les Bandes, etc. Les vins de ces cantons, quoique bons, n'ont pas des qualités aussi distinguées que ceux qui sont à la partie plus élevée.

En quittant ces derniers vignobles, on entre sur le territoire de Morey; on trouve alors le clos Blanc et les Bonnes-Marcs, présentant ensemble une étendue d'environ treize à quatorze hectares (340 ouvrées), et dont les vins vont de pair avec ceux des bons climats de Chambolle. Un peu plus loin est situé le clos de Tart, qui réunit le double mérite de produire un vin très-abondant et délicieux, ressemblant beaucoup au Chambertin. En avançant vers le nord, on rencontre le clos de la Roche, et sur la même ligne le clos Saint-Denis, où finit le territoire de Morey. Le vin du clos de la Roche vaut celui du clos de Tart; mais celui qui provient du clos Saint-Denis n'est pas tout-à-fait aussi fin que celui de ces deux premiers cantons, quoiqu'il soit cependant dans les qualités les plus distinguées. Les bons climats de Morey présentent une superficie d'environ trente hectares (720 ouvrées); ils sont d'une culture facile. Leur longueur est considérable, puisqu'elle s'étend de l'extrémité du finage de Chambolle à celui de Gevrey, et leur largeur est d'environ deux cent cinquante mètres à trois cents. Au-dessous des bons cantons, on ne trouve que des vins communs, et au-dessus, comme le coteau est très-rapide, les vignes deviennent de plus en plus médiocres à mesure qu'on s'élève.

Lorsqu'on a franchi le clos de la Roche de Morey, on entre sur Gevrey, et l'on trouve le Chambertin, que sa réputation européenne a fait classer parmi les premiers vins du monde. Ce climat s'étend presque jusqu'à l'extrémité du coteau auprès des maisons de Gevrey, sur une faible largeur, et toujours vers la partie inférieure du monticule ; il offre une superficie d'environ vingt-cinq hectares (600 ouvrées), qui n'ont point, comme le clos de Vougeot, des parties de moindre qualité : ici tout est d'égale valeur, non pour la quantité, qui est souvent peu abondante, mais pour l'excellence du produit. Un peu plus loin, on trouve encore le clos de Bèze, qui approche du Chambertin [1].

Les autres climats de Gevrey sont le clos Saint-Jacques, de la Chapelle, les Mazis, la Grillette et la Fouchère. Ils fournissent des vins très-fins, mais qui sont au-dessous du Chambertin.

Tous les vins de cette côte (j'entends les têtes de cuvées,) peuvent être considérés comme tenant le premier rang parmi ceux de la Côte-d'Or ; ils se distinguent particulièrement par leur franchise, leur couleur et leur solidité. La saveur qu'ils impriment au palais est celle du raisin en sa parfaite maturité. Les vins de Morey et ceux de Gevrey, autres que le Chambertin, sont plus rudes au palais, et ne se présentent pas aussi vite que celui de ce bon climat et que ceux des Chambolles superfins, à moins qu'on ne les soutire, et qu'on ne les colle plusieurs fois. On observe encore que les vins de Morey sont plus sujets à être malades que les autres, et ceci paraît provenir d'un excès de culture de la part de certains propriétaires.

---

[1] Le duc Amalgaire donna en 630 à l'abbaye de Bèze, qu'il venait de fonder, les fonds qu'il possédait à Gevrey. Les moines se mirent alors à défricher plusieurs terrains, et plantèrent de vignes le clos qui a conservé depuis cette époque le nom de clos de Bèze.

Il est une considération très-importante que je ne dois pas oublier de faire sur la finesse particulière des têtes de cuvées de Chambolle. Cette finesse paraît provenir non-seulement de l'excellence du terrain, de la beauté de l'exposition, de la nature du raisin rouge, mais principalement d'une certaine quantité de raisins blancs (noiriens ou pinots blancs). Il ne faut pas qu'il y en ait avec excès, parce que le vin s'amaigrirait et perdrait de sa coloration ; mais lorsque cette variété n'excède pas un douzième et même un dixième, on peut avancer avec certitude que, foulée et fermentée avec le noirien rouge, le vin qui en proviendra sera toujours très-coloré, et de beaucoup supérieur en finesse et en bon goût à celui qui ne serait fait qu'avec des raisins noirs. Plusieurs propriétaires, qui visent plus à la quantité qu'à la qualité, font détruire ce raisin blanc, parce qu'il fournit moins à la cuve ; mais c'est une spéculation mal entendue, ils y perdent plus qu'ils n'y gagnent.

L'exemple des bons propriétaires de Chambolle devrait être imité par ceux de toute la Côte - d'Or. Le vin ne pourrait qu'y gagner sous tous les rapports, même sous celui de la durée. Il ne perdrait que sur un seul point peut-être, la quantité. Mais dans l'état de choses où se trouvent les vignobles, les propriétaires ne devraient s'attacher qu'à augmenter la qualité de leurs produits. Ils en vendraient toujours assez, s'ils parvenaient à donner à leur vin toute la perfection que l'on peut désirer.

Mais cette petite digression m'a éloigné de mon travail, et de cette portion de côte qu'il me reste à décrire. Jusqu'ici nous n'avons vu que les coteaux, groupés en quelque sorte trois à trois, et offrant une masse homogène d'une ou même deux lieues. Ici, ce n'est plus la même chose. Chaque coteau est à peu près isolé, et chacun d'eux offre un espace plus ou moins grand, qui le sépare de celui qui l'avoisine. Au pied de chacun d'eux est bâti un village, ce qui donne à cette partie de côte un air animé et un aspect plus varié ; cependant de toute notre côte, c'est la partie où l'on trouve le moins de vins fins. Nous allons parcourir les territoires de ces villages, et nous pourrons nous en convaincre.

En quittant le finage de Gevrey, ce qui se fait à peu de distance des maisons, on entre sur celui de Brochon, qui se prolonge depuis la plaine jusque sur le sommet d'un coteau qu'il occupe entièrement ; le village est bâti sur la partie la plus inférieure, dans une fort jolie position [1].

La roche, qui forme la base de ce coteau, est un souscarbonaté calcaire fortement nuancé de rouge, et qui l'avait fait assez faussement considérer comme un porphyre. Il est d'une grande dureté, ne se décompose que très-difficilement ; aussi le terrain de Brochon n'offre-t-il pas autant de légèreté que les autres sols de notre côte ; aussi ne trouve-t-on pas sur ce finage une masse aussi considérable de climats distingués. Il faut en excepter un, nommé le Crai-Billon ou Cré-Billon [2], fournissant un vin qui, lorsqu'il est vieux et d'une année favorable, peut aller de pair avec les bons vins de notre côte. Tous les autres climats donnent un vin en général fort au-dessus du commun, mais qui cependant ne peut être considéré comme vin de première classe.

---

[1] Ce village est très-ancien ; il est nommé dans les titres *Brisco*. Il fut donné à l'abbaye de Saint-Étienne, en 801, par Betto, évêque de Langres.

[2] C'est de ce clos que Prosper Jolyot, poète tragique dont s'honore notre département, avait pris son surnom de Crébillon.

Quand on sort du territoire de Brochon, on est sur celui de Fixin ; il forme, comme celui qui le touche, une longue bande qui part du sommet d'un coteau isolé et descend dans la plaine. Le village de Fixin est construit dans le milieu de cette bande, à peu près à mi-côte. Sa situation en est très-agréable, et le point de vue très-étendu [1].

La roche, qui forme la base de ce monticule, est, comme cellé de Brochon, un sous-carbonate calcaire, extrêmement dûr, et qui supporte le poli. Son grain est encore plus fin que celui dont j'ai parlé plus haut : on l'appelle aussi porphyre, parce qu'au premier aspect on pourrait le prendre pour tel. Dans un mémoire imprimé en 1769, on avait proposé cette espèce de marbre comme devant remplacer, non-seulement ceux de la Bourgogne, mais même ceux de tout le royaume.

Malgré la qualité de cette pierre, il paraît qu'elle est moins susceptible que celle des autres coteaux de s'amalgamer avec la terre, car le vignoble de Fixin fournit peu de cantons distingués. Deux seulement jouissent d'une assez grande réputation, savoir : La Perrière et le Chapitre. Le premier est un clos, appartenant à un riche propriétaire, qui, depuis longues années, n'a pas fait provigner sa vigne. Les ceps en sont rares et le deviennent chaque jour davantage ; en sorte que chacun d'eux, ainsi isolés, se trouvant peu gênés, le raisin mùrit d'une manière plus parfaite. Une partie de ce clos est plantée en noirien blanc, et le vin qui en provient, gardé long-temps, en

---

[1] Fixin, appelé dans les anciens titres *Fiscius*, fut donné dans le viiᵉ siècle à l'abbaye de Bèze. Il était peu peuplé, mais sa population a beaucoup augmenté depuis quelques années.

est excellent. La quantité recueillie est fort peu considérable, et n'entre, pour ainsi dire, que pour mémoire dans la masse des vins expédiés par le commerce.

Le Chapitre vaut un peu moins que la Perrière, cependant le vin de ce climat est classé parmi les bonnes cuvées. Tout le reste du coteau de Fixin ne produit que des vins au-dessus des ordinaires; et, comme ceux de Brochon, ils ne peuvent être comptés dans la première classe.

Le territoire, contigu à celui de Fixin, est celui de Fixey, qui offre les mêmes formes que le premier [1] : coteau absolument isolé, vignoble commençant à sa partie moyenne, et s'étendant comme une longue bande presque dans la plaine; enfin, le village est bâti à mi-côte, et à peu près sur la même ligne que celui de Fixin.

La roche est en tout semblable aux deux autres; c'est toujours le faux porphyre qui en fait la base. La terre en est encore moins favorable au plant noirien. On ne trouve guères ce cépage que mélangé avec le gamay, ce qui ne donne que des *passe-tout-grain* d'une bonne qualité, assez agréables, légers, et en général peu colorés.

Le finage de Couchey, qui touche à celui de Fixey, s'étend aussi du sommet d'un coteau également isolé, mais offrant une étendue plus considérable que ceux dont nous venons de parler. Le vignoble ne commence que presque au pied de la côte; toute la partie supérieure est pelée, ne présente qu'une pelouse rare, entremêlée de pierrailles et à peu près stérile. Le village

---

[1] Fixey est nommé dans les anciens titres *Ficcium* ; sa fondation remonte à une époque très reculée; il a toujours eu une faible population. On trouve sur son territoire une fontaine qui passe pour être ferrugineuse, et qu'on nomme la fontaine de Vaux.

3

de Couchey occupe un terrain plat, qui se trouve au bas
de la montagne [1], et le reste de son territoire s'étend
dans la plaine. Il n'y a que quelques années que l'on a
mis en vignes le bas de Couchey, qui n'est qu'un *cret*
ou banc de sable, qui ne produisait autrefois que des
seigles. Il est probable que les premières années ont dû
dédommager les propriétaires des avances qu'ils ont
faites. Mais il est à craindre que ces vignes soient de peu
de durée, à moins d'y apporter constamment de nouvelles terres pour soutenir ou renouveler les anciennes.

Les vins de Couchey sont des *passe-tout-grain* légers
et qui font de bons ordinaires; ils sont à peu près de
même valeur que ceux de Fixey. Du moins, l'évaluation
faite du revenu imposable par l'administration des contributions directes, est-elle la même; et si on met les
produits en parallèle, ils sont à peu de chose près les
mêmes : cependant ceux de Fixey valent un peu mieux.

Le coteau de Couchey est séparé de celui de Marsannay par un vallon fort étroit et profond, qui dessine
parfaitement les monticules au pied desquels se trouvent
ces deux villages : celui de Marsannay est beaucoup plus
large que ceux dont nous avons parlé; au lieu de se présenter sur le même parallèle que ceux dont il vient d'être
question, il prend une direction dans une vallée qui
tourne vers le nord, et son exposition est nord-nord-est.
Il n'existe de vignoble sur ce coteau que jusqu'au tiers
inférieur : les deux autres tiers sont couverts de bois

---

[1] Couchey est très-ancien. Selon la Chronique de Bèze, le duc Amalgaire
donna en 650 à cette abbaye, des vignes situées dans ce village, nommé alors
Cochoincum. On y voit encore les restes d'un ancien château fort, avec tour et
fossés profonds. En 1253, les habitans obtinrent le droit de commune; ils nommaient un maire et deux prud'hommes. Ce village a aujourd'hui près de sept
cents habitans.

qui se joignent à d'autres plus considérables, qui couvrent les arrière-côtes.

La roche est toujours le sous-carbonate calcaire de Fixin, de Fixey, etc., et la terre offre la même composition qu'à Couchey : ce sont les mêmes agrégats et les mêmes principes. Cependant le territoire de Marsannay offre quelques climats assez distingués ; mais je ferai remarquer que ces cantons ne se trouvent pas au pied, ni sur les flancs de la montagne dont j'ai parlé, mais sur un autre monticule isolé, dont j'aurai l'occasion de parler bientôt. Le territoire de Marsannay est fort étendu, et il occupe, non-seulement le coteau qui touche celui de Couchey, mais encore une portion de la montagne de Chenôve.

Cette montagne offre une étendue d'environ une lieue, à partir de Marsannay pour aller finir à Larrey, au-dessus de Dijon. Elle offre un aspect fort agréable, l'exposition en est magnifique ; elle est tournée vers l'est-sud-est ; elle est couverte, au deux tiers, de riches vignobles, au milieu desquels se trouve le superbe village de Chenôve, bâti en amphithéâtre [1].

La roche de ce coteau est un sous-carbonate calcaire qui est entièrement différent de ceux dont nous venons de nous occuper. La pierre est d'un grain très-fin, et convient parfaitement à la lithographie, qui commence à en faire un emploi considérable. C'est ici que le principe que j'ai avancé trouve son entière application. Moitié du finage de Marsannay, placée sur le flanc et au pied d'un

---

[1] Selon M. Legouz, ce village, un des plus anciens de toute la côte, a dû être habité au temps des Romains, et il pense même que *Titus Veter* y avait une habitation dans le premier siècle. Gontran donna en 584 des fonds à Saint-Benigne. Adalgaire donna des vignes à l'abbaye de Bèze en 612, et Saint-Léger donna Chenôve en 660 à la cathédrale d'Autun.

coteau dont la roche est peu susceptible de se combiner
avec les autres principes terreux, ne donne que du vin
ordinaire ; l'autre moitié, placée sur un autre coteau, dont
la roche a plus d'affinité avec les différens principes de
la terre, offre plusieurs climats qui fournissent d'excellens vins colorés, spiritueux, assez francs et se gardant
pendant long-temps. Moins fins, moins agréables que
ceux des coteaux de Beaune et de Nuits, ils ne sont pas
sans mérite, même à côté de ceux-ci.

Ce que je dis ici des vins de la partie du territoire de
Marsannay, placée sur le coteau de Chenôve, peut s'appliquer entièrement aux vins de ce village qui, en général, sont très-bons, et à peu près de même qualité quand
ils sont recueillis sur les flancs du coteau. J'ai goûté des
vins qui avaient près de quinze ans, et qui gardaient encore un feu, une vinosité bien dignes d'être appréciés
par le commerce. Ils n'avaient pas cette finesse, ce délicat qu'on rencontre dans les vins des climats privilégiés
de notre Côte-d'Or, malgré cela ils flattaient le goût et
l'odorat.

Le climat le plus distingué de Chenôve est le clos du
Roi. Mais, comme je l'ai observé, toutes les vignes qui
sont sur le coteau, fournissent du bon vin ; celles qui
végètent dans les parties inférieures ne donnent que des
ordinaires, qui ne sont pas sans mérite ; car c'est dans un
terrain sablonneux sec qu'elles sont emplantées, et cette
espèce de terre, en général peu favorable pour la quantité, l'est assez pour la qualité.

En quittant le territoire de Chenôve, on entre sur
celui de Dijon. Là se trouve le canton des Marcs-d'Or,
dont le vin a beaucoup d'analogie avec celui de Chenôve,
cependant il a un peu plus de finesse. Malgré ses qua-

lités, je ne puis le classer parmi les têtes de cuvée. J'en ai dégusté provenant des meilleures parties de ce climat, et de bonne année, et j'ai trouvé que, comme les vins des bons climats de Marsannay et de Chenôve, celui des Marcs-d'Or ne pouvait faire qu'un excellent vin de rôti ; il est bien au-dessus même des grands ordinaires, mais il lui manque beaucoup de chose pour être mis au rang des vins supérieurs.

Il existe encore quelques cantons de choix sur le territoire de Dijon, qui approchent des Marcs-d'Or, mais qui ne les valent cependant pas, aussi n'en dirai-je rien. Je termine ici la revue de tous les climats distingués de la Côte-d'Or, et je vais passer à l'examen des autres espèces de vins qui sont fournis par des vignobles, même de la plus médiocre qualité.

Le titre que j'ai donné à cet ouvrage m'impose l'obligation de parler de tous les vignobles de notre département, et des vins qu'ils produisent. Je croirais n'avoir atteint mon but que très-imparfaitement, si je ne les fesais pas connaître. Les vins de cette classe ne sont admis, à la vérité, que pour une faible partie dans les marchés étrangers ; mais ce sont eux qui alimentent le commerce local, et qui fournissent à la consommation d'une grande partie de l'Auxois, du Morvan, et de quelques autres contrées environnantes, où la culture de la vigne ne peut avoir lieu. Je suivrai le même ordre que j'ai adopté, c'est-à-dire, que je prendrai mon point de départ du sud pour me diriger vers le nord ; mais au lieu de passer d'un canton à un autre sans l'indiquer, j'examinerai tous les vignobles de ce canton, et ne m'occuperai d'un autre qu'après les avoir passés tous en revue.

CHAPITRE II.

De la nature du sol des vignobles inférieurs et de leurs produits.

Pour suivre un ordre 'plus méthodique, je prendrai chaque arrondissement l'un après l'autre, et après avoir jeté un coup d'œil sur les cantons où la vigne est cultivée, je terminerai cet examen par un tableau général, qui indiquera la quantité d'hectares de terres emplantées de vignes, les quantités récoltées par chaque commune; enfin un résumé pour les cantons et pour tout l'arrondissement. J'y comprendrai la somme totale de vignobles dont j'ai parlé dans le chapitre précédent.

ARRONDISSEMENT DE BEAUNE.

CANTON DE NOLAY.

Ce canton renferme les territoires de Santenay, Chassagne et Puligny qui fournissent des vins de première classe, et dont il a été question plus haut. Outre ceux-ci, le finage de Saint-Aubin produit des vins qui, dans les bonnes années, pourraient passer pour ceux des meilleurs climats. Ceux des villages de Corpeau et de Puligny ont de bons vignobles qui donnent des vins très-agréables, et qu'on peut appeler cuvées rondes. Je donnerai plus loin une idée de ce qu'on entend par cuvées rondes. Dans les années communes, ce sont d'excellens ordinaires.

Le bourg de Nolay, qui se trouve enfoncé entre plusieurs montagnes assez élevées derrière celle de Santenay, offre une côte assez étendue, sur laquelle se trouvent bàtis les villages de Cirey, de Deux-Cormot, et au bas est placé la commune de Vauchignon. Les vins qui en proviennent sont des ordinaires fort bons dans les années chaudes; ils sont fermes et colorés. Je placerai sur la même ligne ceux de Saint-Romain, qui, en général, sont un peu supérieurs à ceux-ci. Après eux viennent les vins de Baubigny, Evelle, Orche et La Rochepot..

Ces vignobles sont très-considérables : les montagnes sur lesquelles ils reposent, assez élevées, offrent partout des pentes fort raides. Le sol est caillouteux et composé entièrement de débris de la roche sous-jacente. Cette roche est presque partout une sorte de brèche, susceptible du plus beau poli, surtout celle qu'on trouve à Orche et à Saint-Romain. D'après le principe que j'ai émis, les produits devraient avoir une qualité supérieure. En effet, dans les années très-favorables, les vins de cette partie des arrière-côtes ont du bouquet et un agrément qui les rapprochent de ceux de la bonne côte. Mais il leur manque cette finesse qui est l'essence du plant noirien; d'ailleurs, ces coteaux sont à une élévation plus considérable que ceux de la première ligne, plus sujets aux gelées printanières, et la maturité n'y parvient que rarement à son terme complet. Lorsque le ciel leur est propice, on obtient ordinairement une coloration très-foncée, qui les fait rechercher par les habitans des campagnes et par les débitans.

Les prix de ces vins sont très-variables. Il y a quelques années que la culture de ces vignobles était fort avantageuse, et ceux qui s'y livraient en retiraient des bénéfices suffisans pour leurs besoins. Depuis que les terres de la plaine ont été converties en vignobles, les produits des vignes des arrière-côtes sont tombés de valeur; ils n'ont pu soutenir la concurrence avec les vins de la plaine, non parce que ceux-ci sont meilleurs, mais parce qu'ils sont beaucoup plus abondans, et qu'ils ont été donnés à meilleur marché.

NOMS DES COMMUNES DU CANTON DE NOLAY.	NOMBRE d'hectares de vignes dans chaque commune.	QUANTITÉ moyenne en hectolitres récoltés dans chaque commune.	ÉVALUATION d'un hectare de vigne en revenu par l'administration des contributions directes.	
			Noiriens.	Gamays.
Nolay................	230	4,800		140
Santenay............	415	8,300	262	140
Chassagne..........	875	15,750	327	140
Puligny.............	155	3,875	200	140
Saint-Aubin..	92	1,472	152	
Corpeau.............	180	3,240		140
Saint-Romain.......	150	3,000		140
Baubigny...........	125	2,450		140
Cirey...............	40	600		140
Cormot.............	18	324		93 45
Larochepot.........	18	360		93 45
Vauchignon.........	9	200		70
Molinot.............	2	20		70
Santosse............	1	10		70
	2310	44,401		

L'hectare de vigne, dans le canton de Nolay, produit donc, l'un dans l'autre, dix-neuf hectolitres un cinquième, dont le prix moyen est de quarante francs pour le vin fin, et de quinze francs pour le vin ordinaire.

CANTON DE BEAUNE (NORD).

Outre les vins de première classe, fournis par leurs bons coteaux, les territoires de Vollenay, Pommard, Beaune, Mursault, Auxey, Monthelie, Savigny, Aloxe, Pernand, produisent encore des vins ordinaires qui forment une masse considérable. Parmi ceux-ci, on distingue ceux de Mursault et de Pommard, qui donnent des ordinaires fort agréables. Ceux de Mursault, d'Auxey, de Monthelie, gardés en vieux, acquièrent une qualité quelquefois étonnante. Après les grands ordinaires dont je viens de parler, on peut placer les vins de Meloisey et de Nantoux. Dans ce dernier village, on trouve même quelques cantons distingués qui, dans certaines années, donnent un vin que l'on peut classer parmi les bonnes cuvées; mais, ainsi que pour tous les vignobles des arrière-côtes, il faut une année chaude et très-favorable pour obtenir ces résultats. Meloisey jouissait autrefois d'une grande réputation. Dans le XIVe siècle, ses vins se vendaient aussi chers que ceux de Vollenay ; on en but au sacre de Philippe-Auguste. Depuis ce temps, ils sont bien déchus; malgré ce discrédit, ce sont d'excellens vins ordinaires. Je mettrai dans la dernière catégorie les vignobles de Mavilly, Mandelot, Bouze, et les arrière-côtes de Savigny, qui cependant offrent un petit nombre de climats privilégiés, qui ont encore quelque valeur.

NOMS des communes vignobles du canton (nord) DE BEAUNE.	NOMBRE d'hectares de vignes dans chaque commune.		QUANTITÉ moyenne en hectolitres récoltés dans chaque commune.	REVENU IMPOSABLE.	
	Gamays.	Noiriens.		Gamays.	Noiriens.
Aloxe	232,42,80		3,016	20,012f85c	
Auxey...........	370,27,02		7,405	30,844 55	
Bouze.	33,50,70		670	1,710 62	
Mavilly.........	69,82,35		1,396	8,509 72	
Meloisey........	220,50,14		4,630	25,625 55	
Mursault........	568,70,55	318,23,60	17,832	57,553 75	53,485 02
Monthelie.......	91,23,15	89,60,55	2,720	8,415 09	24,672 58
Nantoux........	170,02,63		3,150	10,699 48	
Pernand........	200,29,25	87,05,15	6,120	13,335 10	18,908 12
Savigny-les-B....	301,85,77	389,96,75	15,043	9,508 72	62,501 49
Vollenay........	211,14,80	225,84,80	7,472	32,389 17	75,977 10
Pommard.......	356,90,90	351,66,45	13,859	46,774 14	101,625 54
	2826,73,06	1462,37,30	83,293	265,188f74c	337,169f85c

La quantité moyenne de tous les vins dans le canton de Beaune (nord) est donc de dix-neuf hectolitres, et à peu près un cinquième par hectare ; mais les vins de première qualité, étant infiniment moins abondans, on ne peut les évaluer que pour un neuvième ou dixième au plus ; l'excédant de la moyenne doit alors se reporter sur les vins ordinaires. Je parlerai plus loin des prix des bons vins. Les communs ne varient que très-peu avec les autres localités.

CANTON DE BEAUNE (SUD).

C'est dans ce canton surtout que la vigne est devenue envahissante. Vers le commencement de notre siècle, le produit des vignobles avait acquis une faveur inconcevable ; les blés, au contraire, se vendaient à vil prix. Quelques propriétaires imaginèrent de planter en vignes des terres à froment, qui produisirent une immense quantité de vin. De semblables résultats excitèrent la jalousie des voisins, et bientôt l'émulation. Chacun alors planta à l'envi ; ceux même qui répugnaient à ce nouveau genre de culture y furent en quelque sorte contraints, parce que souvent leurs champs se trouvaient comme enclavés dans des vignes. Le passage des charrues, des engrais, l'enlèvement des moissons, ne se fesaient plus qu'après mille contestations. Pour conserver la paix avec ses voisins, bon gré malgré, on était forcé de faire emplanter en vigne le terrain qu'on eût voulu garder en champ. C'est ainsi qu'elle s'est propagée ; elle a été d'abord comme en serpentant dans nos plaines ; puis elle les a envahies, en grande partie.

Parmi les meilleurs vignobles du canton sud de Beaune, on doit placer celui de Chorey. Le territoire de cette commune est élevé, et repose généralement sur un fond sablonneux, sec et propice à la vigne, aussi y a-t-elle été cultivée de temps immémorial. Le vin qu'elle y produit ne peut être considéré comme un pur gamay ; c'est un très-bon passe-tout-grain franc, moelleux, coloré, que le commerce peut expédier avec grand avantage comme excellent ordinaire. On emploie encore les bons Chorey, quand les vins de première qualité périclitent. Ils deviennent alors ce qu'on appelle vins de remède ; ils les bonifient et les rendent agréables à boire.

Après les Chorey, viennent ceux de Corcelles-les-Arts et de Bligny-sous-Beaune. Comme dans le premier village, la plupart des vignobles de ceux-ci sont plantés dans un terrain sec et sablonneux ; cependant les vins en sont moins bons et moins agréables.

Ensuite, on peut placer les vins ordinaires du Vernois, de Sainte-Marie, de Montagny, de Tailly, de Vignoles et d'Ebaty, qui, dans les bonnes années, ne sont pas sans qualité.

Enfin, je classe parmi les vins tout-à-fait communs ceux de Combertaut, de Ruffey, Merceuil, Mursanges, Marigny, Corcelles-sous-Serrigny et Chevigny. Ils sont durs, fort colorés dans les années chaudes, souvent âpres et presque toujours un peu acides, car le plus ordinairement leur maturité ne parvient pas à son état parfait.

Le sol sur lequel sont plantés ces vignobles, n'est formé que de terres argileuses, extrêmement fortes, qui n'absorbent l'eau que fort lentement ; en sorte que, pour peu que l'année soit humide, les vignes baignent dans l'eau ; une partie du raisin atteint seule sa maturité, et il est même rare que le grain ne conserve pas au temps où on le cueille une teinte rosée vers son pédoncule.

Malgré l'infériorité des produits de ces vignobles, cette culture, qui d'ailleurs est fort pénible, offre cependant des avantages au vigneron. Pour qu'il obtienne des bénéfices, il ne faut pas qu'il cultive au-delà de trente-six à quarante ouvrées de vignes (1 hectare 50 à 65 ares), et il doit avoir une amodiation de trois à quatre hectares de terres arables. Quant il en est ainsi, les vignerons de nos plaines sont fort à l'aise. Ils sèment dans les vignes, au milieu des places vides, quelques haricots; ils soignent bien leurs terres, les fument passablement, et leur font rapporter tous les ans; ils recueillent tous les ans, du froment, de l'orge, du maïs, des pommes de terre, des navets et du trèfle. Ils peuvent entretenir une ou deux vaches, dont le laitage se vend avantageusement à la ville. Les terres les font donc vivre; et la vigne, quand les produits se vendent passablement, leur donne beaucoup d'aisance. Mais le vigneron, qui n'a que des vignes de cette espèce à cultiver, est le plus malheureux de tous les hommes.

NOMS DES COMMUNES VIGNOBLES du canton (sud) DE BEAUNE.	NOMBRE d'hectares de vignes dans chaque commune.		QUANTITÉ moyenne en hectolitres récoltés dans chaque commune.	REVENU IMPOSABLE.	
	Gamays.	Noiriens.		Gamays.	Noiriens.
Beaune, ville....	502.32,23	564,73,64	13,000	50,838f44c	116,535f77c
Bligny-s.-Beaune.	222,45,10		5,538	24,760 84	
Chevigny-en-Val.	45,19,50		1,355	4,871 96	
Chorey.........	221,23,85	54,36,70	7,940	37,540 66	15,809 46
Combertaut	50,20,		1,512	3,988 88	
Corcelles-l.-Arts.	168,54,25		3,848	17,581 84	
Ebaty..........	39,57,95		1,179	4,625 77	
Le Vernois......	120,35,20		2,887	8,031 47	
Sainte-Marie....	112,09,05		2,688	12,127 22	
Marigny........	24,56,15		1,155	1,828 64	
Merceuil........	168,29,65		5,046	18,917 82	
Montagny.......	148,64,75		4,444	9,084 27	
Mursanges......	93,93,60		2,820	10,761 19	
Ruffey.........	53,83,83		1,620	5,727 49	
Serrigny........	157,93,79	47,03,45	4,420	16,617 44	8,478 33
Tailly..........	61,86,15		1,854	6,538 07	
Vignoles........	83,79,75		1,674	7,596 23	
	2275,44,80	676,13,79	62,980	241,428f23c	140,823f56c

Ainsi la quantité moyenne du produit d'un hectare de vigne en gamay, dans le canton sud de Beaune, est de vingt-quatre hectolitres et demi, dont le prix moyen, d'après le revenu imposable, est de quatre francs trente-un centimes, etc., et les bons vins offrent une moyenne proportionnelle de dix hectolitres cinq litres par hectare, dont le prix est évalué à dix-neuf francs soixante-quatorze centimes l'hectolitre, somme beaucoup trop forte, et qui suppose que les vignes de noiriens produisent au-delà de dix hectolitres par hectare.

CANTON DE NUITS.

On peut diviser les vignobles de ce canton en trois classes : ceux de la bonne côte, ceux des arrière-côtes et ceux de la plaine. Comme nous avons parlé de la bonne côte, il ne nous reste à nous occuper que des vignobles des arrière-côtes et de la plaine.

Les arrière-côtes offrent une immense quantité de vignes qui datent d'un temps immémorial. La plupart des coteaux, sur lesquels elles sont plantées, sont raides, presque escarpés, et forment des angles très-aigus ; ils ne peuvent donc convenir qu'à la culture de la vigne. Le sol est une terre formée en grande partie des débris de la roche sous-jacente, qui est un sous-carbonate calcaire assez grossier, et dont l'écorce extérieure se lève en feuillets minces (*laves*). Le vin qui provient de ces vignobles ressemble beaucoup, pour les propriétés, à celui dont j'ai parlé à l'article *canton de Nolay*. L'exposition la plus ordinaire est celle de l'est ou sud-est.

Parmi les meilleurs vins de cette partie du canton, on doit placer ceux de Villars-Fontaine, Chevrey et Meuilley. Viennent ensuite ceux d'Arcenant, Chaux, Villers-la-Faye,

Magny et Concœur. Ils sont agréables, ils ont du bouquet et même de la finesse; mais il faut, pour obtenir ces qualités, que l'année soit chaude et propice, autrement ils sont acides et sans couleur.

Après ces vignobles, on peut classer ceux d'Echevronne, Fussey et Marey. Les vins de ces communes sont inférieurs à ceux dont j'ai parlé plus haut. Cela tient à la hauteur des montagnes sur lesquelles sont placés ces villages. Les gelées y sont précoces, et la maturité y est rarement parfaite.

Les produits de ces vignobles se vendent bien; ils ont des débouchés assez certains. Ils s'exportent dans les villages des montagnes, soit en-deça, soit au-delà du vallon de l'Ouche. Les meilleurs sont expédiés par le commerce comme vins d'ordinaire.

La plaine offre une grande quantité de vignobles, mais il existe des différences énormes entre les qualités des produits. Les gamays de Nuits, Comblanchien, Corgoloin, Flagey, doivent être rangés dans une catégorie particulière, et comme fournissant des vins bien au-dessus du commun. La plupart des vignes de ces pays sont plantées dans un terrain sec, sablonneux et maigre. Le vin est peu abondant, mais de meilleure qualité. On doit le considérer comme un bon passe-tout-grain. Après ces climats viennent ceux de Gilly et de Prissey, qui se ressentent déjà de leur éloignement de la côte.

A peine doit-on parler des vignobles d'Agencourt, Gerland, Quincey, Argilly, Boncourt-le-Bois, Saint-Nicolas et Villy. Ces vignes, plantées au milieu des terres argileuses, fortes, compactes et presque au milieu des marais, ne peuvent donner que des produits de la plus médiocre qualité.

NOMS DES COMMUNES VIGNOBLES du CANTON DE NUITS.	NOMBRE d'hectares de vignes dans chaque commune.		QUANTITÉ moyenne en hectolitres récoltés dans chaque commune.	REVENU IMPOSABLE.	
	Gamays.	Noiriens.		Gamays.	Noiriens.
Nuits	162,95,85	247,60,50	5,714	15,592f 46c	51,826f 62c
Agencourt.	16,62,30		498	1,114 00	
Arcenant.	155,66,61		3,264	16,905 22	
Argilly.	4,40,60		132	334 56	
Boncourt.	22,69,10		678	2,067 96	
Chaux	69,95,50		1,680	4,095 51	
Chevrey.	57,12,10		1.166	2,233 96	
Comblancbien . .	71,88,95		1,436	4,681 82	
Concœur.Corboin	47,55,25		1,030	3,306 52	
Corgoloin	117,33,55	7,75,10	2,930	10,349 21	1,267 20
Echevronne.. . . .	177,98,02		4,272	11,546 19	
Flagey-lez-Gilly .	20,84,95	66,34,15	1,272	1,666 52	14,128 24
Fussey.	40,81,20		984	2,163 46	
Gerland.	13,39,90		426	653 02	
Gilly	35,65,30		856	2,348 31	
Magny-l.-Villers.	64,90,20		1,304	3,681 48	
Marey.	51,56,41		1,283	1,524 82	
Meuilley.	220,21,76		4,405	14,939 13	
Premeaux	49,24,80	60,92,55	1,709	4,717 70	10,753 13
Prissey.	23,89,90		576	2,013 52	
Quincey.	15,20,75		452	862 25	
Saint-Nicolas. . . .	1,12,50		27	83 86	
Villars-Fontaine.	96,19,40		2,328	6,306 91	
Villers-la-Faye. .	71,81,65		1,728	5,094 50	
Villy-le-Moutier.	21,47,95		645	929 53	
Vosnes.	54,84,80	152,25,10	2,622	6,156 48	40,186 87
Vougeot.	17,52,60	52,05,35	1,119	2,576 29	24,046 43
	1703,59,70	586,92,75	44,638	122,925f 19c	142,208f 63c

Ainsi la moyenne de tous les vins du canton de Nuits serait de dix-neuf hectolitres et demi par hectare, mais cette proportion serait très-fautive. Les bons vins n'excèdent pas huit à dix hectolitres par hectare, surtout dans la plupart des climats de la ville de Nuits, de Vosnes et Vougeot; en sorte que tout l'excédant doit se reporter sur les vignobles de qualité inférieure; et ici on doit encore diviser ces vignobles en deux classes : ceux des arrière-côtes qui donnent de vingt à vingt-quatre hectolitres par hectare, année commune, et ceux de la plaine qui fournissent au-delà de trente hectolitres. Il est peu de vignobles, dans toute la Côte-d'Or, plus précieux que ceux de Vosnes, Vougeot et Nuits ; et cependant, la récolte en est si incertaine, qu'on n'a pu évaluer qu'à un taux très-faible le revenu d'une ouvrée de vigne ; à Vosnes, il n'a été porté qu'à onze francs trente centimes ; à Nuits, à huit francs quatre-vingt douze centimes ; à Vougeot, comme il n'existe qu'une seule espèce de vin superfin, le revenu d'une ouvrée a été fixé à dix-neuf francs soixante dix-sept centimes, somme bien peu considérable si l'on ne considère que la réputation du vin du clos, mais bien suffisante en raison de l'éventualité de la récolte.

Les meilleures ouvrées de vignes des arrières-côtes, tels les vignobles de Meuilley, Villars-Fontaine, Arcenant, etc., n'ont qu'un revenu présumé de deux francs soixante-seize centimes à deux francs quatre-vingt six centimes ; et l'ouvrée de vigne, dans les communes de la plaine, n'a été portée qu'à un revenu de un franc quatre-vingt à quatre-vingt dix centimes. Quoique l'on doiveconvenir que ces évaluations soient très-faibles, l'administration des contributions directes a été forcée de s'en tenir à ces estimations, soit à raison de la nullité des produits dans certaines années, soit à cause de la vileté de ces mêmes produits dans d'autres.

CANTON DE SEURRE.

Si nous descendons vers la plaine qu'arrose la Saône, nous ne trouvons plus que des vignobles fournissant des vins de plus en plus médiocres. Les terres de ce canton sont fortes, argileuses, compactes, et conservent longtemps l'humidité. Lorsque les chaleurs sont de longue durée, ces mêmes terres se durcissent comme de la brique, au point qu'il faut renoncer à les remuer.

Ce canton offre des vignobles fort considérables. Au-dessus des prairies que baigne la Saône, s'élève un long coteau dont l'exposition à l'est-sud-est convient très-bien à la vigne; mais le sol, de nature argileuse, compacte, profonde, lui est peu favorable; aussi le vin s'en ressent-il.

Là se trouvent les vignobles de Chivres, Labergement-lez-Seurre, Pouilly-sur-Saône, Broin, Glanon, Bonnencontre, Auvillars et Bagnot. Toutes ces communes sont sur la rive droite de la Saône; sur la rive gauche sont les médiocres vignobles de Bousselange, La Bruyère, du Châtelet et de Trugny. Dans les années où il n'y a pas eu de gelées de printemps, tous ces vignobles produisent une quantité immense de vin de la plus médiocre qualité, soit rouge, soit blanc, et qui, malgré son peu de mérite, se vend rapidement aux gens de rivière.

Corgengoux, situé au milieu des marais, ne donne pas un vin de meilleure qualité. Celui de Corberon, qui touche au finage de Corgengoux, vaut beaucoup mieux. Ce village, placé sur une hauteur, offre une pente naturelle aux eaux; la terre est moins compacte; la vigne se plaît mieux dans ce terrain : c'est le meilleur vignoble du canton de Seurre, et malgré cela, il doit être classé parmi ceux de médiocre qualité.

NOMS DES COMMUNES VIGNOBLES du CANTON DE SEURRE	NOMBRE d'hectares de vigne dans chaque commune.		QUANTITÉ moyenne en hectolitres récoltés dans chaque commune.	REVENU IMPOSABLE.	
	Gamays.	Noiriens.		Gamays.	Noiriens.
Auvillars.........	69,39,63		2,096	4,681f 36c	
Bagnot..........	6,37,80		288	334 84	
Bonnencontre...	26,59,35		795	1,499 27	
Bousselange.....	14,20		4	6 96	
Broin...........	57,49,63		1,722	2,787 34	
Chivres.........	34,20,50		1,368	3,206 01	
Corberon.......	31,66,75		1,258	2,780 91	
Corgengoux.....	53,73,72		1,882	4,913 25	
Glanon.........	35,04,50		1,345	2,269 08	
Labergement....	216,47,90		10,116	21 888 15	
Labruyère.......	1,59,90		56	93 38	
Le Châtelet.....	39,50		12	32 70	
Montmain.	2,35,40		56	103 11	
Pouilly-s.-Saône..	15,62,95		527	1,155 82	
Truguy..........	1,06,20		25	92 92	
	548,17,73		21,528	45,845f 10c	

Il est peu de cantons qui, comparativement à l'étendue de leurs vignobles, produisent autant de vin que celui de Seurre; la moyenne proportionnelle est de trente-neuf hectolitres par hectare, ce qui donne, année commune, un hectolitre trente-cinq litres environ par ouvrée. Il ne faut pas être surpris de cette quantité, car on a vu, dans les années d'abondance, l'hectare de vignes produire jusqu'à cent hectolitres et même plus. Cette énorme produit est souvent une véritable calamité : l'achat seul des tonneaux absorbe la majeure partie du revenu. Ces faits ont tellement frappé les estimateurs des propriétés, lors de la formation du cadastre, qu'ils les ont pris en grande considération; et, d'après cela, ils ont évalué le revenu imposable à un taux qui semble en disproportion avec des produits aussi abondans. Bagnot n'a fixé le revenu imposable d'une ouvrée de vignes qu'à deux francs vingt-un centimes; à Bonnencontre, on l'a porté à deux francs quarante-un centimes ; à Corgengoux, à trois francs quatre-vingt-onze centimes ; et Labergement, qui offre quelques débouchés plus faciles à la vente, a vu le revenu imposable d'une ouvrée élevé à quatre francs trente-deux centimes. Je dois, au reste, faire remarquer que le territoire de cette commune est, au milieu de vignobles très-productifs en vin, celui qui en fournit encore le plus.

CANTON DE SAINT-JEAN-DE-LÔNE.

La vigne est peu cultivée dans cet excellent canton, les terres arables, les belles prairies qu'arrosent la Saône, et ses nombreux affluens, en forment toute la richesse ; la nature semble l'avoir favorisé de tous ses dons. On trouve quelques petits clos de vignes dans plusieurs villages ; les plus considérables sont dans quatre communes limitrophes du département du Jura, sur la rive gauche de la Saône.

Le sol sur lequel végète la vigne est argileux, dur, compacte, peu perméable aux météores acqueux, enfin analogue en tout à celui du canton de Seurre ; aussi les vins qui en proviennent ressemblent-ils, par leurs propriétés, entièrement à ceux de ce même canton. Ils sont très-communs, et il faut une année bien favorable pour qu'ils soient seulement passables. La majeure partie de ces vins se consomme au reste sur place, et on pourrait vraiment ne les regarder que comme servant à la consommation du propriétaire.

NOMS DES COMMUNES VIGNOBLES du canton de St.-JEAN-DE-LONE.	NOMBRE d'hectares de vignes dans chaque commune.		QUANTITÉ moyenne en hectolitres récoltés dans chaque commune.	REVENU IMPOSABLE,	
	Gamays.	Noiriens,		Gamays.	Noiriens.
Aubigny.........	2,93,84		82	280 91	
Brazey	1,05,24		24	91 98	
Charrey	5,05,04		140	396 70	
Franxault.......	14,24,16		395	1,173 63	
La Perrière......	17,27,25		473	1,467 23	
Lône...........	10,17,92		275	813 24	
Magny-les-Aub..	75,70		21	53 15	
Montagny-lez-S..	98,06		26	72 66	
Samerey........	8,67,74		233	617 83	
S.-Seine-en-Bâche	15,46,89		425	1,387 42	
	76,61,84		2,064	6,354 75	

La moyenne proportionnelle du produit des vignobles de
ce canton est d'environ vingt-sept hectolitres par hectare,
et le revenu imposable de l'hectare varie de quatre-vingt à
quatre-vingt-cinq francs. La moyenne des produits est facilement calculée et même d'une manière exagérée dans les
années favorables. En 1827, par exemple, chaque hectare
produisit cent vingt hectolitres, ou pour me servir des
mesures connues, plus de deux tonneaux de vin à l'ouvrée,
les unes parmi les autres : quantité surabondante qui avilit
le produit, et qui, en raison même de l'abondance, n'offre
que rarement une bonne qualité, puisqu'il est d'observation constante que lorsque les raisins sont en masse, il
n'y en a qu'une partie qui peut parvenir à une maturité
complète.

CANTON DE POUILLY-EN-AUXOIS.

Ce canton a quelques vignobles d'une très-médiocre
qualité. A ce sujet il est une remarque à faire, qui me
semble importante. Pouilly est un point culminant. Les
eaux s'y partagent pour descendre une partie dans la médi-

terranée, l'autre dans l'océan. Sur le versant oriental, la vigne n'y prospère pas ; et sur l'occidental, à une lieue même de Pouilly, cet arbrisseau y végète bien, quoique ses produits y soient des plus médiocres ; et, chose remarquable, du côté de l'est, Pouilly n'est qu'à six cents cinquante pieds au-dessus des eaux de la Saône à Saint-Jean-de-Lône, tandis que du côté de l'ouest, ce bourg est à huit cent quatre-vingt huit pieds au-dessus de l'Yonne, à quelque distance de Joigny ; sa hauteur au-dessus du niveau de la mer est de cinq cent trente-deux mètres huit centimètres.

Les vignobles de Missery et de Mont-Saint-Jean sont étendus. Ils sont en coteaux et dans une belle exposition ; mais le terrain en est dur, argileux, compacte. Les produits sont de mauvaise qualité. Le vin a un goût particulier auquel on donne le nom de *goût de terroir*, que je crois pouvoir attribuer à l'argile dans laquelle le cep se trouve planté ; l'eau des puits même qui sont creusés dans cette argile, a une saveur particulière qui a quelqu'analogie avec ce goût du vin. Dans les meilleures années, ce vin est toujours un peu acide, à plus forte raison l'est-il dans celles qui sont un peu froides et humides. Il est peu coloré, et n'a nulle spirituosité. Malgré ces défauts, il sert à la consommation des habitans, et l'excédent est vendu sur place plus avantageusement que celui même des environs de Beaune.

Il existe encore quelques petits cantons de vignes à Beurrey-Bauguay, Chailly, Blancey et Martrois, dont le vin est encore inférieur en qualité à ceux dont nous venons de parler.

NOMS DES COMMUNES VIGNOBLES du canton de POUILLY-EN-AUXOIS.	NOMBRE d'hectares de vignes dans chaque commune.		QUANTITÉ moyenne en hectolitres récoltés dans chaque commune.	REVENU IMPOSABLE.	
	Gamays.	Noiriens.		Gamays.	Noiriens.
Missery.........	24		500	1,680f c	
Mont-Saint-Jean.	22		375	1,540	
Blancey........	8		200	560	
Beurrey-Bauguay	2		36	123 50	
Martrois........	2		36	123 50	
Chailly.........	1		15	61 45	
	59		1,162	4,088f 45c	

La moyenne pour les produits peut être évaluée à vingt-
un hectolitres par hectare, ce que je crois cependant un
peu forcé; car des vignobles, placés à une si grande élévation au-dessus du niveau de la mer, sont sujets à tant
d'accidens qu'on ne peut guères compter sur une récolte
de cette nature. Les gelées de printemps, les gelées blan-
ches même pendant l'été et l'hiver, qui est toujours trop
précoce, influent très-défavorablement sur le produit de la
vigne et sur ses qualités. J'ai dit qu'il se vendait avantageusement sur place; et en effet, on n'a point de transport à payer, le plus souvent on fraude les droits. Ces
deux circonstances tournent au bénéfice du propriétaire.
Le revenu imposable est fixé, je pourrais dire provisoirement jusqu'à la confection du cadastre, à deux francs
quatre-vingt dix-neuf centimes l'ouvrée dans les communes
de Missery, Blancey et Mont-Saint-Jean, et à deux francs
soixante centimes dans les autres communes.

Je ne parlerai pas des autres cantons de l'arrondissement de Beaune; on n'est point livré à la culture de la
vigne dans les cantons de Liernais, d'Arnay-le-Duc et de
Bligny-sur-Ouche. Quelques essais faits en divers lieux
n'ont pas été heureux; le sol se refuse, en quelque sorte, à

produire du raisin. Les habitans ont plus d'avantages à bien cultiver leurs champs qu'à planter des vignes. Il y en a cependant quelques ouvrées à Veuvey-sur-Ouche; l'arbrisseau végète bien, mais le produit en est chétif sous le rapport de qualité et de quantité [1].

Avant de terminer ce qui a rapport à l'arrondissement de Beaune, je crois devoir présenter trois tableaux, l'un contenant le nombre d'hectares de vignes divisés en gamays et noiriens, la quantité moyenne en hectolitres récoltés dans chaque canton, et le revenu imposable en gamays et noiriens; le second, indiquant le produit effectif de la vigne pendant cinq années; enfin, un troisième indiquant la quantité de vins récoltés dans l'arrondissement, sous le rapport de la qualité.

NOMS DES CANTONS.	NOMBRE d'hectares de vignes dans chaque canton.		QUANTITÉ moyenne en hectolitres récoltés dans chaque canton.	REVENU IMPOSABLE.	
	Gamays.	Noiriens.		Gamays.	Noiriens.
Beaune (ville)...	502,32,23	564,73,64	13,000	50,838f 44e	116,535f 79e
Beaune (nord)...	2826,73,06	1462,57,30	83,295	265,188 74	337,169 85
Beaune (sud)....	1773,12,57	111,40,15	49,980	190,589 79	24,287 77
Nuits...........	1703,59,70	586,92,75	44,658	127,925 19	142,208 63
Nolay..........	1475	835	44,401	161,162	169,802 50
Pouilly-en-Auxois	59		1,162	1,162	
S.-Jean-de-Lône.	76,61,84		2,064	6,354 75	
Seurre..........	548,17,73		21,528	45,845	
	8964,57,13	3560,43,84	260,066	849,045f 91e	792,004f 51e

[1] Comme Veuvey est entouré de grandes forêts, à peine le raisin commence-t-il à varier qu'il devient la proie des renards, qui ne laissent rien dans la vigne.

Produit effectif de la vigne dans l'arrondissement de Beaune, pendant les années :

1823.	1824.	1825.	1826.	1827.	1828.
128,337	178,156	81,154	620,526	610,371	526,571

Quantité réelle en hectolitres récoltés dans l'arrondissement de Beaune, sous le rapport de la qualité, pendant les années :

ANNÉES.	Vins superfins.	Vins fins.	Bons vins.	Vins ordinaires gamays.	TOTAUX.
1823.	3,700	7,300	13,910	103,427	128,337
1824.	3,550	8,150	19,365	147,091	178,156
1825.	2,440	5,780	10,820	62,114	81,154
1826.	19,850	36,175	89,015	475,486	620,526
1827.	18,050	32,300	76,300	483,721	610,371

ARRONDISSEMENT DE DIJON.

Je suivrai pour cet arrondissement le même ordre que celui que j'ai adopté pour Beaune; j'en examinerai chacun des cantons, en partant toujours du sud pour remonter vers le nord, et je ne passerai sous silence aucun des faits qui pourront rendre cette statistique aussi complète que possible:

CANTON DE GEVREY.

Comme j'ai déjà parlé des vins ordinaires de Fixin, Fixey et Couchey, j'aurai peu de choses à dire des vins ordinaires de ce canton. Il n'existe presque pas de vignobles dans les communes qui sont en plaine à l'est de

Gevrey. Ces villages reposent en général sur un sol fort aquatique et marécageux ; la vigne n'y prospère pas : aussi ne voit-on que quelques meix, ou petits clos de vignes à Saint-Philibert, Saulon-la-Rue et Savouges. A Fenay, le vignoble est un peu plus considérable, puisqu'il y a, tant à Domois, hameau qui en dépend, qu'à Fenay, près de deux cents ouvrées de vignes qui produisent un vin de la plus médiocre qualité.

Les communes de l'arrière-côte, qui font partie du canton de Gevrey, fournissent des produits qui ne sont pas sans quelque mérite. Je ferai ici une remarque vraiment digne de fixer l'attention : ce n'est que derrière les coteaux où végètent les vignes de première classe qu'il existe des arrière-côtes. Ainsi c'est de l'autre côté de Chambolle, Morey et Gevrey, que se trouvent les vignobles de Vergy, Curtil-Vergy, Messanges, Segrois, Reulle, etc. Les montagnes de Brochon, Fixin, Fixey et de Marsannay, forment une masse énorme qui s'étend sur une longueur de près de deux lieues, et derrière laquelle se trouvent des massifs de bois qui couvrent une grande partie de ce sol montueux. En sorte que l'on pourrait dire que les arrière-côtes sont, en quelque sorte, les succédanées des bons coteaux.

Les vignobles dont nous parlons ici sont plantés sur des montagnes presque toutes élevées et raides. Celle au milieu de laquelle est bâti Collonges est fort haute ; Vergy est également très-élevé [1]. Tous ces terrains ne sont susceptibles que de la culture de la vigne, soit en raison de la position, soit à cause de la nature du terrain qui n'est

---

[1] C'était sur ce rocher escarpé, où l'on voit encore des ruines anjourd'hui, qu'était bâti le fameux château où s'est passée, dit-on, la scène tragique de Gabrielle de Vergy. Ce château était très-fort dans le moyen âge ; il fut démoli par ordre de Henri IV. On en fait remonter la construction à un temps presque immémorial.

qu'un composé de débris de roche sous-jacente, et d'une argile friable et légère. Les habitans en sont très-laborieux et très-sobres ; les faibles produits de leur sol les obligent à de grandes privations.

On peut classer les vins de ces arrière-côtes de cette manière : Curtil-Vergy, Messanges, Segrois ; ils ont beaucoup d'analogie avec ceux de Meuilley. Après eux viennent ceux de Reulle, Létang ; enfin ceux de Bévy, Chevannes, Collonges, Urcy et Clémenccy. En général tous les vins du vallon de Vergy sont assez légers, peu foncés en couleur, et toujours un peu acides. Ils s'exportent dans les montagnes et dans les villages de la plaine où la culture de la vigne ne peut réussir.

NOMS DES COMMUNES VIGNOBLES du canton de GEVREY.	NOMBRE d'hectares de vignes dans chaque commune.		QUANTITÉ moyenne en hectolitres récoltés dans chaque commune.	REVENU IMPOSABLE.	
	Gamays.	Noiriens.		Gamays.	Noiriens.
Gevrey............	352,89,70	24,83,45	7,371	57,932 18	11,509 24
Bévy.............	22,60,10		498	849 31	
Brochon.........	113,24,61	22,78,27	2,536	10,741 09	3,986 98
Chambolle.......	156,68,05	33,59,25	3,526	25,654 44	10,984 75
Chevannes.......	61,97,48		1,464	1,226 12	
Clémenccy.......	58		12	10 94	
Collonges.......	15,58,45		372	582 21	
Couchey........	210,78,17		5,056	21,816 30	
Curley.........	60,30		13	17 60	
Curtil..........	94,66,50		2,256	7,483 20	
Feney.	8,91,30		252	416 77	
Fixey..........	82,70,95		1,819	8,997 09	
Fixin..........	105,51,70		2,316	12,546 79	
Létang-Vergy...	53,15,22		795	1,236 59	
Messanges......	57,61,00		1,822	3,266 54	
Morey..........	138,15,15	20,83,15	3,007	21,304 21	6,518 17
Reulle-Vergy....	41,67,53		1,035	1,980 83	
Saint-Philibert..	3,02,50		66	228 87	
Saulon-la-Rue...	61,45		16	37 63	
Savouges........	1,73,45		40	104 07	
Segrois..........	59,58,66		1,428	3,495 38	
Ternant........	85,50		12	22 49	
Urcy...........	1,33,40		35	77 77	
	1564,55,16	101,84,12	35,747	179,712 42	32,999 14

On voit d'après ce tableau que le revenu imposable a été porté à un taux très-peu élevé pour les vins de la première classe. Le Chambertin, qu'on peut regarder comme un des premiers vins de la Côte-d'Or, n'offre un revenu imposable que de dix-sept francs trente-six centimes par ouvrée. Les excellens climats de Chambolle et Morey ne présentent qu'une évaluation encore plus faible ; dans cette première commune, l'ouvrée n'a un revenu imposable que de sept francs cinquante-sept centimes; à Morey, de sept francs cinquante-trois centimes, et à Brochon seulement de quatre francs seize centimes. A raison du mérite particulier de ces vignobles, on aurait pu croire qu'on eût dû les estimer davantage, mais on en a agi ainsi à cause des inconvéniens sans nombre auxquels ces vignes sont sujettes, et de l'incertitude où l'on est souvent d'obtenir une récolte même médiocre.

Les vignobles de l'arrière-côte de ce canton, quoiqu'à peu de distance de ceux du canton de Nuits, donnent moins de vin, et en général il est moins bon. Ils offrent un revenu tellement incertain, que l'on n'a pu leur adjuger un rapport imposable que calculé sur la plus faible base. L'ouvrée de vigne n'a été fixée en revenu qu'à une somme de quatre-vingt à quatre-vingt-dix centimes.

Les mauvaises vignes de la plaine ont été cotées à une somme plus forte, parce qu'il y a moins d'éventualité. C'est ainsi que le revenu imposable d'une ouvrée de vignes à Feney, a été porté à la somme de un franc quatre-vingt quatorze centimes. Ce qui est juste, parce que les produits par leur abondance sont à ceux des arrière-côtes comme 1 est à 3 et même 4.

CANTON DE DIJON (OUEST).

Ce canton renferme le plus grand vignoble de tout cet arrondissement; on y compte environ trente-neuf mille ouvrées de vignes qui végètent sur les territoires de Dijon, Chenôve, Marsannay-la-Côte, Fleurey, Lantenay, Corcelles-les-Monts, Longvic, Ouges et Perrigny-lez-Dijon.

J'ai déjà parlé des vins de Marsannay dans l'examen que j'ai fait des vignes de la côte; comme ce ne sont que des ordinaires, à la vérité fort agréables, j'aurais dû n'en faire mention qu'à cet article, mais la description que je fesais, exigeait que je m'en occupasse alors.

Au bas du territoire de cette commune se trouve le village de Perrigny-lez-Dijon. Sa situation quoiqu'en plaine est assez haute, et son exposition au sud-est est propice; la terre en est franche, légère et favorable à la vigne. Ce vignoble, d'environ mille ouvrées, se trouve à peu de distance des maisons, s'étendant plutôt au sud que du côté de l'est. Le vin est un ordinaire fort passable, surtout dans les années chaudes, et qui se garde bien. On peut en distinguer de trois qualités; la première est supérieure à la seconde de deux cinquièmes, et cette première est à la troisième comme 21 est à 4.

Chenôve, dont il a déjà été question, possède encore, outre ses bons vins, des vignes qui ne fournissent que des ordinaires qu'on peut considérer comme tenant un rang très-distingué parmi ceux de la côte de Dijon. La différence entre les vins des meilleures vignes et ceux des crus les plus inférieurs, est seulement comme 56 est à 34. Le terrain, je le répète encore ici, repose sur un fond de sable calcaire. Il est rouge, léger, très-végétal, et facilement perméable par les météores acqueux; mais s'il s'en pénètre aisément ; il se sèche avec autant de facilité.

J'ai parlé fort sommairement des climats de distinction du vignoble de Dijon ; je n'y reviendrai pas, je ne dois m'occuper ici que de vignes qui donnent des produits d'une moindre qualité. En général, tout le territoire de Dijon fournit des ordinaires d'excellente qualité. Le coteau de Larrey est placé de manière à recevoir toute l'influence solaire. La terre en est rouge, légère, entre-mêlée de débris de roche calcaire et fort perméable.

On recueille dans plusieurs climats des vins blancs qui ne sont pas sans mérite. On cite ceux entre autres d'un canton nommé *Montre-Cul*. Ils sont vifs, légers, pétillans, et d'une saveur très-agréable.

Tous ces vins servent en grande partie à la consommation de Dijon, et même ne lui suffisent pas, parce qu'en général ces vignes sont peu productives. Il n'existe pas entre les divers produits une grande différence de valeur, car la proportion entre les vins des vignes de première classe et ceux de la dernière n'est que comme 8 est à 6.

Tous les autres vignobles du canton (ouest) de Dijon sont peu importans, et ne donnent que des vins d'une très-médiocre qualité. Je ne ferai que les examiner succinctement.

A Longvic, village en plaine, à une demi-lieue de Dijon, il existe cinq cents ouvrées de vignes. A Ouges, qui est à peu de distance de cette commune, environ cent ouvrées. Ces vignes sont plantées dans une terre franche, forte, végétale ; elles donnent un vin très-abondant, mais très-médiocre. Leur revenu imposable a été calculé sur la quantité qu'elles fournissent, puisqu'il a été fixé à deux francs soixante centimes, tandis que pour les autres vignobles du même canton il est bien moins considérable.

Fleurey-sur-Ouche, dernier village de ce canton au nord-ouest, et à trois lieues et demie de Dijon, enfermé dans des montagnes assez élevées, possède un vignoble d'environ seize à dix-sept cents ouvrées : la terre en est franche et entremêlée de pierrailles. Le vin en est fort médiocre, et se consomme tant dans le pays que dans les villages des montagnes environnantes. Dans cette médiocrité, il y a même du choix à faire, puisqu'entre les vins des meilleures vignes et celles de dernière classe la proportion est comme 4 est à 1 $^1/_2$. Malgré cela, on doit penser que la récolte est d'une bien faible valeur, puisqu'on n'a porté qu'à un franc quatre centimes la moyenne du revenu imposable.

Corcelles-les-Monts, situé dans les montagnes, a un petit coteau de vignes d'environ trois cents ouvrées, qui ne donnent que des vins très-médiocres, et dont la valeur est presque nulle, puisque le produit net de l'ouvrée n'est évalué qu'à environ quatre-vingt-sept centimes.

Lantenay possède un vignoble beaucoup plus étendu, et d'environ dix-huit cent douze ouvrées .Les vignes y végètent dans une terre sablonneuse, assez propice à cet arbrisseau; mais sa position élevée et au milieu des montagnes empêche le raisin d'y parvenir à un point de maturité complète : aussi la qualité du vin est-elle des plus médiocres. Le produit net d'une ouvrée n'est estimé qu'un franc onze centimes.

Je ne parle point des cépages cultivés dans ce canton. Ce sont les mêmes que dans les autres vignobles dont j'ai déjà donné la description, et nous nous en occuperons spécialement dans un autre chapitre.

NOMS DES COMMUNES VIGNOBLES du canton (ouest) DE DIJON.	NOMBRE d'hectares de vignes dans chaque commune.		QUANTITÉ moyenne en hectolitres récoltés dans chaque commune.	REVENU IMPOSABLE.	
	Gamays.	Noiriens.		Gamays.	Noiriens.
Dijon { ouest....	444,14,82		19,433	35,214 92	
Dijon { nord.....	380,11,25			28,424 54	
Chenôve........	316,06,00		8,980	20,454 54	
Corcelles-les-M..	11,56,70		216	224 81	
Fleurey-s.-Ouche.	67,96,60		605	1,719 04	
Lantenay.......	77,51,60		720	2,025 64	
Longvic.	18,56,50		381	514 17	
Marsannay-la-C.	308,08,70		8,036	16,706 56	
Ouges..........	4,10,20		116	244 39	
Perrigny-l.-Dijon.	41,00,66		1,228	1,655 44	
	1669,13,03		39,715	107,193 85	

La récolte, calculée d'après un certain nombre d'années,
est d'environ cent litres par ouvrée prise, en général
dans tout le canton. Cette évaluation est un peu forcée
pour Chenôve, Marsannay et quelques climats de Dijon,
qui ne sont pas aussi productifs. Le revenu moyen, pour
toutes les vignes du canton, est de deux francs soixante-
dix-sept centimes. Mais j'ai fait connaître plus haut le
revenu déterminé pour chaque commune; et dans chacune, il doit y avoir des portions de terrain dont le revenu
doit être nécessairement plus élevé, parce qu'il n'est pas
de village qui n'ait ses climats privilégiés.

Mais il est une observation fort importante à faire; c'est
la faible évaluation du revenu imposable, surtout quand
on la compare avec celle des divers cantons de l'arrondissement de Beaune. Il faut admettre que cette différence
tient à la nature du terrain, qui est peu productif et qui
rend les récoltes toujours très-incertaines. Mais j'admets
encore une autre cause, qui tend à diminuer les produits
de la vigne, et que je ferai ressortir davantage lorsque je

parlerai en particulier de la culture. Les vignerons, dans cette partie de côte, ne font les vignes que comme des manœuvres qui n'y ont aucun intérêt. Une culture mal entendue est pernicieuse pour les vignes ; aussi l'arrachement est-il fréquent dans ces communes ; de telle sorte qu'un propriétaire a toujours du tiers au quart de ses vignes en friche, tandis que sur la côte de Beaune elles datent de temps immémorial.

Je ne dirai rien de la moyenne établie pour les vins des communes de ce canton : je crois en avoir assez dit plus haut.

CANTON DE DIJON (NORD).

On pourrait diviser les vignobles de ce canton en deux classes, à raison de la nature des produits : la première me semble même supérieure à l'autre, quoiqu'il y ait une assez grande analogie entre elles. Dans la première classe, je place les communes de Talant, Plombières, Fontaine-les-Dijon, Ahuy et Daix. Dans la seconde, on peut y ranger, par ordre de valeur, Hauteville, Messigny, Bellefond, Vantoux, Savigny-le-Sec, Asnières et Norges.

Le vignoble de Talant n'est pas sans mérite ; la terre en est franche, légère, son exposition est très-favorable à la vigne : les vins de Talant, recueillis dans les climats de choix, font des ordinaires fort distingués, qui se gardent bien. Il existe une grande différence entre les premiers crus et ceux de dernière qualité, puisque la valeur est d'une moitié en moins, en sorte que le prix du produit d'une ouvrée de bon choix, qui est fixé à cinq francs, ne l'est, pour la même quantité d'une vigne inférieure, qu'à deux francs cinquante centimes.

Plombières, placé dans un vallon assez resserré, est un

village très-privilégié sous le rapport des produits agricoles : ce qu'il doit en grande partie à l'industrie de ses habitans. On y cultive environ deux mille ouvrées de vignes, dont les vins équivalent ceux de Talant, et peuvent être rangés dans la même catégorie, avec cette différence cependant qu'à Plombières tous les crus varient peu en valeur. Mais ce qui augmente de beaucoup le produit des terres de cette commune, ce sont les immenses plantations d'arbrisseaux ou d'arbres à fruits, qui servent à alimenter chaque jour le marché aux fruits de Dijon. L'évaluation d'une ouvrée, sous le rapport du vin, a été portée à cinq francs. Mais, si on la considère d'après les produits qu'elle fournit, ce ne serait pas trop l'évaluer que de la fixer au double.

Fontaine-les-Dijon, placé dans une jolie exposition favorable à la vigne, possède un vignoble fort considérable d'environ cinq mille trois cent cinquante ouvrées. Le vin qu'on y récolte est d'une qualité un peu inférieure à ceux des communes dont nous venons de parler. On n'observe pas, dans les prix des vins de ce village, les extrêmes qu'on remarque dans la plupart de ceux qui proviennent de la côte. Ici, ils sont presque tous de même qualité et de même valeur. Le prix n'en varie guères que d'un ou deux vingtièmes, soit en hausse, soit en baisse. La terre de ce vignoble est en général sablonneuse, mais forte : la vigne s'y plaît, et fournit assez abondamment.

Ahuy et Daix viennent après les vignobles dont nous venons de parler ; les terres en sont sablonneuses, entremêlées de pierrailles. Les vins de ces coteaux sont moins bons que ceux de Talant et même de Fontaine. Il existe aussi une très-grande différence dans les produits de ces mêmes communes, car le meilleur vignoble est, avec le moindre dans cette proportion comme 23 est à 10.

Les vins d'Hauteville, de Messigny, de Bellefond et de Vantoux, sont produits par un cépage commun, planté dans une terre assez forte et argileuse. Les vignobles de ces quatre communes ne sont pas très-considérables, puisqu'ils n'offrent entre eux quatre qu'environ cent quatorze hectares de vignes, dont Bellefont a près de moitié. Il n'y a que fort peu de différence dans la valeur des produits.

Les vignobles de Savigny-le-Sec, Asnières et Norges, sont placés dans un sol pierreux et aride. Le vin qui en provient est faible, léger en couleur, et presque toujours assez peu abondant; on pourrait dire avec vérité que ce genre de propriété est plus à charge qu'utile à celui qui la possède, à moins qu'il ne la cultive lui-même.

NOMS DES COMMUNES VIGNOBLES du canton (nord) DE DIJON.	NOMBRE d'hectares de vignes dans chaque commune.		QUANTITÉ moyenne en hectolitres récoltés dans chaque commune.	REVENU IMPOSABLE.	
	Gamays.	Noiriens.		Gamays.	Noiriens.
Ahuy	70,73,64		1,726	3,599 12	
Asnières	18,15,43		624	649 80	
Bellefond........	43,65,57		1,022	1,739 50	
Daix.	74,28,19		1,776	3,066 13	
Fontaine-les-Dij.	222,40,62		5,528	14,184	
Hauteville......	10,54,92		424	476 62	
Messigny........	39,60,75		960	1,386 98	
Norges..........	26,69,20		512	788 73	
Plombières......	125,21,59		2,949	6,759 96	
Savigny-le-Sec...	35,02,09		818	1,101 32	
Talant..........	188,68,20		4,536	10,740 37	
Vantoux........	21,66,75		558	810 11	
	877,66,95		21,035	44,302 64	

La récolte, calculée d'après un certain nombre d'années, a été dans une proportion moyenne de cent deux litres par ouvrée; et le revenu imposable a été, terme moyen, fixé à deux francs seize centimes. Mais, comme je l'ai observé, dans la même commune, il est des climats qui valent cinq francs de revenu par ouvrée; et, à peu de distance, la même étendue de terrain vaut à peine cinquante centimes de revenu.

Les vins des vignobles dont nous nous occupons ici sont en général agréables, francs, légers, assez peu spiritueux, et ne se gardant pas long-temps. Ils sont d'un débit facile, et se consomment tant à Dijon que dans les cantons montagneux, qui sont un peu plus au nord de Dijon, et qui ne récoltent pas de vin. On ne peut leur assigner un prix moyen fondé sur des bases positives. La vente est subordonnée à une foule de circonstances qui en font varier les prix à l'infini; et, dans la même commune, la différence des cuvées fait qu'elles ne sont vendues jamais à un cours en quelque sorte uniforme.

CANTON DE DIJON (EST).

Les vignobles de ce canton ont beaucoup d'analogie, quant à la nature du terrain, avec ceux du canton sud de Beaune. Les vignes ne végètent que dans des terres fortes, argileuses, profondes : les produits se ressentent de cette espèce de sol, et sont d'une qualité infiniment médiocre. Tout le cépage de ce canton n'est que gamay pour le rouge et melon pour le blanc : les autres plans y dégénèrent et s'y perdent.

On peut classer les produits de ces vignobles, selon leur qualité, dans l'ordre suivant : ceux de Ruffey, Arc-sur-Tille, Saint-Appollinaire, Chevigny, Sennecey, Quetigny, Varois, Crimolois, Bretigny, Clénay, Brognon et Remilly-sous-Tille.

Comme les vins sont très-médiocres, on ne doit considérer la récolte qu'on en fait dans ces communes que comme un accessoire au revenu que fournissent les autres terres, qui sont presque toutes des terres à froment.

A Saint-Julien et dans quelques autres villages de ce même canton, on cultive la vigne en treille, on plante ces treilles au milieu des vergers, qui sont très-communs; on place des perches qui sont appuyées sur les arbres voisins, et on étend ainsi les branches de la vigne. Le vin qui provient de ces treilles est ordinairement fort mauvais; mais il se boit par ceux qui le récoltent, et même quelques particuliers sont encore dans le cas d'en vendre. A Saint-Julien, par exemple, il est des années où on recueille jusqu'à deux cent trente et même deux cent cinquante hectolitres de vin.

NOMS DES COMMUNES VIGNOBLES du canton (est) DE DIJON.	NOMBRE d'hectares de vignes dans chaque commune.		QUANTITÉ moyenne en hectolitres récoltés dans chaque commune.	ÉVALUATION d'un hectare de vignes en revenu par la direction des contributions directes.	
	Gamays.	Noirieus.		Gamays.	Noiriens.
Ruffey	79,06,00		1,580	3,692f 07c	
Arc-sur-Tille....	13,98,20		308	836 14	
Chevigny........	3,55,50		144	238 77	
Saint-Apollinaire	44,16,70		1,056	2,906 15	
Sennecey........	2,65,70		96	138 43	
Quetigny........	4,22,80		96	193 22	
Varois	2,24,90		72	140 34	
Crimolois........	40,20		14	24 44	
Bretigny	14,49,20		260	368 44	
Clenay..........	3,88,80		84	117 06	
Brognon.........	1,45,80		40	47 39	
Remilly-s.-Tille .	1,82,80		20	37 43	
	170,96,60		3,770	8,739f 88c	

Quoiqu'en commençant cet article, j'aie comparé les vins de ce canton avec celui de Beaune (sud), il existe une grande différence dans les qualités entre l'un et l'autre, et l'évaluation faite par la direction des contributions directes le prouve évidemment, puisque celle d'un hectare de vignes du canton sud de Beaune est de deux tiers plus élevée que celle du canton (est) de Dijon. Le produit d'une ouvrée est à peine, terme moyen, de deux francs. On pourrait assurer que les vignobles de ce canton offrent moins d'avantage que si le terrain en était cultivé autrement. La petite quantité de vignes dans chaque commune démontre que les propriétaires pensent ainsi, et que ce qui est en vignes est pour leur propre utilité seulement.

CANTON DE SELONGEY.

Le vignoble de ce canton peut passer, après ceux du canton de Gevrey et de quelques communes du canton ouest de Dijon, pour un des meilleurs de l'arrondissement de cette ville. Près des sept huitièmes des vignes sont plantés sur des coteaux. La terre de ces sept huitièmes est légère, rouge, pierreuse, reposant sur un fond de *laves* ou pierres calcaires.

Le dernier huitième de vignes, qui se trouve en plaine, est planté dans une terre forte, rouge, franche, argileuse, qui repose sur un lit de marne grasse, jaune et assez compacte.

Le cépage varie selon la nature du terrain. Dans les bons climats bien exposés, on cultive deux espèces de plant rouge, qui sont : 1° Le *franc-pineau*, qui produit peu, mais qui donne le meilleur vin ; 2° le *gonaï*, plus productif que le pineau, qui donne un vin vif, sans âpreté, et qui se garde bien.

Dans les terrains inférieurs et de moins bonne qualité, on plante le gamay, qui produit un vin assez plat, mais très-abondant, qui se garde mal, et une autre espèce appelée le noireau, qui tient le milieu entre le pineau et le gamay. Il produit plus que le pineau, mais le vin qu'il fournit est très-plat et passe difficilement l'année.

Ce plant a été importé de Chenôve à Selongey. On lui a donné différens noms, selon les divers pays où il a été porté. J'en parlerai dans le cours de cet ouvrage.

Les raisins blancs sont dans la proportion d'un dixième environ dans les vignes de ce canton. Les plants qui les produisent sont parsemés au milieu des rouges; ils sont de deux espèces : 1º Le melon, plant universellement cultivé dans la Côte-d'Or, très-fertile, produisant de très-gros raisins, et dont les grains sont très-rapprochés ; 2º le menu-blanc, qui pourrait bien être le morillon blanc, peu fertile en général, donnant un vin blanc léger, agréable et qui se garde bien. Ce plant a beaucoup d'analogie avec celui qu'on nomme, autour de Beaune, l'alligotet.

L'ordre des travaux de la vigne varie un peu dans ce canton, et je dois noter cette différence. On provigne, on taille, on élague pendant l'hiver, pour peu que le temps le permette, et on sombre à la houe de très-bonne heure.

On bine en mai : ce second coup de labour est dit *pour renouveler*. Ce n'est qu'après ce binage que l'on fiche en terre les échalas ou paisseaux.

On donne, dans le courant de juin, un troisième coup de labour, qui se prolonge ordinairement jusqu'à la mi-juillet. Dans l'intervalle du deuxième et du troisième labour, on ébourgeonne la vigne, ce qu'on appelle brosser; on l'accole, on attache aux paisseaux les pousses un peu longues. Cette opération se renouvelle, selon les années, jusqu'à deux ou trois fois.

Plusieurs propriétaires font donner un quatrième coup de labour dans le courant du mois d'août, pour détruire les mauvaises herbes et hâter la maturité du raisin. Ce quatrième coup n'a lieu guères que dans les années très-humides, où la vendange est tardive, et où les plantes parasites poussent avec vigueur.

La vendange se fait dans des petits paniers que l'on vide dans de plus grands, qu'on nomme *bannetons,* ou, par corruption, *benâtons.* Ces bannetons se portent sur l'épaule, et se versent dans un cuveau en bois de forme ovale, qu'on nomme *balonge,* placé sur une voiture, qui transporte ainsi le raisin dans la cuve. Il faut dix à douze bannetons de raisins pour produire une pièce de vin.

On foule dans la cuve les trente premiers bannetons, après quoi on jette les raisins tels qu'ils sortent de la vigne dans la cuve, jusqu'à ce qu'elle soit remplie. L'égrappage n'a pas lieu : un propriétaire l'a cependant mis en pratique, et y a trouvé un grand avantage.

Le travail de la fermentation du raisin dans la cuve varie suivant la maturité du fruit et la température, de quatre à douze jours.

Les pressoirs sont à deux vis, que l'on fait tourner au moyen d'une barre, au bout de laquelle se placent plusieurs hommes, qui les font alternativement descendre sur un arbre de pression.

Les vins de Selongey sont colorés, sans âpreté ni acidité, et se peuvent aisément garder de trois à quatre ans. On doit en excepter toutefois ceux des propriétaires qui ont dénaturé les anciens cépages, et qui les ont remplacés par le noireau : mais ces exceptions sont heureusement fort rares. Je viens de dire que généralement les vins de Selongey se gardaient trois à quatre ans; ceux des meilleurs crus peuvent se conserver beaucoup plus long-temps, sans altération, et acquérant toujours de la qualité. On m'a même cité, en 1830, qu'un propriétaire possédait des vins de 1819, 1822 et 1825, qui étaient devenus d'une qualité supérieure, et qui n'éprouvaient même, après dix ans, aucune détérioration.

Les débouchés, à la vente des vins de ce canton, ont lieu dans les communes de la montagne, dans le canton de Recey-sur-Ource. Les droits réunis ont mis de grandes entraves à ce commerce ; aussi, au moment où j'écris, le sort des possesseurs de vignes est-il fort malheureux.

Les coteaux de Selongey produisent le meilleur vin du canton. Après cette commune, vient Boussenois, qui rivalise de qualité, quoique cette propriété soit moins générale. Ces territoires doivent cet avantage à la nature du sol, qui est léger, pierreux, en belle exposition, au moins pour la plus grande partie.

Le village de Sacquenay fournit des vins rouges d'une qualité inférieure, mais ses vins blancs jouissent de quelque réputation qu'ils méritent. Les vignobles d'Orville, de Foncegrive et de Véronnes-les-Grandes, ne produisent que des vins très-médiocres.

Autrefois les vins de Selongey étaient d'une vente très-avantageuse, si l'on en juge par les mercuriales tirées des archives de la mairie.

1re qualité, terme moyen de douze années
de 1817 à 1828. . . . . 60 fr.
  2e qualité. 44
  Vins blancs. . . . . 35 75 c.
  Vins communs (gamays) pendant neuf ans,
terme moyen. 33

Ces différens prix sont pour un tonneau (228 litres),

et il est à remarquer que le vin se vend nu, l'acheteur étant obligé de fournir le vase pour l'envaisseler.

NOMS DES COMMUNES VIGNOBLES du canton DE SELONGEY.	NOMBRE d'hectares de vignes dans chaque commune.		QUANTITÉ moyenne en hectolitres récoltés dans chaque commune.	REVENU IMPOSABLE.	
	Gamays.	Noiriens.		Gamays.	Noiriens.
Selongey	239,98,10		6,699		
Boussenois......	60,00,00		2,074		
Sacquenay......	80,02,50		2,391		
Orville	14,39,86		347		
Foncegrive	27,76,92		672		
Véronnes-l.-Gr⁰ᵉˢ.	4,11,39		102		
Véronnes-l-Pet⁰ᵉˢ,	5,14,24		143		
Chaume.........	34,28		15		
	431,77,29		12,441		

La culture de la vigne doit être considérée comme assez avantageuse dans le canton de Selongey, puisque d'après ses mercuriales pendant dix années, on peut évaluer à vingt-sept francs vingt centimes le produit brut d'une ouvrée de vignes (vin rouge), première et deuxième qualités. En en défalquant un tiers [1] pour les frais de culture et les impôts, il reste net dix-huit francs treize centimes deux deuxièmes, somme bien supérieure à ce que produit la vigne dans les climats les plus distingués. Les gamays donnent moins de revenu, mais il est alors en proportion avec la médiocre qualité du terrain.

CANTON D'IS-SUR-TILLE.

Les vignobles de ce canton ne sont généralement pas en si belle exposition que ceux du canton de Selongey; à

[1] On ne porte les dépenses de culture, impôts, etc., qu'au tiers, parce que l'envaisselage n'offre que quelques frais d'entretien, le vin étant vendu sans tonneaux.

part la colline au pied de laquelle est bâti Gemeaux, tout le reste est en plaine.

La terre de ces vignobles communs est aride, sèche, pierreuse dans la plupart, et rouge, forte, argileuse dans quelques autres. Celle-ci est très-propre aux diverses céréales.

Les plants sont le gamay rouge, à grosse tête, et pour les blancs, le melon et le menu blanc, deux espèces qui sont cultivées dans le canton de Selongey. Sur la côte de Gemeaux, on cultive aussi le pineau noir qui y réussit bien, et qui donne un vin d'assez bonne qualité, susceptible de se garder pendant plusieurs années. A Thil-Châtel ou Tréchâteau, le pineau est dans la proportion d'un dixième; le vin qui en provient est fort passable, et peut se conserver long-temps.

La culture ne diffère en rien de ce que nous avons dit plus haut en parlant de Selongey. La vendange s'y fait de même, et on y suit les mêmes procédés pour amener les raisins dans les cuves, pour faire établir la fermentation, pour le décuvage et le pressurage. Je ne répéterai donc pas ce qui a été dit, ce serait inutile.

Les vins du canton d'Is-sur-Tille sont en général des vins fort ordinaires, à part quelques crus de Gemeaux, tels que les Violettes et les Citrolles, et de Til-Châtel, qui peuvent aller de pair avec ceux de Boussenois. Les vins blancs sont un peu meilleurs que les rouges ; ils se récoltent particulièrement à Gemeaux, Villey, Marcilly et Echevannes, mais en assez petite quantité, puisqu'ils ne forment guères qu'un vingtième.

On peut classer les vignobles de ce canton, soit sous le rapport de la qualité, soit sous celui de la quantité, de la manière suivante : Gemeaux, Til-Châtel, Saux-le-Duc, à peu de distance d'une montagne élevée et isolée, au milieu d'une plaine très-fertile. Son vignoble n'est pas sans mérite.

Après ces communes viennent les crus d'Is-sur-Tille, Marcilly, Pichange, Spoix, Flacey, Marsannay-le-Bois; enfin dans la dernière catégorie, on peut placer Villey, Crecey, Echevannes et Chaigney. Quoique les vins de ce dernier village soient des plus médiocres, il est dans une telle position que ses récoltes sont vendues, chaque année, avant le premier janvier.

En général les vins de ce canton se débitent très-avantageusement; comme il touche à des pays montueux, couverts de grandes forêts, où la culture de la vigne est impossible, les habitans de ces contrées viennent s'approvisionner de bonne heure chez leurs voisins, des vins qui leur manquent. Il est à remarquer qu'ils amènent avec eux leurs tonneaux qu'ils remplissent, en sorte que les propriétaires de vignes des cantons d'Is-sur-Tille et de Selongey n'ont jamais à s'occuper du soin de se procurer des tonneaux, avantage immense, et que n'ont pas les habitans des communes vignobles de la bonne côte, qui sont dans l'usage d'acheter tous les ans des tonneaux. Cette mise de fonds est une des causes principales du malaise qu'éprouvent les propriétaires et les vignerons, surtout lorsque les ventes sont lentes et difficiles.

NOMS DES COMMUNES VIGNOBLES du canton D'IS-SUR-TILLE.	NOMBRE d'hectares de vignes dans chaque commune.		QUANTITÉ moyenne en hectolitres recoltés dans chaque commune.	ÉVALUATION MOYENNE d'un hectare de vignes en revenu par la direction des contributions.	
	Gamays.	Noiriens.		Gamays.	Noiriens.
Gemeaux........	268,82,19		7,538	11,349ᶠ20ᵉ	
Thil-Châtel.....	158,75,07		4,279	4,512 35	
Saulx-le-Duc....	37,27,25		933	542 59	
Is-sur-Tille.....	98,18,05		1,765	2,025 23	
Marcilly........	114,62,85		3,458	2,673 66	
Pichanges	61,81,30		1,671	1,683 09	
Spoix..........	17,25,20		414	606 34	
Flacey	14,69,47		381	435 72	
Marsannay-le-Bois	113,42,55		3,551	3,589 87	
Lux...........	15,69,30		390	506 61	
Cressey-sur-Tille.	63,99,82		1,728	997 68	
Villey-sur-Tille..	52,19,33		1,409	667 31	
Echevannes.....	58,63,35		928	1,016 14	
Chaigney.......	170,88,19		5,130	7,649 80	
Épagny	18,07,18		432	532 81	
Villecomte	3,76,35		88	52 72	
	1245,07,45		34,037	58,921ᶠ62ᵉ	

La moyenne du produit d'une ouvrée de vignes, dans
le canton d'Is-sur-Tille, est de 107 litres, et comme le
débit s'en opère avec assez de facilité à un taux assez
élevé, la culture de la vigne peut être considérée comme
avantageuse. Le revenu imposable moyen n'a été fixé qu'à
trente-un francs vingt-six centimes l'hectare pour tout le
canton, à raison des accidens auxquels sont sujettes ces
vignes. A Gemeaux même, où le vin est supérieur à celui
des autres communes environnantes, le revenu n'a été porté
qu'à un franc quatre-vingt-deux centimes l'ouvrée, somme
peu considérable et qui est de beaucoup au-dessous du
revenu réel. Mais, je le répète, les avaries qui surviennent à ces vignobles sont si fréquentes, qu'on a été
forcé d'adopter un taux infiniment bas pour ne pas léser
les propriétaires.

CANTON DE SOMBERNON.

Ce canton offre un vignoble considérable ; quoique placé dans les montagnes, et à une assez grande élévation, il n'est pas sans quelque mérite. On y compte environ onze mille deux cent dix ouvrées de vignes réparties dans onze communes.

Les deux tiers de ces vignes sont plantés sur des coteaux, et généralement dans de belles expositions. Màlain surtout est placé dans la situation la plus propice à ce genre de culture [1]. Ancey, Savigny-sous-Màlain, sont également bien exposés ; aussi leurs vignobles sont-ils fort étendus. L'autre tiers de vignes est au pied des coteaux et presque en plaine.

Le sol n'est pas également partout propre à la vigne ; il varie sous les rapports de la nature intime, de la couleur et de la qualité. Le meilleur terrain est celui d'Ancey, de Màlain et de Savigny ; il est entremêlé de débris de pierres calcaires, rouge, un peu argileux, cependant assez léger. Il est des parties sur le même territoire où la terre est d'une toute autre nature : on la trouve marneuse, blanchâtre, rude et forte ; la vigne y réussit, mais ne donne que de mauvais produits.

Depuis quelques années on a planté beaucoup de vignes, surtout à Màlain. Les plantations se font dans le sens des pentes des coteaux. On ne redoute pas comme dans la bonne côte de voir la terre descendre à la partie la plus déclive ;

---

[1] Si Màlain n'est pas le *Mediolanum* des *Insubres,* c'est du moins un lieu qui a été habité dans une haute antiquité. J'ai examiné avec attention la position des ruines, leur grande étendue, et tout m'a confirmé dans mon opinion. Divers climats portent des noms très-significatifs, tels, par exemple, que les Reliques, *Reliquiæ,* Villerot, *Villarotunda,* etc. On trouve dans les champs des débris de tuiles, des briques, et dernièrement encore on a découvert une lampe fort curieuse.

sa force de cohésion est si grande, qu'on ne court aucun risque. On trouve encore un avantage à en agir ainsi, c'est de faciliter l'écoulement des eaux sous-jacentes que la marne retient et conserve long-temps.

Les plantations se font au moyen de chapons que l'on nomme *éperons*, ou avec des chevelées ou plants enracinés ; j'ai remarqué à Màlain que l'on mettait un grand espace entre chaque cep, aussi m'ont-ils paru trop éloignés l'un de l'autre. C'est un avantage pour la maturité, mais il y a un juste milieu.

L'ordre que l'on suit pour les travaux de la vigne est à peu près le même que celui des autres vignobles. Après les vendanges, on arrache les échalas, on les aiguise, et on les dispose pour être replantés au printemps. On fait dans le cours de l'hiver une opération qu'on nomme l'élagage, qui est fort utile, quand le froid n'est pas très-vif, mais dangereuse, si l'hiver est rigoureux ; elle cause la perte de beaucoup de ceps.

On taille au mois de mars, c'est alors que l'on provigne ; on fait de longues fosses en long, dans lesquelles on couche le nombre de ceps qu'elles peuvent contenir. Ces fosses doivent avoir de vingt à vingt-quatre pouces de profondeur sur une longueur indéterminée. On donne le premier coup de labour, après quoi on plante les échalas qui sont de petites baguettes de quatre pieds et demi de hauteur ; on attache chaque cep à son paisseau au moyen de glui ou de brins de jonc. La vigne est labourée encore deux fois, et les soins qu'elle occasionne occupent le vigneron toute l'année, car elle est la principale branche de fortune des habitans de Màlain, Ancey, Savigny, etc.

Les bans de vendange ne se donnent que par communes mais les commissaires chargés de constater la maturité des raisins s'entendent ordinairement avec ceux des villages voisins, pour s'assigner à chacun un jour différent afin de ne pas établir une fâcheuse concurrence pour les vendangeurs, et pour faire en sorte de les payer à un moindre prix. Cependant on ne peut guères redouter cet inconvénient, car on en prend peu, et la vendange dure long-temps.

Le raisin est cueilli avec assez de soin, et on le transporte dans les cuves sans le fouler ni dans la balonge ni dans la cuve : aussi la fermentation ne s'établit-elle que très-lentement et toujours très-imparfaitement. Ce qui doit nécessairement diminuer la qualité du vin. Car je puis poser comme règle invariable que la qualité du vin est en raison de la simultanéité de la fermentation.

En général, le vignoble du canton de Sombernon produit du vin fort abondamment; et, bien qu'il s'en consomme une assez grande quantité dans le pays, l'exportation dans les communes du canton de Saint-Seine est considérable.

On recherche les vins d'Ancey, qui sont légers et propres à être bus de bonne heure. Il existe à Màlain quelques bonnes cuvées ; ceux d'Agey sont généralement passables ; les soins à la confection leur manquent trop souvent ; mais ceux qui sont faits avec attention sont susceptibles de se garder long-temps. On pourrait en trouver encore, en ce moment (1830), dans les caves des propriétaires aisés , des années 1822 et 1825. Ces vins ont, à mon goût, un grand défaut que les habitans des pays n'apprécient pas : c'est une saveur toute particulière qu'on nomme goût de terroir [1]. On s'en aper-

---

[1] J'ai donné mon opinion sur ce goût particulier, en parlant des vins.

çoit quand en on boit pour la première fois : une courte habitude fait bientôt disparaître ce goût.

Le prix moyen des vins de ce canton, fait d'après une période de dix ans, est de vingt-quatre francs le tonneau (228 litres) tout nu. La culture de la vigne offre de grands avantages au propriétaire. Comme le terrain fournit assez abondamment, le prix dont j'ai parlé est plus que suffisant pour indemniser le propriétaire de ses avances, et lui donner un revenu assez considérable. D'ailleurs, la culture de la vigne est dans la plus grande partie des localités de nécessité, puisque les sept dixièmes de terrains plantés de vignes ne sont propres qu'à ce genre de culture. On a su aussi l'utiliser en y plantant un grand nombre d'arbres fruitiers qui sont d'un grand rapport. A Remilly, les cerisiers sont une branche immense de profit pour les habitans. Mâlain avait autrefois prodigieusement de noyers; on y a substitué les cerisiers, les pêchers, les néfliers, etc., etc., ainsi que dans tous les autres pays vignobles de ce canton.

NOMS DES COMMUNES VIGNOBLES du canton DE SOMBERNON.	NOMBRE d'hectares de vignes dans chaque commune.		QUANTITÉ moyenne en hectolitres récoltés dans chaque commune.	REVENU IMPOSABLE.	
	Gamays.	Noiriens.		Gamays.	Noiriens.
Ancey	118,83,65		2,852	4,402f 50e	
Mâlain	165,64,60		3,800	7,734 39	
Savigny-s.-Mâlain	22,77,30		546	1,421 40	
Pralon	44,86,30		897	3,215 08	
Mémont.........	27,93,45		670	1,842 36	
Agey...........	48,84,20		976	2,140 33	
Remilly........	52,92,53		1,270	2,356 40	
Gissey-sur-Ouche.	18,66,95		373	758 59	
Barbirey	54,50,20		1,308	3,445 07	
Grenant........	7,70,30		184	240 40	
Saint-Victor	6,22,75		144	179 90	
Sainte-Marie....	2,46,55		50	104 77	
Montoillot......	2,26,10		44	54 38	
Baulme-la-Roche.	76,75		18	24 17	
	574,43,43		13,132	27,919f 82e	

Ainsi la moyenne du revenu imposable est de quarante-six francs quarante-neuf centimes par hectare pour tout le canton, mais elle varie dans chaque commune en raison de l'abondance des produits, qui ne sont pas les mêmes dans aucun de ces vignobles. C'est ainsi qu'à Ancey, qui donne du vin passable, la moyenne n'est qu'à trente-huit francs quatre-vingt-quinze centimes l'hectare, tandis qu'à Pralon elle s'élève à soixante-treize francs trois centimes. C'est la qualité du terrain qui a décidé de ces différences d'évaluation basées sans doute sur la connaissance parfaite des localités.

CANTON DE GENLIS.

Ce canton, sous le rapport de la vigne, n'offre rien de bien important; pays de plaine, arrosé par l'Ouche et les deux bras de la Tille, n'ayant qu'un sol argileux, fort, compacte, plus favorable à la culture des céréales qui y abondent qu'à celle de la vigne. J'aurais pu me dispenser d'en parler, mais je ne puis rien omettre de ce qui touche à la vigne.

Le cépage cultivé dans ce canton est le pur gamay; à Tart-le-Haut, on entremêle le plant rouge, de gamay blanc ou melon : c'est le petit coteau de ce village qui produit le vin le moins mauvais du canton; dans les bonnes années, le vin blanc en est même passable. On récolte aussi beaucoup de vin à Tart-l'Abbaye ainsi qu'à Tart-le-Bas. A Izeurre, à Fauverney, quoiqu'il n'y ait que cent vingt à cent cinquante ouvrées de vignes, les produits en sont très-abondans, mais d'une grande médiocrité. Je ne parle pas des petits vignobles de Genlis, Aiserey, Echigey, etc. Ils sont trop peu importans pour faire entrer ces produits en lignes de compte.

Malgré leur médiocrité, les vins de ce canton se vendent avec quelque avantage, sur place ou dans les communes environnantes qui ne cultivent pas la vigne, et les trois villages de Tart en retirent un certain bénéfice qui met les habitans assez à l'aise.

NOMS DES COMMUNES VIGNOBLES du canton DE GENLIS.	NOMBRE d'hectares de vignes dans chaque commune.		QUANTITÉ moyenne en hectolitres récoltés dans chaque commune	REVENU IMPOSABLE.	
	Gamays.	Noiriens.		Gamays.	Noiriens.
Genlis............	2,21,64		63	134f 71 •	
Aiserey.........	2,24,73		63	160 29	
Echigey........	2,26.73		64	152 69	
Fauverney.... .	5,75,05		165	367 46	
Izeurre.........	6,28,94		171	382 39	
Longchamp.....	2,67,41		65	192 54	
Longecourt.....	2,14,06		60	158 06	
Magny-sur-Tille .	1,02,56		28	65 59	
Tart-l'Abbaye...	17,72,97		489	1,345 68	
Tart-le-Bas.....	11,17,43		315	934 95	
Tart-le-Haut....	23,95,22		593	2,182 63	
Varanges.......	65,18		16	42 02	
	73,51,92		2,992	6,098f 01 •	

Ainsi la moyenne pour les produits est de trente hectolitres environ par hectare dans le canton de Genlis. Il fallait une abondance de récolte aussi forte pour fixer le revenu imposable à une somme forte, si on la compare avec l'évaluation donnée à l'ouvrée de vignes dans le canton ouest de Dijon. Là, son revenu n'a été fixé qu'à deux francs soixante-dix-sept centimes, et dans le canton de Genlis à trois francs soixante-quatre centimes; cependant il n'est personne qui ne donnât une grande préférence aux vins de Dijon sur ceux de Tart, d'Izeurre ou de Fauverney. On ne peut se rendre compte de cette évaluation qu'en établissant que le revenu des vignes du canton de

Genlis, quoique de médiocre qualité, est plus certain que celui des vignes de Chenôve, Dijon, etc.

CANTON DE PONTAILLER.

Ce qui vient d'être dit sur les vignobles du canton de Genlis, peut également s'appliquer à celui de Pontailler. Placé sur les bords de la Saône, les petites rivières qui y affluent font de ce pays un terrain aquatique et généralement peu propre à la culture de la vigne. Quelques monticules, plus propres à cet arbrisseau, ont été utilisés; mais le sol argileux, compacte, ne peut donner aux produits de la vigne que des qualités très-médiocres.

Autour de Pontailler, le vignoble offre une étendue assez considérable, qui n'est pas sans avantage pour le propriétaire, par la facilité qu'il a de vendre son vin, quelque médiocre qu'il soit, aux bateliers qui remontent la Saône jusqu'à Gray. La commune de Maxilly a aussi un vignoble assez considérable; à Talmay, Lamarche et Montmançou, il y a beaucoup moins de vignes : elles sont très-communes et donnent du mauvais vin.

On ne cultive dans tout ce canton que le gamay rouge et blanc, tout autre cépage y changerait de nature, et ne produirait pas de fruit. Là, comme je l'ai fait remarquer pour les vignes des autres cantons de la plaine, le raisin, même dans les bonnes années, ne parvient jamais à une maturité parfaite; il reste toujours vers le pédoncule une petite partie rosée qui le prouve : d'ailleurs, les raisins sont surchargés de grains, la première couche se mûrit, mais ceux qui sont plus intérieurs sont presque toujours verts au moment de la vendange; il résulte de là que le vin est toujours un peu acide, et ne peut se garder longtemps; il contient trop d'albumine végétale, qui tend tou-

toujours à se décomposer, et par conséquent à altérer le vin.

NOMS DES COMMUNES VIGNOBLES du canton DE PONTAILLER.	NOMBRE d'hectares de vignes dans chaque commune.		QUANTITÉ moyenne en hectolitres récoltés dans chaque commune.	REVENU IMPOSABLE.	
	Gamays.	Noiriens.		Gamays.	Noiriens.
Pontailler........	82,66,60		5,363	8,407f 99c	
Binges	5,62,35		87	158 71	
Cirey	69,65		17	40 61	
Drambon........	3,47,90		85	121 76	
Heuilley........	48,15		10	21 09	
La Marche......	17,63,35		492	537 19	
Marandeuil	2,50,15		67	189 61	
Maxilly.........	34,76,50		1,823	1,454 83	
Montmançon ...	5,44,70		135	126 92	
Saint-Léger.....	74,70		17	34 13	
Saint-Sauveur ...	34,65		8	30 32	
Vielverge et Soissons	40,15		10	22 40	
Talmay	20,61,20		546	968 65	
Vonges.........	7,50,70		527	618 01	
	180,90,75		9,187	12,733f 22c	

La quantité moyenne est ici évaluée au-dessous de ce qu'elle est réellement, car le vignoble de Pontailler surtout fournit une masse prodigieuse de vin dans certaines années [1]. C'est d'après ce rapport extraordinaire qu'on a fixé le revenu imposable, qui a été porté à la somme de cent deux francs cinquante-trois centimes l'hectare, ou quatre francs vingt-huit centimes l'ouvrée : prix supérieur à celui qui a été déterminé pour les bonnes vignes du canton ouest de Dijon. Les autres vignobles de ce canton sont également fort productifs, mais beaucoup moins à proportion que celui de Pontailler, qui, outre la quantité

[1] En 1826, le vignoble de Pontailler a produit 12,429 hectolitres 20 litres. Ce qui fait 6 hectolitres 28 litres par ouvrée.

qu'il fournit, a encore un autre avantage, c'est, comme je l'ai observé, que les propriétaires se défont aisément de leur vin, qui leur est acheté souvent dans les premiers mois de la confection.

CANTON D'AUXONNE.

Les excellentes terres de ce canton sont pour les céréales et les prairies; les vignobles ne doivent y compter pour presque rien. Les blés de Flammerans et de Champdôtre valent certainement mieux que les vins de Villers-Rotin, Billey et Flagey.

Le sol dans lequel sont plantées ces vignes est argileux, compacte et plus propre, à la tuilerie qu'à faire végéter des cépages, tout gamays communs qu'ils peuvent être. Autour d'Auxonne, la terre est meuble, végétale; c'est une sorte de terreau naturel, sur lequel croissent et se multiplient des melons qui sont le plus ordinairement excellens. On a planté sur le territoire de cette ville environ soixante-dix ouvrées de vignes qui y prospèrent, et dont le produit moyen est considérable. Ce vin est fort commun, le terrain n'est pas de nature à en produire du bon.

Il est une remarque assez importante à faire : c'est que les vignobles de ce canton sont placés sur la rive gauche de la Saône, en allant vers le département du Jura. La terre, quoique argileuse, est moins compacte de ce côté que sur la rive droite de cette rivière, et serait plus propre à la culture de la vigne, mais elle est trop humide, et il n'y a qu'une assez petite quantité de vignes, ainsi qu'on le verra par le tableau ci-joint.

NOMS DES COMMUNES VIGNOBLES du canton D'AUXONNE.	NOMBRE d'hectares de vignes dans chaque commune.		QUANTITÉ moyenne en hectolitres récoltés dans chaque commune.	REVENU IMPOSABLE.	
	Gamays.	Noiriens.		Gamays.	Noiriens.
Auxonne	3,13,10		152	210f07c	
Billey	5,55,65		128	246 30	
Flagey	7,94,65		205	538 77	
Pont...........	13,50		4	19 87	
Poncey.........	28,50		8	19 81	
Soirans.........	1,08,80		55	98 34	
Villers-Rotin....	7,48,55		241	555 79	
	25,62,35		775	1,679f 96c	

Ainsi la moyenne, calculée d'après une série de cinq
ans, est de trente-un hectolitres par hectare, ou d'un hectolitre trente-un litres par ouvrée. On ne saurait assigner
un revenu réel pour le propriétaire de ces vignobles, parce
qu'ils n'offrent que des parcelles qui produisent seulement
du vin pour ses propres besoins, et cependant l'hectare a
été estimé, pour le revenu imposable, à soixante-sept
francs trente-six centimes ou deux francs quatre-vingt
centimes l'ouvrée. Ce qui prouve qu'on a cherché les bases
de cette évaluation plus dans la quantité que dans la qualité, ce qui est exact.

CANTON DE FONTAINE-FRANÇAISE.

Ce canton est plus important par ses mines de fer et ses
bois que par ses vignobles. Les bords de la Vingeanne
donnent des fourrages de première qualité, et les terres
qui l'avoisinent sont des plus fertiles. Les vignes n'en doivent donc être considérées que comme ajoutant au bien-
être des habitans, plutôt que comme un objet d'un revenu
réel, si ce n'est dans les communes d'Orain, Bourberain,

Courchamp, Saint-Seine-sur-Vingeanne et Fontaine-Française, où l'excédant de la récolte ne peut se consommer que par l'exportation.

Les terres de ce canton sont comme celles dont nous avons parlé plus haut (Pontailler et Auxonne); elles sont argileuses, compactes, grasses, conservant l'eau pendant long-temps, et cependant assez favorables au plant gamay qui est le seul qu'on y cultive. Quand la vigne n'éprouve point d'inconvénient, quand il n'y a pas de gelées printannières et que la fleur passe bien, elle donne considérablement de raisins. Comme ils sont très-gros, ils ne mûrissent qu'avec difficulté; la couche extérieure mûrit, mais les grains internes, cachés par les extérieurs, sont à peine variés à l'époque de la vendange, aussi le vin en est-il toujours un peu acide, même dans les années propices. Ainsi que tous ceux qui proviennent du plant gamay planté dans des terres fortes, il est peu spiritueux, et n'a de couleur que quand les raisins sont en petite quantité et qu'ils ont mûri avec la chaleur.

La culture est la même que dans les autres cantons de la Saône. Pour sombrer, on se sert d'une sorte d'écobue à manche recourbé; on lève la terre de la largeur du fer, et on la retourne en la jetant à droite et à gauche. Lorsque les chaleurs printannières se font sentir, cette terre se sèche médiocrement, et quelques pluies légères la réduisent en poussière; on bine alors avec le même instrument, mais ce second coup de labour se donne avec beaucoup moins de peine; c'est alors que l'on plante les échalas qu'on attache au cep avec des brins de chanvre ou de glui. On donne quelquefois un troisième coup de labour, surtout dans les années humides, pour débarrasser les vignes des herbes parasites qui y pullulent.

NOMS DES COMMUNES VIGNOBLES du canton DE FONTAINE-FRANÇ.se	NOMBRE d'hectares de vignes dans chaque commune.		QUANTITÉ moyenne en hectolitres récoltés dans chaque commune.	REVENU IMPOSABLE.	
	Gamays.	Noiriens.		Gamays.	Noiriens.
Bourberain	29,82,62		1,423		
Courchamp.....	28,79.77		1,250		
Dampierre......	20,00,00		685		
Fontaine-Françse.	27,42,64		901		
Fontenelle......	6,85,66		317		
Lavilleneuve....	4,37,10		211		
Licey	6,47,95		256		
Montigny.......	10,28,49		515		
Mornay	4,19,96		384		
Orain	68,56,60		2,108		
Pouilly-sur-Ving.	4,02,08		238		
Saint-Maurice...	6,42,80		464		
St-Seine-sur-Ving.	28,00,00		1,448		
	245,25,67		10,200		

Le produit moyen, calculé sur les cinq années de 1825,
26, 27, 28, 29, est fort considérable, puisqu'il offre une
quantité de quarante-un hectolitres soixante-trois litres
par hectare, ou environ un hectolitre soixante-dix litres,
c'est-à-dire une feuillette et demie. La proportion eût
peut-être été moins forte, si on eût pris une moyenne
sur une série de dix ans, ce que je n'ai pu établir.

CANTON DE MIREBEAU.

Les vignobles de ce canton ne sont pas très-étendus,
et cependant il est peu de communes où la vigne ne soit
cultivée. Les vins qu'on y récolte sont en général tous
au-dessous de l'ordinaire, quoiqu'une partie provienne
de vignes plantées dans un sol pierreux et léger. On n'y
cultive que le gamay à grosses têtes et le petit gamay,
qui souvent produisent fort abondamment du vin de très-
médiocre qualité.

Le meilleur de ce canton est celui de Mirebeau, qui ne doit pas même être classé parmi les bons ordinaires, car il est âpre, acerbe, souvent raide et peu spiritueux; mais tel qu'il est, il se consomme dans le pays et s'exporte avec avantage dans les villages voisins.

Cette culture est utile aux propriétaires, qui retirent de leurs vignes près de quatre fois plus que si ce terrain était ensemencé de céréales. Après les vins de Mirebeau, viennent ceux de Bellefont, qui d'ordinaire sont en petite quantité; mais les habitans savent se dédommager de l'incertitude de leur récolte par la culture des noyers, des abricotiers et autres fruits à noyaux, qui abondent dans leurs vignes. Les vins de Blagny, d'Ozilly, de Beaumont-sur-Vingeanne, de Champagne, sont après ceux dont il vient d'être question. Enfin, on peut ranger, dans une dernière catégorie, les petits vignobles de Viévigne, de Renève, de Tanay, de Noiron-sous-Beyre, de Magny-Saint-Médard, de Beyre-le-Châtel et de Bezuotte. Dans la plupart de ces villages, ce sont plutôt des meix, des petits clos de vignes pour l'utilité journalière des propriétaires, qu'un vignoble propre à fournir des vins comme objet d'exportation.

La culture proprement dite n'offre rien d'important à décrire, non plus que les vendanges et la confection du vin.

NOMS DES COMMUNES VIGNOBLES du canton DE MIREBEAU.	NOMBRE d'hectares de vignes dans chaque commune.		QUANTITÉ moyenne en hectolitres récoltés dans chaque commune.	REVENU IMPOSABLE.	
	Gamays.	Noiriens.		Gamays.	Noiriens.
Mirebeau.	59,00		2,450		
Bellefont	10,00		190		
Blagny	7,00		172		
Ozilly	6,00		148		
Beaumont-s-Ving.	40,00		487		
Champagne-s.-V.	8,00		160		
Viévigne	4,00		88		
Renève	2,75		59		
Tanay.	5,00		115		
Noiron-s.-Beyre.	1,58		54		
Beyre-le-Châtel .	4,85		114		
Magny-St Medard	1,60		35		
Bezuotte	2,00		44		
	151,78		4,096		

La récolte moyenne est donc de vingt-sept hectolitres par hectare, ou de cent quinze litres cinquante-six hectolitres, environ une feuillette. L'évaluation a été faite à un taux très-faible, en raison de la médiocrité du vin et de l'incertitude des récoltes ; car, bien qu'au premier aperçu on puisse regarder le produit comme considérable, puisqu'il est d'une feuillette par ouvrée, cependant il arrive que, pendant plusieurs années de suite, on ne fait point ou presque point de récolte. Alors, il survient une année d'une abondance extraordinaire, qui est plus à charge qu'utile ; par exemple à Mirebeau, en 1825 , on ne récolta guère que quatre cents hectolitres de vin, et, en 1827, le produit s'éleva à quatre à cinq mille. Le défaut de récolte est pernicieux ; mais une excessive abondance, réduisant le vin à un vil prix, le revenu est presque nul, parce que les frais absorbent le prix de la vente.

TABLEAU GÉNÉRAL

Des vignobles de l'arrondissement de Dijon, sous le rapport du nombre d'hectares de vignes, de la quantité moyenne récoltée, et du revenu imposable.

NOMS DES CANTONS.	NOMBRE d'hectares de vignes dans chaque canton.		QUANTITÉ moyenne en hectolitres récoltés dans chaque canton.	REVENU IMPOSABLE.	
	Gamays.	Noiriens.		Gamays.	Noiriens.
Gevrey..........	1564,55,16	101,84,12	55,747	179.712f 42c	32,999f 42c
Dijon (ouest)....	1669,13 03		39.715	107,193 85	
Dijon (nord)	877,66,95		21,055	44,302 64	
Dijon (est)......	170,96,60		3.770	8,739 88	
Selongey	431,77,29		12,441	22,151 34	
Is-sur-Tille.....	1245,07,45		34,055	38,921 62	
Sombernon.....	574,43,43		13,132	27,919 82	
Genlis	78,31,92		2,092	6,098 01	
Pontailler	180,90,75		9,187	12,733 22	
Auxonne	25,62,55		775	1,679 96	
Fontaine-Françse.	245,25,67		10,200	16,454 33	
Mirebeau.......	151,78,00		4,096		
	7215,48,60	101,84,12	186,225	462,169f 75c	32,999f 42c

Je n'ai pu me procurer que des renseignemens très-inexacts sur le produit effectif de la vigne dans l'arrondissement de Dijon, et seulement dans la moitié des communes vignobles; en sorte que je n'ai pas cru devoir en présenter le tableau. Comme il n'eût pas offert un résultat général, il n'aurait pu satisfaire les personnes qui désirent, dans cette sorte de travail, quelque chose de positif et de complet.

ARRONDISSEMENT DE SEMUR.

CANTON DE SEMUR.

Nous avons parcouru jusqu'à présent tous les vignobles qui se trouvent sur les croupes orientales de la chaîne des montagnes qui forment la Côte-d'Or : toutes les rivières, les fontaines, les sources, précipitent leur course pour se rendre dans la Saône, qui va porter à la Méditerranée le tribut de ses eaux, après sa jonction avec le Rhône. Nous avons maintenant à examiner les vignobles qui végètent sur les coteaux du versant occidental. La ligne séparative de ces deux versans est partout bien distincte et tranchée; l'aspect même du pays offre à l'œil de l'observateur des caractères particuliers. A l'est de la chaîne, les vallons offrent de larges surfaces, telles, par exemple, que les vallées de Meilly, Commarin, Arnay-le-Duc; les sommets n'en sont pas très-élevés, et en général couverts de forêts.

A l'ouest, au contraire, ce sont des vallées étroites, profondes, fort resserrées, et arrosées par des rivières rapides plus ou moins fortes : le Serain, la Brenne, l'Oze, l'Ozerain, la Seine, la Laigne, l'Ource, etc., prennent naissance au pied des monts qui forment le point de partage [1], et chacune de ces rivières arrose un vallon profond. J'excepte l'Armançon, qui coule à travers la vallée de Saint-Thibaut, qui offre une plaine d'une assez grande étendue.

Les cimes des coteaux de ce versant sont élevées dans beaucoup d'endroits. Elles sont abruptes, et présentent des flancs raides dont les angles sont fort aigus. On ne voit plus sur ces côtes le sol léger, graveleux, si perméable, que nous avons remarqué sur les côtes de Beaune, Nuits, Gevrey, etc. Ici c'est une terre rude, grisâtre, argileuse, très-profonde dans la plupart des

---

[1] La montagne de Sombernon est à 579 mètres au-dessus du niveau de la mer; celle près de Trouhaut est à 617 mètres, et celle de Pouilly est à 552 mètres, tandis que Santenay n'est qu'à environ 180 mètres.

cantons, compacte, conservant l'eau pendant long-temps. Un sol de cette nature peut facilement faire penser que les produits doivent être très-différens de ceux que nous avons vus jusqu'alors. La culture ne peut être la même, et l'expérience a dû faire imaginer des procédés convenables à l'espèce de terrain. Ce sont ces différences que nous avons à considérer, et quoique je veuille le faire succinctement, je serai cependant forcé d'entrer dans quelques détails pour remplir complètement le but que je me suis proposé. Je commencerai par le canton de Semur.

La plupart des vignes de ce canton sont plantées sur des coteaux dont l'exposition varie entre l'est et le sud. Les plantations s'élèvent aux deux tiers environ des montagnes. La partie la plus haute, quand la roche n'y est pas à nu, est employée à la culture des céréales. La terre est argileuse, mêlée d'un peu de pierrailles, en général d'assez mauvaise nature, ne pouvant convenir qu'à la vigne.

On cultive trois espèces de cépages, savoir: 1º le pinot ou pineau; 2º une variété qu'on nomme le chineau; 3º le gamay. Les plants blancs sont très-rares, aussi ne fait-on que rarement du vin blanc, et en petite quantité. Les deux premières espèces sont cultivées en coteaux; le gamay ne l'est que dans les terres de la plaine les plus mauvaises, où toute autre culture ne présente aucun avantage.

La plantation offre des particularités à noter. On fait des fosses, selon la pente du terrain, de quatorze à quinze pouces de profondeur, et à la distance d'environ quatre pieds. La direction qu'on donne aux fosses est pour faciliter l'écoulement des eaux et empêcher la pourriture du jeune plant. On se sert presque uniquement de chevelées quand on plante du pinot. Le gamay, au contraire, se plante par chapon : on couche les brins chevelus ou les chapons dans les fosses, en creusant sur les bords, de manière que le brin de sarment n'est plus éloigné de son voisin que de vingt-quatre à vingt-cinq pouces de tous côtés. Une plante reçoit un coup de labour immédiatement avant l'hiver, un second au printemps, et un troisième dans le cours de l'été. Elle reste ordinairement quatre à cinq ans sans donner de récolte, quand ce sont des chevelées de pinot. Le gamay est un peu plus hâtif : souvent à la troisième feuille la récolte dédommage un peu des avances.

Les travaux d'hiver sont les partages des terres, et le creusage des fosses, soit pour planter, soit pour le provignement de la vigne en saison convenable ; on coupe les ceps morts, et on fait un léger élagage. Les paisseaux passent l'hiver en terre, méthode très-préjudiciable, puisque la pointe se pourrit et se brise ensuite avec la plus grande facilité. Au reste on verra plus bas que des raisons semblent militer en faveur du non arrachement des échalas.

Au mois de février on commence à tailler ; quand cette opération est finie, on fait la revue de tous les paisseaux, ceux qui sont solides restent à demeure, ceux qui cassent sont rafraîchis à la pointe et on les replace où ils étaient, ceux qui sont pourris sont immédiatement remplacés par des neufs. Les baguettes dont on se sert pour paisseaux, sont d'une moyenne grosseur et de la hauteur de quatre pieds environ. Quand les paisseaux sont plantés, on fixe contre chacun d'eux le cep taillé, au moyen d'un brin de jonc ou de tiges de petit chanvre. Cette opération faite, on établit ce qu'on appelle les palissades, au moyen de perches de huit à neuf pieds de longueur, que l'on fixe soigneusement contre les échalas avec des brins d'osier ou de jonc. Ces palissades sont disposées en suivant la partie déclive du coteau. Deux propriétaires distinguent leurs limites réciproques en plantant leurs échalas et leurs perches, de telle sorte que chaque corps d'héritages se trouve en quelque sorte circonscrit dans une espèce de petite clôture. On ne palissade pas le gamay, on plante seulement un échalas à chaque cep, et on l'y attache avec du glui ou du jonc.

Dans le milieu d'avril et au commencement de mai, on donne le premier coup de labour à la vigne; on appelle ce labour sombrer; on emploie pour cela un instrument qu'on nomme *bossole;* généralement aussi on ne se sert que de la pioche. Vers le milieu de juin on donne un second coup qui s'appelle biner; c'est à cela que se bornent tous les labours de la vigne. Autrefois on donn it un troisième coup, mais on a cru pouvoir s'en passer, et généralement personne aujourd'hui ne tierce.

Le provignement de la vigne se fait en creusant de longues fosses dans la partie de la vigne qui paraît la plus languissante; on tire à droite et à gauche les ceps que l'on veut coucher, on les établit dans le creux, on fait saillir le brin couché en suivant toujours la pente du coteau. L'art d'enter la vigne est un procédé entièrement inusité.

On ébourgeonne *(brosser)* la vigne une seule fois dans le cours de mai; quand la vigne entre en fleurs, ce qui arrive généralement vers la fin de juin, on l'attache une seconde fois contre l'échalas avec un brin de glui ou de jonc : c'est cette opération qu'on appelle *accolement.* Depuis le mois de juillet, le vigneron s'occupe peu de ses vignes, il se livre aux autres travaux de la campagne, et attend, en s'occupant ainsi, l'époque de la maturité du raisin; alors les commissaires des communes les plus voi-sines de Semur s'y rendent à l'approche de la vendange, et y arrêtent le ban pour chacune d'elles, de manière à ne pas se contrarier pour les vendangeurs.

Au jour fixé, les vendangeurs choisis, on les conduit dans la vigne avec de petits paniers; quand ils sont remplis de raisins, ils les vident dans des hottes que portent des hommes vigoureux. Ces hotteurs, ou pour me servir du terme du pays, ces *hottiers* les portent au pied de la vigne,les versent dans des tonneaux où ils les foulent avec c un bâton au bout duquel est une petite masse qui se nomme pied de hotte. Quand le tonneau est rempli, on le ferme et on maintient le couvercle du fond avec du chan-vre ou une mauvaise corde qu'on nomme dans le pays *nagenre*. D'autres propriétaires, qui ont une récolte plus abondante, déposent leurs raisins dans un cuveau ovale, dont j'ai déjà parlé, et qui se nomme ici, comme dans le reste du département, *balonge* ou *bélonge*. Ce vase con-tient environ quatre tonneaux de vendange. Les raisins, soit qu'ils soient voiturés dans des tonneaux, soit qu'ils soient menés dans des ballonges, en arrivant à la cuve sont encore foulés de nouveau, jusqu'à ce qu'elle en soit rem-plie.

Lorsqu'un propriétaire a pris suffisamment de vendan-geurs pour pouvoir remplir sa cuve tout le même jour, la fermentation s'établit assez ordinairement vingt-quatre heures après. Mais on n'observe pas assez cette conduite, on prolonge la vendange pendant plusieurs jours, soit qu'on ne prenne pas assez d'ouvriers, soit qu'on ait des vignes sur d'autres communes dont le ban diffère. Il en résulte un ralentissement dans la fermentation qui est toujonrs pré-judiciable à la qualité.

Quand la fermentation a commencé convenablement, elle dure en général huit jours pour arriver au point de décuvage. Je dis en général, parce que ce travail est accéléré ou retardé par les influences atmosphériques. La chaleur le précipite, et le froid l'entrave, mais j'ai indiqué le terme moyen. On n'a pas de règles fixes pour saisir le point de décuver : on y procède ordinairement quand le travail de la fermentation est totalement achevé. On tire le vin par un robinet mis au pied de la cuve, on en remplit les tonneaux, qu'on ne scelle pas immédiatement, pour laisser se terminer la fermentation ; le marc est mis alors sur le pressoir. Un grand nombre de propriétaires sont dans l'usage de faire, ce qu'on nomme dans le pays, du demi-vin, soit pour leur consommation habituelle, soit même par motif d'économie. On verse une quantité d'eau donnée sur le marc non pressuré, on laisse travailler de nouveau ce mélange que l'on presse ensuite. On donne divers noms à cette préparation; on l'appelle *boire*, *boisson*, *piquette*. Elle est en effet aigrelette, piquante, même assez agréable. Ceux qui y sont accoutumés, la préfèrent aux vins du pays, qui sont désagréables, bus sans eau, et qui n'ont plus de saveur dès qu'on les mélange avec de l'eau, ne fût-ce que dans la proportion d'un tiers.

Les pressoirs sont composés de deux jumelles surmontées d'une traverse supportant une vis à laquelle est adapté un écrou. On presse au moyen d'un long levier qui est fixé à une partie nommée lanterne. Le même pressoir sert à un grand nombre de propriétaires. Le possesseur d'un pressoir le loue soit à l'argent, soit en prenant dans le vin pressuré une certaine mesure convenue.

Les vins du canton de Semur, à quelques exceptions près, sont en général peu agréables à boire ; ils sont presque tous acerbes, peu colorés, et contiennent très-peu d'alcool; ils ne se gardent pas très-bien, surtout si l'année n'a pas été favorable et si l'été suivant est très-chaud; il est rare qu'ils ne périclitent pas. La consommation doit s'en faire sur place, car ils ne supportent pas un transport un peu lointain. Ils ne sont pas récoltés en suffisante quantité pour la consommation du pays.

Le principe que j'ai émis et dont j'ai tâché de faire ressortir, autant que possible, la justesse, trouve ici son application. Un terrain fortement argileux, absorbant l'eau et la conservant long-temps, qui se durcit ensuite par la chaleur et la sécheresse au point qu'on ne peut plus le travailler, est un mauvais sol pour la plantation de la vigne; aussi le produit se ressent-il de cette fâcheuse combinaison. D'après un aperçu, j'ai reconnu que le sous-carbonate calcaire qui entre dans la composition de cette terre, est d'une nature particulière, offrant un mélange intime d'une marne bleuâtre. En calcinant les morceaux de cette roche, on obtient ce que les maçons appellent de la chaux maigre, tandis que dans toute la bonne côte on ne trouve que de la chaux grasse, ce qui constitue bien certainement une énorme différence entre ces deux espèces de sous-carbonate calcaire.

En général, la culture de la vigne est fort désavantageuse dans le canton de Semur; les vins ne se gardant pas et ne pouvant se transporter, l'exploitation de la vigne offre peu de ressources. Le propriétaire qui cultive par lui-même, en tire un peu plus d'avantage, mais à peine compense-t-il, par les produits, la peine qu'il prend à ce travail; pour tout autre elle est nuisible, car les frais d'exploitation sont de beaucoup supérieurs à ce qu'il en peut retirer.

Il me semble que l'on pourrait obvier en grande partie

a cet inconvénient, en cherchant à perfectionner la fabrication du vin, qui est livrée à une routine que l'on doit supposer bien fortement enracinée, puisqu'elle rend aveugle l'intérêt propre lui-même. Le moyen que j'indiquerai me paraît tellement simple qu'aucun propriétaire ne pourrait reculer devant son essai : c'est de convertir une partie du moût en demi-sirop; au moment de l'ébulition du moût, on neutraliserait une partie de l'acide tartarique par l'addition d'une certaine dose de craie ou de cendres. Le moût ainsi préparé donnerait plus d'alcool au vin, qui en acquerrait une plus grande valeur; pour accroître encore sa qualité, je conseillerais d'ajouter dans chaque tonneau une bouteille ou deux d'eau-de-vie de Languedoc. Avec ces précautions, nul doute que l'on ne triplât la valeur et la qualité des vins de ce canton, qui alors pourraient supporter le transport et se garder peut-être plusieurs années. Je pourrais conseiller encore d'y introduire, selon le procédé de Chaptal, une certaine dose de sucre, ou même du miel, qu'on ferait bouillir dans une quantité déterminée de moût. Il faudrait pour cette préparation mettre en dehors une somme assez considérable, avec l'incertitude de ne pouvoir en obtenir la rentrée qu'après un temps assez long, en sorte que je crois devoir me borner au moyen que j'ai indiqué.

Le meilleur crû de ce canton est celui de Genay. Le sol de cette commune est plus sec, un peu pierreux, la vigne s'y plaît mieux, le raisin contient moins d'extractif et est un peu plus sucré. Après les vins de Genay, viennent ceux de Semur et de Millery. Malgré leur charmante exposition, les vignobles de Corombles, de Bard, de Vieux-Château, etc., ne donnent que des produits qui ont peu de qualité, et ils sont encore inférieurs à Clamerey, Charigny, Magny, Montberthaud, etc.

NOMS DES COMMUNES VIGNOBLES du canton de SEMUR-EN-AUXOIS.	NOMBRE d'hectares de vignes dans chaque commune.		QUANTITÉ moyenne en hectolitres récoltés dans chaque commune.	ÉVALUATION d'un hectare de vignes en revenu par la direction des contributions directes.	
	Gamays.	Noiriens.		Gamays.	Noiriens.
Semur (ville)....	300		3,165	3,363f 00e	
Geney..........	100		3,300	1,575 75	
Millery.........	80		1,892	894 80	
Bard..........	50		1,380	560 50	
Charigny........	7		193	81 32	
Clamerey.......	5		100	58 20	
Corombles......	42		1,411	571 82	
Corsaint........	50		1,200	661 53	
Epoisses........	30		1,008	336 36	
Flée	2		54	23 42	
Juilly..........	28		775	313 88	
Lantilly........	10		276	112 10	
Magny.........	12		318	134 42	
Massingy.......	30		810	336 35	
Montberthaud...	5		135	55 15	
Souhey........	8		216	88 16	
Toutry.........	6		162	66 12	
Vieux-Château..	18		510	201 63	
Villenotte	10		240	112 13	
Chassey........	10		536	112 13	
	803		17,281	9,658 41	

Ainsi, le produit moyen d'un hectare de vignes est de vingt-un hectolitres trois quarts, ce qui ne fait que quatre-vingt-onze litres par ouvrée, sur lesquels la direction des contributions directes a déterminé un revenu imposable de trois francs, somme qui n'est pas exagérée, puisqu'en diminuant moitié du produit brut pour frais de culture, il reste encore quarante-cinq litres cinquante centilitres qui, vendus à raison de vingt francs l'hectolitre, terme moyen pris d'après les mercuriales pendant une période de dix ans, donne un revenu de sept francs quatre-vingt-dix-huit centimes, revenu presque aussi considérable que celui des meilleures ouvrées de vignes de Vollenay, pendant les quinze années qui viennent de s'écouler. Le terrain sur lequel végètent les vignes de ce canton n'est propre qu'à cette culture. Les céréales n'y réussissent pas, et cependant tous frais de culture prélevés, un hectare de vignes rapporte deux cents francs cinquante-deux centimes de revenu, tandis qu'ensemencée de céréales, cette même quantité de terre ne donnerait au propriétaire, en le portant au *maximum*, qu'un revenu de quatre-vingt-trois francs soixante-dix centimes. Ainsi donc, malgré la mauvaise qualité du vin, la culture de la vigne offre encore des avantages dans le canton de Semur.

CANTON DE VITTEAUX.

Ce que je viens de dire touchant les vignobles du canton de Semur peut s'appliquer à ceux de celui de Vitteaux. Cependant il est encore quelques observations particulières que je crois utile de présenter.

L'exposition des vignobles dont je m'occupe ici, varie à l'infini depuis le levant d'été jusqu'au sud-ouest. Le coteau de Vitteaux est un des plus considérables de ce canton, et un des mieux exposés. Il offre, à mon avis, un singulier aspect : on dirait, en l'apercevant de loin, que des ravins en ont sillonné le flanc ; c'est du moins l'impression que cela me fit en le voyant pour la première fois. Ces ravines ne sont autre chose que les fosses dans lesquelles ont été couchés les provins, et qui toutes sont disposées selon la pente de la montagne, pour faciliter l'écoulement des eaux. Bien différente en cela de la terre des coteaux des environs de Beaune, Nuits ou Dijon, où l'on prend toutes sortes de précautions pour empêcher les eaux d'entraîner la terre qui, en raison de sa ténuité et de sa légèreté, gagne avec une facilité extrême la partie la plus déclive.

Le sol des vignobles de Villeaux ressemble à celui des environs de Semur. C'est un composé d'argile compacte, grise ou verdâtre, entremêlées d'une petite quantité de pierrailles qui retiennent l'eau au point que, lorsqu'on reste un peu de temps sans remuer la terre, elle se couvre de conferves qui, de loin, semblent lui donner l'apparence d'une mauvaise pelouse. Le sous-carbonate calcaire qui fait la base de ces montagnes, est un mélange intime de chaux marneuse carbonatée d'un gris foncé et propre à faire la chaux maigre. Toutes les fois que j'ai interrogé les vignerons sur la qualité du sol de leurs vignobles, ils ne m'ont jamais répondu que par ces mots : *c'est une mauvaise terre*. Quelques-uns même la qualifiaient de l'épithète : *terre pourrie*. La pente rapide des coteaux et la nature de ce terrain ne le rendent propre qu'à la culture de la vigne, qui, bien qu'elle ne fournisse que des produits de qualité très-médiocre, est encore plus avantageuse que le semis des céréales.

Après les vendanges, au lieu de laisser les paisseaux à demeure comme dans les vignobles de Semur, on les arrache, on les charge sur des charettes et on les amène chez le propriétaire, sous des remises, à l'abri des pluies. Pendant les longues soirées d'hiver, les hommes s'occupent à les aiguiser, ils les disposent à être mis en terre au printemps, en font des bottes pour pouvoir les reporter plus aisément à la vigne.

Quand on plante une vigne, on fait comme du côté de Semur, de longues fosses, suivant la pente de la montagne, à trois pieds les unes des autres, et larges d'environ deux pieds. Les chapons ou chevelées sont placés dans les fosses à dix-huit ou vingt pouces de profondeur, appuyés en regard de l'un et de l'autre contre le double ados que forme la fosse, en sorte que les brins de sarment que l'on fait saillir en dehors, se trouvent seulement à quinze ou seize pouces dans la même fosse, tandis qu'ils sont à plus de trente pouces de ceux qui sont dans la fosse voisine. Cette sorte d'irrégularité dans la plantation disparaît bientôt; dès qu'une vigne est dans le cas d'être provignée, la longue fosse du provin se pratique dans le plus large espace intermédiaire, et après quelques années le sol se trouve garni de ceps et la vigne, plantée régulièrement.

On ne connaît guères que deux ou trois variétés de plans : le pinot ou pineau, le màlain et le gamay. On m'a fait voir le plant auquel on donne le nom de pineau ; je l'ai trouvé en effet très-ressemblant à celui que l'on cultive dans les coteaux distingués de Beaune, Nuits, etc.; mais où je lui ai trouvé une grande différence, c'est dans le raisin. La pellicule du vrai pineau est tendre, molle, ne résiste presque pas au plus léger attouchement, au lieu qu'ici elle est ferme, coriace, et fait éprouver sous la dent un petit craquement sensible. Si l'on veut pousser plus loin l'analyse, c'est dans la qualité du suc qui y est contenu qu'on trouve encore plus de dissemblance. Toutes ces différences tiennent-elles à la nature du sol? Cela est très-possible, et il est encore présumable qu'il y a eu dégénérescence du plant par une longue suite d'années.

On laboure la vigne trois fois. On sombre en avril ; pour cette opération, on se sert de l'instrument des vignerons de la bonne côte, que l'on nomme meille ou mègle. Il y a quelques années qu'on n'employait que la pioche, mais l'usage de la mègle s'est répandu généralement, et l'on s'en trouve bien. On bine à la fin de mai, après quoi on place les paisseaux; on donne le troisième coup à la fin de juin, ou entre fauchaison et moisson. Quoique la terre se durcisse presqu'autant que celle des environs de Semur, cependant on la travaille avec un peu plus de facilité, et les vignes de ce canton offrent en général une culture plus soignée.

On ébourgeonne, on accole, et on relève la vigne de même que dans le canton de Semur; on y donne plus de soins, parceque le parti qu'on tire de la vigne est un peu plus avantageux.

La vendange, le cuvage n'offrent rien de particulier; la fermentation est en général assez longue, et comme on n'a point de règles bien fixes pour saisir le point de dé-cuvage, le vin se fait selon le goût ou le caprice des pro-priétaires.

La quantité de vins récoltés n'est pas très-considé-rable, parce que les vignobles de ce canton sont plus su-jets aux accidens que la plupart des autres cantons. La hauteur du pays au-dessus du niveau de la mer y prolonge les froids, la végétation est tardive, les orages sont fré-quens et ont de funestes conséquences pour les vignes. La vendange, en général, est toujours en retard sur celle de la côte de Dijon, de dix jours, en sorte que pour peu que l'année n'ait pas été très propice, la vendange ne se fait qu'au milieu d'octobre: c'est une circonstance toujours fâcheuse, car, d'après mes observations constantes, toute vendange faite après le premier octobre n'offre jamais de bons produits. Les nuits deviennent longues, le raisin se réfroidit, et il faut un concours extraordinaire de chaleur et de beaux jours en octobre pour qu'il en soit autrement.

Malgré le peu de qualité de ces produits, la vigne offre des avantages considérables en les comparant avec les céréales. D'après les mercuriales de dix ans, l'hectolitre de vin s'est vendu, terme moyen, jusqu'à trente francs, somme énorme, surtout quand on établit le parallèle entre ces vins et ceux de distinction de la bonne côte; mais il faut considérer la situation du pays, à proximité de cantons qui ne récoltent point de vin et qui viennent s'en approvisionner; il résulte de là une concurrence tout à l'avantage de ces vignobles.

Je ne pourrais pas assigner la commune qui produit le meilleur vin, car il y a peu de différence; à Vitteaux, à Villy, à Boussey, à Saffres, il existe quelques petits cantons plantés de pineau qui produisent un vin un peu passable dans les années propices; mais en général tous les vins de ce canton sont âpres, peu colorés, dépourvus d'alcool, et offrant une acidité très-marquée; dans les années ordinaires, la couleur ressemble à celle du jus de groseilles, et en a à peu près la saveur. Pendant l'hiver, l'acide tartarique se dépose autour du vase où il est renfermé, la fermentation s'achève, et il sert alors à la consommation.

C'est pour les vins de ce canton qu'il serait utile de suivre l'avis que j'ai donné sur les soins à apporter au perfectionnement du vin : du moût réduit à demi-sirop, du miel étendu dans ce moût, ne pourraient que produire un effet très-avantageux, accroître la valeur des produits et améliorer singulièrement un vin qui n'est présentable que dans les cabarets, ou à la table du vigneron.

NOMS DES COMMUNES VIGNOBLES du canton de VITTEAUX.	NOMBRE d'hectares de vignes dans chaque commune.		QUANTITÉ moyenne en hectolitres récoltés dans chaque commune.	REVENU IMPOSABLE.	
	Gamays.	Noiriens.		Gamays.	Noiriens.
Vitteaux (ville) .	138		3,000	1,446f 98c	
Arnay-sous-Vitt.	25		600	270 25	
Boussey.	13		337	145 73	
Cessey-les-Vitteau	13		500	145 93	
Saint-Beurry . .	20		500	224 40	
Charencey. . . .	1		18	13 21	
Uncey.	2		45	26 42	
Soussey	9		228	102 80	
Gissey-le-Viel. .	1		9	13 21	
Vesvres	13		337	145 93	
Villeberny. . . .	44		1,100	489 24	
Dracy.	8		200	104 68	
Marcilly.	7		160	-78 14	
Veloguy.	12		500	137 52	
Sainte-Colombe.	2		45	26 42	
Posanges	9		222	138 94	
Saffres.	44		1,120	665 28	
Marcellois. . . .	1		52	13 21	
Corcelotte. . . .	1		22	13 21	
Avosne	1		30	15 00	
Chevannay . . .	6		160	67 80	
Champrenault .	1		22	13 21	
Massingy-les-Vitt.	13		337	145 93	
Villy-en-Auxois .	67		1,666	1,019 07	
Turecey.	4		100	52 84	
	455		10,890	5,517f 35c	

Ce canton renferme trente-deux communes, dont vingt-cinq fournissent, année commune, 10,890 hectolitres de vin, ce qui donne à chacune une moyenne de trois cents quarante hectolitres cinq seizièmes, dont à peine moitié est bue sur place ; le surplus est vendu dans le prix moyen de dix francs l'hectolitre, en sorte que l'on peut calculer que la vigne donne aux propriétaires, dans le canton de Vitteaux, un revenu de cinquante-quatre francs cinquante centimes franc de tout, puisque j'en ai prélevé la moitié pour frais de culture, impôts et autres frais. Une quantité semblable de terrain ensemencé de céréales offrirait à peu près le même revenu; mais la culture de la vigne a, dans ce cas-ci, un grand avantage : c'est qu'elle utilise un terrain qui ne conviendrait pas à autre chose.

CANTON DE PRÉCY-SOUS-THIL.

Les vignobles de ce canton ne sont pas très-étendus ni d'une grande importance. Presque toutes les communes s'étendent dans la plaine connue sous le nom de Vallée-de-Saint-Thibaut ; une petite partie touche aux montagnes du Morvan, dont la masse granitique est peu favorable à la vigne.

Ce que j'ai dit plus haut, en parlant des cantons de Semur et de Vitteaux, peut trouver ici son application : c'est le même mode de planter, la même manière de cultiver ; il y aurait peut-être une petite différence, c'est que les vins en sont plus communs. Cependant, en raison de la proximité du Morvan, les villages qui ont des vignobles tirent un bon parti de leur vin.

On peut démontrer combien cette culture est avantageuse ; elle rend trois fois, tous frais faits, plus qu'une égale quantité de prairies ou de terres ensemencées de céréales. La vigne cependant ne fournit que de mauvais produits ; la terre en est argileuse, grise, forte, compacte, conservant l'eau pendant long-temps, et se desséchant pendant l'été de manière à ne pas pouvoir la travailler. La position est fort élevée ; jamais la maturité n'y est complète. Mais il n'y a point de vin dans les environs, et comme celui-là se trouve sous la main, on préfère acheter plus cher et moins bon, à faire un voyage un peu lointain qui en aurait procuré du meilleur, et qui eût coûté moins cher.

NOMS DES COMMUNES VIGNOBLES du canton de PRÉCY-SOUS-THIL.	NOMBRE d'hectares de vignes dans chaque commune.		QUANTITÉ moyenne en hectolitres récoltés dans chaque commune.	REVENU IMPOSABLE.	
	Gamays.	Noiriens.		Gamays.	Noiriens.
Braux..........	17,61,44		495	115f 97e	
Clamercy.......	4,81,52		115	33 72	
Fontangy.......	7,40		2	78	
Montigny.......	17,70		4	1 50	
Nan-sous-Thil...	70,65,51		1,484	919 39	
Noidan.........	2,79,15		70	29 26	
Précy-sous-Thil.	44,10		10	4 94	
Roilly..........	1,34,84		35	16 68	
Vic-sous-Thil...	17,86,31		497	182 94	
	115,77,77		2,712	1,303f 24e	

D'après le tableau ci-dessus, la moyenne de la récolte est d'un hectolitre par ouvrée de vignes, ou environ vingt-quatre hectolitres par hectare. Le prix moyen de l'hectolitre, à la vente, calculé d'après une base de dix ans, est de quinze francs, ce qui donnerait aux propriétaires de vignes, année commune, un revenu total de quarante mille six cent quatre-vingt francs, dont un tiers pour frais de culture et d'impôts; les tonneaux étant à la charge de l'acheteur; reste donc un revenu net de vingt-sept mille cent vingt francs, ou de deux cent trente-trois francs soixante-un centimes par hectare, ou de neuf francs quatre-vingt-deux centimes l'ouvrée, somme excédant le revenu d'une même quantité de vignes à Chambolle, Morey et autres climats distingués.

CANTON DE SAULIEU.

Ce canton, qui s'étend en grande partie dans le Morvan, n'est nullement favorable à la culture de la vigne; cependant deux communes fort éloignées du chef-lieu

offrent un assez beau vignoble, et on a essayé sa plantation dans deux autres villages où le sol est presque granitique. Ces quatre communes sont : Thorey-sur-Charny,
Charny, Lamotte et Thoisy-la-Berchère.

Les vignobles de la première de ces communes ne sont
pas sans mérite, et je les considérerais volontiers comme
tenant le premier rang parmi tous ceux de l'arrondissement de Semur, non que je veuille dire que les vins
qu'on y récolte soient d'une qualité supérieure ; ce sont
des ordinaires, mais qui, dans les années chaudes et favorables, sont très-passables, et qui se gardent bien. Le
vin qui sort d'un climat nommé la Thoisse est de bon
goût, franc, ferme, coloré, et peut se garder huit à dix
ans ; il est encore quelques autres climats qui ne sont
pas sans mérite. J'en parlerai après avoir donné quelques détails sur la culture de la vigne dans les deux
communes de ce canton.

Le vignoble, à Thorey, est d'environ douze à treize
cents ouvrées ou cinquante à cinquante-cinq hectares,
et à Charny, de cinquante ouvrées ou deux hectares.

Ces vignes sont dans la belle exposition de l'est-sud,
sur un coteau dont la pente est fort rapide. Le fond en
varie ; il est en certains endroits argileux, dans d'autres
on trouve de la marne, et dans la partie la plus élevée,
il est léger et mêlé à beaucoup de pierrailles.

La plantation de la vigne se fait ici comme dans le
reste du canton, en suivant la pente de la montagne,
dans de grandes fosses séparées les unes des autres de
six pieds et de la largeur de deux pieds ; les chevelées
ou chapons, car on se sert des deux espèces, sont plantées contre les ados du fossé, et n'ont que vingt pouces
de distance de l'une à lautre. Dans les belles expositions,

on emploie le pineau rouge, gris et blanc : ce dernier est rare ; dans les terrains de médiocre qualité, on plante le gamay rouge et blanc, et dans les terres très-élevées et mauvaises, on y met du gamay blanc seul.

Quand une plante est bien travaillée, elle donne du raisin à trois ans, et double à la quatrième feuille.

Ici, comme dans le canton de Vitteaux, immédiatement après la vendange, on arrache les échalas, on les charge sur des voitures ; on les emporte à la maison où ils sont aiguisés pendant les longues soirées d'hiver, et disposés convenablement pour être replantés au printemps. La longueur des paisseaux est d'environ cinq pieds ; ils sont faits le plus souvent de saule et de peuplier, arbres très-cultivés à Thorey.

Les travaux d'hiver sont le portage des terres et des engrais, qu'on emploie autant qu'on le peut, car la quantité est l'objet désiré.

La taille de la vigne commence dès les premiers jours de mars, si le froid ne s'y oppose pas. Tandis que les uns taillent, d'autres s'occupent des provins qui se font ainsi que je l'ai dit à l'article précédent, le long de la pente et sur une grande étendue, en ayant soin de placer toujours la saillie du sarment en regard de celle qui lui est opposée, à deux pieds environ de distance.

Les échalas se plantent après le second coup de labour, ordinairement dans les premiers jours de mai jusqu'à la fin. Le premier labour, qu'on appelle sombrer, commence vers la fin de mars ; le second, qui se nomme *rebuiller*, dans les premiers jours de mai ; le troisième, qu'on appelle tiercer, se fait dans le cours de juin. On ne se sert pour ce labourage que de la mègle.

Le maire, assisté de commissaires, décide du ban de

vendange. Le raisin est apporté à la cuve dans des hottes, sans être foulé. La vendange dure ordinairement de trois à quatre jours.

Quand la cuve est à moitié pleine, on la foule, alors on finit de la remplir; elle reste, selon la température, deux ou trois, et même quatre jours avant d'entrer en fermentation. Celle-ci se développe, et après une dixaine de jours elle cesse; en cet instant, on fait entrer des hommes dans la cuve, qui la foulent et la brassent en tous sens. La fermentation se rétablit de nouveau, et quand elle s'achève, on décuve, et le marc est porté sur le pressoir.

Il n'existe que quatre pressoirs pour tout le pays. Ils sont d'un bon revenu pour les propriétaires, qui se paient en prenant une quantité de vin convenue, selon le nombre des tonneaux remplis.

Comme la fermentation est entièrement terminée quand on décuve, le vin ne travaille plus dans les tonneaux, on les scelle de suite.

Dans les années chaudes et favorables, les vins des bons climats de Thorey sont passables et peuvent se garder sept à huit ans sans se détériorer, surtout si on a soin de remplir exactement les tonneaux et de soutirer le vin en temps convenable.

Comme le gamay est plus rouge que le vin qui provient de pineau, il trouve beaucoup d'amateurs, bien qu'il ait un goût de terroir particulier et assez difficile à définir, que je compare à la saveur de l'argile. Les gens du pays ne s'en aperçoivent pas, parce que l'habitude leur en ôte la sensation. Tous les vins n'ont pas ce goût si désagréable; il n'y a que les vignes plantées dans les terres argileuses très-fortes qui fournissent un vin semblable.

La culture de la vigne est en général fort avantageuse aux habitans de cette commune. Elle occupe beaucoup de bras, et comme les vins se débitent assez facilement, le vigneron est fort à son aise, d'autant mieux qu'il joint à cette culture l'ensemencement de quelques terres, et la récolte d'un peu de prairies.

NOMS DES COMMUNES VIGNOBLES du canton DE SAULIEU.	NOMBRE d'hectares de vignes dans chaque commune.		QUANTITÉ moyenne en hectolitres récoltés dans chaque commune.	REVENU IMPOSABLE.	
	Gamays.	Noiriens.		Gamays.	Noiriens.
Charny.........	3,88,93		96	49f30c	
Lamotte-Ternant	20,90		6	3 20	
ThoisylaBerchère	60,20		15	24 38	
Thorey-s.-Charny	39,07,60		1,114	677 54	
	43,77,63		1,231	754f42c	

Je n'ai pas parlé des petits cantons de vignes de Lamotte et de Thoisy-la-Berchère, car à peine ils indemnisent les propriétaires des frais de culture. Il nous reste donc à examiner la valeur des produits de Charny et de Thorey.

La moyenne, dans ces deux dernières communes, est de près de trente hectolitres par hectare (feuillette à l'ouvrée); et le prix moyen de l'hectolitre, calculé sur une série de dix ans, a été de vingt-deux francs non envaisselé. Il en résulte que la vigne a donné dans ces deux villages un revenu brut de vingt-six mille six cent vingt francs soixante-six centimes. Il faut retrancher un tiers de cette somme pour impôts et frais de culture, ceux-ci étant moins considérables, puisque tout propriétaire cultive ses vignes lui-même. Ainsi un hectare de vigne, à Thorey, donne un revenu net de quatre cent

douze francs cinquante-deux centimes par hectare , ou
dix-sept francs soixante-cinq centimes par ouvrée. Il n'est
donc pas étonnant que les habitans de cette commune
soient généralement tous à l'aise. Il n'est point de culture qui puisse rivaliser avec celle-ci.

CANTON DE FLAVIGNY.

Ce canton peut passer pour fournir les meilleurs vins
de tout l'arrondissement de Semur ; il doit cet avantage
à une exposition généralement favorable , à un terrain
plus léger , entremêlé de débris de roches, et composé
d'une grande quantité de sous-carbonate calcaire. Cependant l'argile est la partie dominante ; là, comme dans
tout l'Auxois, elle est compacte et conserve l'eau pendant long-temps, en sorte que le cep est une grande partie
de l'année dans l'humidité : lorsque les chaleurs sont
longues, cette terre se durcit et offre une culture très-
pénible.

Ce que j'ai dit sur la culture, en parlant du canton de
Semur , peut trouver ici son application ; les procédés
sont les mêmes, les instrumens sont semblables, et les
soins que l'on donne à la vigne sont aussi multipliés.

Les cépages cultivés dans ce canton sont le pineau, et
dans les climats moins bons, le gamay. On cultive un peu
de melon blanc , mais en assez petite quantité.

Comme il n'est presqu'aucune commune, dans ce canton,
qui n'ait son vignoble , il doit y avoir nécessairement
une grande différence entre les divers produits. Le meilleur vin , sans contredit, est celui de Flavigny. Il est
quelques climats privilégiés qui ne sont pas sans mérite,
dont le vin se conserve bien et acquiert de la qualité

en vieillissant. Le vin de ces climats est franc, assez coloré, spiritueux, et a du bouquet. Dans presque tout le reste du canton, le vin est peu spiritueux; cependant, dans les années favorables, il se garde, mais il a ce goût particulier qu'on nomme goût de terroir, qui déplait à ceux qui le dégustent pour la première fois : c'est du moins la sensation que j'ai constamment éprouvée.

Malgré l'avilissement où sont tombés les vins depuis quelques années, ce genre de culture offre des avantages dans ce canton. Les pays voisins, couverts de bois, viennent s'y approvisionner, et exportent tout l'excédant de la consommation locale.

NOMS DES COMMUNES VIGNOBLES du canton DE FLAVIGNY.	NOMBRE d'hectares de vignes dans chaque commune.		QUANTITÉ moyenne en hectolitres récoltés dans chaque commune.	REVENU IMPOSABLE.	
	Gamays.	Noiriens.		Gamays.	Noiriens.
Flavigny	426		5,112	4,775f46c	
Alise............	159		1,866	1,782 89	
Boux	79		1,100	885 59	
Brain	40		500	448 40	
Bussy	67		1,150	751 07	
Corpoyer.......	21		500	235 41	
Darcey.........	146		1,920	1,626 06	
Frolois.........	6		65	67 80	
Grésigny	92		1,166	1,031 32	
Gissey	113		1,400	1,266 73	
Hauteroche.....	60		1,166	672 60	
Jailly	55		900	616 55	
Laroche-Vanneau	70		1,000	786 70	
Mussy	12		166	213 52	
Menetreux-le-Pit.	85		1,090	952 85	
Pouillenay......	92		1,000	1,031 32	
Salmaise	61		816	683 81	
Thenissey	96		1,200	1,076 16	
Venarey........	42		500	470 82	
Verrey-s-Salmaise	34		450	381 14	
Villeferry.......	30		400	336 30	
Marigny-le-Cab.	58		1,476	640 18	
	1,844		24,943	20,732f68c	

La moyenne donne, année commune, pour les villages de ce canton, un produit de onze cent trente-quatre hecto-litres, que l'on peut évaluer à la somme de dix-neuf mille deux cent cinquante-huit francs : ce qui donne à chacun un revenu de deux cent vingt-neuf francs quatre-vingt-dix-sept centimes par hectare, ou neuf francs cinquante-huit centimes par ouvrée. Cette culture est donc avanta-geuse, car l'hectare de vignes donne, tous frais faits, un revenu de cent cinquante francs, terme moyen ; tandis que la même quantité de terre à froment n'est pas amo-diée au-delà de quarante-cinq à quarante-six francs. Il est encore une considération fort importante à faire, c'est que, la plupart de ces vignobles couvrent des terrains dont les pentes ou les accidens s'opposent à toute autre espèce d'assolement.

CANTON DE MONTBARD.

Les vignobles de ce canton n'ont pas une qualité très-supérieure à celle des autres cantons de cet arrondisse-ment. Cependant on remarque dans quelques coteaux un sol plus convenable à la culture de la vigne : à Villai-nes, à Viserny, par exemple, la terre est plus légère, plus perméable aux météores aqueux ; elle est moins com-pacte ; enfin, elle offre à la végétation de la vigne des sites plus propices. Mais, dans toutes les autres commu-nes, le sol est absolument le même que celui que j'ai fait remarquer dans les vignobles du canton de Semur.

La plantation se fait absolument comme à Semur ; le pineau, le chineau et le gamay, sont les cépages dont on se sert; on m'a cependant assuré qu'on employait encore un autre plant dont on n'a pas pu me dire le nom, mais qu'à ses qualités je suppose être un plant très-commun, qu'on nomme dans d'autres pays le *troyen*.

La rotation des travaux de la vigne est absolument la même qu'aux environs de Semur; les instrumens sont aussi les mêmes; en sorte qu'à proprement parler, tout ce que j'ai dit à l'article du canton de Semur peut trouver ici son application. Il en est de même pour la vendange, le cuvage et le décuvage.

Les vins de Villaines et de Viserny passent pour les meilleurs, après ceux de Flavigny, de tout l'arrondissement; et malgré cette sorte de supériorité qu'on leur accorde, ce ne sont que des vins fort ordinaires; ils ont un peu plus de spirituosité que les autres, et par conséquent se gardent un peu mieux. Malgré cela, l'exportation s'en fait peu, parce qu'en général le transport n'est pas favorable aux vins de ce pays; en sorte que la consommation étant entièrement locale, la culture de la vigne ne présente pas un grand avantage. Il existe néanmoins un point de vue important qui a décidé à y cultiver la vigne, c'est que le terrain ne comporte pas une autre culture, en raison de la pente rapide des coteaux et de la nature même du sol.

NOMS DES COMMUNES VIGNOBLES du canton DE MONTBARD.	NOMBRE d'hectares de vignes dans chaque commune.		QUANTITÉ moyenne en hectolitres récoltés dans chaque commune.	ÉVALUATION MOYENNE d'un hectare de vignes en revenu par la direction des contributions.	
	Gamays.	Noiriens.		Gamays.	Noiriens.
Montbard. . . .	299		2,440	3,331f 79c	
Athie.	77		2,040	863 17	
Benoisey	16		153	179 36	
Buffon.	3		51	33 63	
Chant-d'Oiseau.	9		162	100 89	
Corcelles	17		200	192 47	
Crepand.	26		273	291 46	
Eringes	7		150	78 40	
Fain-lez-Montbar	9		173	100 89	
Fain-lez-Moutiers	23		429	307 83	
Saint-Germain .	45		888	504 45	
Grignon.	68		588	762 28	
Marmagne . . .	26		556	367 94	
Montigny. . . .	82		954	919 22	
Moutiers	5		106	56 00	
Fresne	37		738	414 77	
Nogent	6		110	67 21	
Quincerot. . . .	9		184	100 89	
Quincy.	30		426	336 30	
Saint-Remy. . .	28		466	313 88	
Rougemont. . .	14		271	156 94	
Senailly.	44		869	493 24	
Seigny	83		1,637	930 43	
Villaines	91		2,177	1,030 11	
Viserny	90		2,820	1,018 90	
	1144		18,861	12,952f 55c	

Ainsi, la moyenne est de sept cent cinquante hectolitres onze vingt-cinquièmes par chaque commune vignoble du canton de Montbard, qui, vendus au prix moyen de vingt-cinq francs l'hectolitre, calculé sur une période de dix ans, donne un revenu brut de dix-huit mille sept cent cinquante francs. Il faut en diminuer les frais de culture, de pressoir, les impôts, qui doivent absorber environ moitié du produit, en sorte qu'il ne resterait plus que neuf mille trois cent soixante-quinze francs. Alors, un hectare de vigne, dans ces vignobles de qualité inférieure, donne un revenu net de deux cent quatre francs trente centimes, ou de neuf francs trente-trois centimes par ouvrée, revenu infiniment plus considérable que celui d'une ouvrée de vignes de première qualité; et cependant le revenu imposable n'a été déterminé qu'à une somme extrêmement faible.

On a pris à peu près une même base pour évaluer, dans tout l'arrondissement de Semur, le revenu imposable des vignobles; et en effet, il y a peu de choix à faire dans toutes ces vignes, le terrain est presque le même partout. Le cépage ne varie guère, et les mêmes accidens se font éprouver dans ces vignobles. La seule ville de Flavigny offre des vins un peu meilleurs, ses crûs ont même quelque réputation; mais ils ne sont pas tellement supérieurs qu'on ait dû en faire une classe à part, en sorte qu'ils ont été rangés généralement dans une même catégorie.

TABLEAU GÉNÉRAL

Des vignobles de l'arrondissement de Semur, sous le rapport du nombre d'hectares de vignes, de la quantité moyenne récoltée, et du revenu imposable.

NOMS DES CANTONS.	NOMBRE d'hectares de vignes dans chaque canton.		QUANTITÉ moyenne en hectolitres récoltés dans chaque canton.	REVENU IMPOSABLE.	
	Gamays.	Noiriens.		Gamays.	Noiriens.
Semur	818,00,00		17,785	9,845ᶠ18ᶜ	
Vitteaux	455,00,00		10,890	5,517 35	
Précy-sous-Thil..	115,77,77		2,712	1,303 24	
Saulieu..........	43,77,63		1,231	754 42	
Flavigny	1844,00,00		24,943	20,732 68	
Montbard	1144,00,00		18,861	12,952 55	
	4420,55,13		76,422	51,105ᶠ42ᵐ	

RÉSULTAT

Du produit effectif de la vigne dans l'arrondissement de Semur, pendant les années :

NOMS DES CANTONS.	1823.	1824.	1825.	1826.	1827.	1828.
Semur	5,196	15,550	1,839	6,070	37,564	28,579
Flavigny	13,010	17,783	4,370	15,927	71,092	51,054
Montbard	11,106	21,907	1,574	5,577	35,423	32,074
Précy-sous-Thil...	897	772	750	1,068	3,338	4,485
Vitteaux et Saulieu	8,705	16,537	5,038	11,571	27,503	21,104
	38,914	72,349	13,571	40,213	174,920	147,296

ARRONDISSEMENT DE CHATILLON-SUR-SEINE.

CANTON DE CHATILLON.

Le sol de cet arrondissement est peu favorable à la culture de la vigne : ce sont des montagnes élevées, couvertes de vastes forêts qui ne laissent que d'espace en espace, et dans les vallées qu'elles forment, des terrains pour les céréales ; aussi le blé qu'on récolte dans le Châtillonnais, suffit à peine pour alimenter les habitans d'une année à l'autre. Les vignobles ne doivent donc pas, dans une semblable disposition, faire un objet important de culture ; en effet, sur six cantons, il n'en est que trois où l'on cultive la vigne, ce sont ceux qui s'éloignent, en quelque sorte, des hautes montagnes et des forêts ; les autres ont, pour se dédommager, un genre d'industrie qui remplace avec avantage l'ingrate culture de la vigne : ce sont de nombreuses forges qui fournissent un fer d'une excellente qualité, qui font exister une foule de familles, et répandent une grande aisance dans ces cantons montueux. Tous les vignobles de cet arrondissement ne donnent qu'un vin de très-médiocre qualité, et malgré cette sorte de réprobation que je fais du produit de ces vignes, leur culture, le cépage, la confection du vin, ont des particularités qui me semblent assez importantes pour en donner une description un peu détaillée, afin de les faire connaître.

Les vignobles du canton de Châtillon sont tous placés sur des coteaux, il n'en est que très-peu qui soient dans la plaine; la terre est argileuse, mêlée de marne en certains endroits, en général fort compacte et d'une culture difficile. Dans quelques localités le sol est plus léger, un peu pierreux et comme sablonneux : ce ne sont que les débris de la roche calcaire qui forme la carcasse de ces coteaux.

La manière de planter la vigne n'offre rien de particulier. Comme dans les cantons de l'arrondissement de Semur, on pratique de très-larges fosses, où l'on place, soit des marcottes, que l'on appelle chevelées, soit des chapons qui ont deux ou trois ans de pépinière, contre les deux ados de la fosse; en sorte qu'il ne se trouve que quinze à dix-huit pouces d'un brin de sarment à l'autre dans la fosse, tandis que l'espace intermédiaire offre une distance d'environ trois pieds et plus. Cet intervalle se trouve rempli au bout de quelques années par le provin que l'on fait, en tirant à droite et à gauche les ceps que l'on veut coucher.

Les plants les plus ordinaires de ces vignobles sont le troyen et le gamay. On trouve encore d'autres variétés, mais qui sont moins générales, telles que le gamery, le lombard, le servonnier, le pineau, le chasselas blanc, le muscat blanc et le damery; ce dernier et le gamery ou pineau franc, sont plus cultivés dans le canton de Montigny que dans celui de Châtillon. Ils proviennent des départemens de l'Aube et de la Haute-Marne, où ils sont très-répandus; et comme le canton de Montigny touche à ces deux départemens, il n'est pas extraordinaire que ces plants s'y rencontrent fréquemment.

Les plants de raisins noirs l'emportent de beaucoup sur les blancs; et par une routine qu'on ne peut concevoir, les vignerons donnent la préférence, dans leurs plantations, au troyen, qui est d'une très-médiocre qualité, puisqu'il produit des raisins qui donnent un mauvais vin et qui ne peut se garder. Malgré tous ces inconvéniens, c'est cependant ce plant qui domine. Il est à croire que les bons exemples feront un peu changer cette habitude. Quelques riches propriétaires ont fait venir le plant de Màlain, qui est bien supérieur à ceux du pays, et quand les plantations en deviendront plus générales, on doit espérer que les vins acquerront une qualité que l'espèce de vignes que l'on cultive en ce moment leur refuse complétement.

L'ordre des travaux pour la vigne est, dans cet arrondissement, à peu près le même que dans les autres. Dès que la vendange est faite, on arrache les paisseaux, on examine ceux qui sont dans le cas de servir l'année suivante, on les aiguise et on les place sur deux autres paisseaux croisés en X, la pointe en l'air, et le bout portant sur la terre; cette position permet à l'eau de glisser, et prévient la pourriture.

Quand les fortes gelées ont cessé, c'est-à-dire dès les premiers jours de février, on commence à tailler; comme le plant est vigoureux, on ne craint pas de tailler un peu grand, et on laisse assez volontiers deux coursons et même plus. C'est à cette époque, et même pendant l'hiver, que l'on provigne; bien provigner est, dans nos contrées, tout l'art du vigneron, car c'est par ce moyen que l'on renouvelle une vigne qui vieillit fort vite dans certains terrains. On repeuple ainsi de ceps jeunes et vigoureux, un sol que l'hiver dégarnit trop souvent, et, en outre, une vigne renouvelée ainsi donne toujours du vin avec abondance. Les vignerons de l'arrondissement de Châtillon devraient, lorsqu'ils provignent, avoir grande attention de ne pas coucher le troyen qui est un mauvais plant, et qui, comme je l'ai déjà dit, ne donne que du vin détestable. En marquant chaque année, au temps de la vendange, les ceps de bon gamay ou de mâlain qui se trouvent dans leurs vignes, pour les provigner dans la saison; en greffant de ces plants le troyen, dont l'arrachement laisserait de trop grands vides, il est certain qu'on obtiendrait de meilleurs produits. Il y aurait encore un autre avantage, ce serait d'avoir de deux variétés de vignes seulement, ce qui est d'une haute importance, car lorsqu'il n'existe qu'une seule sorte de cépage dans un vignoble, la maturité arrive en même temps, et le vin en vaut mieux.

Ce que j'observe ici arrive dans la bonne côte, où l'on ne cultive que le seul pineau ou noirien; tout mûrit à la fois, et la vendange se décide bien plus facilement. Le vin qui est le produit de raisins tous également mûrs, a toujours plus de qualité.

Quand on a fini de tailler, on donne à la vigne le premier coup de labour qu'on appelle, comme dans toute la Côte-d'Or, *bécher* ou sombrer; on se sert d'une sorte d'écobue qui a quelque ressemblance avec la mègle; en juin on laboure une seconde fois. Peu avant la floraison, et même pendant la floraison, on plante les échalas, on lie autour de ce support toutes les petites branches du cep au moyen de glui ou de petits joncs, et on rogne tout ce qui excède la hauteur de l'échalas.

Cette méthode de planter si tard l'échalas n'a été adoptée que pour éviter un second accolement qui se fait dans la bonne côte; elle n'est pas sans inconvénient : il est presque impossible, quand on distribue les paisseaux et qu'on les fiche au pied de chaque cep, de ne pas en ébourgeonner quelques-uns, et de causer une perte plus ou moins considérable de raisins. Dans les climats distingués, on apporte une attention particulière à ne causer aucun ébranlement aux ceps, et à ne faire dans les vignes aucun ouvrage capable de toucher aux raisins qui commencent à se développer. Ces précautions sont sages, et les vignerons du Châtillonnais pourraient les suivre avec fruit.

Il est beaucoup de vignerons qui ne donnent que deux labours à leurs vignes, et qui, depuis le moment où ils ont planté les paisseaux, ne s'en occupent plus, comme dans les environs de Semur. Les produits sont souvent si médiocres, qu'ils croient en avoir assez fait que d'avoir taillé leurs vignes et labouré deux fois. Tous les propriétaires ne pensent cependant pas ainsi; il en est quelques-uns qui ont imaginé de se servir de la ratissoire des jardiniers, légère et bien coupante : ils sarclent, à l'aide de cet instrument, leurs vignes, coupent les plantes parasites entre deux terres, et les empêchent, par conséquent, de produire de la graine et de se ressemer. Ils se trouvent très-bien de ce procédé, qui n'a eu jusqu'ici que fort peu d'imitateurs, tant les bonnes habitudes ont de peine à se répandre.

Lorsque le raisin est parvenu à un certain point de maturité, on nomme dans chaque commune du canton des commissaires qui, après une ou deux visites dans les vignes, se réunissent à Châtillon ; là se décide le jour où chaque commune commencera sa vendange ; les plus voisines de la ville sont seules appelées à concourir au ban de vendange ; les plus éloignés le décident isolément. On commet, en général, une très-grande faute : la crainte des gelées précoces fait qu'on hâte trop la vendange ; et malgré que le Châtillonnais, en raison de l'élévation du sol, soit en retard de quinze jours sur Beaune ou Dijon, la vendange souvent précède celle de ces villes, ou se fait en même temps.

Au jour fixé, sans avoir égard au bon ou mauvais temps, tout le monde vendange dès le matin ; on distribue les vendangeurs dans la vigne, et chacun coupe devant soi les raisins qu'il rencontre. Presque personne ne fait de triage ; le raisin mûr tombe dans le panier à côté d'un raisin à peine varié et d'un autre presque pourri. Chaque petit panier est vidé dans une hotte qui est portée, comme dans les environs de Semur, par des hommes qu'on loue à part et qu'on nomme les *hottiers*. Ces hotteurs, dès que leur charge est complète, vont la verser dans une balonge qui est au pied de la vigne ; ces balonges contiennent à peu près la même quantité de raisins que dans tous les autres vignobles de la Côte-d'Or, c'est-à-dire de trois à quatre tonneaux. Celles qui entrent dans la ville sont toutes jaugées et numérotées. Le receveur de l'octroi porte sur son registre le nom du propriétaire et la quantité entrée afin d'en percevoir les droits.

A mesure que les raisins arrivent à la maison, on les vide dans la cuve, où ils ne tardent pas à entrer en fermentation, suivant l'état de l'atmosphère. Ici, moins que partout ailleurs, on n'a pas de règles positives pour opérer le décuvage ; quelques propriétaires, sans considérer si la fermentation est opérée, si le vin a atteint son point de décuvage, vident la cuve au bout de trois ou quatre jours. Ce vin, qui offre encore beaucoup de parties sucrées, plaît par sa douceur; mais comme il n'a pas acquis dans la cuve toute la vinosité convenable, au bout de quelque temps il devient plat, et s'il n'était bu dans un court espace de temps, il tournerait.

D'autres propriétaires font tout le contraire; ils laissent leurs raisins dans la cuve pendant trois semaines, ou même un mois; quelques-uns font fouler leur vendange, d'autres ne le font pas, et comme on n'a pas de principes fixes, les tâtonnemens, pour faire du vin le moins mauvais qu'on le peut, recommencent chaque année. Le décuvage se fait en tirant le vin au moyen d'un gros robinet placé au bas de la cuve; quand tout le vin en est extrait, on retire le marc, qui est conduit au pressoir dans une ou plusieurs balonges. Il n'y a que peu de pressoirs dans chaque commune; un seul peut suffire à un grand nombre de propriétaires.

J'ai dit que les vignerons du Châtillonnais n'avaient aucune règle fixe pour faire leur vin; il est hors de doute que s'ils en adoptaient, ils obtiendraient des produits infiniment meilleurs que ceux qu'ils ont eu jusqu'à présent. Je puis les réduire en quelques aphorismes qui se retiendront plus aisément.

1° Rejeter, au moment de la vendange, les raisins dont la maturité est à peine commencée.

2° Fouler avec soin dans la balonge la vendange à mesure que les hotteurs l'y déposent.

3° Placer la cuve dans un local qui soit à l'abri du froid, et dont la température soit à 10 ou 12 degrés de Réaumur.

4° Réduire à consistance sirupeuse une certaine quantité de moût du vin qu'on introduit bouillant dans la cuve à l'aide d'un tuyau. Sur une cuve de vingt à vingt-quatre hectolitres (10 à 11 tonneaux), il faudrait faire bouillir un tonneau et demi de moût. Pour accroître encore la valeur du vin, on pourrait ajouter, dans chaque chaudière, une certaine quantité de sucre ou cassonade commune : cinq à six livres par pièce produiraient un effet étonnant.

5° L'instrument appelé gleucomètre, quoiqu'on puisse lui faire quelques reproches, est un moyen excellent de connaître le degré de fermentation. Tous les propriétaires devraient en faire usage ; et lorsqu'ils verraient le vin parvenir à un degré au-dessous de zéro, ils feraient bien de décuver. Je dis un degré au-dessous de zéro, parce que si le vin atteignait jusqu'au point de zéro, il aurait trop de cuve, et il serait disposé à aigrir. Au moyen de cet instrument, plus de tâtonnemens : l'opération se ferait d'une manière invariable.

6° Si on suivait les procédés que je viens d'indiquer, dès que le vin serait dans les tonneaux, il faudrait les sceller avec leur bondon, mais alors avoir soin de percer un petit trou à côté de la bonde, dans lequel on mettrait une petite cheville qu'on aurait soin de déboucher d'abord tous les jours un instant, puis ensuite, tous les deux ou trois jours, et qu'on fixerait à demeure dès qu'on s'apercevrait qu'il n'y a plus de fermentation.

A l'aide de ces procédés, il est certain que l'on parviendrait à améliorer le vin du Châtillonnais, et à sextupler peut-être les produits de la vigne, qui sont si chétifs : on en pourra juger par les détails que je vais donner.

Les vins de cet arrondissement sont généralement légers, aqueux et acides. Il faut y être accoutumé de bonne heure pour ne pas éprouver, par leur usage, une sensation d'aigreur dans l'estomac. Les buveurs qui en abusent sont assez promptement atteints de dégoût, d'amaigrissement, et souvent d'affections organiques des voies digestives. Ces vins ne se gardent pas et ne peuvent supporter le transport.

Malgré la mauvaise qualité de ces vins, si les propriétaires des vignobles du Châtillonnais voulaient attendre, pour vendanger, que les raisins eussent atteint une maturité, sinon parfaite, mais du moins avancée, et s'ils consentaient à mettre en pratique les conseils que je viens de donner, les produits de leurs vignes changeraient complétement de nature ; ils auraient des vins passables, colorés, spiritueux et susceptibles de se garder plusieurs années. Tant d'avantages me semblent mériter la peine qu'on abandonne une mauvaise routine, et qu'on tente l'essai des moyens que j'ai indiqués.

L'arrondissement de Châtillon ne produit pas assez de vin pour sa consommation : les personnes aisées d'ailleurs ne boivent pas de vin du pays ; il existe donc une importation assez considérable de passe-tout-grains, qui viennent de la bonne côte, et des vins qu'on tire des Riceys et des environs de ces communes. Les cabarets des communes des cantons de Recey-sur-Ource, Aignay et Baigneux, s'approvisionnent cependant dans les environs de Châtillon. On préfère acheter du mauvais vin à peu de distance, que d'aller en chercher du meilleur à une grande distance : on économise les frais de transport, et le vin se vend comme s'il était bon.

On fait avec le marc de raisin une eau-de-vie commune dont on trouve un bon débit. Le prix en est fort variable, puisqu'il dépend de la plus ou moins grande quantité de raisins récoltés.

On ne saurait décider quelle est la commune de ce canton qui fournit le meilleur vin. Gommeville a un vignoble très-considérable ; Massingy a également beaucoup de vignes ; Courcelles, placé au pied du mont Lassois, est dans une position très-favorable. En général, la situation de tous ces vignobles est belle et propice, et cependant on a pu se convaincre que les produits n'y répondent pas.

NOMS DES COMMUNES VIGNOBLES du canton de CHATILLON-s-SEINE	NOMBRE d'hectares de vignes dans chaque commune.		QUANTITÉ moyenne en hectolitres récoltés dans chaque commune.	REVENU IMPOSABLE.	
	Gamays.	Noiriens.		Gamays.	Noiriens.
Châtillon-s-Seine.	5,35,80		105	107ᶠ16ᵉ	
Aisey-sur-Seine .	40,98		10	6 56	
Charrey........	96,99,00		3,400	2,388 15	
Chaumont-le-Bois	170,05,90		4,140	4,125 17	
Etrochey.......	70,50		18	21 15	
Gommeville	165,67,14		5,290	4,322 78	
Massingy.......	153,53,80		4,600	5,056 65	
Montliot	44,46,60		1,050	1,608 13	
Mosson	84,43,60		2,000	2,145 92	
Noiron.........	49,49,13		1,156	1,285 05	
Obtrée.........	68,38,46		1,430	1,790 36	
Pothières.......	68,75,80		1,255	1,757 88	
Prusly	3,99,40		85	79 88	
Sainte-Colombe.	5,28,10		105	105 62	
Vannaire.......	82,75,90		2,068	2,542 50	
Villers-Patras...	25,19,90		631	1,804 42	
Vix............	57,57,70		1,439	2,026 46	
	1083,07,51		28,882	31,101ᶠ84ᵉ	

Le canton de Châtillon renferme donc vingt-cinq mille deux cent soixante ouvrées de vignes, qui, année commune, produisent cent quatorze litres de vin à l'ouvrée. Le revenu imposable, pour la même quantité de terrain, a été porté à un franc vingt-trois centimes un tiers environ, somme suffisante quand on considère le peu de mérite des produits. Je n'ai pu établir une moyenne que sur les trois années 1826, 27 et 28, pour le revenu réel : ce qui n'offre pas une exactitude bien rigoureuse, parce que les vins, ayant été très-abondans, la vente s'en est faite à vil prix. Cette moyenne est de huit francs vingt-huit centimes l'hectolitre. En en diminuant les frais de culture et les impôts, on voit qu'il ne reste presque rien au propriétaire ; en sorte que tant que les propriétaires de vignes du Châtillonnais ne chercheront pas à perfectionner leurs vignobles en y introduisant de meilleurs plants que ceux qui y existent aujourd'hui, et les produits en employant de meilleures méthodes pour la confection du vin, on ne doit compter le revenu de la vigne que comme un seul accessoire et non pas comme d'un rapport assuré. Tout fait espérer que l'on verra se réaliser ce que j'indique ; déjà M. Clerc, auteur d'un ouvrage intitulé le *Manuel du Vigneron*, couronné par la société royale d'agriculture de Paris, joignant l'exemple aux préceptes, a produit une amélioration notable dans la culture de la vigne. Changer des habitudes vicieuses, déraciner de vieilles routines, c'est déjà un grand pas vers le bien.

CANTON DE LAIGNES.

Les vignobles de ce canton sont presque tous sur des coteaux et dans une bonne exposition. Le sol est un composé de débris de roche calcaire, et par conséquent entremêlé d'une assez grande quantité de morceaux de *laves* ou *lavereins*. Il est plus convenable à la vigne, qui donne aussi des produits un peu meilleurs que ceux du canton de Châtillon.

Les plants qu'on y cultive sont ceux des environs de Châtillon ; cependant les vignerons se défont assez généralement du troyen, et provignent le pineau qu'on pourrait dire être celui qu'on cultive le plus. Un sol favorable et de meilleurs plants sont déjà deux conditions essentielles pour obtenir du vin supérieur à celui du canton dont j'ai parlé plus haut; aussi, les vins de Poinçon, de Larrey, de Bouix, l'emportent-ils sur tous ceux de l'arrondissement. Ce n'est pas cependant qu'ils soient d'une grande qualité; ils sont seulement un peu plus spiritueux, plus colorés, et peuvent se garder deux ans. Je pense que ce qui leur manque, c'est le soin apporté à leur confection. La routine a adopté une mauvaise marche, et ce ne sera pas de long-temps que l'on reviendra à de meilleurs principes, tant elle a d'empire sur l'espèce humaine.

Je ne parlerai pas de l'ordre des travaux, de la plantation de la treille, du provignement, des labours, ce serait répéter ce que j'ai dit plus haut; et comme je n'ai rien à ajouter, je me bornerai à donner le tableau du canton de Laignes par rapport à la vigne.

NOMS DES COMMUNES VIGNOBLES du canton DE LAIGNES.	NOMBRE d'hectares de vignes dans chaque commune.		QUANTITÉ moyenne en hectolitres récoltés dans chaque commune.	REVENU IMPOSABLE.	
	Gamays.	Noiriens.		Gamays.	Noiriens.
Asnières-en-Mont.	5		117	143^{f}91^c	
Bâlot	1		18	28 29	
Bouix..........	70		1,626	1,999 98	
Channay	8		200	229 91	
Griselles	25		584	718 12	
Laignes	6		142	174 66	
Larrey	95		2,700	2,729 37	
Marcenay	55		1,168	1,006 14	
Molesmes.......	75		1,902	2,154 95	
Nicey..........	50		1,268	1,436 64	
Poinçon........	121		3,500	3,477 21	
Vertaut	11		320	316 11	
Villedieu.......	15		425	430 50	
	517		13,970	14,845^{f}77^c	

La moyenne du rapport d'un hectare de vignes est à

peu près la même que dans le canton de Châtillon, et le revenu imposable est aussi le même : ce qui annonce parité dans la nature du terrain, dans la qualité des produits, dans leur quantité et dans leur valeur. Il doit y avoir quelque nuance dans le prix à la vente ; il n'y a pas de doute que les vins de ce canton ne vaillent un peu mieux que ceux des environs de Châtillon. Mais cette différence est trop peu considérable, pour qu'on puisse établir une ligne de démarcation bien tranchée entre les vins de ces deux cantons.

CANTON DE MONTIGNY-SUR-AUBE.

Les vignobles de ce canton sont situés presque tous sur des coteaux dont l'exposition est à l'est et au sud. Le sol en est argileux ou plutôt argilo-calcaire, entremêlé de pierrailles.

Les plants qu'on y cultive sont le dameri et le gameri ou pineau-franc : ce ne sont pas les seuls qui y existent, le troyen y est très-répandu, et contribue pour beaucoup à diminuer encore la qualité du vin, qui est très-médiocre.

La maturité du raisin, lors de la vendange, n'est jamais parfaite, soit par la mauvaise nature du plant, soit encore parce qu'on cueille le raisin toujours trop tôt. On peut ajouter à ces causes une autre qui n'est pas moins importante : toutes les vignes sont surchargées d'arbres fruitiers de toute espèce ; comme les propriétaires en tirent souvent plus de revenu que des vignes mêmes, ils aiment presque autant cultiver ces arbres que les ceps. On pourrait dire que de cette façon on retire un double revenu qui donne une certaine valeur aux vignobles.

Presque toutes les communes de ce canton sont populeuses et les habitans à l'aise ; outre les vignes, les terres produisent de l'excellent froment; les prairies sont assez abondantes et bonnes. Belan, Riel-les-Eaux, Thoires, Bissey-la-Côte, Brion, où se trouve une mine de fer, Courban, , Autricourt, etc. , offrent des coteaux de vignes considérables, et à côté un sol fertile et propre aux céréales.

La culture est la même que dans les cantons dont je viens de parler; la vendange et le vin se font avec aussi peu de soins, et le vin n'a plus de qualité; on pourrait même dire qu'il en a moins que dans le canton de Laignes : j'en ai déduit les motifs, je ne les répéterai pas. Malgré son peu de mérite, ce vin sert à la consommation locale, et le surplus s'exporte dans le canton de Recey et dans les autres communes du canton de Montigny qui sont dépourvues de vignes.

NOMS DES COMMUNES VIGNOBLES du canton de MONTIGNY-sur-AUBE	NOMBRE d'hectares de vignes dans chaque commune.		QUANTITÉ moyenne en hectolitres récoltés dans chaque commune.	REVENU IMPOSABLE.	
	Gamays.	Noiriens.		Gamays.	Noiriens.
Autricourt......	130		3,037	3,735f51c	
Belan	100		3,504	2,862 28	
Bissey-la-Côte...	50		1,460	1,436 64	
Brion	45		1,652	1,292 73	
Courban........	27		631	776 13	
Gevrolles.......	25		771	769 88	
Grancey........	113		2,845	3,247 20	
Montigny-s-Aube.	31		824	890 52	
Riel-les-Eaux....	43		1,155	1,526 60	
Thoires	32		851	954 44	
Veuxhaulles	8		260	220 01	
	604		16,990	17,511f 94c	

La moyenne est absolument la même que dans les deux autres cantons de Châtillon : il y a cependant dans celui-ci quelques communes qui produisent une plus grande qantité de vin proportionnellement avec les autres, mais

en général c'est partout 114 litres ou la feuillette à l'ouvrée. Je ferai la remarque que dans tout le Châtillonnais,
ainsi que dans les cantons de Semur et la plupart de ceux
de Dijon, on est dans l'usage de vendre le vin sans les
tonneaux. C'est une grande charge de moins pour les propriétaires, puisque, du moins, si le vin ne se vend pas, ils
n'ont pas à faire une mise de fonds toujours onéreuse, et
qui le devient bien davantage quand on est long-temps
sans vendre le vin : c'est ce qui arrive dans l'arrondissement de Beaune où les propriétaires de vignes sont souvent très-malheureux avec d'excellentes propriétés, mais
dont les produits se vendent quelquefois fort lentement.

Si les vignobles du canton de Montigny présentent
une branche de revenu assez faible, il a pour s'en dédommager des mines de fer précieuses, et des bois en
quantité suffisante pour qu'on les exploite. Les forges et
les fourneaux de Montigny, Belan, Bondreville, Champigny, Gevrolles, Grancey, Lignerolles, Riel-les-Eaux,
Thoires et Veuxhaulles, fournissent une immense quantité de fer que la Seine et l'Aube exportent au loin, et
qui sont pour le pays une source abondante de richesses.

TABLEAU GÉNÉRAL

Des vignobles de l'arrondissement de Châtillon-sur-Seine, sous le
rapport du nombre d'hectares de vignes, de la quantité moyenne
récoltée, et du revenu imposable.

NOMS DES CANTONS.	NOMBRE d'hectares de vignes dans chaque canton.		QUANTITÉ moyenne en hectolitres récoltés dans chaque canton.	REVENU IMPOSABLE.	
	Gamays.	Noiriens.		Gamays.	Noiriens.
Châtillon-s.-Seine	1083,37,51		28,882	31,101f 84c	
Laignes	517,00,00		13,970	14,845 77	
Montigny-s-Aube.	604,00,00		16,990	17,511 94	
	2204,37,51		59,842	63,459f 55c	

Je n'ai pu me procurer les résultats du produit effectif de la vigne dans cet arrondissement pendant les six dernières années. Ces tableaux paraissent n'avoir pas été faits, du moins on n'a pu me les procurer.

Je terminerai ce long chapitre par la récapitulation des vignobles de tout le département. Ce travail, fait sur des documens officiels ou sur des renseignemens donnés consciencieusement, ne peut manquer d'intéresser.

TABLEAU GÉNÉRAL

Des vignobles de tout le département de la Côte-d'Or, sous les rapports du nombre d'hectares de vignes, de la qualité, de la quantité moyenne récoltée, et du revenu imposable.

NOMS DES ARRONDISSEMENS.	NOMBRE d'hectares de vignes dans chaque arrondissement.		QUANTITÉ moyenne en hectolitres récoltés dans chaque arrondisst.	REVENU IMPOSABLE par chaque arrondissement.	
	Gamays.	Noiriens.		Gamays.	Noiriens.
Beaune.........	8964,57,13	3560,43,84	260,066	849,045f91	792,004f51
Dijon..........	7215,48,60	101,84,37	286,225	462,169 75	32,999 14
Semur-en-Auxois	4420,55,13		76,422	51,105 42	
Châtillon-s.-Seine	2204,57,51		59,842	63,459 55	
	22804,98,37	3662,27,96	582,555	1,425,780f63	825,003f65

Totaux. { Vignes. . . : 26,467 hectares 26 ares 33 centiares.
{ Rev. imp. : 2,250,784 francs 28 centimes.

CHAPITRE III.

Analyse chimique des terres.

J'ai fait connaître la nature des terres des vignobles de qualité médiocre ; et comme celles de la bonne côte me semblent offrir un degré d'intérêt de plus, j'ai pensé devoir en faire un chapitre particulier afin de mieux en apprécier la nature.

On peut distinguer deux couches dans les terres de nos coteaux distingués ; l'une et l'autre varient à l'infini.

La première couche est, à proprement parler, l'*humus*. Elle est plus ou moins profonde selon le degré d'inclinaison des coteaux. En certains endroits, elle n'offre pas une épaisseur de plus de huit à dix pouces ; mais assez généralement dans les pentes de quatre à cinq degrés, elle est de dix-huit à vingt pouces. C'est dans ce dernier terrain que la vigne prospère le mieux, et donne de meilleurs produits.

Dans la plaine cette couche de terre végétale est plus profonde, et on peut la trouver d'une épaisseur de trois pieds et même plus, selon que les eaux l'ont entraînée et en ont fait des dépôts ; mais elle ne ressemble plus à celle des coteaux.

Une couche de quinze à vingt pouces est tout ce qu'il en faut pour bien faire prospérer nos vignes. Le provignement ne va jamais au-delà, quoiqu'il soit de précepte de coucher la vigne toujours profondément. Souvent il arrive que, pour maintenir le terrain à cette hauteur, on est obligé, surtout dans les pentes rapides, de remonter à dos d'hommes les terres qui descendent à la partie la plus déclive ; aussi chaque propriétaire a-t-il soin de garnir le bas de sa vigne d'un petit mur ou de dalles minces qui les empêchent de tomber dans les vignes voisines.

La seconde couche est sur les coteaux, la roche vive ; cependant on rencontre çà et là, et même jusque vers le sommet, des dépôts d'une marne ou glaise verdâtre dans laquelle se trouvent de gros quartiers de pierres détachés sans doute de plus grandes masses. Dans quelques endroits, au lieu de cette marne, on voit des dépôts abondans d'une argile qui est une véritable bolaire, onctueuse, douce, d'un rouge foncé, et même assez colorée pour laisser des traces comme la sanguine. Lorsque les vignerons font la découverte d'un pareil filon, ils creusent profondément pour en extraire toute cette argile; on la laisse, pendant un an, exposée à l'air; après quoi on l'épanche dans les vignes, dont elle bonifie singulièrement la terre première.

Presque partout sur nos coteaux c'est la roche qu'on découvre sous la terre végétale. La croûte extérieure de cette roche se délite très-aisément, s'exfolie, et se lève en feuillets minces, ou morceaux très-menus. Dans le temps qu'on provigne, il n'est pas rare de voir les vignerons extraire de la fosse qu'ils font pour coucher le cep une grande quantité de ces petites pierres très-minces : ils en font des tas sur les bords du provin, et les portent ensuite soit sur des mergets voisins, soit dans des creux qu'ils font au bas de la vigne. A la place de ces pierres, on met un peu de terre, on couche le cep dessus, et il s'y développe avec beaucoup de vigueur.

Au pied des coteaux on trouve en certains endroits des couches de terre de trois ou quatre pieds et même plus, qui ne sont que des terres d'alluvion. Ces couches ne sont pas générales; elles ont été formées par quelques courans particuliers qui les ont amoncelées sur ce point. On les rencontre çà et là, et jamais d'une manière uniforme.

Au bas des coteaux et en descendant vers la plaine, on ne voit qu'un gravier calcaire enchâssé dans une sorte de mastic, dans quelques endroits extrêmement dur, formé par une argile grasse, tenace, d'un jaune ocreux, auquel on donne le nom de *Crai* ou *Cret*. Ces bancs de gravier se font remarquer surtout en sortant de Dijon pour venir au sud, et paraissent se terminer à deux lieues au sud de Beaune. Cette couche de galets s'étend à peu près à demi-lieue dans la plaine, en suivant exactement le contour des montagnes. Dans certains endroits, le crai se montre presque à nu; dans d'autres, il est un peu plus recouvert de terre végétale; enfin il disparaît entièrement à demi-lieue des montagne, et on peut creuser dans la plaine à de grandes profondeurs sans en trouver de vestiges. On en rencontre cependant quelques petits bancs le long des ruisseaux qui descendent de nos montagnes, et qui vont, en serpentant dans la plaine, se perdre dans la Dheune. C'est ainsi qu'on trouve des couches de sable auprès de Ruffey, à peu de distance du confluent de la Douée et du Cours-de-Rhoin; qu'on en voit au bas de Corberon, le long de la rivière du Muzin, et entre Bligny et Montagny, proche l'Avant-Dheune, etc.

Quand on creuse dans cette plage sablonneuse dont je viens de parler, on trouve quelquefois à peu de profondeur un lit de terre, qui est suivi d'une nouvelle couché de *crai* assez semblable au premier, mais moins épais : quelquefois aussi à la place de ce crai, on rencontre de gros rognons de pierre, auxquels les pionniers donnent le nom de moutons : ils sont arrondis, et leur surface polie prouve qu'ils ont été roulés par les eaux avec beaucoup de violence; ils sont de nature calcaire. Souvent encore au-dessous on trouve un lit de gravier qui diffère de ces pierres.

Dans la plaine, au-dessous de la couche de terre végétale qui a environ deux à trois pieds, on trouve une marne compacte qui descend à une grande profondeur. Il est difficile de poursuivre au loin les recherches pour connaître les différentes couches de terre, parce qu'on est bientôt tellement incommodé par les eaux, qu'on est forcé de renoncer à faire des fouilles plus profondes. Je dois faire ici la remarque que dans la plaine les puits sont à rase de terre, et qu'il est presque impossible d'y creuser des caves. On conçoit aisément la raison de cette impossibilité : la marne absorbe l'eau et ne la conduit pas ; en sorte que partout où l'on creuse dans cette sorte de terre, l'eau y coule par infiltration, et s'y tient comme dans une citerne. Tous les puits de la plaine n'ont pas d'autres sources.

Les terres qui couvrent le crai dont je viens de parler étant peu propres à la culture des céréales, ont été plantées en vignes depuis très long-temps : elles s'y comportent d'abord assez bien ; mais après un certain nombre d'années, elles y dépérissent, et on est obligé de les arracher ou de les recouvrir de nouvelle terre.

Quoique ce terrain soit très-abondant en sous-carbonate calcaire, il est d'une telle nature que, malgré une bonne exposition, le vin qui en provient ne peut être classé que parmi ceux de la troisième espèce ; mais encore vaut-il mieux avoir ces terres plantées en vignes que de les semer en céréales ; elles rapportent dans le premier cas, au lieu que dans le second à peine les seigles qu'elles produisent peuvent-ils dédommager des frais de labour et de semis.

Dans quelques-uns de ces terrains, autour de Beaune, on trouve la couche de terre si faible, qu'il serait impos-

sible d'y faire une plantation de vignes ; les propriétaires
font enlever celle d'une partie de leur fonds qu'ils re-
versent sur l'autre : en doublant ainsi la couche de terre,
elle devient propre à recevoir le cep de la vigne; mais
ces terrains factices ne durent pas long-temps, à moins
qu'on n'y rapporte de temps en temps de la nouvelle
terre.

Dans les environs de Dijon, la plupart des terrains de
cette nature, lorsqu'on ne peut y planter la vigne, sont
utilisés par des plantations de cerisiers nains ou de gro-
seilliers. Leurs produits en sont avantageux aux propriétaires, et valent mieux que de mauvaises vignes ou des
seigles rares et chétifs.

On m'a fait une objection qui trouve ici une réponse
peremptoire : on a dit que ce qui influait le plus puissamment sur la qualité du vin, était la sécheresse du
sol, l'âge des ceps, une exposition favorable, et la bonne
variété du cépage. Ces quatre conditions se trouvent dans
les vignes plantées dans le *crai* au pied de nos coteaux,
et cependant on n'obtient que des vins d'une qualité inférieure à celle de ceux de la côte : il existe donc une
autre cause de la supériorité des vins de la Côte-d'Or, et
je crois l'avoir prouvé précédemment : c'est la nature
du sol. Celui-ci ne doit ses qualités parfaites qu'à la décomposition lente mais constante d'un sous-carbonate
calcaire pur qui s'unit sans cesse à la terre végétale de
nos coteaux, et qui la rend plus apte à se combiner avec
les divers agens répandus dans l'atmosphère, tels que les
fluides magnétiques, électriques, etc.

Jusqu'ici je n'ai cherché à prouver que par le raisonnement et l'analogie, que le sol de notre côte n'est en
grande partie composé que du détritus de la roche. Je

vais essayer maintenant de démontrer la vérité de ce principe par l'analyse chimique , et je ferai connaître que le composé qui forme la terre de nos vignes est une grande masse de sous-carbonate calcaire mélangée avec quelques parties d'alumine de silex, de tritoxide de fer et d'un peu de débris organiques.

J'ai choisi pour points de comparaison différentes espèces de terres , les unes prises à Vosne , dans la Romanée-Conti, les autres à Nuits , dans le Saint-George, et à Beaune dans les Grèves, l'un des meilleurs climats de nos pays ; et pour m'assurer de la différence qui existe entre les terres de la côte et celles de la plaine , j'ai soumis à l'analyse des terres de la plaine qui fournissent un vin très-commun. M. Jules Pautet se chargea, il y a quelques années, de faire toutes les opérations nécessaires, et c'est à ses soins que je dois les analyses qui m'ont fourni les résultats que je décrirai dans quelques instans.

Nos opérations chimiques offrent très peu de différence entre les terres de la Romanée-Conti, du Saint-George et des Grèves; celle de la Romanée seule présente quelques petites nuances. Cette terre a beaucoup d'analogie avec cette espèce de terre bolaire que j'ai dit se trouver dans les crevasses de roche que l'on rencontre sur la montagne qui domine Beaune; elle est un peu plus argileuse, et le fer est presqu'à l'état de deutoxide. La proportion du sous-carbonate calcaire est la même , celle des débris organiques un peu moindre que dans la terre des Grèves.

Ces légères différences, ou plutôt ces nuances, ne peuvent infirmer le principe que j'ai admis, que la pureté du sous-carbonate calcaire contribuait à la qualité des vins de notre côte, et que si l'on joint à cette base d'autres parties également pures, il doit en résulter des produits d'une grande valeur : tel est le cas particulier et propre à la terre de la Romanée-Conti, dont voici l'analyse.

Après avoir privé cette terre de toute son humidité, et après l'avoir passée au tamis de soie pour la débarrasser des grains de sable et des morceaux de racines qui pouvaient s'y rencontrer, elle a été mise en contact avec plusieurs acides puissans, qui ont décélé la présence de l'acide carbonique en grande quantité.

En poussant plus loin nos recherches, nous avons reconnu que cet acide était à l'état de combinaison avec l'oxide de *calcium*, et qu'il constituait un sous-carbonate de chaux si abondant, qu'il formait presque la moitié de la terre soumise à notre analyse.

Nous y avons trouvé de l'argile, mais en moins grande quantité que le sous-carbonate calcaire. Cette argile nous a paru douce, onctueuse; mais il ne s'en trouve pas assez pour la faire servir à l'art du potier : cependant, un petit gâteau de cette terre, exposé à un feu violent, a pris une certaine consistance et même un peu de solidité.

L'alumine nous ayant été démontrée, nous avons recherché s'il n'y existait pas de la silice, et sa présence nous a été prouvée par diverses expériences, mais dans une faible proportion.

L'alcool, à divers degrés de température, n'a aucune action sensible sur cette terre et ne dissout aucune matière soluble.

L'eau dissout, au contraire, une faible quantité de matières, et le liquide prend bientôt une saveur légèrement amère.

La baryte ne nous a donné aucune trace de précipité, ce qui prouve qu'il n'y a pas de sulfate.

Le nitrate d'argent n'ayant déterminé aucune action, prouve l'absence d'acide hydrochlorique libre ou combiné.

Presque toutes les expériences ont fait reconnaître la présence du fer; mais pour mieux nous en assurer, nous avons fait une petite masse de terre broyée avec de l'eau; elle a été exposée ensuite sur des charbons incandescens à une haute température : retirée du feu et ramenée à une chaleur de quinze degrés de *Réaumur*, elle a offert une couleur d'un rouge brun très intense, premier phénomène qui caractérise la présence du fer.

Cette petite masse de terre a été traitée par l'acide hydrochlorique qui a dissout le principe colorant. Cet acide, qui tenait en dissolution la matière ferrugineuse, a été combiné avec l'hydrocianate de potasse, et au même instant il en est résulté un beau précipité bleu qui n'était que le cyanure de fer.

Les diverses analyses faites pour reconnaître la nature du principe colorant de la terre de la Romanée-Conti, nous ont prouvé que c'était un oxide de fer touchant presque au deuxième degré, mais que nous avons cependant classé parmi les tritoxides non attirables à l'aimant. Si le principe colorant est abondant dans les terres de nos coteaux, il l'est encore plus dans celles de la Romanée, qui est, sans contredit, un des sols les plus foncés en couleur rouge de toute la Côte-d'Or[1].

Nous avons trouvé quelques atomes de fer métallique dont l'existence nous a été démontrée par le moyen de l'aimant. Au reste, le fer fait une des parties constituantes

[1] On pourrait encore considérer cette couleur brune comme une condition favorable à l'excellence des produits de la Romanée, parce qu'il est reconnu, en physique, que l'absorption des rayons solaires, ou du calorique, est en proportion de la couleur foncée des corps qui leur sont soumis.

de notre sol, qui est tout de terres de transport. Dans la Romanée-Conti, il y a même ceci de particulier, que l'on rencontre très-fréquemment des masses ferrugineuses qui ont pour noyau un petit morceau de sous-carbonate calcaire, et d'autres masses dont le noyau est un carbure de fer autour duquel s'est cristallisé ou amassé du sous-carbonate de chaux.

Nous n'avons pu évaluer que par approximation les proportions des substances qui composent la terre dont il est question. Quoique nous ne l'ayons pas fait d'une manière tout-à-fait exacte, nos évaluations n'en sont pas moins justes :

Proportions des substances dans la terre de la Romanée-Conti.

Sous-carbonate de chaux.	0,425
Alumine.	0,290
Silice.	0,120
Tritoxide de fer.	0,100
Débris organiques.	0,040
Sels alkalins.	0,025
	1,000

Jetons maintenant un coup d'œil sur les terres du Saint-George de Nuits, et des Grèves prises à la partie moyenne de la côte de Beaune, au-dessus du bassin de l'Aigue. Je réunis l'analyse de ces deux terres, parce qu'elles n'offrent presque point de différence.

Nous avons suivi pour ces deux terres les mêmes procédés que pour la précédente : privées de leur humidité, séchées, passées au tamis de soie, soumises à l'action des différens réactifs, elles ont présenté l'une et l'autre les mêmes phénomènes.

Le sous-carbonate de chaux s'y montre en grandes proportions, comparativement aux autres substances.

L'argile y est moins abondante que dans les terres de la Romanée; aussi ces terres ne présentent-elles que peu d'onctuosité, et une petite masse préparée et exposée à un feu ardent n'a pas contracté de solidité; elle tombait presque en poussière.

Nous avons voulu connaître en même temps quelle était la force d'absorption de ces terres, et nous avons reconnu qu'après avoir opéré un desséchement aussi complet qu'on pouvait l'obtenir sans brûler la terre, cent grammes de terre absorbaient 9,9 d'eau.

La silice nous a paru y être un peu plus abondante que dans la précédente.

L'alcool, l'eau, le nitrate d'argent, le baryte, ne nous ont pas donné d'autres résultats que ceux que nous avons mentionnés plus haut.

Les diverses expériences que nous avons faites nous ont démontré la présence du fer, mais en moindre quantité que dans la terre de la Romanée. La seule particularité que nous ayons remarquée dans la terre du Saint-George, est une très-faible partie de tritoxide de fer plus que dans la terre des Grèves.

Afin de mieux faire apprécier les différences qui existent entre la terre de la Romanée et celles dont nous parlons, je présenterai les proportions que nous avons encore évaluées par approximation.

Proportions des substances dans les terres du Saint-George et des Grèves.

Sous-carbonate de chaux.	0,423
Alumine.	0,220
Silice.	0,177
Tritoxide de fer.	0,075
Débris organiques.	0,055
Sels alcalins.	0,050
	1,000

On voit que les principes sont les mêmes dans les trois terres ; ils ne varient que dans leurs proportions, et cette différence ne se remarque que dans la terre de la Romanée. Dans celle-ci, comme dans les autres, le sous-carbonate calcaire est la substance dominante, et celle qui paraît contribuer le plus à la qualité du sol.

Pour nous convaincre de cette vérité, nous allons offrir l'analyse de la terre prise dans la plaine, dans un pays d'où il ne sort que des vins très-communs. On verra par ces expériences que les sols où domine l'argile, et où le sous-carbonate de chaux est en faible proportion, ne peuvent fournir de bons vins.

La terre dont je vais présenter l'analyse a été prise au village de Varennes, situé dans la plaine à une lieue et quart de Beaune, à l'est. Les vignes qui sont cultivées dans cet endroit ne produisent qu'un vin blanc assez médiocre, et une petite quantité de vin rouge très-commun.

La terre dont il est ici question a été préparée comme les précédentes : après avoir été privée de toute son humidité et passée au tamis de soie, elle a été mise en contact avec les acides les plus puissans ; au lieu de ce dégagement vif de gaz acide carbonique , il ne s'en est fait qu'un très-léger et peu abondant ; ce qui nous a prouvé que le sous-carbonate calcaire y était dans une proportion infiniment plus petite que dans les premières terres analysées.

Broyée avec de l'eau , elle a offert beaucoup plus d'onctuosité que les terres des coteaux , ce qui a servi à nous prouver la quantité considérable d'argile ; cependant la terre sur laquelle nous opérions ne l'offrait pas en masses suffisantes pour la rendre propre à l'art du potier. Cette circonstance est particulière à cette terre ; car en descendant plus au loin dans la plaine, l'argile devient toujours plus dominante, et presque toutes les terres qui s'étendent vers la Dheune ou la Saône sont propres à la poterie : ce que nous prouvent les nombreuses tuileries répandues dans la plaine, et les fabriques de poterie commune de Demigny.

L'alcool à divers degrés de température n'a aucune action sur cette terre , et ne dissout aucune substance.

L'eau, au contraire, dissout beaucoup de matières salines et en plus grande quantité que dans les premières ; elle offre cette différence remarquable, qu'elle n'acquiert pas cette saveur amère que nous avons dit exister dans la terre des coteaux, mais bien une saveur légèrement salée qui prouve que cette terre est chargée d'un principe alcalin, qui s'est à peine fait remarquer dans les autres terres : comme dans les précédentes, rien n'a pu nous faire reconnaître la présence des acides sulfurique et hydrochlorique. Nous avons déjà fait remarquer que le contact avec les acides ne nous avait présenté qu'une effervescence très-légère comparativement à la terre des Grèves ; mais ce dégagement de gaz acide carbonique , quoique très-faible, nous a prouvé que le sous-carbonate calcaire entrait aussi dans sa composition à peu près de moitié moins que dans les premières.

L'aimant n'a point indiqué la plus faible parcelle de fer, ni de fer deutoxidé; cependant nous l'avons reconnu à l'état de tritoxide, et dans une proportion qui ne peut être comparée à celle qui entre dans les parties constituantes de la terre de nos coteaux.

Les débris organiques y sont plus abondans que dans les précédentes, sans y être néanmoins dans une proportion extraordinaire. Cette disposition peut tenir à ce que les vignes de la plaine ont besoin, pour se soutenir, d'être couvertes de fumier de deux en deux ans. Cet engrais est enfoui par le premier coup de labour; aussi n'est-il pas étonnant que les débris organiques se soient trouvés en plus grande abondance que dans une terre où à peine on en introduit.

Nous n'avons rencontré nulle part la présence de la magnésie.

Les proportions des principes constituans des terres de la plaine plantées en vignes peuvent être fixées approximativement de la manière suivante :

Alumine.	0,40
Sous-carbonate de chaux.	0,26
Sels alcalins.	0,14
Silice.	0,09
Débris organiques.	0,08
Tritoxide de fer.	0,03
	1,00

On me pardonnera, sans doute, d'être entré dans de si longs détails pour faire connaître la nature de notre sol : cette connaissance me semble indispensable; elle tend aussi à réfuter l'opinion de ceux qui pensent qu'à l'aide de procédés chimiques, on peut parvenir à faire du vin de Bourgogne avec des raisins de Surène. On peut bien donner à ces vins tous les principes alcooliques; mais le bouquet, le parfum particulier aux vins de nos coteaux, cet arôme spiritueux, ce coup d'œil velouté si agréable, tout cela ne se forme pas dans des capsules de chimie; c'est une propriété de notre sol qu'on ne peut ni imiter ni nous ravir.

Ces détails seront encore utiles pour empêcher certains propriétaires qui, voulant couvrir de terre quelques parties de vignes appauvries, y font porter celle qu'ils trouvent, sans s'occuper de sa nature. On voit, tous les ans, des vignerons commettre cette faute grave : c'est surtout lorsque l'on creuse des caves, que l'on veut utiliser les terres qui en sortent. La plupart sont imprégnées de nitrate de potasse ou d'autres sels neutres; l'alumine y domine : aussi le terrain qui en est recouvert est-il tellement détérioré, que l'on a vu, à la seconde ou à la troisième année, les vignes être dans le cas d'être arrachées.

Quand on n'en a épanché que peu, la vigne en souffre; mais après deux ou trois ans, la mauvaise terre s'amalgame si bien avec la terre native, que le mal se répare et la vigne se rétablit. Cependant le rétablissement n'est jamais complet; on peut toujours remarquer un changement dans la nature de la vigne et de son fruit. Cet avis doit donc tenir les propriétaires en garde contre une pareille faute, et les engager à bien examiner si la terre qu'ils veulent mettre dans leurs vignes est de la même espèce que la primitive.

J'ai vu plusieurs fois trouver dans le milieu d'une vigne des dépôts de marne grise ou jaune; ceux qui faisaient cette découverte la regardaient comme très-précieuse et en couvraient leurs vignes. C'était une grande erreur qu'ils commettaient : on est trois à quatre ans sans faire de récolte, quoique la vigne n'en soit point détériorée ; à la cinquième année, les terres sont amalgamées, et la vigne donne alors des produits. On pourrait éviter cet inconvénient, en faisant des dépôts hors de la vigne, et en laissant, ainsi que je l'ai déjà dit, ces terres s'aérer pendant trois ou quatre ans ; elles ont, à cette époque, toutes les qualités convenables.

CHAPITRE IV.

Époques où furent plantées les premières vignes.

Les premières plantations de vignes furent faites par les Romains. Les Gaulois divisés entre eux, adonnés à l'exercice des armes, plus chasseurs qu'agriculteurs, ne connaissaient pas l'art de cultiver la vigne[1] ; ils en aimaient les produits avec passion, puisqu'au rapport de Diodore de Sicile, ils donnaient un esclave pour une mesure de vin, et quand ils n'avaient plus rien, ils se vendaient euxmêmes pour une assez faible quantité de cette boisson. Ils en buvaient, dit le même auteur, jusqu'à ce qu'ils tombassent dans un profond sommeil ou qu'ils devinssent furieux : alors ne se connaissant plus, ils se livraient à tous les désordres de l'ivresse, et plus d'une fois les salles de leurs festins furent ensanglantées ou souillées du meurtre de leurs parens et de leurs amis.

---

[1] Galli agriculturæ non student. CÆSAR, *Comment.*

Malgré ce goût effréné pour le vin, ils ne songèrent jamais à cultiver la vigne; pour y suppléer ils savaient l'art de préparer une bière très-forte qui les enivrait. Le vin leur arrivait d'Italie par des muletiers qui l'apportaient dans des outres. J'ai découvert, à Saulieu, une pierre tumulaire sur laquelle est sculptée grossièrement une figure d'homme, et dont l'inscription justifie l'opinion que je viens d'émettre.

Le climat des Gaules, à une époque très-reculée, semblait devoir s'opposer pour toujours à la production de la vigne. Cette vaste contrée était alors couverte de forêts immenses; les moindres rivières gênées dans leur cours, formaient partout des lacs, et où se voient aujourd'hui de riantes prairies et de riches moissons, on ne trouvait que des étangs ou des marais, surtout dans nos pays, si l'on s'en rapporte à Eumène. L'atmosphère devait donc être constamment réfroidie par l'humidité qui s'exhalait des forêts et des eaux stagnantes, et on ne doit pas être surpris de la longueur et de la vivacité des hivers dont César, Diodore, etc., nous ont donné des descriptions qui se rapportent peu avec ce que nous voyons maintenant.

Lorsque les Romains eurent conquis le midi de la Gaule, ils placèrent une grande colonie au centre de leur conquête. Nîmes devint bientôt une ville importante; ses habitans apportèrent d'Italie les premiers ceps; ils y réussirent bien. Leur exemple fut tout aussitôt suivi par leurs voisins. Les bords du Rhône se couvrirent de vignes; et la colonie romaine que Munatius Plancus avait placée au confluent de la Saône et du Rhône, couvrit les coteaux qui dominaient la ville, de ceps que les autres peuples du midi cultivaient avec tant de succès.

L'exemple dut gagner de proche en proche : les coteaux

de l'antique *Matisco* (Mâcon), ceux du vieux *Cabillonum* (Châlon), durent peu après se garnir des pampres cultivés par leurs voisins. La côte du *Pagus Arebrignus* s'en couvrit un peu plus tard ; et il est à croire que ce fut sous le règne d'Auguste que les soldats romains, dont les camps étaient placés à Beaune, à Nuits et à Dijon, plantèrent les premières vignes dans nos pays. On pourrait même présumer qu'un des premiers cantons qui en fut paré, fut la Romanée : son nom seul indique que les Romains l'ont cultivée ou ordonné qu'elle le fût. D'anciens titres portent la désignation de ce climat : *In campo Romanorum.*

La culture de la vigne ne fut bientôt plus bornée à un seul canton, et sous les règnes des empereurs qui succédèrent à Auguste, elle s'étendit avec une rapidité extraordinaire. Ce fut même à tel point que, l'an 92 de Jésus-Christ, Domitien fut obligé de défendre, par un édit, la culture de la vigne dans toute l'étendue de l'empire, et même d'en faire arracher une grande quantité. Le motif de cet édit fut une famine considérable qui se fit sentir partout. Rome et toutes les villes des provinces regorgeaient de vin et manquaient de pain[1].

Cet ordre tomba peu après en désuétude ; les vignes se multiplièrent à l'infini, et l'on doit penser que l'empereur Aurélien, le second fondateur de Dijon et de Beaune, en favorisa la culture. Probus, qui régna peu d'années après lui, révoqua les défenses de Domitien, et accorda une pleine liberté de cultiver la vigne aux Bretons, aux Gaulois et aux Pannoniens[2] ; non content même de donner cette

---

[1] Ad summam ubertatem vini, frumenti vero inopiam, existimans nimio vinearum studio negligi arva, edixit ne quis in Italia novellaret, utque in provincis vinata succinderentur. Suèton. *In vit. Domit.*

[2] Galliam, Pannoniasque et Mœsorum colles vinetis replevit.
Aurel. Vict., *in Prob.* — Flav. Vopisc., *in Prob.*

permission, il en fit planter par ses soldats; il employa les loisirs de ses légions à se rendre utiles, et c'est à lui que l'on doit d'avoir enrichi les coteaux de la Gaule de ce précieux arbrisseau.

Les malheurs qui vinrent, quelques années après, fondre sur l'empire romain, les guerres civiles qui ensanglantèrent toutes les provinces, détruisirent une grande partie de ceux qui se livraient à la culture de la vigne. Les belles plaines du *Pagus Arebrignus* se couvrirent de ronces et d'épices; les ruisseaux perdirent leur cours et formèrent des marais; les vignes négligées n'offraient que des buissons épais qui ne rapportaient plus de fruits; et au temps de Constantin, comme depuis un grand nombre d'années elles n'avaient pas été provignées, elles étaient devenues tellement vieilles que la culture ne leur faisait plus rien[1].

Eumène, en déplorant l'état malheureux de cette partie du pays des Éduens, semble avoir pris à tâche d'émouvoir le cœur de ce prince par une vive peinture de la détresse de cette contrée; et il ajoute : *Toute la partie de la côte qui produit la vigne ne peut plus être utilisée, et nous ne pouvons pas trouver d'autres places pour en planter, puisqu'au-dessus sont des roches qui ne peuvent rien rapporter, et au bas règne une humidité destructive.*

Ce que dit Eumène, dans la suite de son discours, fait croire qu'il était instruit des intentions de cet empereur et du désir qu'il avait de mettre un terme aux maux qui accablaient les Éduens en général; et on doit présumer que nos pays, et en particulier nos coteaux, se ressentirent de l'administration sage mais ferme de ce prince.

---

[1] Culturam sane pene non sentiunt. EUMEN. *Panegyr.*

Depuis cette époque la culture de la vigne devint une des principales occupations des habitans du *Pagus Arebrignus*. Lors de l'invasion des Bourguignons, elle dut souffrir quelque temps de l'ignorance de ses nouveaux maîtres. Cet état de choses ne pouvait pas se prolonger beaucoup : les conquérans étaient trop avides de cette agréable liqueur, pour ne pas en protéger fortement l'extension. D'ailleurs l'espèce de fusion qui se fit des vainqueurs avec les vaincus, fit promptement revenir les esprits vers une branche d'industrie qui donnait à la fois et la richesse et une boisson tout autant recherchée par les anciens que par les nouveaux habitans[1].

La vigne continua donc d'être cultivée avec soin, et les bons climats étaient les propriétés des grands de l'époque; nous allons en offrir quelques preuves. En 630, le duc Amalgaire fit don à l'abbaye de Bèze des fonds de vignes qu'il possédait à Vosne et à Gevrey; cette donation fut confirmée par Clotaire en 650. Charlemagne possédait un vaste canton de vignes entre Aloxe et Pernand, il en fit cadeau à l'abbaye de Saulieu, en 775. Ce canton a conservé son nom, et s'appelle encore aujourd'hui le Charlemagne.

En 840, le comte Adalhard était propriétaire d'excellentes vignes à Montelie *(in Montelio vineoleæ)*, dont il disposa en faveur de St-Hapaire d'Autun. On trouve dans un ancien titre une donation faite, en 947, à Guilleneux, par Géofroi, archevêque de Besançon, de douze meix de vignes, à Savigny, *in Pago Belnensi*.

En 1005, Odo, vicomte de Beaune, donne à St-Bénigne

---

[1] Grégoire de Tours dit, au sujet de notre pays : « Montes sunt uberrimi, « vineisque repleti qui tam nobile incolis faternum porrigunt ut respuant « scalonum. »

de Dijon une vigne située à Pommard; et le roi Robert confirma peu après la donation. En 1168, Anceau de Montréal et Sibylle de Bourgogne, dotent l'abbaye de Cîteaux d'un vaste clos de vignes, qui leur appartenait, à Mursault. A l'époque des croisades, les donations se multiplièrent dans le cours du treizième siècle; les moines et le clergé en recoivent de toutes parts. En 1232, Alix de Vergy donne la Romanée à l'abbaye de St-Vivant, d'où lui vient son surnom de Romanée-St-Vivant. En 1246, Ponce de Blaisy donne ses vignes de Vosne au prieur du lieu; Simon de Vergy lègue à l'église de St-Denis, dont il était chanoine, ses vignes de Vosne. En 1260, le chevalier Ét. Dojon fait cadeau de son clos de vignes, situé à Morey, aux dames de Tart, au climat de la Forge, qui depuis prit le nom de clos de Tart; la duchesse Alix donne, à la même époque, à l'abbaye du Lieu-Dieu, son clos de Morey. Les moines de Cîteaux deviennent propriétaires du clos de Vougeot, et en 1299 seigneurs de Gilly, dont Vougeot, qui n'était alors qu'un petit hameau, était une dépendance.

Les vins de toute notre côte avaient déjà de la réputation au lointain. Sur la fin du douzième siècle on conduisit des vins de Beaune à Reims au sacre de Philippe-Auguste. En 1359, Jean de Bussières, abbé de Cîteaux, envoya trente pièces de vin de Beaune et de Chambertin au pape Grégoire XI, qui siégeait à Avignon. Ce pape n'oublia pas le présent; aussi quelques années après, il fit Jean de Bussières cardinal. Ce cadeau fit la réputation de nos vins à la cour du pape, à Avignon; les cardinaux et les autres grands de l'Église en firent venir, et l'usage qu'on en fit fut considérable. C'est ce qui fit écrire par Pétrarque que les cardinaux ne voulaient pas quitter la France pour aller à Rome, puisque là ils n'avaient plus de vin de Beaune[1].

En 1377, on offrit en Normandie, au connétable Duguesclin, du vin de Beaune, parce qu'il était réputé le premier de l'Europe; et ce fut à cette occasion que fut fait ce vers si connu :

« Vinum belnense super omnia vina repone. »

Je viens de démontrer que la culture de la vigne a été depuis bien des siècles l'objet des soins de nos ancêtres; cependant il est aisé de croire que pendant tout le temps que le servage pesa sur nos contrées, il ne dut y avoir que les cantons de choix, et en quelque sorte privilégiés, qui fussent cultivés; cette culture n'est devenue générale que quand les richesses et l'industrie augmentant les besoins, ont excité les vignerons à en planter de plus en plus chaque année[2].

Les terres des plaines ont été envahies. Nos ducs et ensuite le parlement craignant, avec juste raison, l'avilissement de cette liqueur par l'excès même des produits, ont rendu des édits et des arrêts pour en modérer la plantation. Ce qu'avaient prévu et les ducs de Bourgogne et le parlement s'est malheureusement trop bien réalisé. Mais du mal peut sortir un grand bien : rien ne se perd pour les peuples; et la misère éprouvée par les pères peut devenir une grande leçon pour les descendans qui, au lieu de se livrer exclusivement à la culture de la vigne dans les terres des plaines, sauront en tirer un parti plus utile et plus

---

[1] Beatam sine Belna vitam agi posse dissidunt.

[2] Le 1er novembre 1582, M. de Thou passa à Beaune. Voilà ce qu'il dit dans ses *Mémoires* : « On y voit un bon château, mais ses vins, si connus partout, rendent cette ville encore plus célèbre. » (Page 91.)

profitable. La leçon est sévère, je dirai même cruelle. C'est cette sévérité qui en fait le mérite, puisse-t-elle n'être pas perdue pour l'avenir !

CHAPITRE V.

De la vigne et de ses variétés.

La vigne, *vitis vinifera* L., offre de nombreuses variétés qui n'ont pas encore été observées avec tout le soin que mérite un pareil objet : nous tâcherons de faire connaître toutes celles que l'on cultive dans nos pays.

En Bourgogne, les vignerons savent distinguer à la seule inspection du bois, la vigne qui produit le bon vin d'avec celle qui ne donne que du vin ordinaire, et ils discernent encore le bois de la vigne qui fournit le vin blanc d'avec celle qui produit le vin rouge. Ces connaissances, qui sont dues à une longue suite d'observations, prouvent qu'il existe des différences assez notables pour qu'elles soient susceptibles d'être appréciées par des hommes, en général, fort peu observateurs[1].

On cultive dans nos vignobles quatre espèces de plants qui donnent du vin rouge, et dont nous allons successivement examiner les caractères ; il peut s'en trouver encore quelques autres, mais si rares qu'ils ne valent pas la peine de s'en occuper.

1° Le noirien, appelé dans d'autres pays pinot, pineau-auvernat, etc., est le meilleur, et presque le seul cultivé

[1] J'ai souvent interrogé des vignerons, pour savoir d'eux à quels caractères ils distinguaient les diverses espèces de plants ; jamais je n'ai pu avoir une solution satisfesante, et cependant ils ne se trompaient pas sur les différences.

sur nos coteaux. Le cep du noirien est menu, s'étend en longueur, rampant sur la terre ; les sarmens qu'il produit ne sont pas aussi gros que ceux du plant de vin commun, et sont généralement plus courts. Parvenus à leur maturité, ils sont d'un rouge fauve assez foncé ; la feuille, plus étroite que celle du plant de vin commun, est d'un vert moins foncé, moins pubescente en dessous et un peu plus découpée.

Le raisin présente des caractères encore plus prononcés : il est composé de grains ronds, petits, très noirs et peu serrés ; leur intérieur, quand ils sont en parfaite maturité, n'offre presque point de parenchyme ; les pépins sont en quelque sorte plongés dans une liqueur limpide, transparente et très-sucrée, qui s'échappe presque en entier quand on presse légèrement le grain. La pellicule qui le revêt est mince, ne présente qu'une très-petite dose de matière colorante, proportionnellement avec celle qui est adhérente à la pellicule du raisin commun.

Le plant de noirien se plaît dans les lieux exposés aux rayons du soleil levant et du midi, sur des surfaces inclinées, dans des terres légères, où se trouve beaucoup de sous-carbonate de chaux. Il se détériore et ne donne que de chétifs produits dans les terres fortes, argileuses, où dominent l'alumine et les sels alcalins.

Un grand nombre d'étrangers ont voulu avoir des plants pris à Vollenay, pour les placer dans des terrains favorablement exposés, croyant obtenir des produits qui équivaudraient à ceux qu'on recueille dans ce village ; ils ont été trompés dans leurs espérances. On pourrait adresser, à tous, la réponse que M. Brunet de Beaune fit au prince de Condé, qui lui faisait des reproches de ce que les plants de Vollenay, apportés à Chantilly, n'avaient pas prospéré : Monseigneur, il fallait aussi y apporter la terre et l'exposition.

Ce plant n'a réussi qu'au Cap, où il donne le fameux vin de Constance; mais ce vin n'a pas plus de ressemblance avec le vin de Vollenay, que celui-ci avec le Malaga. J'ai été plusieurs fois témoin des changemens extraordinaires que ce plant éprouve dans les terrains qui n'ont point d'analogie avec celui de Vollenay.

Je puis citer le fait suivant pour le prouver : Un particulier fait prendre des plants à Vollenay, les fait placer dans une terre forte, très-végétale et en belle exposition, sur un coteau en Auxois; la vigne a parfaitement réussi : chaque plant a repris, mais au lieu de cette tige délicate native, on n'a eu que des buissons énormes, des sarmens prodigieux, des feuilles larges et d'un vert extrêmement foncé, et quelques raisins qui ne ressemblent en rien aux raisins de Vollenay.

Ce fait, dont je pourrais fournir encore plusieurs exemples analogues, doit être regardé comme une preuve de ce que j'ai dit de l'influence des terres sur la qualité des produits de la vigne.

2° Le bureau ou beurot, qu'on appelle encore pineau gris, muscadet, fromenté violet, est un plant d'une excellente qualité. Tout son ensemble offre des traits d'une plus grande délicatesse que le noirien rouge. Le bois est plus délié, la feuille plus petite, d'un vert moins foncé; sa saveur très-sucrée; le parenchyme est abondant, le suc, par conséquent, moindre que dans le noirien. On ne trouve que quelques ceps épars de ce plant dans nos vignes.

On n'a jamais essayé de le cultiver seul dans nos contrées; on le fait dans le département de l'Aube et dans quelques parties de la Lorraine, et principalement aux environs de Verdun ; le vin que donne ce plant est excellent et peu abondant. Le raisin du bureau ou pineau gris ressemble beaucoup à ceux de Tokai en Hongrie. Il faut être habitué à voir des raisins pour en faire la distinction.

La culture de cette variété serait utile dans nos vignobles, mais il ne devrait jamais y en avoir plus qu'un dixième ; il n'est pas douteux que ce raisin foulé et fermenté avec les raisins noirs donnerait un vin plus délicat, et peut-être d'une plus grande finesse, qu'avec le plant noir seul. J'ai fait plus haut cette remarque en parlant des vins de Chambolle. Il y aurait, j'en suis convaincu, un grand avantage à cultiver le pineau gris de préférence au blanc, parce que le premier est plus abondant et plus robuste, et moins susceptible d'éprouver les effets des intempéries atmosphériques.

Quelques personnes pensent que ce plant est le résultat de plusieurs greffes successives de blanc sur rouge, *et vice versa* ; j'ignore jusqu'à quel point cette opinion peut être fondée.

3° **Le mâlain**, connu dans nos pays sous le nom de plant de Pernand ou plant d'Abraham, tient le milieu entre le noirien et le gamay. Quand il se trouve dans une terre très-végétale, il pousse avec une force extraordinaire quatre, cinq et même six branches, très-nourries, et après lesquelles sont suspendues des grappes de raisins énormes, qui, en raison de la multitude de leurs grains, mûrissent mal. Le parenchyme qui y est contenu est abondant, dur, acide ; et la pellicule, qui n'acquiert ordinairement pas toute sa maturité, contient peu de principes colorans. Les grains qui peuvent d'ailleurs parvenir à une maturité complète, sont au contraire très-colorés.

On peut rapporter à cette espèce le giboudeau, qu'on

nomme vulgairement *giboulot*. Dans les terres légères de nos coteaux, cette variété donne beaucoup de raisins, mais qui, pour la plupart, avortent, et ne donnent que des grains infiniment petits qui ne fournissent point de vin. Nos vignerons appellent cet accident *millerande*.

Ce plant ne convient pas pour nos terres. Tout vigneron soigneux devrait le proscrire de ses vignes : cependant il est encore cultivé dans les arrière-côtes par un grand nombre de propriétaires qui suivent la routine sans aucune réflexion ; le vin qui provient de ce plant est peu agréable au goût ; il a une saveur particulière qui approche de celle du raisin de vigne sauvage. Tout porte à croire que, dans quelques années, ce plant aura disparu de nos bons coteaux ; cependant, dans les terres argileuses de l'Auxois, c'est le meilleur plant qu'on puisse cultiver. Le vin provenant de ce plant serait certainement préférable à celui des plants qu'on y cultive. Tenant, comme je l'ai dit, le milieu entre le noirien et le gamay, le mâlain réussirait à merveille, car les vignobles du Semurois et du Châtillonnais ne sont propices ni au noirien ni au gamay.

4º Le gamay, ou gamet, ou pineau à grosse tête, ou melon noir, paraît n'avoir été cultivé en grand que vers la fin du treizième siècle ou au commencement du quatorzième. Jusqu'alors, la culture de la vigne avait été bornée aux coteaux, aux lieux où la charrue ne pouvait pas passer. Des disettes successives, suite nécessaire d'un très-mauvais système de culture, avaient empêché qu'on ne songeât à planter en vigne les terres à froment. Divers édits des ducs de Bourgogne avaient arrêté la fougue des vignerons, qui donnaient une extension trop grande à leur culture.

On avait remarqué que le plant noirien ne réussissait

pas dans les terres de la plaine ; qu'il changeait de nature sans rapporter de fruits. On rechercha alors un plant qui pût y prospérer, et on trouva au hameau de Gamay, paroisse de Saint-Aubin, un plant qui parut réunir tous les avantages que l'on désirait. La culture en fut bientôt répandue ; mais les produits furent trouvés d'une qualité si inférieure à ceux du noirien, que Philippe-le-Bon, craignant que ce vin ne fît perdre aux vins de Bourgogne la réputation dont ils jouissaient, rendit cette ordonnance tant citée, qui enjoignit d'avoir à coper, extirper ce mauvais et déloyau plant de gamay qui s'était introduit depuis peu dans les vignes.

Cette ordonnance tomba bientôt en désuétude, et malgré les arrêts du parlement de Bourgogne et les remontrances des états de la province, qui restreignaient considérablement la culture de la vigne dans les terres propres au froment, les plantations se sont fort étendues dans la plaine. Depuis quelques années, cette extension s'est beaucoup accrue, et à tel point même qu'on a peine à concevoir comment on peut consommer tout le vin qui se recueille dans la partie basse de notre département. Cette culture inconsidérée a un double inconvénient d'enlever aux céréales, aux racines alimentaires un terrain qui leur est propre, et d'établir une concurrence avec les arrière-côtes que celles-ci ne peuvent soutenir. Elle leur est d'autant plus funeste que leurs coteaux, qui sont souvent très-arides, ne peuvent produire que du vin ordinaire, et toujours en quantité infiniment plus petite que la plaine dans la même étendue de terrain.

Le plant de gamay a des caractères tranchés avec le noirien, et pour peu qu'on y soit habitué, on le distingue très-aisément : la tige est moins rampante ; elle forme sou-

vent des souches qui s'élèvent presque perpendiculaire-
ment, et autour desquelles croissent des sarmens forts et
vigoureux. Ces pampres sont plus gros que ceux du plant
noirien; ils ont une sève beaucoup plus abondante, et quand
le bois est parvenu à son entière maturité, c'est-à-dire à
l'approche de l'hiver, il est d'un rouge tirant sur l'ama-
rante. La feuille, large, est d'un vert foncé en dessus ; le
dessous est cotonneux à tel point que, quand on parcourt
les vignes à la veille des vendanges, on est bientôt couvert de petits flocons blancs qui s'attachent aux habits.

Ce qui constitue la plus grande différence entre le gamay et le noirien, c'est le raisin : il est toujours abondant
et volumineux, et dans les années qui lui sont propices,
on récolte dans les vignes de la plaine jusqu'à trois pièces
de vin par ouvrée (sept hectolitres dans quatre ares vingt-
huit centiares). Ce raisin se compose de grains très-arron-
dis, gros comme des balles de plomb moyennes, lorsqu'il
a fait un temps favorable à son développement, et tous
pressés les uns contre les autres. La couche extérieure
prend beaucoup d'accroissement, tandis que les grains
qui sont placés plus intérieurement se développent mal
et mûrissent souvent fort peu. On doit attribuer à cette
cause la saveur acide que l'on trouve au vin de gamay
nouveau ; cette acidité, quand elle n'est pas en excès, se
dissipe un peu en vieillissant.

Le vin que donne le plant de gamay, dans les années
peu favorables, outre l'acidité dont je viens de parler, a
encore de la dureté, quelque chose d'âpre et assez peu de
coloration. Dans les années qui, au contraire, ont été
très-chaudes et où les raisins sont moins volumineux, le
vin alors a de la force, il est d'un rouge très-foncé, et après
deux années de garde, il devient assez agréable à boire.

Mais il conserve toujours sa tache originelle : il est sans finesse, sans bouquet, et ne fait que du vin ordinaire.

La culture de ce plant de vigne exige autant de soins et de travaux que les vignes de vin fin; on pourrait même dire qu'elle est plus difficile. Ce qui dédommage le vigneron de ses peines, c'est la quantité. On peut établir proportionnellement que les produits du noirien sont à ceux du gamay comme un est à cinq et même à six, en sorte que, supposant le revenu d'une ouvrée de vignes de première qualité à un quarteau de vin, celui d'une ouvrée de vignes communes sera d'une pièce et demie.

C'est cette abondance qui rend partout, comme l'a observé un habile agronome, la vigne envahissante; et je m'en vais prouver que, quel que soit le discrédit où sont tombés les vins, la vigne donne un revenu beaucoup plus considérable que lorsque la même terre ne produit que des céréales. Les terres à froment de la plaine, depuis Dijon jusqu'à la d'Heune, sont affermées à raison de trois francs à trois francs soixante-quinze centimes les quatre ares vingt-huit centiares (l'ouvrée) : ce ne sont que les meilleures. Le même espace en vignes donne un revenu net d'au moins dix francs, quand c'est en vin commun; et depuis treize ans la même quantité de terrain, en vignes de première qualité, n'a donné qu'un revenu net de sept francs cinquante-six centimes. On voit donc d'après cela qu'il y a avantage à n'avoir que des vins communs, et on voit la raison de cet empressement des gens de la campagne à convertir en vignes toutes les terres susceptibles de le devenir. Cet engouement durera jusqu'à ce que la raison, proscrivant le système d'assolement triennal ou des jachères, fasse adopter un meilleur genre de culture. En attendant ce moment, on verra toujours planter des vignes, et on le fera jusqu'à ce que les produits deviennent inférieurs à ceux d'une autre culture. Je me suis laissé entraîner à une discussion d'un assez haut intérêt, et que je n'ai fait qu'effleurer, parce que j'ai à m'occuper des plants qui fournissent le vin blanc.

Ces plants sont au nombre de quatre, savoir : le pineau blanc, ou chardenay, cardonnet, l'alligotet, le gamay blanc, le melon. On pourrait ajouter une cinquième variété connue sous le nom de plant d'Arbois ; mais il en existe si peu dans nos vignes, qu'on doit plutôt le regarder comme un plant de fantaisie que comme cultivé pour entrer dans les cuvées.

1° Le pineau blanc, ou chardenay, n'est cultivé en grand que dans les villages de Puligny et de Mursault : c'est dans le premier que se récoltent les vins de Montrachet, du Chevalier-Montrachet et du Bâtard-Montrachet. Ce plant donne le vin qui porte le nom des cantons où on le cultive. Les Perrières, les Charmes, les Génevrières, la Goutte-d'Or, les Blagny sont emplantés de chardenay.

La tige du pineau blanc est faible et menue ; elle porte tous les traits de la délicatesse. Deux ou trois petites branches partent de ce cep ; quand elles sont parvenues à leur terme de maturité, elles sont d'une couleur jaunâtre entremêlée de quelques fibres longitudinales rouges. La feuille est de la même grandeur que celle du noirien, mais d'un vert plus pâle. Le raisin est un composé de grains petits, peu nombreux, d'un jaune doré qui plaît à l'œil : la pellicule offre assez souvent de petites taches rousses qui sont parsemées inégalement. Le goût de ce raisin est exquis quand il est dans sa parfaite maturité ; il a un arôme particulier que l'on ne saurait définir. Le vin qui provient de ce genre de raisin, surtout celui du vrai Montrachet, a des qualités supérieures qui lui donnent un très-grand prix, car on peut presque établir, comme base d'un prix moyen, la somme de cinq cents francs par pièce de deux hectolitres vingt-huit litres, au moment même de la confection ; il ne s'en récolte d'ailleurs qu'une très-petite quantité.

2º L'alligotet, ou alligotay, n'a pas les qualités du chardenay, mais il n'est pas sans mérite : le bois est plus gros que celui de ce dernier, il pousse avec force plusieurs branches ; mais ce qui le distingue encore plus, ce sont la forme et la quantité de raisins qu'il produit : ils sont plus allongés, d'un jaune de prune petite-mirabelle, et tous les grains ont une tache brune à leur extrémité où s'implantent les derniers vaisseaux nourriciers qui partent du pédoncule. Ce plant, cultivé particulièrement dans les vignes communes, n'est pas très-apprécié des vignerons, parce qu'il est sujet à plusieurs inconvéniens qui le font manquer : il craint beaucoup les gelées du printemps. Lors de la pousse des bourgeons, s'il survient des brouillards ou des pluies froides, la bourre à fruit se tourne en vrille et s'anéantit ; enfin, lorsqu'à l'approche de la vendange il se fait une légère gelée blanche, les grains se détachent d'eux-mêmes et se perdent. Ce plant a cela d'avantageux, que quand les années lui sont propices, il donne des raisins avec profusion : j'ai compté sur un seul cep jusqu'à vingt-six raisins, en 1822 ; mais les années de cette espèce sont rares.

3º Le gamet ou gamay blanc est un plant fort et vigoureux ; le bois, en sa maturité, est gros, jaunâtre, avec des filets rouges ; la feuille en est large : tout annonce dans ce plant la force et l'abondance de la sève. Le raisin est un composé de gros grains d'un blanc tirant sur le verdâtre ; il est attaché en grand nombre au même cep, et le vin qu'il donne n'est bon que dans les années chaudes. C'est le plant que l'on cultive dans les vignes de la plaine, en descendant vers la Saône ; il fournit considérablement de vin, au point que quand il n'éprouve pas d'accidens, suite de dérangemens atmosphériques , on l'a vu donner plus de trois pièces de vin par ouvrée. Ce petit vin blanc se consomme assez généralement dans les six mois de sa confection, car il se débite à bon marché , et on peut en boire beaucoup avant de s'enivrer.

4° Le melon est un plant qui diffère peu du précédent, et qui se cultive également en grand dans les vignes de la plaine ; il est encore plus vigoureux et plus productif que le gamay blanc. On le distingue aisément à la vigueur de ses pousses, à la hauteur de ses pampres, que l'on est ordinairement forcé de couper plusieurs fois dans les années propices. Un cep de melon, dans un terrain qui lui convient, offre l'aspect d'un petit buisson, par la quantité de ses branches garnies de nombreuses feuilles très-larges et d'un beau vert. Les raisins que ce plant produit sont souvent au nombre de vingt à vingt-quatre sur le même cep , gros et allongés ; ils peuvent satisfaire le coup d'œil, mais il n'en est pas de même au goût : la pellicule laisse dans la bouche une saveur âpre et presque désagréable. Les vignerons le cultivent avec soin et le provignent de préférence. Dans certaines années, on a vu une ouvrée de vignes en bon fonds donner jusqu'à quatre pièces de vin provenant de cette espèce de plant.

Quoique très-inférieurs en qualité, ces vins blancs sont d'une vente facile. Les cabaretiers les recherchent aussitôt après leur confection, et dès que la grosse lie est tombée , lorsqu'ils ne sont encore qu'à moitié éclaircis, on

les met en perce, et on en use avec une sorte d'avidité.
L'empressement du débitant et du consommateur est tel
quelquefois qu'ils sont bus troubles, ce qu'on appelle *vin
bourru*, et ils déterminent des accidens. Pour les prévenir,
les maires sont forcés d'en arrêter le débit et de le fixer
à une époque plus éloignée, jusqu'au moment où la lie
s'est précipitée au fond du tonneau.

On cultive encore en treillage plusieurs autres plants
de vignes, tels que le malaga, le muscat, le ciotat, et un
autre plant précoce connu sous le nom de juillet, qui
en effet se mange, dans les années chaudes, à la fin de
juillet ou au commencement d'août. Je m'abstiens de
parler de ces variétés, qui sont cultivées plutôt comme
objets d'agrément que comme plants d'utilité commerciale.

Avant de terminer ce chapitre sur les divers plants de
vigne cultivés dans la Côte-d'Or, je dirai un mot sur la
texture intime du raisin. Cette espèce de physiologie du
grain fait distinguer à l'observateur celui qui produit le
bon vin d'avec celui de qualité commune. Tout raisin se
compose de sept parties distinctes, savoir : 1º la fleur; c'est
une couche résineuse qui s'attache à l'épiderme, qui a
une apparence blanchâtre, empêche l'eau de séjourner
sur le grain, de l'altérer, car il est à observer que dès
que le grain veut se gâter, la fleur disparaît. Cette couche
s'enlève facilement au moindre contact; elle n'ajoute rien
à la qualité du raisin, mais elle lui donne une surface
veloutée qui plaît à l'œil.

2º L'enveloppe, que l'on peut comparer à l'épiderme,
qui varie dans sa texture suivant les différentes espèces
de raisins, dure, coriace dans les gamays, est tendre
et se déchire très-aisément dans les noiriens.

3º La matière colorante : à la partie interne de la pellicule, il existe une sorte de réseau dans lequel se forme cette matière ; elle abonde dans tous les raisins lorsque les années sont propices, mais elle n'est qu'en infiniment petite quantité lorsque le raisin est peu mûr ou que la saison a été trop sèche. On n'a pas encore pu bien apprécier les circonstances qui décident de la plus ou moins grande coloration, et les causes qui favorisent ou diminuent la formation de la matière colorante.

4º Le tissu muqueux, dont les cellules renferment le suc du raisin. Ce réseau, qui se compose d'un lassis de vaisseaux extrêmement nombreux, est grossier et abondant dans les plants de raisins communs ; il offre une multitude de petites cellules faciles à distinguer dans ce genre de raisins. Dans le noirien, au contraire, il n'y a point ou presque point de parenchyme ; les vaisseaux en sont si déliés qu'on peut à peine les apercevoir à l'œil nu, et après le pressurage, on n'en retrouve plus de vestiges.

5º Le suc propre du raisin, qui d'abord acide, se convertit peu à peu en une matière douce et sucrée. Ce qui différencie le raisin, c'est le suc ; il a une qualité spécifique, selon la variété du plant et suivant la nature intime du terrain. C'est lui qui fait toute la différence qu'il y a entre le Chambertin et le vin de Corgengoux.

6º Les vaisseaux nutritifs : ils sont en grand nombre. Quand on les examine l'œil armé d'une forte loupe, on les voit se croiser à l'infini et venir presque tous aboutir à l'extrémité du grain. Ce sont eux qui élaborent le suc, et ce doit être dans leur intérieur qu'il se confectionne et qu'il y prend les qualités qui lui sont propres.

7º Enfin, les germes ou pépins, qui sont au nombre de trois, même quatre, coupés à facettes, en sorte que chacune de ces facettes s'articulant parfaitement avec celle

qui lui est opposée, semble ne faire qu'un seul grain.
L'écorce du pépin est ligneuse, dure, et d'une saveur âpre :
l'amende qu'il renferme est très-petite et douce. Les germes de la vigne sont contenus dans cette petite graine.
Je parlerai plus loin des essais que j'ai faits pour la ger-
mination des pépins.

CHAPITRE VI.

Accidens que peut éprouver la vigne.

La vigne est soumise à tant d'inconvéniens, que l'on
doit en regarder les produits comme très-éventuels, et il
passe en quelque sorte en proverbe que celui qui ne
possède que des vignes est un propriétaire mal-aisé. En
effet, si nous jetons un coup d'œil sur les accidens que
peut éprouver la vigne, nous serons bientôt convaincus
qu'on ne doit en considérer le revenu que comme très-
précaire.

Le verglas et le givre sont deux phénomènes naturels
qui causent souvent un grand dommage à la vigne. Si par
hasard, vers le midi, il arrive, lorsque la vigne est couverte de givre ou de verglas, que le soleil vienne à briller
avec force, alors la glace se fond, l'eau ruissèle le long
du sarment; cet effet de chaleur ne dure pas long-temps,
la glace reparaît bientôt, mais les bourgeons à fruits ont
été imbibés par l'eau; saisis tout à coup par la gelée, ils se
flétrissent, les principes de la végétation en sont détruits,
et il arrive ce qu'en terme du pays on appelle *bourres
cuites*. Il est certaines années où les bourres cuites ont

diminué de plus de moitié le produit de nos vignes. En 1789, tous les bourgeons furent détruits par le verglas : il n'y eut pas de récolte.

Les hivers très-rigoureux sont funestes aux vieux ceps. Le verglas et les gelées trop fortes font éclater le bois; il se fend, la glace s'y introduit, il meurt, et au printemps on est forcé de l'arracher. Quoique cet accident soit grave, il ne l'est jamais autant que celui des bourres cuites, parce qu'il est rare qu'il y ait une perte de ceps assez grande pour produire une diminution sensible dans les produits; cependant cela arriva en 1789, et l'on s'aperçut, même en 1790, des pertes que les vignes avaient faites, malgré que l'on eût fait un grand nombre de provins pour les repeupler.

Les gelées printannières sont l'accident le plus désastreux qui puisse arriver à nos vignes; une nuit seule suffit pour anéantir l'espoir du vigneron et la richesse de notre département. On a constamment remarqué que s'il survient en avril ou même en mai un vent de sud-ouest, nous avons des pluies froides qui durent plusieurs jours et font souffrir la pousse encore tendre ou à peine développée. La bise ne tarde pas à prendre le dessus, les nuages se dissipent, la nuit est froide, une glace légère saisit la pousse : si le soleil se lève avec éclat, toute la récolte est détruite; si des nuages épais voilent au contraire le soleil levant, la glace se fond peu à peu, la jeune feuille se sèche, et l'on n'a rien perdu.

Il faut observer que c'est toujours dans les meilleures années, c'est-à-dire dans celles dont la température est la plus favorable au développement de la vigne, qu'on éprouve des gelées de printemps.

En 1798, en 1802, en 1811, en 1815, années où les

vins furent si parfaits, les gelées printannières détruisirent presqu'en entier les raisins de la plaine, et firent périr plus de la moitié de ceux de la côte. En 1802, il gela les 15, 16 et 17 mai; tout espoir de récolte fut détruit en grande partie; mais le temps fut si propice, qu'il y eut une seconde pousse qui produisit des raisins qui vinrent à parfaite maturité, et qui furent récoltés un mois après qu'on eut vendangé leurs ainés. Le peuple donna à ces raisins le nom de conscrits; le vin qui en provint fut peu abondant, mais bon, et se vendit bien.

On a proposé un expédient pour préserver en partie les vignes de ce redoutable fléau : c'est d'allumer, au lever de l'aurore, des feux de paille que l'on mouille, afin de produire le plus de fumée possible. Michault, dans son ouvrage sur le vent de Galerne, en vante l'emploi; le docteur Leschevin a préconisé ce moyen. Je suis bien convaincu de son utilité : malheureusement la pratique ne répond pas à la théorie.

Les gelées du printemps n'arrivent jamais que par la bise et après un temps pluvieux. Ce vent est ordinairement fort; il chasse avec rapidité la fumée, et la dissipe souvent sans qu'elle ait produit aucun effet. Les vignes n'en sont pas moins saisies; et d'ailleurs, comment pouvoir recourir à un remède, quand on est loin quelquefois de s'attendre à un mal, puisque cet accident arrive au moment où on s'y attend le moins. Cependant il serait toujours bon de tenter ce moyen; quand il ne réussirait qu'une fois sur dix, on ne perdrait pas sa peine.

Lorsqu'on n'a plus à redouter les gelées, on a à craindre les pluies qui surviennent en mai; les brouillards ne sont pas moins dangereux. Le raisin si frèle, qui ne fait que paraître hors de son enveloppe, rougit alors, s'allonge, et au lieu de se former pour entrer en fleurs, il se convertit en vrilles qui ne sont plus que des jets de bois qui vont s'entortiller fortement autour de l'échalas. Cette température vicieuse est surtout contraire aux vignes de pincau blanc. En 1819, au commencement de mai, il y eut des pluies froides, des brouillards qui réduisirent presque à rien la récolte de bons vins blancs de Mursault et de Puligny.

Le moment le plus critique pour nos vignes est l'époque de la floraison. Un peu de pluie froide, des brouillards, un temps trop frais, suffisent pour anéantir toutes les espérances du propriétaire et du vigneron. L'année 1797 est une preuve de ce que j'avance : jamais peut-être la vigne ne s'était annoncée sous de plus heureux auspices. Lors de la floraison, chaque cep se montrait garni de raisins nombreux; des pluies froides et continues survinrent le 10 juin, durèrent près de quinze jours, et à la fin de ce mois il ne restait plus de raisins ; aussi fit-on à peine une vendange. Les années 1820, 1823, pourraient nous en fournir également des exemples.

On a proposé l'incision annulaire du cep pour préserver la vigne de couler. Ce moyen a été employé; mais les expériences, dit le savant Bosc, ont constaté que si l'incision annulaire rassurait contre la coulure, augmentait la grosseur du grain, accélérait sa maturité, le vin des raisins dont la tige avait été incisée était toujours faible et de peu de garde. Ces résultats doivent faire repousser à jamais cette opération. Nos ancêtres avaient déjà fait la même observation. Très-anciennement cette incision annulaire se pratiquait, et on l'appelait le *contrôlage* de la vigne. Les ducs de Bourgogne et le parlement de Dijon proscrivirent cette opération comme funeste à la qualité du vin, et dangereuse pour la vigne elle-même. Les propriétaires en firent une expresse défense dans leurs baux. Je n'aurais pas parlé de ce procédé proposé nouvellement, et pour lequel on a même imaginé un instrument nouveau, si je n'eusse craint que quelques personnes, séduites par les éloges que lui ont donné certains journaux, n'eussent voulu en essayer : il était nécessaire de les prémunir contre cette opération.

La vigne est encore sujette à une maladie connue sous le nom de *rougeó*, ou *rouget*, ou *brûlure* ; on l'observe dans les années où il arrive de brusques variations dans l'atmosphère, surtout lorsque dans le même jour il y a des alternatives de pluie et de soleil ardent. La feuille de la vigne devient d'un rouge foncé, elle se dessèche et tombe. Cette disposition nouvelle des pampres influe singulièrement sur l'état du raisin ; il ne se trouve plus abrité contre les ardeurs du soleil, il se flétrit, il est comme brûlé, et les vignerons disent alors qu'il est *arsis*. Cet accident eut lieu en 1826, et la quantité de raisins desséchés qui se trouvaient mélangés avec les bons, communiqua au vin un goût désagréable qui ne s'est pas effacé même en vieillissant. Il ne faut pas confondre le *rouget* avec des bosselures rouges qui ne sont que le produit d'une plante parasite, et dont je parlerai plus bas.

Il est encore une maladie qui n'attaque qu'une portion de la feuille, quelquefois la feuille entière ; elle est affectée de points qui ressemblent aux bosselures produites sur un membre par une flagellation faite avec des orties : aussi donne-t-on à la maladie dont il s'agit le nom d'ortiage. Dans cette affection de la vigne, la végétation est comme suspendue ; les feuilles n'acquièrent qu'une partie de leur étendue, la plante souffre, et le raisin se ressent bientôt de cette maladie.

Un grand nombre de cultivateurs prétendent avec quelque fondement que les deux maladies dont je viens de parler sont souvent produites par un labour fait dans un moment intempestif. On ne saurait trop recommander aux vignerons de prendre garde de tomber dans un si grave inconvénient. Le troisième coup de labour peut toujours se retarder ; on trouve des instans favorables, c'est alors qu'on doit en profiter ; mais la plupart des vignerons s'imaginent qu'il leur importe de finir l'ouvrage qu'ils ont à faire dans les vignes. Ils se pressent d'arriver à ce terme, tandis que s'ils eussent différé d'une semaine, ils auraient pu travailler sous l'influence d'un ciel propice, et par conséquent le faire sans courir aucun risque.

La jaunisse de la vigne est une maladie que l'on observe assez souvent dans les vignes un peu humides. La feuille devient pâle, tirant sur un jaune citron ; le raisin souffre et souvent mûrit mal, ou même se flétrit. Cet accident est quelquefois le résultat d'une trop grande humidité ; mais le plus ordinairement il est causé par la larve du hanneton, à laquelle on donne le nom de *man* ou de ver blanc. Quand on se doute que c'est ce qui peut occasionner cette maladie, il faut se hâter de chercher cet insecte qui s'attache aux racines, les dévore et fait périr la plante ou la rend tellement faible qu'elle est long-temps à s'en rétablir.

Parmi les accidens qui portent un grand dommage à la vigne, il en est peu qui lui soient plus funestes que les insectes ; aussi ai-je cru devoir en parler à la suite de ce que je viens de rapporter relativement aux influences pernicieuses des saisons sur la vigne.

Le plus dangereux des insectes de la vigne est l'eumolpe

de la vigne ou gribouri ; ses clytres sont d'un brun fauve.
Dès que la vigne commence à pousser, il s'attache aux
bourgeons qu'il cerne et qu'il ronge : la végétation se
trouve comme arrêtée, et devient même rabougrie par l'effet de la blessure de cet insecte.

Les habitans de nos campagnes lui ont donné le nom
d'*écrivain*, parce que, pendant l'été, cet insecte trace sur
les feuilles de la vigne des découpures ou lignes bisarres
que les vignerons ont comparées à une sorte d'écriture.
Mon savant confrère Vallot lui a donné une autre étymologie ; il dit que ce nom d'écrivain vient d'*escrip-vin* ou
grippe-vin. Ce nom peut lui être appliqué aussi bien que
le premier ; les ravages qu'il fait peuvent à bon droit lui
mériter cette épithète.

Cet insecte, véritable fléau de nos vignes , paraît au
moment où la végétation commence à s'effectuer ; il se
montre pendant une grande partie de l'été , et disparaît
dès la fin d'août. Il est doué d'un instinct particulier pour
sa conservation ; quand on touche le cep sur lequel il se
trouve , il resserre ses six pattes contre son corps et se
laisse tomber à terre ; sitôt qu'il y est , il s'y cache avec
une promptitude extrême , ce qu'il fait aisément, d'abord
parce qu'il est fort petit , et ensuite parce qu'il a un peu
la couleur de nos vignes.

On a observé que cet insecte séjournait trois ans dans
le même canton de vignes, qu'il disparaissait en grande
partie , et qu'alors un autre était infecté. On a eu recours à beaucoup de moyens pour se préserver de ce dangereux insecte , mais il n'en est aucun qui ait réussi. On
a employé la chaux, le plâtre, la suie, les balles de chanvre,
etc., toujours inutilement. Le seul que l'on puisse regarder comme efficace , serait de garnir le dessous du cep

d'un carton, et alors de frapper sur l'arbrisseau : l'insecte, à ce bruit, se laissera tomber ; recueilli sur le carton, on pourra facilement l'écraser. Une femme que l'on emploierait, pendant deux semaines, à ne remplir que cet office, coûterait peu de chose et rendrait un service incalculable. Pour que l'opération eût un plein succès, il faudrait que l'autorité locale la prescrivît d'une manière impérative, et fixât le jour où les vignerons la commenceraient tous en même temps. M. Bosc, dont le nom fait autorité en agriculture, a constaté par beaucoup d'expériences que c'était véritablement le seul moyen de remédier à ce fléau.

Le second ennemi de la vigne est encore un insecte du genre des scarabées, que l'on connaît sous le nom d'*urbec* ou *urbère (quasi urentia becco)*, et dans nos pays sous le nom d'*ullebard* ou *étulber*, et dont le vrai nom est l'attelabe de la vigne, ou becmare, ou gribouri ; ses clytres sont verts ou bleus, il a six pattes ; il attaque les feuilles, les bourgeons naissans et les fruits.

Son instinct offre des particularités fort curieuses. Cet insecte ne sort de son trou que le soir ou le matin ; s'il entend du bruit, il y rentre précipitamment ; il craint aussi la grande chaleur, c'est pourquoi il se tient en repos tout le jour. Quand la femelle est prête à pondre, elle pique avec son mâle une feuille de vigne ; ils s'y entortillent l'un et l'autre, alors la femelle y dépose cinq ou six œufs. Les feuilles piquées par cet insecte sont recoquillées avec un art admirable : c'est l'instant qu'on peut choisir pour le détruire en anéantissant les œufs.

Il y a quelques années que le vignoble de Savigny fut infecté de cet insecte. Le maire prit un arrêté qui enjoignait à tous les vignerons de détruire avec soin les feuilles

piquées par cet insecte. Cette mesure exécutée simultané-
ment, a été couronnée du plus heureux succès : ce vignoble n'a plus été infecté par l'attelabe depuis cette époque.

Le raisin est souvent attaqué par une foule d'autres
insectes qui y font un dégât considérable. Ce sont principalement les chenilles de la teigne, espèce de papillons
fort petits qui se multiplient à l'infini, et qu'on distingue en teignes de la grappe et teignes du grain, *pha-
læna omphaciella, hemozobius vilis*. La chenille de la première espèce réunit plusieurs grains, quand ils sont
encore très-petits, avec de la soie, et en ronge la surface.
La chenille de la seconde espèce, beaucoup plus commune
et plus destructive que la première, entre dans le grain
et en dévore la substance; elle s'attache encore aux
feuilles qu'elle ronge jusqu'au pédoncule. Ces chenilles
firent des dégats considérables en 1804, 1813, 1821 et
surtout en 1826. Dans cette dernière année elles étaient
en si énorme quantité, que les vignerons furent obligés
de nettoyer leurs vignes. Ce qu'on en détruisit fut immense; on prévint une partie des dégats, mais les résultats en furent toujours les mêmes. Il est d'observation
constante que la piqûre de ces insectes, dans les grains
du raisin, donne une saveur amère, un goût de pourriture qui se conserve dans le vin même après plusieurs
années. En 1804, les vignobles de Savigny et de Pernand
en furent plus particulièrement affligés ; en 1826, toute
la côte de Beaune en fut infectée, aussi les vins eurent-
ils une saveur désagréable qui n'a jamais disparu, même
en vieillissant. La perte que ces insectes ont causée dans
une grande partie de la Côte-d'Or a été incalculable, puisqu'on fut obligé, en 1826, de donner à vil prix les vins
des meilleurs climats.

La pyrale de la vigne, autre espèce de papillons, fait, lorsqu'elle est en larve, autant de dommage que la teigne. Le savant Bosc en a donné la description dans les Mémoires de la Société d'Agriculture, en 1786, sous le nom de *pyralis vitana*. M. Farines, pharmacien à Perpignan, a donné la description d'une autre espèce de pyrale qui, d'après M. Godard, un des naturalistes de France les plus instruits sur la classe des papillons, pourrait être la *pyralis pillerana* de Fabricius. Mais la pyrale décrite par M. Farines diffère un peu de cette espèce, car la *pillerana* se trouve sur le *stachys sylvatica*, plante labiée d'odeur fétide, tandis que la pyrale dont il est question ne se rencontre que sur les feuilles de la vigne ou du houblon. Au reste, l'une et l'autre ont les mêmes habitudes, et toutes deux appartiennent à l'ordre des tortrices ou rouleuses de feuilles. Leurs manœuvres sont les mêmes et sont également nuisibles : elles enlacent de leur soie les feuilles et les grappes naissantes de la vigne, de manière à les étrangler, ou intercepter le libre cours de la sève. M. Farines pense qu'outre ces manœuvres funestes, cet insecte dégorge une liqueur visqueuse qu'il dépose sur les feuilles et qui agit comme un caustique et en produit le desséchement.

Cette chenille a les mêmes mues que les autres; elle se transforme en chrysalide, puis en papillon nocturne qui dépose ses œufs soit sur les ceps de vigne, soit dans la terre pour y passer l'hiver. Au printemps ces vers éclosent, s'attachent alors à la vigne naissante, et causent les ravages les plus graves. Les vignobles du Mâconnais et du Beaujolais en ont été plusieurs fois fort endommagés; ceux de notre Côte l'ont été également. MM. Bertrand et Benon ont fait insérer dans les Mémoires de la

Société des Sciences de Mâcon, un travail sur cette espèce d'insecte, dans lequel ils ont conseillé, outre l'échenillage et la taille au printemps, des lotions d'eau de chaux ou de savon sur les ceps, pour détruire ces vers à mesure qu'ils se développent.

M. Farines a fait plusieurs autres expériences pour parvenir à leur destruction. Il a expérimenté que la pluie fait périr beaucoup d'œufs de pyrale; que plus on travaille la vigne, plus on découvre à l'air de ces œufs, et plus il en meurt desséchés par le soleil; que la chaux éteinte en fait périr près de moitié; que le sel marin en détruit beaucoup sans nuire à la vigne. Mais le procédé sans contredit le plus efficace, c'est un mélange de cendres et de soufre sublimé: malheureusement il n'est pas sans inconvénient pour la vigne. De ses expériences, M. Farines conclut que le meilleur moyen à employer, est le sel marin à dose ménagée, ou la chaux éteinte, qui a beaucoup moins d'inconvénient pour la vigne que la chaux vive. Ces deux moyens ne sont mis en usage que quand l'insecte est à l'état de chenille; quand il est devenu insecte parfait, M. Bosc conseille d'allumer de petits feux de distance en distance pendant la nuit; l'insecte, attiré par la clarté, s'y précipite et s'y brûle. On pourrait avoir recours au même expédient contre les teignes de la grappe et du grain.

Il est encore une foule d'autres insectes nuisibles à la vigne, dont les ravages ne sont cependant pas, à beaucoup près, aussi funestes que ceux dont nous venons de parler. Ce sont les *sphinx vitis, elpenor,* etc., le *pterophorus pentadactylus,* le *lepisma botrys,* des *aphis,* des *acarus.* On dirait que les insectes destructeurs se multiplient en proportion de l'utilité de la plante pour l'espèce humaine, car il en est peu qui soit plus dévorée que la vigne.

Dans les années où les insectes font tant de mal à la vigne, on pourrait, ce me semble, employer avec un grand succès des aspersions d'hydrosulfure de chaux, qui ont été conseillées pour la destruction des chenilles ou autres insectes qui dévorent les jardins. Ce n'est pas que j'en aie fait faire dans les vignes, mais l'analogie et le simple bon sens suffisent pour faire croire à l'efficacité de ce moyen. On met dans un pot de fer une livre de chaux vive et une livre de soufre, on chauffe fortement, et en remuant on ajoute, peu à peu, de quatre à six livres d'eau qu'on laisse bouillir un peu; on étend alors la solution en y mettant une plus grande quantité d'eau. On aspergera, au moyen d'un balai, chaque cep; et comme cette combinaison est mortelle pour les insectes, la vigne sera bientôt débarrassée de ceux qui la dévorent.

On ne saurait trop faire de recommandation aux vignerons qui voient le mal s'opérer, sans songer à y opposer aucun remède; leur apathie ou leur insouciance va souvent au-delà de ce que l'on peut imaginer. C'est donc aux propriétaires que je m'adresse; un essai de cette nature est trop peu coûteux, et quand il le serait davantage, une récolte d'un vin qui peut être précieux, vaut bien la peine qu'on ne recule pas devant une légère dépense.

Les années chaudes et humides donnent naissance à un insecte dont l'odeur fétide et repoussante a été quelquefois très-préjudiciable à la qualité du vin. Cet insecte est la punaise bordée, *cimex marginalus :* cette punaise pullule avec une fécondité effrayante dans le moment des vendanges, et quand il survient en octobre des matinées froides, ces insectes couvrent les murs des maisons de campagne les plus voisines des vignes.

On les a vus aussi se précipiter quelquefois dans les

paniers de raisins au moment où on les cueillait : on ne saurait apporter une trop grande attention à les détruire dès qu'ils se jettent sur le raisin, car il n'en faudrait qu'un très petit nombre pour donner un mauvais goût au vin. M. le comte Chaptal rapporte qu'en 1791 et 1792, tout le produit d'une vendange fut altéré par une odeur âcre et nauséabonde, qui disparut à la suite d'une fermentation très-prolongée. Cet effet était dû à une énorme quantité de punaises bordées qui s'étaient jetées sur les raisins et que l'on avait écrasées.

On doit mettre encore au nombre des insectes funestes à la vigne, la larve du hanneton, connue sous le nom de man ou de ver blanc. Ce ver est blanc, gros, mou, a la tête et les pates brunes et recourbées ; il s'attache aux racines de la vigne qu'il ronge, ce qui fait périr le cep. On reconnaît la présence du man, à la teinte jaune que prennent les feuilles de la vigne ; elle dépérit bientôt. Pour prévenir la destruction du cep, il faut promptement creuser la terre, aller chercher le ver et le tuer. On a conseillé un moyen de l'attirer pour s'en défaire plus aisément ; c'est de semer des laitues : le man en est très friand, il s'attache à la racine, la plante se flétrit, et dès qu'on s'en aperçoit il faut le détruire. Le man est rare dans les vignes de la bonne côte, parce qu'il n'y existe aucun arbre fruitier ; mais dans celles qui en sont couvertes, comme dans les vignes de la plaine et dans les vignobles de qualité médiocre, le hanneton est très commun, et sa larve par conséquent fort abondante : elle fait d'autant plus de dégats, qu'elle reste trois ou quatre ans dans cet état avant de devenir l'insecte parfait. On ne saurait donc trop conseiller aux vignerons de détruire le plus de hannetons qu'ils pourront, c'est le vrai moyen d'empêcher qu'ils ne déposent des œufs, qui bientôt deviennent des vers destructeurs.

Nous venons de voir combien les divers insectes causent de dommages à la vigne; les plantes parasites leur sont moins funestes, mais elles leur sont nuisibles, et il est du devoir d'un bon vigneron de les en débarrasser avec soin. Les labours en détruisent une grande quantité, aussi voit-on de suite en entrant dans une vigne si elle est travaillée par un vigneron soigneux. Je ne noterai pas toutes les plantes parasites qui infestent les vignes; je me bornerai à en citer seulement quelques-unes, comme les plus incommodes à la vigne. Le chiendent ou froment rampant, pullule avec une facilité extrême : quand on le voit en grande quantité, on peut avancer avec assurance que la vigne est mal travaillée. Les liserons des champs se trouvent fréquemment; ils s'élancent autour des ceps qu'ils enlacent, et gênent la circulation de la sève dans les branches les plus délicates. Le panis digité, le paturin annuel sont très-communs dans toutes nos vignes; quand on n'a pas soin de les arracher, ils parviennent à une grande hauteur et interceptent les rayons solaires. Je ne saurais trop conseiller l'usage de la ratissoire, que quelques propriétaires ont commencé à mettre en usage dans les environs de Châtillon. Avec cet instrument une femme seule pourrait sarcler dans sa journée une grande quantité de terrain, et prévenir la semence des graines de ces plantes parasites. Malheureusement, l'intérêt particulier passe avant le général; le vigneron conserve, souvent avec soin, les deux plantes dont je viens de parler; il attend qu'elles soient mûres pour les arracher, ce qui lui donne un fourrage sain et abondant pour nourrir, pendant l'hiver, son âne et sa vache.

Outre les plantes parasites dont je viens de parler, il en est deux qui sont bien plus dangereuses et qui font beaucoup de mal à la vigne : c'est l'isaire et l'érinée ; la première, que Wollaston a appelée *cercle magique*, est, dit-il, une sorte de champignon qui absorbe toutes les substances essentielles à la production de son espèce, et qui détruit en même temps toute autre végétation. M. Bosc a décrit ce fongus sous le nom d'*isaire* dans le nouveau dictionnaire d'agriculture. Ce champignon fait périr les ceps dans une étendue souvent de plus d'un mètre carré. Nos vignerons prétendent que cette portion de terre, qu'ils voient devenir tout à coup stérile, a été frappée de la foudre. Ils attendent patiemment plusieurs années, ne plantant rien dans cette place stérile : c'est une perte que l'on pourrait éviter en coupant le fongus avec la serpette, et frottant d'urine ou de fiente de cochon la place qu'il occupait ; ou mieux encore, il faut enlever la terre altérée par le fongus, en remettre de la nouvelle à la place, et dès la même année on peut utiliser le terrain.

Il est encore une autre espèce de champignon que l'on nomme l'*érinée* de la vigne, et connue dans certains endroits sous le nom de *rouille*, parce qu'il forme sur les feuilles une sorte de taches rousses. L'érinée fait bosseler les feuilles d'abord, puis ensuite les fait raccourcir et tomber. Ces bosselures ont été signalées par Malpighi et Guettard, qui les ont considérées comme une maladie de la vigne. Nos vignerons les attribuent à l'action des vents humides et froids qui, en effet, tendent à faire développer le champignon. L'érinée se multiplie avec rapidité, les feuilles se parsèment çà et là de points couleur orange foncée ; le vent en détache quelques particules qui adhèrent aux feuilles des ceps voisins, et ainsi de proche en

proche les feuilles de toute une vigne se trouvent infestées
de la plante parasite ; le raisin n'étant plus abrité, et exposé
aux rayons trop ardens du soleil, se sèche et meurt, et le
cep lui-même en est plus ou moins gravement incommodé.
Le seul remède à employer, c'est de couper la feuille
rouillée et bosselée et de la brûler ; on évite, par ce moyen,
que la poussière du champignon ne se porte sur d'autres
feuilles et ne produise un dommage plus considérable.

Je réitérerai encore mes avis aux vignerons, en terminant ce chapitre, des accidens que peut éprouver la vigne : assez d'événemens fortuits peuvent être cause de la
perte de leur récolte, sans qu'ils aillent, par leur négligence, accroître les chances défavorables. Je leur ai si-
gnalé le danger qu'entraînent après eux les insectes qui
fourmillent dans les vignobles, je leur ai fait connaître les
accidens que produisent certaines plantes parasites, je
leur ai indiqué les moyens de parer à ces causes destruc-
tives : c'est à eux maintenant de les mettre en pratique.
J'ai parlé dans leurs intérêts, c'est d'eux surtout que je
me suis occupé, qu'ils ne soient pas sourds à ma voix,
c'est tout ce que je désire.

CHAPITRE VII.

Plantation de la vigne.

La plantation de la vigne est une des opérations les
plus importantes : c'est du soin que l'on prend de bien
choisir les plants, et de bien préparer la terre à planter,
que dépend le succès de la vigne. On peut en avoir, tous

les jours, les preuves les plus convaincantes. J'ai vu à la dixième année, qui est l'époque de la plus grande force d'une vigne, être obligé de l'arracher, parce qu'on avait mal choisi les plants, ou parce que la terre avait été préparée avec trop peu de soin.

Le choix du plant est une chose très-importante; malheureusement on est souvent obligé de s'en rapporter à la bonne foi et à la probité du vendeur. On sait qu'une vigne de sept à huit ans est de bon plant, que le raisin en est beau, bien fait; on cherche à se procurer des chapons ¹ de cette même vigne auprès du propriétaire. Il lui est aisé de tromper, parce qu'on n'a pas de signes positifs pour connaître, à l'inspection, le bois qui donnera du bon grain ou celui qui est de mauvais aloi. On a cependant posé en principes, que les sarmens dont les nœuds étaient plus rapprochés les uns des autres, et dont la moelle était peu volumineuse, étaient ceux que l'on devait rechercher de préférence pour planter. On peut l'admettre comme règle générale, mais souffrant beaucoup d'exceptions. Ce qu'il y a de plus positif, c'est de se fournir de plants pris dans une vigne dont on connaît les produits, et de surveiller la coupe des chapons dans le lieu même que l'on a choisi.

La préparation du terrain qui doit recevoir une vigne est un objet important; et j'appellerai, à ce sujet, toute l'attention de ceux qui veulent faire planter. Ou le sol est un ancien vignoble, ou c'est une terre neuve, c'est-à-dire qui n'a jamais porté de vignes. Dans le premier cas, on ne doit planter qu'après que plusieurs années seront

---

¹ On donne ce nom aux morceaux de sarment qu'on coupe, sur le bois de l'année précédente, pour planter. Je me servirai de ce mot, qui est technique dans la Côte-d'Or.

écoulées depuis l'arrachement; dans le second il faut que le terrain soit préparé par des labours répétés, à moins qu'on ne pratique un défoncement, ce que j'expliquerai plus bas, et qu'il soit assaini par des coupures profondes ou des rigoles d'assainissement, s'il est sujet à l'humidité.

Quand une vigne est usée, c'est-à-dire qu'elle ne rapporte plus rien, ce qui arrive assez souvent dans les terrains maigres du dessus des coteaux ou des arrières-côtes, ou dans les terres marneuses de la plaine, et par l'effet d'une mauvaise culture qui, souvent, dénature la qualité primitive du plant même dans les meilleurs sols, on est alors forcé de l'arracher.

L'arrachement des ceps, quand il est fait profondément de manière à aller chercher toutes les racines, est déjà une opération très-utile à la terre. Elle tend à enfouir la terre meuble qui est à la surface, et ce remuement doit faciliter le développement de la vigne lorsqu'on la replantera. C'est ordinairement aussitôt après les vendanges que l'on arrache une vigne; les frais en sont compensés par le bois, qui indemnise suffisamment l'ouvrier.

Le terrain où l'on vient d'arracher une vigne, prend, dans notre département, le nom de *toppe*. J'ignore quelle est l'étymologie de ce mot; mais comme il est consacré par l'usage, je m'en servirai pour exprimer cette sorte de terrain. En mars on laboure cette toppe, soit à la charrue, soit avec la bêche ou la pioche, selon que la position du sol le permet, on y fait un semis d'orge et de sainfoin. On recueille l'orge, et l'année suivante on a presque toujours une récolte abondante de sainfoin : les deux ou trois années qui suivent on fait la même récolte, et à la fin de la quatrième on peut planter; la terre est assez reposée pour qu'une plantation de ceps réussisse.

Dans les terres de la plaine où le sainfoin réussit moins bien, on arrache immédiatement après la vendange, on laboure et on sème du froment; l'année suivante on fait un semis d'orge et de trèfle, on fait alors rapporter le trèfle deux années de suite, après quoi on plante. Cette méthode de laisser la terre, pendant quatre ans, produire soit des céréales, soit des légumineuses, est fort rationnelle; c'est pour rendre à ce sol les sucs qui conviennent à la vigne, et dont elle est appauvrie par la longue durée d'une précédente vigne; je crois avoir remarqué qu'une plantation faite dans un ancien vignoble, avant que la terre n'ait été reposée au moins quatre ans, a peu de chance de réussite.

On ne saurait donc trop recommander aux propriétaires **de laisser** leur terrain s'ameublir ainsi pendant ce laps de **temps.** J'ai fait plusieurs fois l'observation que ceux qui veulent planter une vigne dans un terrain qui n'est pas resté assez long-temps en repos, sont grandement trompés dans leurs calculs : la terre, dépouillée des sucs propres à la végétation de la vigne, est, en quelque sorte, inerte, et le cépage qu'on y introduit ne reprend qu'avec difficulté, et n'offre jamais l'apparence de la force et de la vigueur. Je parle ici d'après ma propre expérience.

Il est deux manières de planter la vigne dans nos contrées : 1º dans des fosses appelées en langage vulgaire *terreaux*, mot qui probablement dérive de terrasse, puisqu'en effet le cep se trouve enfoncé entre deux levées de terre; 2º dans un sol préalablement défoncé. La première méthode est celle dont on se sert toujours sur les coteaux ou dans les terres dont le plan est très-incliné, en coupant en travers la pente, afin d'empêcher les grandes pluies d'entraîner la terre vers les parties inférieures. La seconde est employée de préférence dans les sols dont la surface est plane.

La plantation dans des fosses se fait de la manière suivante : on trace d'abord des lignes droites, à quatre pieds de distance les unes des autres, et toujours, comme je l'ai dit, dans un sens opposé à l'inclinaison. Ensuite, on creuse, au milieu de ces lignes, des fosses de seize à dix-sept pouces de profondeur et dix pouces de largeur. Toute la terre extraite de la fouille est jetée sur l'espace intermédiaire, et y forme une sorte de petite terrasse.

Le planteur suit ordinairement celui qui creuse les fosses. On a remarqué que la plantation réussissait toujours mieux quand on enfouissait le plant peu de temps après la fosse faite. La terre, disent les vignerons, n'est pas éventée, et la vigne reprend plus facilement. Que ce soit cette raison ou une autre, je ne la discuterai pas, mais le fait est certain. La plantation se fait avec des brins de sarment que l'on coupe sur les ceps de jeune vigne autant qu'il est possible, et que l'on plante au fur et à mesure de la coupe. Il est des circonstances moins favorables, comme, par exemple, lorsque l'on veut emplanter d'un cépage éloigné de plusieurs lieues, ou lorsque les froids, survenant tout à coup, empêchent tout remûment de terre. On est alors dans l'usage de réunir les chapons en faisceaux plus ou moins gros, et de les plonger par leur grosse extrémité dans l'eau. Cette méthode a des inconvéniens ; lorsqu'ils restent trop long-temps dans l'eau, un grand nombre des ces chapons s'y pourrissent, et lorsque le planteur n'y fait pas attention, il en résulte une perte considérable pour le propriétaire. On pourrait peut-être adopter une méthode plus rationnelle. Un fait fort curieux, rapporté par Klobe, servira de preuve. Les nouveaux colons, au cap de Bonne-Espérance, avaient essayé en vain de propager la vigne, lorsqu'un Allemand s'avisa de passer au feu les extrémités des sarmens qu'il plantait; pas un alors ne manqua[1]. Il ne faut pas oublier que c'étaient des sarmens pris à Vollenay. Pour faire renaître une rose fanée, il suffit d'en plonger la tige dans l'eau bouillante. Pourquoi n'emploierait-on pas ce moyen pour ranimer un sarment où l'action vitale serait presque anéantie[2]? Que de maux on s'épargnerait dans la suite en plantant des chapons dont on serait assuré de voir reprendre la majeure partie! Il est des cas où à peine le tiers entre en végétation. On est alors obligé d'y suppléer par des chevelées qu'on met à la place des chapons manquant, ce qui augmente du double les dépenses de plantation.

Il faut mille brins de sarmens ou chapons par ouvrée de vigne (4 ares 28 centiares), suivant la méthode des fosses. Dans certains endroits, on a soin que les chapons soient pourvus d'une crossette taillée sur le bois de l'année précédente; mais généralement on se contente de prendre un brin de sarment. Quelques propriétaires, pour obtenir une plus prompte jouissance, font planter du tiers au quart de plants garnis de racines appelées dans le pays *chevolées* ou *chevelées*. Le plus souvent on garde cette ressource pour remplacer les chapons qui ne reprennent pas.

Les chapons sont enfoncés dans la terre jusqu'au fond de la fosse; ils ne sont pas plantés droits, mais couchés

---

[1] *Essai sur la Végétation*, par Aubert du Petit-Thouars.

[2] En plongeant une plante dans l'eau bouillante on facilite la dilatation des vaisseaux nourriciers; en laissant la plante dans cette même eau refroidie, elle se ravive et reprend sa fraîcheur. (*Mémoires de Vogel.*)

légèrement , et de telle sorte que l'extrémité repose contre la partie supérieure de la fosse , fichés peu profondément dans la terre solide. On jette de la terre par-dessus, on le garnit bien , puis on le redresse , en lui fesant faire un angle presque aigu. Alors , on l'enveloppe de terre que l'on presse doucement avec les pieds. Chaque plant est placé à quinze ou dix-huit pouces l'un de l'autre, suivant la qualité du terrain, et dans le sens des lignes. On rabat la vive-arrête des fosses qui sert à en combler le fond , et l'on forme alors de grandes rigoles dont le chapon occupe la partie la plus basse, ce qui est d'un grand avantage, puisque, par sa position, il tend sans cesse à se terrer de plus en plus.

La seconde méthode de planter la vigne semble plus expéditive , et cependant la préparation du sol exige beaucoup plus de soin et un temps plus long ; elle porte le nom de plantation au *fichet*. On commence l'opération par un défoncement profond du terrain : comme c'est surtout dans la plaine qu'on a recours à cette méthode, on ne craint pas de défoncer la terre jusqu'à deux pieds , car on y trouve la terre végétale à une plus grande profondeur. On se sert pour ce travail de la bêche des jardiniers , ou d'une pioche très-large , et l'on conçoit facilement qu'il doit être fort long et très-pénible. Quand cette opération préliminaire est terminée, on tire au cordeau des lignes droites ; et le planteur, armé d'une cheville en fer de quatre pieds de longeur, traversée dans son milieu par une verge en fer, l'enfonce avec le pied dans la terre. Le trou qu'il fait est aussitôt rempli par le brin de sarment, qu'il fixe encore en tassant la terre tout autour avec le pied. Les plants ne sont qu'à onze ou douze pouces les uns des autres.

Cette dernière méthode offre des avantages et des inconvéniens. Les avantages se trouvent dans un développement plus rapide du plant, puisque l'on remarque que, dès la troisième année, il donne des raisins ; la culture en est plus facile, l'eau de la pluie s'absorbe avec facilité, et on ne craint pas de voir les chapons enfouis dans la terre, comme cela arrive trop souvent après de violens orages, lorsque la vigne est plantée dans des fosses. Enfin, le propriétaire obtient une prompte jouissance de sa mise de fonds.

Les inconvéniens de cette méthode sont assez graves pour empêcher qu'elle ne soit constamment employée. D'abord elle est beaucoup plus dispendieuse que celle des fosses ; la vigne est plantée moins solidement en terre ; il est presque impossible de faire des provins, chose si importante pour nos vignes, que, sans le renouvellement annuel d'un dixième environ des ceps, elles se détériorent et périssent ; enfin, le plant jette moins de racine, et par conséquent il est d'une courte durée ; car, peu d'années après sa plantation, la vigne est presque usée, et on est obligé de l'arracher. Tant d'inconvéniens réduisent presque à rien les bénéfices qu'on peut retirer d'une prompte jouissance et d'une quantité de vin toujours supérieure, dans les premières années, à celle qu'on retire d'une vigne plantée dans les fosses. La force, la longue durée de celle-ci, compensent assurément les avantages momentanés de la première.

Je ne parlerai pas ici de la manière de planter dans les différens vignobles de l'Auxois et du Châtillonnais ; je pense en avoir fait connaître suffisamment les divers procédés, sans être obligé de me répéter ici. Les méthodes que je viens d'indiquer sont en quelque sorte propres à

la bonne côte et aux terrains de la plaine, soit de l'arrondissement de Beaune, soit de celui de Dijon. Cependant,
je ferai encore cette remarque, qui différencie essentiellement le mode de planter; c'est que, dans ces deux ar-
rondissemens, on ne met qu'un seul chapon dans une
fosse, et que dans les deux autres, on fait la fosse plus
large, et on en met deux : c'est qu'on se sert, dans les
deux premiers, pour planter, de brins de sarment qu'on
vient de couper sur le cep, tandis que dans les deux
autres on ne plante qu'avec des chapons qui ont deux
ou trois ans de pépinière, ou des marcottes vulgairement
appelées chevelées.

L'époque de la plantation est ordinairement du 15 novembre au 25 décembre, avant les fortes gelées; cependant on peut encore le faire jusqu'en février; on croit
que passé ce temps la plante réussirait mal; je suis au
contraire bien convaincu que l'on peut planter tant que
la sève n'est pas en mouvement.

On laisse le brin de sarment qu'on a planté, dans toute
sa longueur; il passe l'hiver, et à la fin d'avril ou au
commencement de mai, on le taille, ayant soin de ne
laisser que deux yeux ou bourgeons. Il reçoit, comme la
vigne, trois labours, et en outre, on le pioche aussitôt
après les vendanges pour le butter en quelque sorte, et
détruire toutes les plantes parasites qui pourraient s'y
trouver.

A la troisième feuille, on commence à apercevoir quelques raisins suspendus aux plants les plus vigoureux;
mais ce n'est qu'à la quatrième feuille qu'on garnit d'échalas la jeune plante, et si la vigne est bien reprise, le fruit
paie les paisseaux. Ce n'est qu'à la cinquième année que
l'on obtient des produits avantageux. A la huitième, une

vigne est dans toute sa force, et quand elle est de bon
plant et bien cultivée, les produits sont abondans.

Une vigne confiée à un vigneron intelligent et soigneux
pourrait toujours durer si le sol en est bon. Il est des
cantons dans les premiers climats de Vollenay, de Pommard, de Beaune, etc., dont les plantations datent de
temps immémorial. Pour obtenir cet heureux résultat, il
faut que les vignes ne soient jamais négligées; il faut aussi
que l'on fasse, chaque année, des provins en proportion
des pertes de ceps que les vignes éprouvent, soit par
l'intempérie des saisons, soit par leur vétusté, soit même
par la dégénération que leur fait subir une culture mal entendue. Il convient encore de couvrir de temps en temps
de terre nouvelle les parties de la vigne qui semblent
appauvries.

J'ai fait quelques expériences sur le semis de la vigne,
et j'ai voulu connaître ce qu'on pourrait obtenir de ce
procédé; les résultats n'en ont pas été heureux : les pépins
que l'on sème germent facilement, mais le brin de sarment qu'ils fournissent est long à croître, et par conséquent on ne peut espérer qu'une jouissance très-tardive.
Les pépins donnent identiquement le plant qui les a produits. Ceux de raisins rouges ou blancs, pineaux ou gamays, offrent des plants de la nature de chaque espèce ;
mais ces plants sont moins abondans en raisins, et on peut
les considérer presque comme sauvageons, quoiqu'il y
ait peut-être moins de différence entre le plant de vigne
cultivé et celui dont je parle, qu'entre les arbres greffés
et ceux provenant de la semence.

Pour rendre ce travail aussi complet qu'il doit être, je
ne puis passer sous silence les dépenses qu'occasionne la
plantation d'une ouvrée de vignes par les deux méthodes.

La comparaison que l'on pourra en faire, en établira mieux les avantages et les inconvéniens.

Plantation en fosses.

1º Creusement des fosses	5 f.	
2º Mille chapons.	5	
3º Plantation des chapons	3	
4º Culture pendant quatre ans . . .	24	
5º Première mise d'échalas	7	50 c.
	44 f. 50 c.	

Plantation par défoncement.

1º Défoncement des terres.	20 f.	
2º Douze cents chapons	6	
3º Plantation des chapons	1	50 c.
4º Culture pendant trois ans.	18	
5º Première mise d'échalas	8	50
	54 f. 00 c.	

Il n'y a que dix francs de différence entre les deux procédés, et celui en faveur duquel elle se trouve est cependant le moins avantageux, puisque par le procédé de défoncement, à la troisième année on obtient des produits que l'on n'a souvent pas par l'autre méthode même à la cinquième année. Quoique l'une soit plus favorable que l'autre, il n'est pas toujours possible de la pratiquer à volonté. La nature du terrain est ordinairement ce qui force à employer celle-là même que l'on voudrait ne pas mettre en usage.

CHAPITRE VIII.

De la culture de la vigne.

La culture des vignobles de première qualité de toute la Côte-d'Or se fait moitié par des colons partiaires, moitié par des vignerons gagés, dont le prix est fixé soit au journal, soit à l'ouvrée.

Toute la partie qui s'étend depuis le village de Santenay au sud, jusqu'à celui de Comblanchien au nord, c'est-à-dire la côte de Beaune, est cultivée par des colons partiaires. Ces vignerons sont, en quelque sorte, associés aux propriétaires, et il est de l'intérêt des uns comme des autres que les vignes soient en bon état. Dans quelques cantons privilégiés de Vollenay, de Pommard, de Beaune, etc., le propriétaire impose des charges particulières au cultivateur, à raison de l'excellence des produits qui augmentent quelquefois d'un quart ou d'un tiers le revenu de ses vignes. Ces conditions sont de payer moitié des contributions, de donner sur sa part de vin la douzième ou la treizième pièce; ce qui donne au propriétaire une indemnité pour l'association qu'il a faite avec le vigneron dans un produit d'une qualité très-supérieure et d'une vente assurée.

Toutes les autres vignes sont cultivées à moitié fruit; mais le vigneron, outre son travail, est tenu de faire des portages de terre pendant l'hiver, de fournir la vigne d'échalas, de les faire planter, lier, ensuite aiguiser lorsqu'ils sont arrachés, en automne de faire tous les frais de vendange, de confectionner le vin, enfin de le rendre prêt à être mis en tonneaux.

Il s'établit ordinairement entre le propriétaire et le vigneron une telle réciprocité de bienveillance, que l'on voit, tous les jours, les enfans succéder aux pères, qui eux-mêmes ont succédé à leurs ancêtres dans la culture des mêmes vignes. Quand on a un bon vigneron, on ne le change jamais : on a remarqué qu'une vigne se détériorait souvent, en passant en différentes mains.

Depuis le village de Comblanchien jusqu'à Dijon, ce qui comprend les côtes de Nuits et de Dijon, la culture de la vigne se fait à prix d'argent. Tous les cantons de l'Auxois suivent en général cet usage. La nécessité a fait la loi. On a trouvé que les revenus étaient trop éventuels et fréquemment trop insuffisans pour entretenir un vigneron et sa famille : ou le propriétaire n'a pas pensé qu'il dût partager avec un colon partiaire le produit de certains climats d'une trop grande valeur. Cette méthode a son côté avantageux; le propriétaire sait qu'il doit une somme déterminée à son vigneron : il l'acquitte, et jouit du revenu entier; mais cet avantage est acheté chèrement par une continuelle surveillance, par les soins qu'il est obligé d'apporter à l'achat des échalas, au provignage, aux divers labours, à la vendange, etc. On est affranchi de tous ces détails assujétissans avec le colon partiaire; il est de son intérêt de soigner ses vignes, de les provigner convenablement, de leur donner les coups de labour en temps utile, c'est pour lui qu'il travaille; il sait qu'il a la moitié du revenu, et il s'attache à l'augmenter. Ce sont au reste les localités qui ont décidé les propriétaires à adopter un mode de salaire envers leurs vignerons plutôt que tel autre; l'usage les a consacrés depuis long-temps et d'une manière invariable.

Avant de parler de la culture de la vigne, il était indispensable de faire connaître les rapports qui existent entre le propriétaire et le vigneron, de quelle manière se soldaient les frais que nécessitent les travaux de la vigne ; nous avons à nous occuper de l'ordre dans lequel ils s'opèrent, et à indiquer les époques où chacun d'eux s'exécute.

La première opération à faire dans les vignes se commence immédiatement après la vendange. C'est l'arrachement des échalas. On les place de distance en distance, couchés les uns sur les autres en tas : avant que de les placer ainsi, les femmes, armées d'un gouet, en aiguisent chaque pointe qui a été cassée ou émoussée dans la terre, les arrangent, pour me servir du terme vulgaire, en *bordes,* et les disposent ainsi à être replantés en mars ou avril.

Les échalas ou paisseaux, dans nos pays, sont des bâtons de quatre pieds et demi à cinq pieds de hauteur ; on les fait de toute essence de bois, cependant on préfère ceux de chêne : leur grosseur varie à l'infini. Quand ils sont de bonne qualité, ils doivent avoir de trois à quatre pouces de circonférence, mais on les accepte souvent d'une dimension bien inférieure : alors ils coûtent moins cher, et ils sont d'une courte durée, car ils sont usés après deux ou trois ans de plantation. Ceux que l'on emploie dans la côte de Nuits et de Dijon ne sont que de petites baguettes assez faibles, dont la qualité est très-médiocre, et qui ne coûtent que la moitié de ceux de la côte de Beaune.

Les échalas se vendent par demi-cent de javelles ; chaque javelle contient cinquante *pointes,* pour me servir du mot du pays. Ce demi-cent fait donc deux mille cinq cents paisseaux, qui se vendent depuis vingt-sept francs jusqu'à quarante, sur le marché de Beaune. Les mauvais échalas se vendent de dix-huit à vingt-deux francs.

Dans les villages de Santenay, Chassagne, Puligny, et même une partie de Mursault, on ne se sert que d'échalas de cœur de chêne, connus sous le nom de *paisseaux de quartier*, parce qu'il est censé que c'est le quart d'une branche de chêne moyenne qui fait l'échalas. Ils sont d'une qualité très-supérieure, durent trois à quatre fois plus que ceux dont on se sert dans le vignoble de Dijon et de Nuits, et deux fois plus que ceux de la côte de Beaune. La difficulté de s'en procurer, et le haut prix de ces paisseaux, ont empêché jusqu'à présent que l'emploi n'en fût général. Si Santenay, Chassagne, Puligny et Mursault s'en servent, c'est qu'ils leur sont amenés du Charrolais par le canal de la Saône à la Loire, qui passe à peu de distance de ces villages. La facilité du transport n'en augmente pas le prix, et ils ne coûtent pas une moitié plus que ceux qu'on emploie dans les vignobles de Beaune et même de Nuits.

Cette digression nous a un peu éloignés des travaux du vigneron ; mais elle était indispensable pour faire connaître un des objets le plus importans pour la culture de nos vignes, et sans lequel elles ne pourraient prospérer.

Après l'arrachement des échalas, le vigneron s'occupe du travail d'hiver. Ce travail consiste à déchausser les provins, à en couper le chevelu ou racines surabondantes, et à recouvrir sa tige de terre nouvelle. On abrite cette plante en quelque sorte contre les rigueurs de l'hiver ; et pour obtenir encore mieux cet effet, on l'environne d'un peu de fumier chaud, qui a le double avantage de le tenir à l'abri de la gelée, et de lui donner par suite beaucoup de sève. Le vigneron arrache les ceps de mauvais grain qu'il a marqués avant la vendange, indique par un demi-creusage le lieu où il fera une nouvelle fosse pour faire un provin en février, et couvre de terre les ceps trop dégarnis. C'est ce qu'on appelle *faire d'hiver*. Dans la côte de Dijon, on taille une grande partie des ceps; on en laisse à peu près moitié d'intacts : ce sont ceux qui présentent le plus de vigueur et le plus beau sarment, pour pouvoir en faire, en temps convenable, des provins. Cette méthode a le grave inconvénient d'exposer la vigne aux effets de la gelée : lorsque les froids sont très-intenses, il périt un grand nombre de ceps. Elle a l'avantage, quand arrive l'époque de la taille, où l'ouvrage presse, de ne pas retenir le vigneron, et de lui permettre de s'occuper du provignage, et de faire, sans être pressé, tous les travaux du printemps. Cependant la somme des inconvéniens l'emporte sur celle des avantages. C'est ce motif qui n'a jamais fait adopter cette méthode dans la côte de Beaune.

Lorsque le froid, devenu plus intense, ne permet plus de s'occuper de la vigne, le vigneron ne demeure pas oisif. Les terres se trouvant sur des pentes inclinées sont entraînées par les eaux, et viennent s'arrêter à la partie la plus déclive de l'héritage, contre de petits murs qui y sont faits à dessein. La partie supérieure de la vigne, privée de cette terre, finirait par être tellement amaigrie que les ceps y périraient. Le vigneron, pour prévenir ces détériorations, reprend dans des hotes la terre du bas et la porte à la partie la plus élevée de la vigne : c'est ce qu'on appelle *portement de terre*. Ces portages de terre se font à peu près tous les trois ans; ils sont de la plus grande utilité. Cette terre neuve devient un engrais pré-cieux pour la vigne, et c'est une remarque qu'on fait tous les ans, que dans toutes les vignes où l'on porte des terres, elles ont plus de force et elles donnent des produits plus considérables.

Vers le 15 février commence l'opération de la taille de la vigne dans la bonne côte; elle se fait un peu plus tard dans la plaine. On coupe toutes les branches, on ne conserve que le brin qui tient le plus au vieux bois; on lui laisse ordinairement deux ou trois yeux, et le surplus du sarment est enlevé. Il y a quelques vignerons qui laissent jusqu'à cinq nœuds. Cette méthode est pernicieuse, parce que le cep n'étant pas assez robuste pour fournir à une aussi forte végétation, périt en peu d'années.

On se sert, pour la taille, d'une petite serpe bien affilée, à tranchant concave pour les vignes de noirien. Dans celles de la plaine, la serpe est plus grosse, et porte sur la partie convexe un fort taillant fesant l'office d'une petite hache : les vignerons s'en servent lorsqu'il faut couper une partie du vieux bois qui a éprouvé quelques avaries.

C'est pendant la taille que l'on choisit les ceps qui doivent être provignés. Les bons vignerons sont dans l'usage de faire ce choix avant les vendanges; ils examinent le cep dont les raisins sont de meilleure qualité et bien développés : ils y attachent un signe qui les fait reconnaître lorsque le temps de provigner est arrivé; ils sont sûrs alors de perpétuer les bons ceps. Cette méthode est excellente : on ne saurait trop engager les vignerons à la mettre en pratique.

Le provignement se fait aussitôt après la taille. Pour procéder à cette opération, on choisit autant que possible un cep qui ait trois brins de force égale ; alors on creuse des fosses de 15 à 16 pouces de profondeur, et de trois pieds de longueur sur un pied de largeur; ces fosses sont creusées au-dessous du cep que l'on veut coucher. Le vigneron relève ce cep, le dépouille des racines surabondantes, l'étend dans la fosse, courbe avec précaution les branches, les couvre de terre, et en relève les extrémités qu'il sépare les unes des autres d'environ un pied : telle est la manière de provigner. L'extrémité du sarment qui sort de terre porte le nom de *saillie ;* elle est taillée ordinairement à trois yeux. Quand le provin a été bien fait, il donne quelques raisins dès la première année, à la seconde il est déjà dans toute sa force.

Les progrès que la culture de la vigne a faits depuis trente ans ont excité une émulation générale; c'est à cette cause que l'on doit sûrement attribuer une innovation heureuse qui tend à améliorer la vigne et à en accroître les produits, je veux parler de son entement ou greffe.

L'époque de cette opération est celle de la taille. Le vigneron qui a reconnu qu'un cep est de mauvaise qualité, l'émonde de toutes ses branches, coupe la branche-mère comme s'il voulait tailler, la fend avec précaution, et glisse dans cette fente un brin de sarment frais taillé en biseau ; il lie le tout ensemble avec un peu de chanvre, le couche dans la terre à environ deux pouces de profondeur, et fait saillir l'extrémité taillée seulement à un nœud ou deux. L'année suivante, si l'ente a repris, on le relève et on l'enterre plus profondément; et si, l'année suivante, il a poussé des sarmens assez forts, on en fait un provin, qui réussit très-bien et donne d'excellens raisins.

Dès que les opérations dont nous venons de parler sont terminées, on procède au premier coup de labour : ce travail est appelé *bêcher* la vigne.

Le premier labour a lieu vers le milieu de mars; il se fait à bras, comme tout ce qui s'opère dans nos vignes.

On se sert, pour ce travail, d'un instrument qui porte, dans le pays, le nom de *meille*, dérivé sans doute du mot mègle. C'est une espèce d'écobue en fer qui représente un triangle parfait, si ce n'est que l'angle qui doit piquer dans la terre est un peu plus allongé. La base du triangle a huit ou dix pouces, tandis que la pointe en a douze ou quatorze. Cet instrument tient au manche par une queue recourbée qui fait presqu'un angle droit avec le fer : le manche lui-même est recourbé dans son milieu, en sorte que l'extrémité que tient le vigneron, étant plus relevée, lui permet de se courber un peu moins vers la terre; malgré cela la position du vigneron est pénible, pour labourer comme il convient; il est obligé de s'arrondir le dos et de se baisser fort bas. On se sert de cette écobue en piquant profondément la terre, en ramenant ensuite à soi l'instrument avec force, ayant soin de l'incliner un peu, soit à droite, soit à gauche, de manière à tracer un sillon à peu près comme celui que fait la charrue.

Le bon vigneron choisit son temps pour faire ce labour. Il se garde bien d'entrer dans ses vignes, pour les *bécher*, lorsqu'il tombe des pluies froides, lorsqu'il bruine, ou même lorsqu'il fait des brouillards, ou quand il règne des vents qui amènent, dans le même jour, des alternatives de pluie et de soleil. Il a remarqué que la terre, remuée sous une telle constitution de l'air, perdait de son principe végétal et que la vigne en souffrait. Mais si le ciel est propice, si une bise modérée éloigne toute crainte de pluie et d'orage, il profite de ces instans favorables, et ne craint pas de réunir, à sa famille, un nombre considérable d'ouvriers qui sont connus sous le nom de *bécheurs*. Ces manœuvres viennent des montagnes de l'Auxois, ils descendent par bandes nombreuses, depuis le commencement de mars et s'en retournent vers le 10 ou 15 d'avril. Le prix moyen des ouvriers est d'un franc cinquante centimes à deux francs par jour, non compris leur nourriture.

Aussitôt que ce premier labour est achevé, on plante les échalas ; la terre fraîchement remuée permet de les enfoncer au point convenable : c'est l'ouvrage des femmes. Elles placent un échalas à chaque tige, et en même temps elles les fixent ensemble au moyen d'un glui qu'elles tortillent deux fois autour. Cette manière d'attacher la vigne est très-avantageuse dans nos pays. Sa tige est longue, rampante et faible ; si elle n'était pas solidement attachée, au moindre orage, lors de la formation du bourgeon et du développement des premières feuilles, on verrait tomber les jeunes pousses en se heurtant les unes contre les autres, ce qui occasionnerait des pertes considérables.

Ces travaux, et des provins que l'on fait même lors de la pousse, occupent ordinairement le vigneron pendant le mois d'avril et jusque dans les premiers jours de mai. Vers le 10 de ce mois, à peu près, on procède au second labour : celui-ci, moins pénible que le premier, se fait avec la houe, appelée dans nos cantons *fesou ;* l'opération elle-même se nomme biner, et dans nos contrées *refuer*, qui vient sans doute du latin *refodere*.

A la fin de juin, et quelquefois plus tard, on fait un troisième labour à la vigne, et toujours avec la houe. Cette opération est importante pour détruire les plantes parasites qui couvrent la surface des vignes, et pour ranimer ce précieux végétal en faisant mieux circuler la sève, ce dont on s'aperçoit bientôt par la teinte plus verte des feuilles et par l'accroissement du raisin. Ce troisième labour se nomme *tiercer*.

De mauvais vignerons négligent quelquefois ce troisième labour, ou ne le font que peu de temps avant les vendanges; c'est le propriétaire qui paie cette négligence, car si son vigneron reste, pendant deux ou trois ans, sans faire dans ses vignes tous les labours nécessaires, le bois devient rabougri et n'offre pas un seul brin capable de faire un provin. Trois ans alors sont suffisans pour perdre une vigne et forcer à l'arracher. Les propriétaires ne sauraient trop surveiller un vigneron paresseux; la bonté du bois et sa vigueur dépendent des bons labours. Avec de beaux sarmens on fait des provins utiles, et l'art de bien provigner est toute la science d'un vigneron, qui tient à son intérêt et à l'honneur de conserver ses vignes en bon état.

Quand on a donné à la vigne tous ses coups de labourage, il ne faut pas croire qu'il n'y ait plus rien à faire. On a vu que lors de la plantation des échalas, les femmes attachaient le cep au paisseau avec des brins de glui ou de chanvre; quand les branches se sont étendues, leur longueur force à employer de nouveaux moyens pour les fixer à l'échalas qui soutient le cep. Cette opération se nomme *accolement :* elle se fait comme la première, à l'aide de glui ou de petit chanvre. On serre très-médiocrement les pampres contre les paisseaux, de manière à ne pas en gêner le développement. L'accolement est une opération indispensable à nos vignes : sans cela, les branches retomberaient vers la terre, le raisin se perdrait et l'abrisseau entier en souffrirait.

Dans le mois d'août, lorsque les années ont été pluvieuses et chaudes, le jet de la vigne se fait avec beaucoup de vigueur; elle croît avec une rapidité étonnante; les pampres acquièrent une longueur démesurée : le vigneron parcourt alors ses vignes, une serpe à la main, en faisant tomber tous les pampres trop alongés. Il est obligé, dans certaines années, de recommencer plusieurs fois cet étêtement, qui a un double but, d'arrêter la sève surabondante et de donner de la force au raisin. On remarque, en général, que les années où les pampres se sont étendus outre mesure, sont celles où les vins ont été d'une qualité inférieure ; l'explication en est facile à concevoir.

Avant de parler de la vendange, je crois devoir indiquer à combien sont évalués les frais de culture par ouvrée (4 ares 28 centiares). Je suivrai l'ordre que j'ai adopté en décrivant chaque opération.

1º Arracher, aiguiser, mettre en tas les paisseaux. . . . . » f. 50 c.

2º Déchausser les provins, *faire d'hiver*, provigner. 2   50

3º Porter les terres. 1   50

4º Tailler la vigne. 1   50

5º Premier labour, sombrer ou *bécher*. . . 1   25

6º Deuxième labour, biner ou *refuer*. . . . »   90

7º Troisième labour, débiner ou *tiercer*. . . »   80

8º Planter les échalas, les lier. . . . . »   50

9º Accoler, relever. . . . . »   50

10º Entretien annuel des échalas. 2   »

11º Lien de chanvre ou de glui. . . . · . . . . »   40

12º Frais de vendange. 1   »

Total. . . . . 12 f. 85 c.

On voit, d'après ce tableau qu'un domaine en vignes composé d'environ trois hectares, ou soixante-dix à soixante-douze ouvrées de vignes, exige une dépense d'environ neuf cent cinquante francs dans la côte de Beaune, tandis que dans celles de Nuits et de Dijon, la dépense s'élève de douze à douze cent cinquante francs. Il y a un avantage cependant pour celui des côtes de Nuits et de Dijon. Les propriétaires savent que les dépenses obligées à faire pour l'entretien de leurs vignes, sont presque invariables, ils peuvent arranger leur budget particulier pour y subvenir; au lieu que dans la côte de Beaune, le vigneron ne pouvant se suffire à lui-même, est, surtout dans les mauvaises années, forcé de recourir à son propriétaire qui lui fait des avances. S'il survient plusieurs années malheureuses, jamais ces avances ne sont couvertes : ce qui occasionne des pertes fort-considérables pour le propriétaire. On répondra qu'à Nuits et à Dijon, dans les mauvaises années, on éprouve aussi des évictions; elles ne sont jamais aussi fortes que dans les environs de Beaune, où le vigneron ne sait pas, comme ses voisins, se contenter de peu, ni se faire autant de privations, et dont, par conséquent, les dépenses sont souvent très-mal calculées. Aussi généralement les vignerons de cette côte sont moins à l'aise que ceux depuis Nuits jusqu'à Dijon, quoique, en apparence, ils gagnent plus que ceux-ci. Leur luxe n'est pas en proportion avec leurs moyens, et l'on peut dire qu'il est la source de la misère dont on voit un grand nombre de vignerons accablés dans leur viellesse, et la cause de la gêne de leurs propriétaires, qui, pour ne pas laisser leurs vignes en friche, font les plus grands sacrifices.

CHAPITRE IX.

De la vendange.

Les vignes sont, pour les côtes de Beaune, de Nuits et de Dijon, ce que sont les grandes manufactures pour les villes industrielles ; aussi met-on une sorte d'appareil pour décider du jour où l'on récoltera leurs produits. L'administration supérieure ordonne aux maires des communes du vignoble, quinze jours avant l'époque de la vendange, de nommer des commissaires qui, anciennement, se nommaient *prud'hommes*. Ces commissaires sont au nombre de trois par communes, choisis l'un parmi les propriétaires non habitant le village, que l'on nomme *forains* ; l'autre parmi les propriétaires résidant, et le troisième parmi les vignerons.

Ces commissaires font une première visite ; ils parcourent toutes les vignes, et font un rapport où ils indiquent le jour où ils doivent se réunir en assemblée générale. Ils font une seconde visite, et au jour indiqué ils s'assemblent aux chefs-lieux du canton. Santenay, Chassagne, Saint-Aubin, Corpeau, Puligny, Mursault, Auxey, Montelie, Vollenay, Pommard, Beaune, Savigny, Pernand et Aloxe, fixent à Beaune les jours du ban de vendange. Les commissaires des communes de Comblanchien, Premeaux, Nuits, Vosne, Vougeot, Flagey se réunissent à Nuits. Ceux de Chambolle, Morey, Gevrey, Brochon, Fixin, Fixey et Couchey s'assemblent à Gevrey. Enfin, ceux de Marsannay, Chenôve, Dijon, Talant, Fontaine, sont convoqués à Dijon. L'époque de la vendange est déterminée dans ces diverses assemblées à la pluralité des voix par commune.

Les décisions qui sont prises, sont converties en arrêté par l'autorité supérieure, publiées et affichées. Il est expressément défendu aux propriétaires d'enfreindre le ban de vendange, sous des peines assez sévères. On est obligé de prendre ces mesures, parce que toutes les vignes étant morcelées à l'infini, et n'étant closes presque nulle part, si chacun voulait vendanger à sa guise, ce serait une confusion très-préjudiciable à l'intérêt général : aussi sent-on tellement l'utilité de cette mesure, qu'il est extrêmement rare que l'autorité soit dans le cas de sévir pour infraction au ban de vendange.

Je ne dois pas omettre une chose qui me paraît d'une haute importance, et qui souvent est fort négligée ; je veux parler de la maturité du raisin. On ne suit à cet égard aucune règle fixe : les uns pensent qu'il faut vendanger promptement ; d'autres, au contraire, veulent que l'on repousse à des termes éloignés la récolte du raisin : les uns et les autres sont dans l'erreur. Les raisins trop peu mûrs donnent un vin vert, peu coloré et peu généreux ; trop mûrs, le vin perd de son agrément, devient sujet à une foule de maladies, et se garde moins bien. C'est dans ce dernier excès qu'on tombe dans nos pays depuis quelques années, et on s'étaye de la méthode inconnue d'un individu qui laissait ses raisins dans ses vignes long-temps après les autres, et qui avait toujours un vin beaucoup plus fort ; mais ce qu'on ignore, c'est que cet homme ajoutait à ses cuves un sirop de miel qui donnait un principe sucré et faisait développer une grande quantité d'alcool ; son vin avait beaucoup de réputation, et comme il cachait son secret, il faisait accroire que sa qualité ne provenait que du séjour prolongé des raisins dans ses vignes; et c'est sur une autorité aussi frivole, qu'une foule de propriétaires ou de marchands de vins veulent qu'on laisse les raisins long-temps sans les couper, même après leur maturité; il en est qui attendraient presque volontiers la pourriture.

Pour faire du bon vin, il faut saisir, autant que faire se peut, la maturité du raisin : il vaudrait mieux dans nos pays ne l'avoir pas complète, que de l'avoir en excès, c'est-à-dire le grain prêt à se pourrir. Il est même d'observation que quand il y a encore un peu de raisins pas entièrement mûrs, le vin n'en est pas moins bon et s'en garde mieux, la fermentation insensible se prolongeant plus long-temps dans les tonneaux.

J'ai observé qu'il est cinq circonstances qui indiquent la maturité du raisin : 1° la queue des grappes jusqu'alors verte prend une couleur brune : pour me servir du terme du pays, elle est tannée; 2° le grain du raisin s'amollit, est noir partout, et la pellicule devient plus mince et plus transparente; 3° le grain se détache avec facilité de la rafle, et laisse à cette rafle une petite queue brune qui n'est que les vaisseaux nourriciers du grain; 4° le raisin est sucré et le suc qui en découle est gluant; 5° le pépin, de vert clair qu'il était, prend une couleur d'un vert très foncé, presque brun.

Malheureusement, dans nos pays, on n'est pas toujours maître d'attendre que le raisin offre tous les caractères de maturité que je viens de décrire. Quand l'année s'est mal comportée, que l'on est avancé dans le mois d'octobre, et que l'on a à redouter ou les pluies de l'automne ou les gelées, il faut bien se décider à faire vendanger;

un peu plus tôt, un peu plus tard, on n'a souvent rien à gagner, parce qu'alors on ne doit pas avoir l'espérance de faire du vin d'une qualité supérieure. Dans ce cas, il vaut mieux se décider promptement, si surtout on peut espérer quelques jours favorables. Cette digression m'a éloigné de mon sujet, je reviens à ce qui suit le ban de vendange.

Aux jours indiqués, on voit descendre par troupes nombreuses, des montagnes du Morvan et de l'Auxois, pour la côte depuis Santenay jusqu'à Aloxe, des vendangeurs de tout âge et de tout sexe, qui arrivent de dix, douze et même quinze lieues, pour jouir du plaisir de manger des raisins en abondance, et sous l'appât de gagner quelque argent. Du côté de Nuits et de Dijon, les vendangeurs arrivent de la plaine, où en général on ne cultive que peu de vignes, et des villages des arrières côtes : ceux-ci sont tous vignerons, et viennent en vendange parce qu'elle se fait beaucoup plus tard dans leur pays. Ces derniers sont bien préférés, on les paie même davantage, parce qu'ils connaissent la vigne, soignent les paisseaux, travaillent avec plus d'assiduité, et mangent moins de raisins.

Dans les bonnes années, les vendangeurs trouvent tous à s'occuper pendant une semaine; ce temps écoulé, chacun commence à regagner son village. Afin de ménager autant que possible l'intérêt du propriétaire et du vigneron, la vendange est assignée à chaque commune voisine à un jour différent; en sorte que la concurrence ne s'établit pas pour avoir des vendangeurs, et on les a à meilleur marché. Le prix moyen de la journée dans la côte de Beaune, est de soixante-quinze centimes à un franc vingt centimes pour un vendangeur, et d'un franc à un

franc cinquante centimes pour le porte-panier. Dans la
côte de Nuits et de Dijon, le terme moyen de la journée
est de soixante à quatre-vingt-dix centimes.

Le vigneron soigneux prend autant de vendangeurs
qu'il peut, pour cueillir tous ses raisins le même jour,
ou du moins pour remplir une cuve. Quelques propriétaires ne veulent pas que l'on entre dans leurs vignes
avant le lever du soleil, afin que le raisin ne soit pas im-
bibé des humidités de la nuit; c'est le plus petit nombre: on
se hâte de profiter du travail de ses ouvriers, et on regarde
comme une perte le retard que l'on met à les utiliser.

Cette pratique, qui peut être bonne quand il s'agit du
vin rouge, ne convient pas quand il s'agit de vins blancs
et de vins mousseux. On doit cueillir, dans ces deux cas,
les raisins dans la rosée et même quand il fait du brouillard; le vin n'en est que plus limpide, se dépouille mieux:
on a même fait en Champagne un calcul sur cet objet,
et l'on a trouvé que l'on faisait un bénéfice d'un vingt-
sixième et même d'un vingt-cinquième, en vendangeant
par la rosée ou le brouillard. C'est un avis dont nos propriétaires doivent profiter.

Quand les vendangeurs sont introduits dans une vigne,
on les dispose sur une même ligne, et chacun coupe devant soi, à l'aide d'une petite serpe ou d'un couteau, tous
les raisins qui se présentent : on appelle cela *suivre son
ordon.* D'une main ils coupent le raisin qu'ils tiennent
de l'autre, afin de ne jamais les égréner. On recommande,
dans les années où le raisin est très mûr, de placer sous
le cep le petit panier, afin de recevoir les grains qui se
détachent d'eux-mêmes et qui sont les meilleurs: malgré
toutes les recommandations et une grande surveillance, la
plupart de ces vendangeurs sont si peu attentifs, qu'il se

perd sous les ceps une grande quantité de ces bons grains.

Lorsque les petits paniers sont remplis, un des hommes de la troupe qui porte le nom de *vide-panier*, se détache, vient, prend la corbeille pleine, et va la vider dans d'autres grands paniers placés de distance en distance dans l'intérieur de la vigne ; par derrière les vendangeurs, la femme du vigneron ou une personne de confiance, se promène en surveillant le travail, ramassant les raisins qui ont échappé aux vendangeurs, et empêchant, autant que possible, les gourmands d'en manger une trop grande quantité.

Quand les grands paniers sont remplis, les porte-paniers les chargent sur leurs épaules, et les portent jusqu'à l'endroit où peut aborder une voiture sur laquelle est placé un grand vase ovale nommé *balonge* : on y vide les raisins contenus dans les paniers [1]. Les *balonges* contiennent ordinairement une vingtaine de paniers, un peu plus ou un peu moins ; et comme un panier plein de raisins fait la huitième partie d'une pièce, on amène à toutes les charges environ deux pièces et demie de vin au pressoir : on nomme ainsi la halle où sont placés, le pressoir proprement dit, les cuves, les rondeaux, et tous vases propres à la fabrication du vin.

Dans les villages de Santenay, Chassagne, Saint-Aubin, etc., la vendange, au lieu d'être mise dans des paniers, est versée dans des hottes que portent des hommes qui ne font que ce travail. Ceux-ci vident leurs hottes dans des tonneaux défoncés qui sont placés en bas de la vigne, et avec de petites hies ils pressurent les raisins qui sont ensuite vidés dans les balonges. Cette méthode a peut-être l'avantage de hâter la fermentation dans la cuve, mais

---

[1] Dans les côtes de Nuits et de Dijon, les paniers sont appelés *benatons*, du mot banneton. Il en faut trois pour faire deux paniers des environs de Beaune.

elle a l'inconvénient de faire perdre une assez grande quantité de vin en le charriant au pressoir, ce qui arrive à la moindre secousse; ou de n'emmener qu'une demi-charge, ce qui est préjudiciable dans l'un ou l'autre cas. Mais c'est l'usage, et il serait impossible de décider le vigneron à user d'un autre moyen.

Le travail des vendangeurs est interrompu par deux repas, qui se donnent, l'un dès le matin, souvent avant d'aller à la vigne, et le second entre une heure et deux de l'après-midi. Ces repas, modèles de la frugalité lacédémonienne, consistent, le premier, en un plat de haricots ou de pommes de terre assaisonnés avec un peu de lait, et un morceau de pain très-grossier; le second, en une frottée d'ail faite sur la croûte du même pain, saupoudrée d'un peu de sel. L'exiguité de ces repas est corrigée par les raisins que l'on mange en abondance; aussi grand nombre de vignerons, ayant reconnu que c'était une économie très mal entendue que de donner de si chétifs repas, puisque les vendangeurs sont en quelque sorte forcés, pour y suppléer, de manger beaucoup de raisins, commencent à mieux les nourrir, et s'en trouvent bien; leurs ouvriers travaillent avec plus d'ardeur et mangent moins de raisins. On s'imagine que c'est peu de chose que le plus ou le moins de raisins avalés, on se trompe : si l'on veut calculer ce que cinquante ou soixante vendangeurs peuvent en engloutir, on verra que le calcul peut s'élever fort haut, et l'on pourrait même assurer que leurs journées en sont souvent plus que triplées.

Quand la balonge est arrivée à la halle du pressoir, on place la charrette de manière à pouvoir en extraire commodément les raisins, et à les jeter sans perte dans la cuve destinée à les recevoir. Cette opération se fait au moyen d'un instrument de fer à trois dents d'environ dix pouces, dont la queue coudée tient à un manche très court : à l'aide de ce trident nommé *grappe* [1], on remplit un petit baquet de bois de sapin, appelé *sapine*, qui se vide dans la cuve jusqu'à ce qu'il ne reste plus rien dans la balonge; on la ramène à la vigne où on l'emplit de nouveau, jusqu'à ce que la vendange soit terminée.

Quelques propriétaires ont voulu essayer d'un moyen que l'on emploie au moment où les raisins s'apportent à la cuve, c'est d'égrapper. On se sert, à cet effet, d'une claie en osiers à petits compartimens : deux hommes écrasent les raisins et en séparent les rafles. L'égrappage a été presque aussitôt abandonné; et en parlant de la fabrication du vin, j'en ferai connaître le motif.

Je terminerai ce chapitre par une table d'observations faites pendant quarante-quatre ans sur les jours indiqués pour l'ouverture de la vendange, sa qualité, sa quantité et l'état atmosphérique de chaque année. Je possède un tableau exact fait pendant cent quatorze ans du jour de la vendange à Vollenay, de la quantité et du prix du vin; mais la qualité n'est relatée que depuis 1787, ainsi que les détails sur les saisons. Je ne m'occuperai donc que des quarante-quatre dernières années; je ferai de ces observations antérieures l'objet de quelques considérations assez importantes et curieuses pour les propriétaires de vignes. Elles pourront faire naître de graves réflexions sur le produit de nos vignes, soit qu'on l'examine sous le rapport commercial, soit qu'on l'envisage sous le rapport agricole.

---

[1] Ce mot dérive du verbe *gripper*, fort en usage dans nos pays pour indiquer l'action de saisir vivement.

ANNÉES.	ÉPOQUE de la VENDANGE.	QUANTITÉS de LA VENDANGE.	QUALITÉS de LA VENDANGE.	ÉTAT ATMOSPHÉRIQUE.
1787	2 oct..	assez abond.	médiocre...	Pluie en juin, peu propice.
1788	15 sept.	médiocre...	très-supér...	Année chaude et favorable.
1789	25 oct.	nulle	nulle	L'hiver fut si rigoureux qu'une partie des ceps périrent : tous les bourgeons furent gelés.
1790	26 sept.	médiocre...	médiocre...	L'année se ressentit encore des froids de 1789; elle fut peu favorable.
1791	18 sept.	médiocre...	très - supér..	Année très-chaude, propice à la vigne.
1792	3 oct..	médiocre...	très-faible..	Année très-pluvieuse.
1793	23 sept.	abondante..	médiocre...	L'été, quoique favorable, eut des pluies froides qui altérèrent la qualité du vin.
1794	13 sept.	abondante..	assez passab.	Chaleurs vives, pluies trop fréquentes.
1795	26 sept.	abondante..	très - supér..	L'été fut chaud et entremêlé de pluies très-favorables à la vigne.
1796	7 oct..	médiocre...	très-médioc.	Année froide et pluvieuse.
1797	10 oct..	nulle	nulle	Les pluies commencèrent le 15 juin et finirent le 1er juillet : tous les raisins coulèrent.
1798	15 sept.	médiocre...	supérieure..	Été chaud et propice.
1799	10 oct..	abondante..	très-médioc.	Année pluvieuse et froide.
1800	25 sept.	presq. nulle.	médiocre...	Année pluvieuse et froide.
1801	28 sept.	médiocre...	passable....	Été favorable, mais trop de pluie.
1802	23 sept.	très-médioc.	très - supér..	Une gelée arrivée les 16 et 17 mai perdit les vignes; le reste de l'été fut très-propice.
1803	30 sept.	très-abond..	passable....	Beau temps, mais peu de chaleur.
1804	29 sept.	très-abond..	très-médioc.	Pluies fréquentes, vers abondans dans les raisins, qui communiquèrent au vin un goût de pourri.
1805	15 oct..	très-abond..	mauvaise...	Depuis le mois de juillet, ciel contraire à la vigne; dès le 12 octobre il tomba beaucoup de neige.
1806	27 sept.	médiocre...	très-bonne..	Temps propice, été favorable, automne superbe.
1807	24 sept.	abondante..	bonne	Temps chaud, favorable à la vigne, mais orageux; alternatives fréquentes de pluie et de chal. vives.
1808	28 sept.	assez abond.	médiocre...	Les orages désolèrent nos vignobles.
1809	16 oct..	très-médioc.	mauvaise...	Été constamment défavorable; gelé le 14 octobre.
1810*	1er oct..	médiocre...	médiocre...	La plus grande partie de l'été contraire à la vigne, septembre propice.

* 1810 fut très-funeste au commerce de Beaune : les vins, jugés d'abord excellens, furent portés à des prix exagérés; après les soutirages ils devinrent plats, et perdirent 60 à 70 pour cent de leur valeur primitive.

ANNÉES.	ÉPOQUES de la VENDANGE	QUANTITÉS de LA VENDANGE.	QUALITÉS de LA VENDANGE.	ÉTAT ATMOSPHÉRIQUE.
1811	14 sept.	très-médioc.	très-supér..	Gelée le 11 avril, deux tiers de la récolte perdus. É[té] si favorable que les raisins repoussèrent et do[n]nèrent une petite récolte.
1812	10 oct..	très-abond..	très-médioc.	Été pluvieux, froid, contraire à la vigne.
1813	11 oct..	très-médioc.	mauvaise...	Année pluvieuse; vers dans les vignes, qui donnère[nt] au vin un mauvais goût.
1814	6 oct..	très-médioc.	médiocre...	Beaucoup de pluies et d'orages; la grêle ravagea tou[te] la côte à diverses reprises.
1815	25 sept.	très-médioc.	très-supér..	Chaleurs considérables, temps propice à la vigne.
1816	26 oct..	nulle.......	nulle.......	Pluies continuelles depuis le mois de mai jusqu'e[n] décembre, qui anéantirent toutes les récoltes.
1817	11 oct..	très-médioc.	mauvaise...	Année très-défavorable. Gelée dès les 1ers jours d'oct[obre].
1818	27 sept.	très-abond..	assez bonne.	Temps assez propice, trop sec; la vigne en souffrit.
1819	25 sept.	assez abond.	supérieure..	Année chaude et favorable à la vigne.
1820	11 oct..	médiocre...	médiocre...	Partie de l'été très-pluvieuse, l'autre propice; mais le raisin avait souffert. Gelée dès le commenc. d'oct[obre].
1821	17 oct..	très-médioc.	mauvaise...	Pluies froides, gelée blanche en juin, temps très-dé[favorable?] favorable en juillet et août.
1822	1er sept.	assez abond.	très-supér...	Année extraordinaire pour le beau ciel dont on a joui. Point d'hiver, temps propice. On eût pu vendanger le 15 août.
1823	13 oct..	médiocre...	très-médioc.	Pluies en juin et juillet, temps propice en septembre, mais le raisin avait souffert.
1824	11 oct..	médiocre...	très-médioc.	Temps inconstant : froid ou chaleur extrême, année très-défavorable.
1825	19 sept.	médiocre...	très-supér...	Année chaude et entremêlée de petites pluies très favorables à la vigne.
1826	2 oct..	très-abond..	mauvaise...	Année excessivement brûlante; une partie des raisins furent grillés, les vers en avaient lésé l'autre partie. Pluies abondantes pendant la vendange. Goût détestable de pourri dans le vin.
1827	28 sept.	abondante..	passable....	Année assez propice, surtout en septembre.
1828	1er oct..	très-abond..	médiocre...	Été très-favorable; mais depuis la fin d'août jusqu'aux vendanges, pluies fréquentes qui pourrirent une partie des raisins.
1829	12 oct..	assez abond.	mauvaise...	Année froide et pluvieuse, surtout aux mois d'août et de septembre.
1830	29 sept.	presq. nulle.	passable....	Année pluvieuse, surtout en juin, au moment de la floraison.

D'après ce tableau, il me paraît démontré que le revenu de la vigne est très-éventuel; et en effet, sur quarante-quatre récoltes, il en est vingt-huit dont les produits sont ou de médiocre ou de mauvaise qualité. Sur les seize années qui ont donné de bons produits, il n'en est que sept qui ont réuni la qualité à la quantité; les neuf autres n'ont fourni que de très-petites quantités; et dans les sept années d'abondance, il n'en est que trois qui aient produit des vins très-supérieurs; dans les quatre autres, on a obtenu des vins passables, mais sans avoir une qualité extraordinaire. En sorte que sur quarante-quatre ans nous n'avons eu réellement que trois années qui aient donné des produits supérieurs et abondans : ce sont les années 1795, 1803 et 1807. L'ouvrée de vigne à Vollenay a donné en revenu net au propriétaire, en 1795, cinquante-deux francs cinquante centimes; en 1803, cinquante-neuf francs quatre-vingt-trois centimes; et en 1807, soixante francs vingt-cinq centimes. Des années de cette nature sont trop rares et font en quelque sorte exception à la règle commune.

Je crois pouvoir avancer comme axiome que toutes les fois que la vendange ne pourra avoir lieu qu'en octobre, on fera du mauvais vin. Dans le tableau ci-dessus, on peut voir que l'on a vendangé, dans le cours de quarante-quatre ans, vingt-une fois en octobre; que dans toutes ces années on n'a récolté que du vin de mauvaise ou de médiocre qualité. Il est une circonstance bien digne de remarque et que je présenterai comme question : Comment se fait-il que dans les quarante-quatre dernières années on ait vendangé vingt-une fois en octobre, et que depuis 1716 inclusivement jusqu'à l'année 1787 exclusivement, ce qui comprend un espace de soixante-onze ans, il n'y ait eu que dix vendanges en octobre? Et par quel heureux concours de circonstances est-il arrivé que dans ce même intervalle de soixante-onze ans, il y ait eu quarante-cinq années où la vendange a été ouverte avant le 25 septembre, ce qui fait près des deux tiers ; tandis que dans les quarante-quatre dernières années l'ouverture de la vendange n'a eu lieu que dix fois avant ce même jour, ce qui ne donne que deux neuvièmes à une unité près?

A quoi tiennent ces différences, est-ce aux intempéries de l'atmosphère qu'elles sont dues, ou seulement au système adopté depuis quelques années de toujours reculer l'époque de la vendange? Je n'admets pas ce dernier motif ; assurément les propriétaires, chargés de fixer le ban de vendange, ont tous la bonne intention de faire le meilleur vin possible, et ils peuvent, pour y parvenir, faire reculer de quelques jours l'instant de cueillir les raisins ; mais aucun d'eux ne veut à plaisir s'exposer à voir détériorer les produits de leurs vignes. On commit cependant cette faute en 1826, où, en retardant, des pluies abondantes survinrent et firent pourrir le raisin ; mais on ne pourrait guère en citer d'autres. On ne peut accuser que les vicissitudes atmosphériques, de cette grande quantité de vendanges tardives. A quoi tiennent-elles? Qui a pu produire dans les saisons des anomalies telles qu'elles influent sur la maturité des récoltes? Je l'ignore : mais je livre ce fait, qui est positif, aux méditations de ceux qui s'occupent du bien-être de notre pays et de l'extension du commerce des produits de nos vignobles.

Je terminerai ce chapitre par un tableau qui ne sera pas sans intérêt pour les propriétaires et pour ceux qui s'imaginent que les vignes de première classe sont, pour celui qui les possède, comme les eaux du Pactole. Ce tableau prouvera mieux que tous les discours l'éventualité du revenu des vignes. J'ai pris pour type l'ouvrée de vignes faisant quatre ares vingt-huit centiares, et j'ai choisi le climat de Vollenay, qui dans ses rapports offre un produit moyen entre les vignobles très-productifs et ceux qui le sont peu.

REVENU

D'UNE OUVRÉE DE VIGNES PREMIÈRE CLASSE, A VOLLENAY,

PENDANT UNE PÉRIODE DE CENT TREIZE ANS.

PÉRIODE DE DIX ANS.	PRODUIT moyen en litres, pendant dix ans.	REVENU NET moyen pour le propriétaire, pendant dix ans.	PRIX MOYEN de la vente d'une queue (228 litres).
De 1716 à 1725	107ˡ 30	17ᶠ 41	166ᶠ 72
De 1726 à 1735	73 80	13 65	219 14
De 1736 à 1745	88 10	16 80	237 12
De 1746 à 1755	77 50	27 30	328 32
De 1756 à 1765	64 00	13 22	228 00
De 1766 à 1775	54 40	16 03	300 96
De 1776 à 1785	103 40	22 71	228 00
De 1786 à 1795	68 30	25 76	300 00
De 1796 à 1805	90 30	27 81	300 00
De 1806 à 1815	72 00	24 70	566 40
De 1816 à 1828	68 05	19 03	118 56

Il résulte de ce tableau que le produit moyen d'une ouvrée de vigne à Vollenay, pendant une période de cent treize ans, a été de soixante-seize litres soixante-quatorze centilitres : le revenu brut de quarante-un francs quarante-neuf centimes, et le revenu net pour le propriétaire de treize francs quarante-huit centimes.

Les calculs que j'ai faits sur les produits d'une ouvrée de vigne des côtes de Nuits et de Dijon m'ont donné à peu près les mêmes résultats. On y évalue à cent cinquante francs les dépenses à faire dans un journal de vigne de première classe, ou huit ouvrées. Ainsi dix journaux, ou si l'on veut , 3, 42, 80 ares, dans la côte de Nuits, coûtent, tant pour façon de main-d'œuvre que pour échalas, frais de vendange, confection du vin, envaisselage, entretien des fonds, des pressoirs, des cuves, etc., quinze cents francs; ajoutez à cela deux cent quarante francs de contributions : le propriétaire, avant d'avoir vendu son vin, a déjà fait une avance de fonds de mille sept cent quarante francs. On évalue, terme moyen, le rapport de l'ouvrée à un cinquième de pièce, ce qui donnera seize pièces de vin pour les dix journaux : la vente moyenne est de deux cents francs la pièce; en sorte que le propriétaire ne retire d'une ouvrée de vigne de première classe que dix-huit francs vingt-cinq centimes, ce qui est, à quelques centimes près, exactement le revenu de la côte de Beaune. Je ne parle pas des produits de la Romanée, du clos de Vougeot, ni du Chambertin, puisque la vente de ces vins ne s'opère point par le commerce, mais par les propriétaires eux-mêmes qui en font un objet de spéculation.

D'après ces données faites avec une sévère exactitude, on ne peut donc que déplorer l'espèce de vertige qui a tourmenté pendant long-temps la presque généralité des personnes aisées de nos pays, qui ont porté à des prix exagérés l'acquisition d'une ouvrée de vigne, puisqu'on n'hésitait pas à la payer mille francs et même jusqu'à douze cents francs : on se créait des fortunes factices; et aujourd'hui que la vente des vins souffre des entraves que les douanes étrangères imposent à ce commerce, et des droits gênans qui le fatiguent, on sent le ridicule de ces achats qui sont hors de proportion avec l'intérêt que l'on en obtient.

Dans le tableau que j'ai présenté plus haut, on a vu que les prix variaient dans certaines dixaines : je veux donner quelques explications à ce sujet. Avant la révocation de l'édit de Nantes, nos vins avaient de la réputation, mais c'était principalement en France et dans les provinces de la Flandre. L'exportation lointaine en était encore rare ; les protestans, dont le nombre était fort considérable en Bourgogne, emportèrent, lors de la révocation de l'édit de Nantes, avec leur industrie et leurs capitaux, le goût des vins dont ils avaient l'habitude de faire usage : ils les firent connaître en Hollande et dans le nord de l'Allemagne.

Dès le commencement du XVIIIᵉ siècle, l'exportation s'en fit, tous les ans, avec une sorte de régularité ; les quantités n'en étaient pas très-grandes ; le besoin s'en créa lentement. A dater de 1720, les demandes s'accrurent de jour en jour, et le prix des vins fins subit insensiblement une augmentation graduelle. La progression se fit bientôt apercevoir. En 1734, la queue de vin de Vollenay se vendit cinq cent cinquante francs, et de 1746 à 1755, le taux moyen de la queue de bon vin fut de trois cent vingt-huit francs trente-deux centimes.

Ce commerce se fit, jusqu'à la révolution de 1789, par des marchands liégeois et belges, qui, tous les ans, peu après les vendanges, arrivaient dans nos pays, parcouraient la côte, visitaient les celliers, ordinairement accompagnés d'un négociant de nos pays auquel on donnait le nom de commissionnaire. Ce commissionnaire, en effet, répondait des achats qui se faisaient par son entremise, recevait un droit de commission du marchand étranger, et se chargeait d'expédier les vins et de solder le propriétaire aux termes convenus. Quelques maisons de

Beaune s'étaient cependant affranchies de cette commission bornée et qui n'offrait que de très-faibles bénéfices;
et dès 1770, les chefs de ces maisons parcoururent les pays
du nord pour placer eux-mêmes des vins sans intermédiaire. Ce commerce, qui se faisait alors sans concurrence
ou du moins très-faible, procura des fortunes assez considérables à ceux qui s'en occupèrent. Quelques années après,
les imitateurs pulullèrent, et une grande partie a prospéré. Cette digression sur le commerce de nos vins m'a
éloigné de mon sujet, que je me hâte de reprendre.

De 1756 à 1765, la baisse fut remarquable; elle ne fut
causée ni par des entraves mises au commerce, ni par la
cessation des demandes. Ce furent des causes toutes physiques qui la produisirent. En 1756, des vers et une saison pluvieuse firent pourrir le raisin, et le vin eut un
goût si désagréable qu'on ne put le vendre. En 1758,
le vin fut très-mauvais et ne se garda pas. En 1759,
une grêle affreuse désola toute la côte; la récolte fut
nulle. En 1763 et 1765, on fit du mauvais vin qui fut
vendu à vil prix.

Les années qui suivirent cette série malheureuse dé-
dommagèrent nos pays; et le produit de nos vignobles,
sans être d'un revenu très-positif, présentait alors d'assez
grands avantages. Mais leur valeur doubla, lorsque les
victoires de nos soldats eurent donné à la France le Rhin
pour limites. Ces riches contrées offrirent à nos vins un
débouché facile et très-lucratif. Depuis cette époque jusqu'en 1815, on vit s'élever progressivement le taux de
nos vins; et même de 1796 à 1805, lorsqu'il n'existait
ni douanes ni impôts indirects, l'ouvrée de vigne de première classe a rendu net au propriétaire vingt-sept francs
quatre-vingt-un centimes, somme considérable à laquelle

on n'était jamais parvenu , et à laquelle on n'atteindra
que difficilement de nos jours. S'il fallait des argumens pour
prouver que le commerce ne peut exister avec les fers aux
pieds et aux mains , je ne citerais que la série de 1816 à
1828. Le chiffre parle plus haut que je ne pourrais le dire.

On en accuse une abondance extraordinaire de deux
ou trois années consécutives , et la mauvaise qualité de
vin de plusieurs autres. Mais en 1752, 53 , 54 , 55 , le
vin fut excessivement abondant , et même en 54 il fut très-
médiocre ; et cependant le prix moyen de cette série est
un des plus élevés. C'est qu'alors chacun en Bourgogne
pouvait faire de son vin ce qu'il voulait. Les petits capi-
talistes avaient une liberté entière de spéculer sur cette
liqueur ; tout se vendit très-bien : et cette abondance ,
qui aujourd'hui cause la détresse de nos contrées, leur
imprima, à cette époque, un mouvement, une activité
dont elles se sont senties long-temps.

Je ne puis, dans cet ouvrage, aborder de hautes questions d'économie politique, ni rechercher les moyens propres à ramener dans nos pays cette aisance que mille
entraves leur ont fait perdre ; je pourrai un jour présenter
quelques vues sur ce sujet important.

CHAPITRE X.

Confection du vin.

On donne le nom de pressoir à la halle où sont contenus
le pressoir proprement dit, avec tous ses ustensiles, cuves , tines , baquets, enfin tout ce qui est nécessaire pour
parvenir à la confection du vin.

Les pressoirs, sur toute la côte, sont à roue et à vis, à quelques exceptions près qui ne méritent pas qu'on en parle; ils sont à colonnes ou jumelles. La maie, qu'on appelle *matis*, repose sur des chantiers qui eux-mêmes sont portés sur trois petits murs d'environ trois pieds d'élévation; ces chantiers sont fixés fortement aux colonnes. L'écartement est maintenu en haut par une pièce de bois de noyer ou de chêne, au centre de laquelle est taraudé un écrou qui reçoit la vis. Cette vis tient à une roue dont les jantes présentent environ un pied de hauteur, avec rebord en haut et en bas, pour y placer un petit câble qui s'appareille, au moyen d'une double boucle, avec un autre qui est fixé à une grue dont je parlerai plus bas. Sous cette vis est suspendue une pièce de bois qu'on appelle l'*arbre* ou l'*âbrot*, qui y tient au moyen d'un fort boulon en fer. C'est cet arbre qui est une des principales pièces de compression.

Quand les raisins sont apportés sur la maie pour y être pressurés, on étend sur ce marc des ais et des moyaux qui remplissent l'intervalle qui se trouve entre les raisins et l'arbre. Quand ces pièces de bois sont placées, on descend d'abord la vis à bras d'homme; l'arbre suspendu à la vis presse sur les moyaux que l'on nomme *marres*. Lorsque l'on a serré à bras autant qu'on le peut, on réunit la corde qui tient à la roue de la vis à celle de la grue, et on serre jusqu'à ce que l'on ne puisse plus comprimer le marc qui prend alors le nom de sac.

La grue est une innovation heureuse qui a été adoptée généralement depuis quelques années. Autrefois on se servait du cabestan, qui exigeait les forces réunies de huit ou dix hommes, et qui ne donnait pas autant de résultats que trois hommes montés sur les dents de la grue.

La grue est une roue d'environ dix à douze pieds de
diamètre, hérissée sur les côtés des jantes, de dents de
huit à dix pouces de longueur, faites en chêne dur, et
placées à un pied les unes des autres. Cette roue tient à
une longue pièce de bois arrondie, dont les extrémités sont
placées dans des moyeux fixés dans des murs : cette sorte
d'essieu est à peu près au niveau de la roue du pressoir.
Deux ou trois hommes montent sur les dents de la roue,
et déterminent seulement par leur propre poids une pression extraordinaire [1].

J'ai dû donner une courte notice sur les pressoirs,
avant de parler du cuvage des raisins, afin de ne plus
revenir sur cet objet. Maintenant nous examinerons avec
soin tout ce qui est relatif à l'art de faire les vins dans
nos pays.

J'ai dit que les raisins étaient apportés de la vigne à la
cuve dans des *balonges* où ils étaient à peine foulés. Quand
on a jeté dans la cuve ce qui est contenu dans la première
balonge, un vigneron y entre et pressure avec les pieds,
autant qu'il le peut, ces premiers raisins, pour faire ce
qu'on nomme le levain : on verse sur le levain tous les
autres raisins à peine écrasés qu'on apporte de la vigne
pour remplir la cuve. Il ne se fait rien de plus ni pour
favoriser ni pour accélérer la fermentation. On pourrait
même dire qu'on ne fait pas assez, car la plupart des
pressoirs ne sont que des sortes de hangars où les vents
entrent de tous côtés. Quand les années sont chaudes,

---

[1] Une cuverie, pour un propriétaire qui possède plusieurs domaines en
vignes, même sur une seule commune, est un objet fort dispendieux. Il faut
autant de pressoirs qu'on a de vignerons, ou au moins un pour deux. La fermentation de nos vins est souvent si active, que l'instant du décuvage arrive
pour tous en même temps. Si l'on manquait alors de pressoirs, on courrait le
risque de perdre une cuvée.

cela ne nuit en rien à la fermentation ; mais il n'en est pas de même dans les années froides, lorsque les vendanges sont tardives. Il serait à désirer que les propriétaires, plus soigneux de leurs intérêts, voulussent disposer leurs pressoirs de manière à établir ou maintenir à volonté un degré de température convenable à la fermentation des cuves. Malheureusement on sera encore long-temps avant d'en faire sentir la nécessité, tant l'habitude, ou pour mieux m'exprimer, la routine a d'empire sur les esprits.

On proposa, il y a quelques années, divers appareils pour parvenir à une meilleure fermentation, et pour obtenir des produits plus considérables. Je ne parlerai pas de celui de Guyon, qui est peu connu, et qui n'a presque pas été adopté, à raison de son imperfection et du peu d'avantage que l'on pouvait en retirer. Je ne m'occuperai que de celui de mademoiselle Gervais, qui, dans un moment, a fait bruit dans toute la France, et pour lequel elle avait obtenu un brevet d'invention.

Si l'on en devait croire les inventeurs, cet appareil procurait une augmentation de dix à quinze pour cent de produit ; le vin devait avoir un parfum plus exquis, plus de couleur et plus de force que par les procédés ordinaires : tous ces faits étaient attestés surabondamment. Le midi de la France s'était laissé enthousiasmer : on n'avait vu qu'à travers le prisme de la nouveauté. Cet appareil fut employé dans nos pays, et les résultats qu'on croyait avoir trouvés en Languedoc furent tout différens en Bourgogne.

Cet appareil consiste dans un couvercle en bois luté sur la cuve, avec du plâtre ou de l'argile, au milieu duquel est une ouverture pour recevoir un grand chapiteau en fer-blanc, enveloppé d'un réfrigérant. Du sommet du chapilcau partent deux grands tuyaux qui vont plonger dans un vase rempli d'eau ; et, crainte d'explosion , l'un d'eux est muni d'une soupape de sûreté.

Trois propriétaires négocians firent à Beaune des expériences comparatives avec cette machine : l'appareil fut adapté avec soin à des cuves d'environ douze à quinze pièces de vendange. Pareilles cuves , non garnies de l'appareil, avaient été disposées dans le même local , et l'on avait eu la précaution de mettre autant de raisins de même qualité dans l'une que dans l'autre. La cuve restée à l'air libre entra promptement en fermentation : au sixième jour, le décuvage eut lieu, et le vin qu'on en obtint était excellent ; celle au contraire qui était garnie de l'appareil Gervais ne commença à fermenter d'une manière prononcée qu'au douzième jour, et ne fut décuvée que le quatorzième ou quinzième jour. Le vin qui en provint avait un goût âpre , un peu acide et désagréable ; la quantité qu'on en obtint fut la même que celle de la cuve laissée à l'air libre.

Le vin a conservé long-temps le goût en quelque sorte carboné qu'il avait contracté sous l'appareil ; le soutirage et le collage l'a un peu affaibli : mais il était loin de valoir le premier. Aussi je doute que l'appareil Gervais soit jamais employé dans nos contrées.

Quoique cet appareil n'ait pas rempli le but qu'il avait annoncé d'augmenter la vinosité de la cuve , et de donner quinze pour cent de plus en produits , cependant il a fait quelque bien en portant les méditations des chimistes sur la fermentation , et leurs conseils peuvent avoir d'importans résultats pour les pays vignobles.

Suivant M. Gay-Lussac, il y a de l'avantage à couvrir les cuves en fermentation, pour défendre le vin du contract de l'air. C'est une pratique adoptée dans les contrées méridionales de la France, et l'abbé Rozier l'a recommandée depuis long-temps. Cette précaution ne doit pas se prendre au début de la fermentation, à raison de la couche épaisse de gaz acide carbonique qui préserve la cuve du contract de l'air, mais bien lorsque la fermentation approche de son terme, afin, dit ce savant chimiste, de préserver de toute acescence le liquide contenu dans la cuve.

Dans nos villages de la plaine où le vin est très-commun, on est dans l'usage de couvrir la cuve, au moment où l'on vient d'y jeter les derniers raisins, d'une couche de glaise épaisse d'environ un pouce; mais cet enduit n'est pas placé dans l'intention d'augmenter ou de perfectionner les produits, seulement d'empêcher que le contact de l'air ne fasse aigrir les couches supérieures de la cuve, ou qu'il ne survienne de la moisissure, accident ordinaire aux cuves de raisins gamays. Quand la fermentation est bien établie, elle repousse en haut le lit de glaise; on l'enlève, et peu de jours suffisent alors pour arriver au point de décuvage.

Ces précautions sont inutiles pour les cuves qui contiennent des raisins cueillis dans les vignes de la côte: si l'année a été chaude, la fermentation commence à s'établir au bout de quelques heures, et la cuve arrive au point d'être décuvée en vingt-quatre ou trente-six heures. En 1819, les raisins ne restèrent pas en cuve plus de trente heures: lorsqu'il fait froid, au contraire, la fermentation ne commence qu'au troisième ou quatrième jour, et le décuvage a lieu au sixième. On a vu des années où les raisins restaient en cuve jusqu'au huitième et même dixième jour: heureusement elles sont rares, car c'est toujours un fâcheux pronostic pour la qualité du vin.

L'objet important pour nos vins est de bien saisir l'instant du décuvage, afin que le vin n'ait que la fermentation nécessaire. M. Gay-Lussac a conseillé un moyen très-simple qu'on pourrait utilement employer, c'est d'adapter sur le bord de la cuve un tube de fer-blanc coudé, dont une des extrémités touche presqu'aux raisins et l'autre descend au dehors. Tant que la fermentation sera active, il s'échappera une grande quantité de gaz acide carbonique ; du moment où elle cessera, il ne s'écoulera plus de gaz, ce dont on s'apercevra aisément en approchant une chandelle de l'orifice extérieur : en ce moment la fermentation est terminée, l'on peut décuver. Chez nous, on se sert du gleucomètre depuis plusieurs années ; mais ce qui décide encore mieux que tous les instrumens, sur l'instant du décuvage, c'est la dégustation : un peu d'habitude vous fait saisir le moment précis.

Quand la fermentation est très-avancée, on fait entrer un ou plusieurs hommes absolument nus, qui brassent, écrasent et remuent les raisins en tous sens pendant près d'une heure. Cette opération de fouler la cuve donne une grande quantité de matière sucrée qui n'a pas fermenté encore, et la cuve devient alors plus douce. Bientôt après, la fermentation reprend avec plus de véhémence, on surveille davantage la cuve, et quand on reconnaît que les raisins n'ont pas été suffisamment foulés, on fait entrer de nouveau des hommes dans la cuve qui brassent encore et mélangent entièrement les rafles avec le moût.

Ordinairement trois heures après ce foulement, qu'on nomme *coup de pied*, le moment du décuvage est arrivé : on s'y prépare en plaçant sur la maie du pressoir quatre planches qui forment un carré parfait qu'on désigne sous le nom de *chambre*, ou *faire la chambre*. Ces planches sont supportées sur des pierres ou des morceaux de bois, afin de laisser passer par-dessous le vin contenu dans le marc. On dispose ensuite un grand couloir connu sous le nom de *bière*, fait d'une planche très-longue, large d'environ deux pieds, sur les côtés de laquelle sont cloués des liteaux de la hauteur de cinq à six pouces. Ce couloir s'accroche par l'une de ses extrémités à la cuve, l'autre porte sur la maie, dans le milieu de la chambre.

Ces dispositions faites, on procède au décuvage : comme dans la plus grande partie des pressoirs les cuves ne sont pas percées au pied, on les vide par le dessus : cette routine vient d'un ancien préjugé; on croit qu'en repassant le vin sur le marc qui est sur le pressoir, il prend plus de couleur. On aura de la peine à guérir nos vignerons de cette erreur qui leur est préjudiciable par la perte du vin qui se fait toujours en suivant ce procédé que je vais décrire.

Un homme entre dans la cuve, se soutient au-dessus à l'aide d'un grand panier à vendange, et au moyen du trident appelé *grappe*, il remplit des sapines qu'il pose sur le couloir dont j'ai parlé, et qui descendent d'elle-même sur le pressoir; à mesure qu'on les vide, un des faiseurs de vin les reprend et les donne à celui qui est dans la cuve; il les remplit de nouveau, jusqu'à ce que le contenu de la cuve soit entièrement sur le pressoir.

On conçoit aisément que le vin coule à grands flots; il tombe dans une petite cuve placée sous le goulot de la maie : comme elle serait bientôt remplie, on dispose d'autres petites cuves ou des *balonges* proche les unes des autres, et on y fait passer le moût au moyen de siphons de fer-blanc.

Le décuvage terminé, les ouvriers se réunissent pour

arranger le marc qui, comme je l'ai dit, porte le nom de sac; on l'équarrit aussi bien que possible, au moyen d'une pelle et d'un balai : on place toutes les pièces de bois dont j'ai parlé pour parvenir au pressurage. D'abord on fiche dans le marc, aux quatre angles, un morceau de bois pointu et arrondi que l'on fait saillir d'environ un ou deux pieds : ces pieux sont appelés *servantes;* on place ensuite les planches qu'on nomme *as*, par corruption du mot ais. Sur ces ais, on dispose en travers trois moyaux, autrement *marres;* sur ceux-ci, on en pose encore, dans le sens opposé, trois autres, et ainsi jusqu'à ce qu'on parvienne à l'arbre ou *âbrot*. Alors on fait descendre la vis et on presse fortement à l'aide de la grue. Cette première serrée se nomme *abléger :* tout le vin qui en sort est encore considéré comme moût et mêlé avec celui qui se trouve dans les cuves ou dans les *balonges*.

Quand cette opération est faite, on porte le vin dans les tonneaux avec les tines, qui tiennent quatre sapines, ou le quarteau; on met trois tines dans chaque tonneau, car il est reconnu que le sac contient encore un quart du vin de la cuvée. Quand le vin est mis dans les tonneaux à la dose que je viens de dire, on s'occupe de couper le marc qui est sur le pressoir; on desserre la vis, on ôte les moyaux, les ais, et on coupe environ huit pouces du marc tout autour : un des ouvriers suit le coupeur avec une pelle, et rejette sur le sac tout ce qui est retranché, puis balaie avec soin la maie; ensuite il éparpille sur le sac ce qu'il y a jeté. On replace les ais, les *marres;* on serre le pressoir comme la première fois : c'est ce qu'on nomme première coupée; on en fait une seconde et même une troisième, en suivant toujours le même procédé.

Le vin qui sort du dernier pressurage est assez ordinairement acerbe et désagréable au goût. Quelques propriétaires sont dans l'usage de ne pas le mélanger avec le vin de la cuvée, craignant qu'il ne donne un goût peu flatteur; d'autres, au contraire, pensent qu'il faut l'y ajouter, parce que, disent-ils, il est utile pour la conservation du vin. Quant à moi, je crois que peu importe qu'on l'y mette ou non, il n'influe guère sur le goût ou la qualité du vin, car ce dernier pressurage est en si petite quantité qu'il ne vaut pas la peine d'en parler.

Je viens de décrire le procédé le plus général et le plus universellement suivi; mais depuis quelques années il a subi d'heureuses modifications. Des propriétaires, calculant avec raison les déperditions que le vin chaud éprouve en alcool et en arôme, ont adopté des méthodes plus rationnelles : ils ont fait percer leurs cuves à la partie inférieure, et adapter au trou un gros robinet. Quand le vin est prêt à être décuvé, on dispose les tonneaux à peu de distance, et on les remplit immédiatement : au lieu de les laisser débouchés comme on le faisait autrefois, ils sont couverts aussitôt, sur le trou de la bonde, d'une feuille de vigne fixée elle-même par une petite planchette. On use de cette précaution parce qu'il reste dans le vin une certaine quantité de gaz acide carbonique qui a besoin d'être expulsé. Peu de jours après, les tonneaux sont scellés avec des bondons enveloppés de linge et qui ferment hermétiquement.

J'ai dit plus haut que je donnerais le motif qui a fait abandonner l'égrappage, qui n'a été exécuté que très-partiellement et comme essai. Ce motif est fondé sur des expériences que je vais faire connaître, car je les crois d'une grande importance pour la confection de nos vins.

Un des plus forts propriétaires des meilleurs crûs de la

côte de Nuits voulut, dans une année de très-grande abondance, essayer diverses méthodes de confectionner son vin, et pour cela, il plaça dans quatre cuves situées dans une position semblable et d'une capacité égale (16 à 18 pièces), des raisins provenant des mêmes vignes et tous absolument de même qualité. Voici comme il procéda :

Cuve N° 1. *Méthode ordinaire.* — Les raisins furent écrasés dans les balonges et jetés dans la cuve au fur et à mesure de leur arrivée au pressoir. Dix-huit à vingt heures après, la fermentation commença à s'établir ; elle continua bientôt de se faire avec vivacité. Soixante-quinze heures après l'instant où la dernière balonge avait été jetée dans la cuve, la fermentation parut s'arrêter ; alors on fit entrer, selon la coutume orninaire, deux ou trois hommes qui agitèrent, brassèrent et écrasèrent tous les raisins pendant près de trois quarts d'heure. Dès que ces hommes furent dehors de la cuve, la fermentation se rétablit avec plus de force : trois heures après, on mit sur le pressoir.

Cuve N° 2. — Les raisins furent un peu plus écrasés dans les balonges que dans la cuve n° 1 ; la fermentation se développa en même temps, suivit les mêmes phases ; mais on ne fit point entrer d'hommes pour agiter les raisins : on attendit le point de décuvage, qui se fit un peu plus tôt que la première, sans avoir tourmenté la cuve.

Cuve N° 3. — Le raisin n'a point été foulé ; il fut jeté à son arrivée de la vigne sur l'égrappoir ; les rafles furent enlevées avec soin. La fermentation commença un peu plus tard que dans les autres ; quand elle fut parvenue à son plus haut période et qu'elle tendit à s'apaiser, on fit entrer dedans des hommes qui y restèrent près de trois quarts d'heure : le décuvage eut lieu comme dans les deux cas ci-dessus.

CUVE Nº 4. — Les raisins ont été soumis à l'égrappage, la fermentation a été la même que dans la précédente, mais on n'a pas donné la foule de deux ou trois hommes : le décuvage a eu lieu comme dans les autres.

Un an après, chacune de ces quatre cuvées à été soumise à une dégustation répétée, et le vin provenant de la cuve nº 2 a été trouvé le plus agréable, le plus droit, le plus franc, et la coloration était absolument la même que dans le vin des trois autres. Ainsi la meilleure méthode à suivre pour faire le vin serait de bien écraser les raisins en arrivant de la vigne, de les jeter ensuite dans la cuve, de laisser la fermentation s'opérer d'elle-même, de ne point les faire fouler par des hommes, de procéder au décuvage quand le vin aurait atteint le point convenable, en le tirant par le bas de la cuve, de le verser immédiatement dans les tonneaux, de couvrir à l'instant la bonde de ceux-ci de feuilles de vigne, et de les sceller peu de jours après.

Les expériences que j'ai rapportées ci-dessus, prouvent que l'égrappage n'ajoute rien à la qualité de nos vins, par conséquent que ce surcroît de travail dans un moment où d'ordinaire on est fort pressé, est tout au moins inutile ; cependant on ne doit pas prendre ce conseil d'une manière absolue. Il est des années, assez rares à la vérité, où le raisin ne présente que trois ou quatre grains, et où les grappes sont extrêmement abondantes. On ne voit alors, pour ainsi dire, que des rafles[1]. L'égrappage, dans ces années-là, ne peut qu'être utile, non pas comme devant améliorer la qualité du vin, mais pour en faire moins

---

[1] En 1830, la coulure de la vigne fut si considérable qu'il ne resta dans la plupart des raisins que quelques grains. Les propriétaires qui firent égrapper s'en trouvèrent bien sous les rapports de qualité et de quantité.

perdre; parce que la rafle en absorbe toujours une certaine quantité, et qu'on ne peut jamais assez exprimer le
sac, qu'il n'en reste une certaine dose. Aussi quand les
rafles surabondent, le sac est énorme, et le vin qu'on en
retire est en très-petite quantité. Telles sont les circonstances où l'on doit faire égrapper.

Je crois devoir à présent parler de la manière dont on
procède pour faire le vin mousseux et les vins blancs.
Le premier se fait avec des raisins rouges, et on a aujour-
d'hui la conviction que ce sont ceux qui sortent des vignobles les plus distingués qui fournissent le meilleur
vin, et que ce sera toujours des climats les plus fins
qu'on obtiendra le plus d'avantage et de satisfaction. Leur
qualité se distingue aussi aisément lorsque les vins sont
préparés pour mousseux, que quand on les fait en rouge
cuvé.

Au lieu d'amener les raisins au pressoir dans les *balonges*, on les y apporte avec soin dans des paniers, prenant bien garde de trop les secouer, parce que, dans les
bonnes années, les raisins en se tassant d'eux-mêmes, la
liqueur s'en échappe, et c'est ordinairement la meilleure
partie. Quand on a placé sur le pressoir tous les raisins
dont on veut se servir, alors on place les ais, les moyaux
(marres), on baisse la roue et on serre assez légèrement.
Le vin qui s'écoule de cette première expression, s'appelle mère-goutte ou première taille.

On relève aussitôt le pressoir, on refait le sac en rejetant
au milieu les raisins qui se sont échappés sous les planches, on replace les diverses parties du pressoir, on serre
une seconde fois; le vin qui s'en écoule se nomme seconde
taille; il équivaut à la première.

On fait une troisième et même une quatrième taille,

mais alors le vin en sort rosé et n'a pas la qualité des deux premières. On rejette sur les cuves de raisins communs ceux qui viennent d'être ainsi pressurés ; la matière colorante s'y trouve en grande quantité, et ils ajoutent à la qualité du gamay.

On remplit des tonneaux neufs jusqu'aux trois quarts avec les vins des différentes tailles. On les laisse fermenter à découvert pendant près de quinze jours ; ce temps écoulé on remplit entièrement les tonneaux, et on les scelle avec un bondon fortement fixé.

Dans le courant de janvier, on le soutire, et aussitôt après on le colle. Six semaines après on lui donne un second collage, et si dans le mois d'avril on reconnaît que le vin n'a pas atteint toute la transparence convenable, on le soutire et on le colle pour la troisième fois.

Dans le cours de mai, ce vin est mis en bouteille, et on ajoute dans chacune une petite dose de liqueur. Cette liqueur se compose de parties égales du vin dont il est ici question, et de sucre candi ; elle est mise ordinairement à la dose de trois pour cent. La bouteille est ficelée, scellée avec un fil d'archal, et placée en tas dans un magasin où la température est à peu près uniforme. On la laisse dans cet état passer l'été : c'est le temps de la casse. La fermentation qui s'opère avec force, en faisant dégager une grande quantité de gaz acide carbonique, remplit la bouteille au-delà de ce qu'elle peut en contenir et en fait briser un grand nombre : quand il ne s'en casse que 15 pour cent on s'estime fort heureux, car on a vu quelquefois cette casse s'élever jusqu'au tiers et même plus.

Au mois de septembre et souvent plus tard, quand le travail de la fermention est opéré, il se fait un dépôt très-considérable sur la paroi inférieure de la bouteille ; on

procède alors au soutirage : chaque bouteille est placée
dans une case sur un plan légèrement incliné, le goulot
en bas, afin de faciliter la précipitation du dépôt; on donne
une légère secousse à la bouteille, ce qu'on peut appeler
le coup de main. Au bout de quelques jours on donne
une nouvelle secousse, et on incline d'avantage la bouteille; enfin après une troisième ou quatrième secousse
on voit si le dépôt se détache bien : s'il en est ainsi, le goulot est placé en bas sur une planche percée. On examine
de temps en temps; et quand le dépôt est entièrement
tombé sur le bouchon, on procède à l'opération qu'on
nomme *dégorger*. L'ouvrier place sous son bras la bouteille, le goulot en bas, brise le fil d'archal et la ficelle
qui tiennent le bouchon; il sort avec bruit du cou de la
bouteille à l'instant même, et le dépôt le suit; on relève
avec promptitude la bouteille, le dégorgement est opéré.
On examine avec attention si le vin n'offre aucun nubé-
cule, car s'il en offre un, quelque léger qu'il soit, on
ajoute dans chaque bouteille une très-petite dose de
colle et en même temps une certaine quantité de liqueur,
dont on varie la mesure selon la qualité du vin : la bouteille est coiffée d'un nouveau bouchon, maintenu, comme
la première fois, avec du fil d'archal et de la ficelle.

Deux ou trois mois après cette opération on procède,
comme la première fois, à un nouveau dégorgement.
Comme le dépôt est beaucoup moins abondant et qu'il se
détache plus aisément, la bouteille a moins besoin de rester long-temps inclinée. Le dégorgement opéré, on ajoute
encore un peu de liqueur, si la chose est jugée convenable.
Un troisième soutirage est souvent nécessaire; on y procède, après quelques mois, de la même manière que je
viens de le dire.

C'est ordinairement vers le mois de mai de la seconde année que ce vin peut être livré au commerce; en sorte qu'une bouteille de vin mousseux ne peut être bue que dix-huit à vingt mois après qu'il a été récolté; c'est même le plus tôt qu'on peut le faire, car à mon avis le véritable moment de le boire est le trentième mois après qu'il est sorti de la vigne. On voit, par ce court exposé, combien de soins et de peines exige la préparation du vin mousseux; et les dépenses considérables qu'elle occasionne rendent raison du haut prix auquel le marchand est toujours forcé de le taxer.

Maintenant je dirai un mot sur les vins blancs, dont la confection est tout-à-fait différente des vins rouges. Dès que les raisins sont cueillis, on les apporte dans des balonges ou dans les grands paniers sur le pressoir, où, à mesure qu'ils arrivent, un homme ou deux ayant aux pieds de gros sabots, les broient, les écrasent de leur mieux; quand ils ont agi ainsi sur tous les raisins de la récolte, ils les arrangent en sac, comme je l'ai dit en parlant du vin rouge, et les pressurent seulement trois fois au lieu de quatre.

Dès qu'il y a une certaine quantité de vin blanc écoulée dans la petite cuve qui se trouve sous le pressoir, nos vignerons ont soin de l'entonner dans des tonneaux neufs qui ont été bien lavés à l'eau bouillante, si c'est du bon vin, ou de liage blanc, si ce sont des gamays blancs. Sans cette précaution de mettre de suite le vin dans les tonneaux, ou de les laver quand ils sont neufs, le vin blanc prend bientôt une teinte jaune, qui le déprécie aux yeux des acheteurs. Cette teinte est une maladie; elle lui fait perdre même une partie de ses qualités.

Le marc des raisins, soit rouges, soit blancs, lorsqu'il

a été bien pressuré, est vendu aux distillateurs qui en tirent un assez bon parti pour la fabrication des eaux-de-vie de nos pays, auxquelles on donne le nom d'eaux-de-vie de *gehenne*. Elles ont toutes un goût fort et empyreumatique qu'on ne peut leur ôter, quel que soit le procédé suivi à la distillation. J'avais cru, d'après un mémoire consigné dans les Annales de chimie (1820), que cette saveur dépendait de la pellicule; mais il m'a été démontré depuis; qu'elle était due à une huile âcre fournie par les pépins, en sorte que pour enlever ce goût désagréable, il faudrait que le distillateur rejetât, autant que possible, les pépins contenus dans ses marcs; ce qu'il pourrait faire non pas en totalité mais en grande partie, en les passant au crible : je doute, au reste, qu'il s'astreigne à suivre ce conseil, car malgré le goût empyreumatique de nos eaux-de-vie, elles sont recherchées par la Suisse et les bords du Rhin, et font une branche de commerce assez avantageuse pour nos pays.

Les vignerons sont dans l'usage de garder un ou deux tonneaux de marc de raisins gamays qu'ils scellent avec soin pour que l'air n'y pénètre pas. Au printemps, ils mettent de l'eau sur le marc, et après l'y avoir laissé huit ou dix jours, ils percent le tonneau, et se font ainsi une boisson aigrelette qui n'est pas malfaisante. Dans les mauvaises années cette piquette se gâte promptement; mais en général les vignerons connaissent très-bien le moment de s'en défaire avant qu'elle ne puisse devenir nuisible.

CHAPITRE IX.

De la qualité du vin.

La qualité des vins de première distinction, dans le département de la Côte-d'Or, varie à l'infini : 1° par la nature du sol. Je crois avoir suffisamment démontré l'influence de la terre sur les productions de la vigne, pour n'en pas parler ici.

2° Par l'exposition. La meilleure que l'on puisse choisir est celle qui incline à l'est-sud-est; telle est la situation du Montrachet, du Santenot, des Champans, du Corton, du Saint-George, de la Tâche, de la Romanée, du clos de Vougeot, des Musigny et du Chambertin. Il est certainement une foule de climats qui sont placés dans une très-belle exposition et qui ne donnent que des produits médiocres : on ne doit attribuer cette mauvaise qualité des raisins qu'à une terre qui ne convient pas, qui est froide et humide, et qui ne contient pas les principes constitutifs dont j'ai parlé.

3° Par les qualités du plant. Le cépage est d'une haute importance. J'ai fait connaître le plant qui est le plus généralement cultivé, et celui auquel tout bon vigneron doit s'attacher et chercher à provigner. Il doit surtout se tenir en garde contre certains plants qui, bien sûrement, pourraient par suite changer la qualité de nos vins.

4° Par les influences atmosphériques, comme on a pu s'en convaincre par le tableau du chap. VIII. Les années précoces sont toujours les plus avantageuses à la qualité du vin, mais ce sont précisément celles où l'on en fait le moins ; il

est rare qu'on n'éprouve pas dans nos pays quelques gelées en avril, et si la vigne est développée tout est perdu,
ou du moins en grande partie. Il ne faut pas croire que
la chaleur seule suffise pour faire du bon vin, il faut
qu'elle soit tempérée par de légères pluies de temps en
temps. Lorsque le ciel est constamment sec, le grain se
durcit, se développe mal, souvent même se dessèche, et
ne donne alors qu'un vin de médiocre qualité.

5º Par la culture. On ne saurait croire combien les travaux qu'on exécute dans les vignes ont d'influence sur la
nature du vin. Des propriétaires, trop avides, font quelquefois couvrir de fumier une vigne qui leur paraît affai-
blie : l'année suivante elle a une vigueur extraordinaire,
on provigne plus qu'on doit faire, la vigne pousse une
grande quantité de raisins, mais ces raisins pleins de sève
contiennent au-delà de toute proportion, de l'eau et de
l'albumine végétale, et le vin qui en provient est sujet à
une foule de maladies et ne se garde pas. Je suis bien
éloigné de blâmer ceux qui mettent tous leurs soins à
bien cultiver la vigne, mais il y a loin d'une bonne culture à celle qui est en excès. La première fait rapporter
à la vigne ce qu'elle doit et en bonne qualité; la seconde,
des produits trop abondans, et d'une qualité factice et
trompeuse. Ceux qui font de nos vins leur seul commerce,
devraient bien s'attacher à prendre des informations,
même minutieuses, à ce sujet : ils éprouveraient souvent
dans l'étranger moins de désagrémens, et moins de perte
pour eux.

6º Par les procédés employés à la confection du vin. Je
ne reviendrai pas sur cet objet; ce que j'ai dit plus haut
me semble suffisant, pour faire connaître combien la manière de faire le vin influe sur ses qualités.

16

7° Enfin par une multitude de circonstances qui peuvent l'améliorer ou le détériorer. En effet, on voit se détruire quelquefois en peu de jours l'espérance d'une bonne récolte, au moment même de la vendange; ainsi en 1756, en 1804, en 1826, des pluies abondantes qui survinrent quelques jours avant la vendange, firent blettir une partie des raisins, et donnèrent au vin un goût qui n'était ni de pourriture ni de moisissure, mais fort désagréable, et qui s'est toujours conservé même en vieillissant. En 1826, les cantons qui vendangèrent avant les pluies, la côte de Nuits par exemple, eurent des vins francs et de bonne qualité. On ne peut donc attribuer cette saveur détestable qu'à la grande pluie qui précéda la vendange, puisque ceux qui furent vendangés auparavant n'eurent point de mauvais goût.

Je ne m'étendrai pas davantage sur les causes de la variété dans les qualités, ce que j'ai dit précédemment me paraît suffisant; je m'occuperai maintenant des parties constituantes, et, pour mieux dire, intrinsèques du vin, pour qu'il ait toutes les propriétés qu'on lui désire.

Nos grands vins de choix proviennent, ainsi qu'on sait, du plant noirien ou pineau, des meilleurs sols et de l'exposition la plus favorable. Dans les années propices, quand ils ont été décuvés au degré convenable, ils doivent avoir, 1° une belle couleur veloutée; 2° du corps, c'est-à-dire un certain degré de dureté; 3° un arôme ou bouquet qui est propre à nos vins; 4° de la spirituosité; 5° enfin beaucoup d'agrément au goût, qu'on appelle *finesse* dans nos pays.

1° La couleur rouge veloutée est le résultat d'une solution du principe colorant qui est attaché à la partie interne de la pellicule, au moyen de la fermentation. Ce principe n'est jamais plus abondant que dans les années

chaudes et légèrement humides : aussi est-ce dans ces cir-
constances qu'on obtient la plus belle couleur. Cependant il est des années où le vin est bien coloré sans avoir aucune autre qualité distinguée.

J'ai cru long-temps que le principe colorant du raisin était une matière résineuse qui ne dissolvait jamais mieux que quand il y avait beaucoup d'alcool dans le vin ; et ce qui semblait confirmer mon opinion, c'est que du vin de belle couleur, aussitôt après sa confection, en acquérait une beaucoup plus vive : j'ai été bientôt dans le cas de reconnaître que c'était une erreur, en faisant les opérations que je vais décrire. M. Bailly, pharmacien à Beaune, et très-versé dans la chimie, m'a rendu de grands services dans ce travail.

Nous avons dépouillé de leur enveloppe des grains de raisins noirs bien murs, nous avons laissé macérer cette pellicule, pendant quelques heures, dans l'alcool chaud, et il n'en a pas été coloré, preuve que ce n'est pas cette substance qui aide au développement de la couleur, et que la matière colorante n'est point une résine mais une substance de nature gommeuse.

Nous avons introduit dans de l'éther sulfurique très-concentré, une certaine quantité de pellicules, sans obtenir aucune espèce de coloration.

Nous en avons mis dans de l'acide acétique, et peu d'instans après la liqueur a pris une teinte rosée assez forte.

Ce même phénomène a eu lieu dans l'acide tartarique ; la liqueur nous a paru un peu plus rouge.

Nous en avons fait macérer dans de l'eau distillée qui, peu d'instans après, se colora assez fortement en beau bleu. L'acide sulfurique, introduit dans une petite portion, fit rougir la couleur bleue, et peu à peu la convertit en orangé.

16.

Quelques gouttes de potasse produisirent un effet très-marqué : la liqueur devint d'un bleu très-foncé, et même en la délayant dans une plus grande quantité d'eau, le liquide conservait encore sa couleur bleue.

Nous avons conclu de nos expériences que la matière colorante du raisin est une substance gommeuse, *sui generis*, qui rougit dans les acides végétaux, qui bleuit fortement les alcalis, et à laquelle on pourrait donner le nom d'*uvine*.

Dans les années froides et pluvieuses, quand le raisin n'est qu'à moitié mur, il y a peu d'*uvine*, et le peu qui s'y trouve est encore décoloré par l'acide tartarique toujours abondant dans les raisins verts ; c'est à ces causes qu'on peut attribuer le peu de coloration de nos vins. J'ai fait un essai à ce sujet. En 1829, les vins ordinaires étaient verts et contenaient beaucoup d'acide : au moment de tirer la cuve je fis mélanger dans une certaine quantité de ce vin, de quatre à cinq onces de potasse pure, par tonneaux de vin présumés, que l'on jeta sur la cuve ; je la fis brasser fortement, et on procéda au décuvage : mon vin prit une coloration double de celle qu'il avait, et le tartrate acidulé de potasse, qui se forma, fit perdre à mon vin une grande partie de son acidité. Il s'est très-bien comporté, au bout d'un an il était excellent.

Dans certaines années où le vin est de mauvaise qualité, on obtient cependant une couleur assez belle ; cette circonstance est due à une grande solution du principe colorant dans l'eau des raisins, et à ce que l'acide tartarique a saturé tout ce qui en était susceptible ; l'uvine, restée libre, donne alors de la couleur au vin.

Dans les années chaudes, on obtient en général une très-belle coloration ; il y a beaucoup plus d'uvine, parce qu'il y a plus de maturité et moins d'acide tartarique, deux circonstances propres à favoriser la coloration. Cependant il est à remarquer que, même dans les années les plus convenables à la végétation de la vigne, on n'obtient pas toujours des vins très-colorés, cela dépend ordinairement de l'atmosphère : si elle a été constamment sèche, la pellicule du raisin est endurcie et l'uvine se dessèche, le vin est très-bon, quoique sa couleur soit légère ; mais si l'atmosphère a été chaude, et tempérée de temps en temps par des pluies douces, la pellicule amollie par ces rosées se surcharge à la partie interne d'une plus grande quantité de matière colorante, et le vin, dans ces années favorables, réunit à la fois la bonne qualité et la belle couleur. Il est passé en quelque sorte en proverbe dans nos pays, que le vin sera bon quand il se colore dans le tonneau pendant les premiers mois de sa confection. Ce phénomène n'a lieu que parce qu'une portion de l'acide tartarique, suspendu dans le vin et qui en avive la couleur en rouge faible, tombe au fond du vase, s'y cristallise, et la couleur débarrassée de cet acide reprend sa teinte naturelle. Le vin, dans ce cas, ne devient souvent pas d'une meilleure qualité, il perd son acidité, et c'est déjà une grande amélioration.

2º On dit qu'un vin a du corps, ou qu'il est moêlleux, quand, en le buvant, on lui trouve au goût une légère dureté ; il faut que cette dureté soit contenue dans de justes bornes : si elle manque, le vin est fade, ou pour me servir de l'expression du pays, il est *mat*; si, au contraire, il a trop de corps, il n'est pas agréable à boire, il faut attendre long-temps pour qu'il devienne potable.

Les vins de la côte de Nuits sont dans ce dernier cas : ils sont durs les deux premières années, leurs qualités semblent être enveloppées : peu à peu l'enveloppe se dissipe, et ils n'offrent plus alors qu'un vin qui a beaucoup de corps et un goût parfait. En spécifiant ici le vin de la côte de Nuits, je ne veux pas dire qu'il n'y ait que lui qui soit dans ce cas. Tous les bons crûs de la côte de Beaune en sont de même dans les bonnes années, mais ceux-ci ont cela de particulier, qu'ils sont plus tôt prêts à boire.

Cette dureté du vin me paraît appartenir à un développement considérable d'alcool qui a dissout une partie du tannin contenu dans la pellicule. Cette substance se dépose à la longue dans la lie, et plusieurs collages suffisent souvent pour faire perdre la dureté du vin : on peut d'ailleurs s'assurer qu'il se trouve un peu de tannin, en laissant macérer un morceau de fer dans du vin nouveau : celui-ci contracte bientôt une couleur noire foncée qui indique la formation d'un gallate de fer.

3° L'arôme ou bouquet, est une qualité toute particulière aux bons vins de notre côte. Quand ces vins sont arrivés au moment d'être bus, il ont un bouquet perceptible par le goût et l'odorat, que j'ai toujours comparé à une très-légère odeur de vanille.

Je me suis souvent demandé à quoi l'on pouvait rapporter cet arôme, qui n'appartient à un haut degré qu'à nos vins, comment le soumettre à l'analyse? C'est un principe si subtil, si fugace, qu'il est impossible de le recueillir pour être traité par des réactifs. Ce bouquet ne tient point au principe colorant, car on le retrouve dans les vins les plus vieux qui ont perdu toute couleur; il n'appartient pas au principe alcoolique, puisqu'il existe encore dans les vins affaiblis par la vétusté : il se perd dès que le vin tend à s'acidifier; mais quand il tombe à l'amer, il ne disparaît pas entièrement. Je suis donc fondé à croire que ce bouquet, si flatteur au goût, n'est qu'une huile essentielle qui se trouve dans une si faible proportion qu'il est impossible de l'extraire.

Feu M. Bosc attribuait cet arôme presque uniquement au choix du plant, c'est-à-dire au pineau ou noirien, qui était doué spécialement de cette propriété. Il est possible que ce genre de cépage soit plus disposé qu'un autre à le fournir, mais je suis tenté de croire que le sol y contribue plus encore que le plant; et en effet, nous remarquons que certains terrains le fournissent ou plus pénétrant, ou en plus grande quantité. Vollenay est privilégié sous ce rapport; la Romanée et le Saint-George se distinguent surtout par un bouquet exquis. Les vins de Nuits offrent aussi un arôme délicieux, lorsqu'ils commencent à se dépouiller, ce qui arrive vers la seconde année.

Nos bons tonneliers, accoutumés à déguster, tous les ans, une certaine quantité de vins de tous les climats, savent distinguer au goût les vins de chaque village. C'est le bouquet qui est inhérent à chacun d'eux qui les leur fait reconnaître; il est même rare qu'ils se trompent pour peu qu'ils aient l'habitude de goûter le vin. Comment ne la contracteraient-ils pas quand on pense que quelques tonneliers, dans les années où le vin est réputé de bonne qualité, goûtent, dans l'espace de quelques jours seulement, jusqu'à deux mille pièces de vin? Et souvent quoique la langue et le palais soient échauffés par une dégustation presque continuelle de vins nouveaux et très-vifs, ils n'en sentent pas moins le plus léger défaut d'une pièce de vin, soit qu'elle ait un faible goût de fût, soit qu'elle soit moins franche que les autres.

Ces connaissances s'acquièrent, comme je l'ai dit, par l'habitude; mais si on les obtient, c'est que le bouquet, qui ressemble à une fleur qu'un rien flétrit, est pour le dégustateur un guide assuré qui l'empêche de se tromper; quand on ne l'y retrouve plus, c'est que le vin a éprouvé quelque avarie, il n'est plus ce qu'il doit être.

4° La spirituosité de nos vins n'est, à proprement parler, connue que par le palais des gourmets. On n'a fait encore aucune expérience comparative sur cet objet important; il faudrait entreprendre une longue suite d'essais qui embrasseraient, d'une manière large, tout ce qu'on aurait à dire sur ce sujet. Il serait utile d'examiner le vin provenant d'un même climat, d'un même plant, de la même exposition; d'apprécier les différences qui résultent des mélanges de raisins cueillis en divers cantons; de tenir note du poids spécifique des moûts, et de la manière dont s'est opérée la fermentation. Il faudrait encore faire ces observations pendant plusieurs années.

Ces connaissances conduiraient à des résultats qui pourraient devenir un jour d'une haute importance pour nos pays. En attendant que ces expériences soient faites, je donnerai succinctement un aperçu de ce que j'ai obtenu, conjointement avec M. Pautet, de différens vins que j'ai soumis à la distillation.

ANALYSE

DES VINS DE 1822, FAITE LE 2 JANVIER 1824.

TERRITOIRES.	QUALITÉS DU VIN.	ALCOOL obtenu par la distillation.	DEGRÉ de l'alcool.
Pommard.	Noirien, 1re qualité.	18/100	22
Id.	Passe-tout-grain, 5e qualité.	16/100	22
Morteuil.	Gamay, qualité inférieure.	11/100	22

L'alcool provenant du premier vin avait une odeur très-suave et un goût flatteur ; on eût dit qu'il partageait tous les agrémens du vin dont il provenait. M. le comte Chaptal, en parlant de l'arôme, dit qu'à l'exception du premier liquide qui passe à la distillation, et qui conserve un peu de l'odeur particulière du vin, l'eau-de-vie qui vient ensuite n'a plus que les caractères qui lui appartiennent essentiellement [1]. Cependant, dans ce cas particulier, l'arôme s'est conservé jusqu'à la fin de la distillation.

L'alcool provenant de la seconde espèce de vin avait quelque chose de moins fin, de moins délicat, mais il avait un goût agréable ; tandis que celui qui avait été fait avec un vin de qualité inférieure n'avait aucun parfum, je dis plus, c'était une eau-de-vie très-commune.

Le degré de spirituosité de nos vins est donc plus considérable dans ceux d'une qualité supérieure que dans ceux d'une qualité inférieure, et cependant les moûts de ces vins présentent peu de différence au gleucomètre. Cela dépend des divers principes qui constituent le raisin, qui diffère essentiellement selon le plant et le sol qui l'a produit.

Tout raisin contient un principe qui ressemble au gluten animal [2], du sucre, de l'albumine végétale, de l'acide malique, du tartre et de l'eau. C'est de la juste proportion de chacune de ces parties que provient la qualité du vin. Si le sucre prédomine, le vin est doux et liquoreux : tels sont beaucoup de vins du midi ; si, au contraire, l'albumine végétale est un excès, il est acide : tel est le cas particulier de la plupart de nos vins gamays dans

---

[1] *L'Art de faire le Vin*, par M. Chaptal.

[2] Ce principe a été nommé *glaïadine* ou *gliadine*, par Taddey, du mot grec *glia*, gluten.

les années humides et froides. Le gluten est le principe fermentescible : il existe dans presque tous les fruits. Il faut bien se garder de le confondre avec le principe sucré ; on les rencontre presque toujours ensemble : dès qu'ils se trouvent dans une situation convenable, ils changent promptement de nature. Le sucre tend de suite à la fermentation, et c'est aux altérations qu'il éprouve qu'est dû l'alcool, tandis que l'albumine végétale ne tend qu'à s'acidifier.

On a proposé de remédier à l'inconvénient qui résultait de la surabondance de l'albumine végétale par des additions de sucre ou de miel. Quelques propriétaires ont essayé de corriger ainsi leurs vins, dans les années où il n'y avait que peu de principe sucré. Ils ont suivi assez exactement les préceptes qu'a donnés à ce sujet le savant Chaptal. On a fait du meilleur vin, qui s'est bien gardé, qui avait un très-bon goût ; mais ce vin, je ne sais si je me trompe, ainsi préparé, n'était plus du vrai vin de Bourgogne. Plus fort, plus spiritueux, plus coloré, il avait perdu son bouquet ; il approchait des vins méridionaux [1].

Cette méthode, à mon avis, n'est admissible pour les vins de nos coteaux que dans les années pluvieuses et humides. Le moût est alors surchargé d'une quantité d'eau très-considérable ; la fermentation s'y fait très-difficilement, et le vin ne peut avoir aucune qualité : on ne pourrait en tirer aucun parti. Dans de telles circonstances, rien n'empêche d'ajouter à ce moût le sucre qui lui manque, et qui, corrigeant l'excès de muqueux, peut produire un vin de bon goût. Les anciens employaient un procédé analogue,

---

[1] Je n'entends parler ici que des vins de première qualité, la réputation de la Bourgogne ne reposant que sur ces vins.

en faisant bouillir le moût et évaporer l'eau surabondante ; ils concentraient ainsi les parties sucrées, et ils obtenaient des résultats semblables à ceux que donne l'addition du sucre.

Dans les années chaudes, où le principe sucré l'emporte sur le muqueux, c'est une grande erreur de croire que le sucre puisse être ajouté avec avantage ; on l'y met, à mon sens, en pure perte, puisque nos vins ont toutes les qualités requises. Cette addition est tellement inutile que dans les pays méridionaux, par exemple, où le principe saccharin est en excès, on est obligé, dans certaines années, d'ajouter de la levure pour rendre la fermentation plus active ; ou bien on est forcé de garder les vins un grand nombre d'années avant que la fermentation en soit complétement achevée.

Le fait suivant vient à l'appui de ce que je viens de dire. M. Julia-Fontenelle, professeur de chimie, distilla à Narbonne, en 1804, des vins de Rivesaltes, Peyretortes, Staget et Bauquets, qui avaient alors deux ans. Ces vins, les meilleurs du Roussillon, lui fournirent à la distillation vingt-cinq pour cent d'alcool à vingt-deux degrés, tandis que dix-sept ans après, ces mêmes vins distillés lui donnèrent les mêmes quantités à 23° 4.

Il est incontestable qu'en ajoutant du sucre aux vins on leur donne le principe alcoolique en grande masse ; mais il faut bien se pénétrer que, dans les années chaudes et propices, cette addition ne peut en accroître la qualité ; qu'elle a au contraire le désavantage de retarder l'instant où le vin sera bon à boire, ce qui est toujours défavorable pour le propriétaire et le marchand. Je dis plus, on peut même, par des additions exagérées de sucre, ne pas obtenir ce que l'on désire, car il faut absolument avoir une certaine dose de tartre dans le moût pour obtenir une bonne fermentation, ainsi que l'ont démontré les expériences du marquis de Bullion. Si l'on sature par le sucre tout le tartre du moût, la fermentation en sera suspendue, et peut-être même empêchée pour un temps plus ou moins long.

Contentons-nous donc, lorsque l'année est favorable, des avantages qui nous sont donnés, sans recourir à des améliorations souvent imaginaires, et réservons pour les années froides, humides et tardives, les ressources que la chimie nous a créées. Si, dans ces circonstances, nous n'avons pas de vin de Bourgogne, nous pouvons en avoir de bon goût, et que l'on peut admettre sur les meilleures tables comme grands ordinaires ou vins de rôti.

J'ai fait plusieurs expériences pour connaître la mesure d'alcool que les vins de qualité supérieure de différens crûs pouvaient contenir. Elle est presque la même dans tous, ou la différence est si peu de chose qu'elle n'est pas sensible. J'ai fait quelques épreuves sur la pesanteur spécifique des divers moûts de bon vin, les différences ne sont pas perceptibles. D'où j'ai conclu et avec fondement que la bonté et la supériorité des vins de tels ou tels climats étaient le résultat de principes inhérens à nos vins, et qui provenaient du plant, du sol et de son exposition, et non de la plus ou moins grande quantité d'alcool. En sorte qu'on peut affirmer que nos vins se refusent à toute analyse chimique, et qu'il n'y a que le goût seul qui puisse bien en apprécier les qualités, la valeur et le mérite.

Ce dont je me suis convaincu, et que je puis donner comme un fait positif, c'est que la distillation des vins de nos pays ne pourra jamais devenir une branche utile de commerce. Quelle que soit la valeur la plus minime de nos vins, il y aura toujours de l'avantage à les vendre en vin plutôt qu'à les convertir en eau-de-vie. Nos vins ordinaires, année commune, ne rendront jamais plus de neuf pour cent d'eau-de-vie à vingt degrés, et cependant à quelque bas prix qu'on les vende, on en retirera plus du double que s'ils étaient convertis en alcool.

5° La finesse est encore une qualité particulière à nos vins : on la reconnaît à une sensation agréable qu'on éprouve en buvant un vin d'une cuvée de choix ; il semble que cette qualité dépende d'une sorte de délicatesse dans les molécules constituantes du vin. Cette propriété leur paraît tellement inhérente qu'elle sert à les désigner, puisqu'ils sont généralement connus sous le nom de vins fins de Bourgogne.

J'ai dit qu'elle tenait à la délicatesse des molécules ; et en effet, nos vins superfins contiennent moins de tartre, plus de spirituosité, une couleur d'un rouge plus brillant, et différente en tout de celle du gamay qui est d'un rouge tirant sur le violet foncé. Quoique ces propriétés soient en quelque sorte appréciables à la vue, elles le sont plus réellement au goût ; c'est le palais qui en reconnaît le mieux toutes les différences, et qui décide en dernier ressort du plus ou moins grand degré de finesse de nos vins.

Les vins qui réunissent à un haut dégré toutes les propriétés que je viens d'énumérer, proviennent des vignes que l'on connaît dans le pays sous le nom de *tétes de cuvées*. Tels sont le Chambertin et le clos de Bèze, à Gevrey; à Morey, le clos de Tart ; à Chambolle, les Musigny et les Amoureuses; à Vougeot, le clos magnifique qui en porte le nom ; à Vosnes, les Romanée, les Richebourg et la Tâche ; à Nuits, le Saint-George ; à Aloxe, le Corton; à Savigny, la Bataillère ; à Beaune, les Fèves et les Grèves ; à Pommard, les Épeneaux, le clos de Cîteaux ; à Vollenay, les Champans et les Caillerets ; à Mursault, le Santenot ; à Chassagne, le Morgeot.

Immédiatement après ces têtes de cuvées viennent ce qu'on nomme dans nos pays les premières cuvées ; elles approchent beaucoup des précédentes, mais il leur manque quelques-unes de leurs qualités : c'est à peine appréciable, cependant les dégustateurs savent le distinguer. Ces nuances sont le résultat de la réunion dans la même cuve des raisins de divers climats, qui, quoique provenant des bons terrains en bonne exposition, ne sont pourtant pas d'une nature aussi identique que ceux que l'on récolte dans un même canton. Quand les années sont favorables, les premières cuvées remplacent les têtes de cuvées, et les plus fins gourmets ne sauraient y trouver aucune différence.

C'est à cette cause que l'on doit rapporter ces nuances que l'on observe dans les vins de la côte Nuitonne et celle de Beaune. Dans la première, assez généralement les climats distingués appartiennent au même propriétaire ; il fait une cuvée avec les raisins de la même vigne : il y a alors identité de principes et identité de qualité. Dans la côte de Beaune, il y a un morcellement dans les propriétés vignobles qui est incroyable ; il est impossible que les raisins soient partout de même nature : l'amalgame de tous ces produits se fait très-bien dans la cuve. Le vin qui en résulte est excellent, mais il lui manque cette qualité exquise qui distingue si éminemment les vins qui sortent d'un seul et même crû, placé dans une belle exposition, ayant un sol convenable, et emplanté d'un cépage choisi. Si les vins des cantons distingués de Vollenay, Pommard, Beaune, etc., étaient confectionnés avec les seuls raisins provenant de ces terrains, je suis convaincu qu'ils l'emporteraient sur ceux de la côte de Nuits; je n'en veux pour preuve que le vin de Corton et celui de Santenot. Je ne pense pas qu'il y en ait de meilleur dans nos pays.

Après celles-ci viennent les bonnes. Les vins des bonnes cuvées approchent des précédentes, mais ils ont moins de finesse, quelquefois plus de corps, et souvent ils se distinguent par une couleur plus foncée. Les raisins qui donnent les vins de cette qualité proviennent de vignes qui végètent dans un terrain moins favorable et en moins belle exposition; ils ne peuvent jamais équivaloir les premières cuvées, ni les remplacer. C'est ce genre de vin qui s'est trop multiplié depuis trente ans; il est malheureusement trop abondant, et plus d'une fois il a fait tort à nos vins superfins. A ces qualités examinées superficiellement, on croirait lui trouver celles des premières cuvées, mais il n'en a ni le mérite ni la valeur.

On donne le nom de *cuvées rondes* à des vins qui proviennent de vignes plantées sur les parties les plus élevées des coteaux, ou tout-à-fait au bas, presque en plaine. Ce sont des noiriens ou pineaux qui les fournissent, mais le plus souvent c'est dans des terres compactes, argileuses, mêlées seulement avec une faible quantité de cette terre qui couvre la partie moyenne de nos bons coteaux; ou si c'est dans les parties supérieures, c'est dans un terrain maigre, pierreux, et n'offrant que la stricte quantité de terrain nécessaire à la végétation. D'après cela, on voit que ni le sol ni l'exposition n'ont pu contribuer à donner de la qualité à ces vins, qui ont cependant de la couleur et du corps, qui manquent de finesse et surtout de bouquet. Ils font des vins ordinaires de grande distinction : tels sont ceux de Fixin, Fixey, Marsannay, etc.

Après les vins dont je viens de parler, on place ceux que, en terme du pays, on appelle *passe-tout-grain*, qui sont fournis par des vignes plantées moitié noirien, moitié gamay. Plusieurs villages ont la réputation de fournir cette espèce de vin dans une qualité supérieure, ce sont Puligny, Mursault, Chorey, Comblanchien, Fixin, Fixey et Marsannay, etc.

Le passe-tout-grain fait, dans les années propices, un excellent ordinaire, surtout si l'on a surveillé avec soin la fermentation dans la cuve. Il présente une couleur d'un beau rouge velouté et brillant, beaucoup de corps, de la spirituosité, et un bouquet particulier qui n'est pas sans agrément, mais il n'a pas de finesse. Cette espèce de vin a encore un grand avantage ; il est moins sujet aux maladies que les vins fins, et il peut se garder fort long-temps sans se détériorer ; souvent même on a recours aux vins de cette espèce pour soutenir des vins de première qualité qui s'affaiblissent, ou qui tendent soit à l'amertume, soit à l'acétification.

Les villages qui forment ce qu'on appelle l'arrière-côte, parce qu'ils occupent un plant de collines placées derrière la bonne côte ; ces villages, dis-je, fournissent en abondance des vins de la qualité de ceux que je viens d'indiquer ; mais ils ne sont bons que dans les années très-chaudes : leur exposition sur des sommets plus élevés exige une chaleur intense pour qu'il y ait maturité parfaite. On distingue parmi les vins des arrière-côtes, ceux de St-Romain, Meloisey [1], Nantoux, Arcenant. On

---

[1] Les vins de Meloisey jouissaient d'une grande faveur dans le XIV° siècle : ils étaient vendus presque aussi cher que les Vollenay. Depuis ce temps, ils ont bien déchu.

peut classer encore dans cette catégorie, Plombières, Talant, Fontaine, etc.

Le dernier vin est le pur gamay; c'est celui que l'on récolte sur les coteaux de l'Auxois et dans les terres de la plaine, dans l'argile peu mélangée de sous-carbonate de chaux. Les raisins de ce plant, comme je l'ai déjà dit, ne mûrissent passablement que dans les années précoces et très-chaudes : aussi ce n'est que dans ces années-là que le vin gamay a de la couleur et du corps; mais il n'a jamais un grand degré de spirituosité, puisque le vin gamay de 1822, année la plus avantageuse qu'ait eue la Bourgogne, de mémoire d'homme, n'a donné que onze pour cent de son poids d'alcool. Il est des villages où le vin gamay vaut mieux que dans d'autres : ceci tient au sol, à l'exposition, et même à la culture. On doit citer, parmi ces communes, Corcelles-les-Arts, Bligny-sous-Beaune, Couchey, Perrigny-lez-Dijon; mais quoique meilleur, ce gamay ne manque pas moins de finesse et de bouquet.

Les vins blancs offrent moins de variétés que les vins rouges; on n'en peut guère compter que trois, savoir : le Montrachet, le Mursault, et les ordinaires.

Le Montrachet a une si grande supériorité sur tous nos vins blancs, qu'on peut le ranger seul comme *tête de cuvées*. Dans les bonnes années, sa légèreté, son parfum, sa finesse, son extrême délicatesse, beaucoup d'esprit sans sécheresse, une saveur liquoreuse sans fadeur, en font un des meilleurs vins qu'on puisse boire : on s'applique autant qu'on le peut à le conserver incoloré, et pour cela on a soin de tenir le tonneau toujours plein; avec cette précaution, on empêche l'absorption de l'oxigène, qui, en s'incorporant avec le vin, le jaunit et lui fait perdre une partie de son bouquet et de sa légèreté.

Comme le canton qui produit ce vin délicieux est peu étendu, et que d'ailleurs il n'en fournit qu'une petite quantité, il se vend toujours très-cher; et malgré son prix élevé, il est rare que sa vente indemnise le propriétaire de ses frais de culture et de ses avances.

Le Chevalier-Montrachet, le Bâtard-Montrachet, les Mursault, les Blagny, se rapprochent presque tous par leur goût et leurs qualités. Moins fins que le vrai Montrachet, ils sont cependant très-agréables au goût, et fort spiritueux; aussi est-il reconnu qu'ils enivrent très-facilement. On doit placer dans cette classe les vins blancs de Fixin qu'on récolte dans le clos du Chapitre. Il est encore quelques climats, sur le territoire de Dijon, qui donnent un vin blanc que l'on ne peut mettre tout-à-fait sur cette même ligne, mais qui en approche. Les vins blancs de tous ces vignobles sont vendus ordinairement, dans le commerce, au même prix que les vins rouges première qualité de chacune de ces localités.

Les vins blancs communs sont toujours plus ou moins acides; sans corps ni agrément, ils proviennent tous des sols marneux ou argileux qui leur impriment, en quelque sorte, leur médiocre qualité. Dans les bonnes années ils conservent, pendant quelques mois, un peu de matière sucrée qui n'a pas encore subi la fermentation alcoolique, et qui leur donne une saveur légèrement liquoreuse. Cette saveur les fait avidement rechercher. Mais qu'ils l'aient ou non, ces vins entrent de bonne heure dans la consommation, et sont à peu près tout bus dans la première année de leur confection.

On pourrait, si on le voulait, conserver pendant long-temps cette saveur sucrée, en faisant ce que l'on nomme, en certains pays, du vin muet. On y parvient par le soufrage, c'est-à-dire en faisant brûler dans le tonneau, au moment où l'on entonne le vin auprès du pressoir, plusieurs mèches de soufre. Toute fermentation est alors suspendue, et le vin conserve toute sa douceur. Au bout de quelques jours on peut le coller, et on est assuré de boire un vin doux, très-clair et limpide. Il est un autre procédé fort simple qui a été indiqué, après de nombreuses expériences sur les moyens d'arrêter toute fermentation vineuse, c'est d'introduire dans le tonneau une livre ou deux de graines de moutarde très-légèrement concassées. Par ce moyen, le vin conserve également sa saveur sucrée, et n'est nullement altéré par l'addition de ces semences. J'observerai seulement que, pour se servir de l'un ou de l'autre de ces procédés, il ne faut pas que le vin blanc ait éprouvé même un premier degré de fermentation.

Le vin muet n'est point malfaisant, surtout quand il a été collé, et qu'il est dépouillé des substances hétérogènes qui le troublent; il est au contraire fort agréable à boire, et a quelque analogie avec les vins liquoreux du midi.

On a encore conseillé l'emploi du plâtre introduit dans le tonneau de vin blanc, pour le muter. Comme je ne connais point le résultat de cette expérience, je ne fais que consigner ici ce moyen proposé. Je suis persuadé que l'on pourrait sans danger y avoir recours, car il doit s'opérer une décomposition chimique de ce sel, dont la base s'amalgame avec l'acide tartarique ou avec le malique, et met à l'état libre l'acide sulfureux qui détermine la suspension de toute fermentation.

En résumant ce qui a été tenté pour le mutage du vin, on peut en inférer que le moyen le plus certain de l'obtenir, c'est de dégager dans le vase qui le contient une quantité déterminée de gaz acide sulfureux; que le procédé le meilleur pour y parvenir, est de faire brûler un morceau de mèche soufrée dans le tonneau lorsqu'il est mis au quart, d'agiter la liqueur pour qu'elle s'impreigne du gaz, de recommencer l'opération lorsqu'on l'a rempli à moitié, enfin de la faire une troisième quand il est aux trois quarts. A chaque soufrage il faut avoir grand soin de ne pas laisser tomber la mèche brûlée dans le vin, parce qu'elle pourrait lui communiquer un mauvais goût.

Je parlerai plus loin de l'utilité du mutage dans quelques cas de maladies des vins. Ce que j'ai dit ici suffit pour apprendre aux propriétaires des vignobles de cépages blancs, l'art de se procurer une boisson agréable, surtout dans les mauvaises années, où le vin blanc ressemble plus à du verjus qu'à du vin.

CHAPITRE XII.

Gouvernement du vin. — Ses maladies.

Je croirais n'avoir pas complété la statistique de la vigne du département de la Côte-d'Or, si je n'indiquais de quelle manière il faut gouverner le vin lorsqu'il est dans les tonneaux : car on peut dire que c'est du soin que l'on en prend que dépend sa parfaite conservation. Les diverses maladies qu'il éprouve causent souvent des pertes trop réelles aux propriétaires, pour que mes observations soient sans intérêt. Je donnerai donc le résultat de mes expériences, et sur ses altérations et sur les moyens qui m'ont semblé les meilleurs et les plus efficaces pour y remédier. L'art de gouverner les vins est tout le métier des tonneliers. Il est livré encore en grande partie à une routine très-préjudiciable à notre commerce. On s'imagine que quand on a soutiré, houillé, et bien scellé les vins, on a tout fait. On n'a pas remarqué qu'il existe un travail continuel, que j'appellerais volontiers *la vie du vin*, et qu'on nomme la fermentation insensible qui, chez nous, marche souvent d'une manière si rapide qu'elle déroute toutes les combinaisons, et qu'elle cause le plus grand tort à la réputation de nos vins dans l'étranger, par les détériorations subites qu'elle détermine.

Nul vin ne l'emporte sur ceux de la Côte-d'Or pour la délicatesse, le bouquet et l'agrément[1]. Je fais ici abstraction de tout sentiment d'intérêt particulier; je le dis parce que je suis convaincu que c'est la vérité. Ils sont aussi bienfaisans et salubres qu'ils sont délicieux au palais, et cependant on leur préfère, dans les pays lointains, des vins qui n'approchent pas d'eux pour la qualité; le seul motif de cette préférence est qu'ils sont moins sujets que les nôtres à une foule d'avaries. Soignons-les donc comme il convient, nous préviendrons les accidens qu'ils éprouvent, et nos vins l'emporteront sur tous les autres.

§ I. Lorsque l'on tire une cuve, les vignerons chargés de cette opération n'y mettent souvent aucun soin. On jette le moût dans des *balonges*, ou dans de petites cuves où il séjourne quelquefois plusieurs heures : c'est alors seulement que l'on songe à le mettre dans les tonneaux, et toute cette opération se fait en transvasant *sapine à sapine*[2] le vin d'une cuve dans une autre ou dans les tonneaux. Il se fait pendant tout ce temps-là une forte éva-

---

[1] Vinum Belnense super omnia vina repone.
[2] Petit baquet fait de bois de sapin, contenant environ dix à douze litres.

poration de matière alcoolique, toujours précieuse, qui prive le vin de ce spiritueux évaporé : il s'aère et devient plus disposé aux maladies.

Il serait donc important de remplir les tonneaux au fur et à mesure que l'on tire le vin de la cuve; ce vin serait moins soumis au contact de l'air; il éprouverait une moindre déperdition d'alcool, et il conserverait mieux son bouquet. Il est encore une autre considération importante à ajouter : en général, les faiseurs de vin sont assez maladroits, et souvent ils en perdent beaucoup en transvasant : on éviterait des pertes en adoptant le procédé que j'indique.

On est dans l'usage de laisser les tonneaux ouverts pendant près de quinze jours : c'est encore un effet de la routine. Autrefois on ne laissait presque pas fermenter les raisins dans la cuve, il fallait de nécessité que la fermentation se terminât dans les tonneaux. Je me souviens d'avoir vu les caves si remplies de gaz acide carbonique, qu'il était impossible d'y entrer; une année même des vignerons, ayant voulu braver le danger, faillirent y être asphyxiés, on eut même beaucoup de peine de les rappeler à la vie. Aujourd'hui on laisse la fermentation s'opérer complétement dans la cuve, et on n'en tire le vin que quand il est parvenu au terme de la fermentation presque complète. On n'a donc plus besoin de laisser le tonneau débouché, le vin ne peut qu'y perdre : aussi convient-il de placer sans efforts la bonde sur le tonneau dès l'instant qu'il est rempli; il y aura moins de déchet et la fermentation insensible ne s'en opérera pas moins bien.

Il est une précaution à prendre relativement aux tonneaux, que je ne saurais trop recommander, et surtout dans les années où le vin promet d'être de grande qualité :

c'est de les échauder. Cette opération a un double avantage :
le tonneau non échaudé absorbe plus de deux litres de vin,
et il est plus disposé à lui communiquer un goût défavorable. M. le comte Chaptal conseille de laver d'abord le
tonneau à l'eau froide, de la faire écouler, puis d'y mettre
une pinte d'eau salée bouillante qu'on y agite en tout
sens; on la vide, et on y substitue une pinte ou deux de
moût en fermentation.

Je ne conteste pas l'utilité de cette méthode, mais je
conseille tout simplement de laver le tonneau neuf avec
une décoction de feuilles de pêcher (un litre ou deux par
tonneau); on l'y laisse refroidir, on vide, le tonneau a
une odeur légère d'amande amère qui est agréable et en
même temps favorable au vin. Je ne saurais trop recommander ce lavage, il ne peut être que de la plus grande
utilité.

Nos vins veulent être dans des caves creusées en terre
à plusieurs pieds, voûtées, fraîches, point trop sèches,
ni humides à l'excès, à l'abri des secousses ou des tré-
moussemens causés par le passage des voitures, ce qui
tient la lie continuellement en suspension. Elles doivent
avoir leurs jours au nord, et la lumière n'y doit pénétrer que modérément; il est indispensable qu'elles soient
éclairées, car l'obscurité absolue détermine une moisissure qui attaque bientôt les futailles, en pourrit les cer-
cles, et met dans le cas de perdre des tonneaux entiers
de vin. Il est encore un conseil important qu'il ne faut
pas négliger, c'est de ne jamais déposer dans une cave
où il existe des bons vins, ni bois verts, ni vinaigres, ni
fromages, ni matières susceptibles d'entrer en fermentation, ou de répandre une odeur forte ou désagréable. Le
sol des caves doit être toujours uni, battu et sablé; il se-

rait peut-être encore plus avantageux qu'il fût couvert de dalles; par ce moyen, il serait facile d'entretenir la propreté, et la propreté des caves économise toujours un soutirage par an.

§ II. La seconde opération qui se fait sur nos vins est le soutirage.

On n'a aucune donnée positive sur l'instant propice à cette opération. Les uns soutirent de bonne heure, d'autres le font à une époque reculée; c'est le caprice qui sert de régulateur. Cependant, il est des règles que je vais tracer et qui doivent déterminer de l'instant du soutirage, qui ne peut jamais avoir lieu d'une manière fixe et invariable, puisque les vins n'étant pas de même nature, tous les ans, exigent que l'on varie les momens du soutirage suivant le besoin qu'ils en ont.

Tous les vins surchargés d'albumine végétale doivent être soutirés au solstice d'hiver. Il est donc nécessaire de faire les soutirages des noiriens récoltés dans une mauvaise année, ou dont la qualité semble inférieure, ainsi que ceux des gamays, à cette époque. On les dépouille d'une grande quantité d'impuretés, d'un tartre abondant qui augmente leur acidité; et, pour que l'opération fût parfaite, il faudrait toujours les coller. Ces sortes de vins doivent être soutirés à la *sapine* ou baquet. On les aère, et on les empêche par ce moyen de tomber à la graisse.

Les passe-tous-grains peuvent attendre jusqu'à la fin de février, ou au commencement de mars, pour être soutirés; plus chargés de principe sucré, il faut attendre que la fermentation insensible ait opéré en quelque sorte sur l'albumine et en ait fait déposer au fond du vase les matières les plus grossières.

Les bons vins, dans les années qui ont été favorables, pourraient attendre jusqu'au mois de mai pour être soutirés : avant ce temps, ils sont peu dépouillés, et le soutirage que l'on en fait même pendant l'hiver, loin de leur avoir été utile, les dispose en quelque sorte à aigrir ou à graisser, ou à n'être pas complétement clairs pendant long-temps.

Il est trois manières de soutirer dans nos pays, à la *sapine*, au siphon, et au boyau.

Dans ces trois méthodes, on pratique d'abord, à deux doigts environ au-dessus de la douve inférieure, un trou rond à l'aide d'un vilebrequin nommé *perceux*, et, dès qu'il est terminé, on y introduit une grosse fontaine ou cannelle, connue sous le nom de *chèvre*. Quand on soutire à la sapine, on fait couler le vin dans le baquet; celui-ci rempli, on en substitue un autre sans fermer le robinet, et l'on vide la sapine dans un entonnoir placé sur le tonneau vide, qui a été préalablement bien nettoyé et bien approprié; on continue jusqu'à ce que le vin ne coule plus par la cannelle : alors le tonnelier se couche sur le tonneau qu'il fait incliner; et, à l'aide d'une tasse d'argent, il examine avec soin le vin qui s'écoule : dès qu'il remarque une nuance nébuleuse, il ferme le robinet; il ne reste plus alors dans le tonneau que la lie. Cette lie est enlevée du tonneau et mise à part; au bout de quelque temps, on soutire le vin qui monte à la surface, et la lie est employée par les distillateurs qui en tirent une eau-de-vie assez forte. Les lies distillées sont brûlées, et forment ce qu'on nomme dans le commerce la cendre gravelée.

Le soutirage au siphon se fait en plongeant une des branches dans le tonneau, le vin en est extrait par ce moyen; on le reçoit dans des sapines, comme dans la méthode ci-dessus. Ce genre de soutirage n'est guère employé que lorsqu'on ne veut tirer du tonneau que quelques sapines de vin pour opérer un mélange.

La troisième méthode est le soutirage au boyau ou au soufflet. On y a recours pour les vins nouveaux, lorsque l'année a été bonne, et pour tous les vins vieux. Ce procédé est précieux pour nos vins ; il les bat moins, ne les fatigue pas, et les préserve d'une déperdition d'arôme ou bouquet qui est une des propriétés importantes de nos vins. Pour faire ce genre de soutirage, on adapte à la cannelle placée au tonneau qu'on veut vider, un boyau en cuir d'environ quatre pieds, terminé à ses deux extrémités par deux douilles en bois, l'une placée à angle droit du boyau, l'autre placée suivant sa longueur. La première est introduite dans la cannelle et y est fortement fixée ; l'autre est mise dans la bonde du tonneau ; on ouvre le robinet, le vin s'écoule de l'un dans l'autre tonneau ; mais pour forcer tout le vin à y passer, on adapte un fort soufflet sur la bonde du tonneau en soutirage, et bientôt tout le vin est transvasé ; on s'aperçoit qu'il n'y en a presque plus, par un petit bruit que fait l'air en refluant du boyau. On ferme le robinet, et on soutire à la sapine le peu qui reste dans le tonneau. Il est une précaution importante à prendre, c'est de percer avec un forêt un trou dans le tonneau qui reçoit le vin ; nos tonneliers ne l'oublient pas.

Il est une règle assez importante à suivre pour les temps où l'on doit soutirer. Il faut éviter avec soin de le faire pendant les pluies, et pendant que les vents du sud soufflent. La lie folle a toujours plus ou moins de tendance à remonter dans ces circonstances. On doit choisir, autant que possible, le moment où règnent les vents de nord, lorsque le ciel est frais et clair. Je sais bien qu'on n'est pas toujours maître du choix; mais voilà le précepte, et il ne faut s'en écarter que le moins possible.

§ III. Le collage de nos vins est une des plus importantes opérations qu'on puisse leur faire subir. Toutes les fois qu'on soutire les bons vins nouveaux, ils doivent être collés. Dans les années où le vin est très-bon, on pourrait, jusqu'à un certain point, négliger ce premier collage; cependant il vaut encore mieux le faire; car, quelque précaution que l'on apporte au soutirage, il reste toujours en suspension quelques particules hétérogènes qui ont besoin d'être précipitées pour empêcher qu'elles ne causent des altérations au vin.

Le collage doit encore être fait, quand on veut mettre le vin en bouteilles, c'est une règle de rigueur. Il arrive, même lorsqu'il paraît le plus limpide, qu'à peine il est en bouteilles il se trouble et dépose au fond du vase, ce qui est un des plus grands inconvéniens que puisse éprouver le vin. On ne doit donc jamais négliger cette opération.

La colle, faite convenablement, dépouille assez rapidement le vin, à moins que celui-ci ne soit en fermentation; dans ce cas, il faut attendre que ce travail soit achevé pour le coller. On peut laisser le vin sur colle pendant assez long-temps : par exemple, le vin nouveau soutiré en mars, et collé en même temps, peut rester dans cet état jusqu'au mois de juin ou de juillet. C'est même un conseil à suivre que de ne le faire qu'à cette époque. Le vin n'a pas besoin d'être soutiré en septembre; on y gagne un soutirage, et on a l'avantage de ne pas voir subir à son vin le travail souvent fâcheux qui arrive à l'époque où les raisins commencent à varier.

On peut employer un assez grand nombre de substances pour le collage des vins ; on ne se sert dans nos pays que de blancs d'œufs ou albumine, et de la colle de Flandres. Quelques négocians mettaient autrefois en usage la colle de poisson, mais cet objet ayant doublé de prix dans un moment, elle a été abandonnée peut-être à tort, et surtout pour les vins blancs. On pourrait se servir de la gélatine et du sang. Ce dernier moyen clarifie très-bien, mais comme il se décompose, sa partie aqueuse restée libre donne au vin un goût fade ; c'est pourquoi on ne doit employer le sang que pour coller des vins très-forts et très-colorés ; on peut encore y recourir pour des vins blancs qui sont très-jaunes. Pour s'en servir, on prend environ une bouteille de sang chaud sortant de l'animal, qu'on bat bien avec autant du vin que l'on veut coller, et on l'introduit dans une pièce de 228 litres. Au bout de quatre jours le vin est parfaitement collé.

J'ai dit qu'on se servait dans nos pays principalement de blancs d'œufs ; on en met ordinairement cinq pour un tonneau ; on y ajoute un demi-verre d'eau et une pincée de sel commun, on bat le tout ensemble, et quand cela commence à mousser, on l'introduit dans le tonneau, en agitant le vin en tout sens.

La colle de Flandres se fait dissoudre dans l'eau bouillante. On en prend environ une once ou une once et demie de liquide, que l'on bat avec une bouteille du vin que l'on colle, et on l'introduit dans le tonneau en l'agitant fortement comme dans le collage indiqué ci-dessus. Cette colle ne doit jamais être employée que pour les vins nouveaux ; elle fatigue le vin, et il ne serait pas sans inconvénient de la mettre en usage pour les vins vieux.

On a conseillé depuis quelque temps les tablettes de gé-

latine d'os. Cette substance n'agit pas également bien sur
tous les vins ; elle ne convient que quand le vin est surchargé de matières colorantes et qu'il a une saveur âpre,
c'est-à-dire lorsqu'il contient beaucoup de tannin. J'ai vu
des vins collés avec cette gélatine, qui n'étaient que très
imparfaitement dépouillés : je pense qu'il faut nous borner aux moyens que nous sommes dans l'usage d'employer, et qui sont constatés par une longue expérience.
On a indiqué encore l'emploi de la gomme arabique pul-
vérisée, à la dose de deux onces par pièce de 228 litres.
Je crois ce procédé utile, mais je n'ai pas encore eu occasion d'en faire usage.

Je donnerai ici un conseil qui me semble d'une haute
importance. Souvent, lorsque l'on colle un vin faible, on
remarque, au lieu d'une précipitation, une sorte de con-
densation de l'albumine : et l'on est dans l'habitude de
dire : *La colle ne prend pas*. Ce phénomène n'a lieu que
parce que la partie spiritueuse manque. Pour obvier à
cet inconvénient, il faut introduire dans le vin, en même
temps que la colle, un litre de bonne eau-de-vie ou un
demi-litre d'alcool. Il est reconnu que l'alcool a une action énergique sur l'albumine, il la coagule, et la force
en quelque sorte à se charger de toutes les parties hétérogènes qui se trouvent dans le vin, et qui bientôt se précipitent au fond du tonneau. L'alcool, dans cette circonstance, contribue éminemment à la clarification du vin.

§ IV. Le remplissage, remplage, ou houillage [1], est
une opération très-essentielle pour nos vins. C'est sou ;

---

[1] Ce mot *houillage* est en quelque sorte technique, et n'a pas été admis par
l'Académie. Le célèbre Chaptal n'emploie pas un autre terme pour indiquer
l'action de remplir du vin.

vent faute d'être remplis qu'ils périclitent si rapidement. Un tonnelier soigneux, chargé du soin de plusieurs caves, ne doit jamais rester plus d'un mois sans remplir les vins qui lui sont confiés. Dans une bonne cave, le vin perd à peine une bouteille par mois, mais si on oublie de le remplir, il en manque trois le mois suivant, et cette perte va toujours croissant si on néglige encore de le faire.

Le premier accident qui est la suite du manque de remplissage, est la formation de la fleur, espèce de conferve qui précède assez ordinairement l'acétification du vin; et si cela arrive pendant les chaleurs ou tandis que la vigne travaille, il est rare, si on n'y remédie promptement, que le vin n'en soit perdu sans ressource.

Les remplissages doivent toujours se faire, autant que possible, avec le même vin. Lorsqu'on en emploie d'une autre qualité, ou plus vieux ou plus nouveau, il est certain qu'à la longue le vin éprouvera une modification qui sera plus ou moins sensible, et qui le dispose à diverses maladies. Bien des gens croient qu'il est à peu près indifférent de remplir avec du vin quelconque. Qu'est-ce qu'une bouteille sur deux cent cinquante? Cela paraît à la vérité peu de chose, mais si l'on recommence plusieurs fois, il est impossible que le vin n'en soit pas altéré.

§ V. L'acétification du vin est le résultat de la cessation de la fermentation insensible, c'est-à-dire que les vins ne tournent à l'aigre que quand il n'y a plus de principes sucrés.

Cette maladie provient : 1º de ce qu'on a laissé le vin en vidange, ainsi que je l'ai dit plus haut; 2º des variations de l'air et de la grande chaleur; 3º d'une surabondance de parties aqueuses; 4° des ébranlemens trop souvent répétés que le vin éprouve dans des caves placées le long des routes très-fréquentées par de grosses voitures.

J'ai dit que la fleur du vin était une annonce que le vin était disposé à s'acidifier. Quand on s'aperçoit de la formation de ce petit champignon, il faut d'abord s'assurer si le vin n'a pas le goût d'aigre, en perçant le tonneau quelques lignes plus bas que la ligne présumée où est la fleur; lorsqu'on a trouvé le goût franc, on remplit jusqu'à la bonde, la fleur vient surnager à l'ouverture, on la jette au dehors en frappant de petits coups de genou contre le fond du tonneau, et l'on répète l'opération jusqu'à ce qu'il n'y ait plus de fleur. On scelle fortement, et le vin se remet comme auparavant.

Si, au lieu de cela, on reconnaît une dégénération dans le vin et qu'on trouve un peu de tendance à l'aigre, il faut, au moyen de trous pratiqués dans le tonneau, s'assurer jusqu'à quel point l'aigre s'étend, et aussitôt tirer du tonneau toute la partie du vin qui est acidifiée (car il est à remarquer que souvent l'acétification n'a lieu qu'à la partie supérieure du tonneau); on remplit le tonneau avec un vin plus nouveau et très-généreux. Quand l'aigre n'est que commençant, il faut soutirer le vin et le passer sur un tonneau où se trouve de la lie fraîche de bon vin. Ce procédé suffit souvent pour le rétablir, mais le vin n'en est pas moins disposé à redevenir aigre, aussi faut-il promptement le boire, ou le mélanger moitié par moitié avec des vins forts et généreux. Je conseillerais encore de brûler dans le tonneau qui doit servir au soutirage, une demi-once d'esprit de vin, qui, imprégnant de sa vapeur toutes les parties du tonneau, ne peut produire qu'un effet très-avantageux.

J'ai vu encore employer d'autres procédés qui ont eu du succès en pareille circonstance, et dont je vais donner une courte notice.

On fait griller du fromeut ou du seigle environ cinq ou six onces, on le jette tout brûlant dans le tonneau de vin qui tourne à l'aigre, on l'y laisse à peu près une journée, on soutire avec beaucoup de précaution, parce que la plus grande partie des molécules acéteuses s'est précipitée au fond; on remplit avec un vin généreux, et on colle en y ajoutant une demi-bouteille d'esprit de vin.

On peut employer dans le même but les amandes d'une quarantaine de noix; on les fait griller comme le blé, on les introduit toutes brûlantes dans le vin, mais il faut avoir soin de le soutirer six heures après qu'elles y ont été jetées, et on procède comme je l'ai dit à l'article soutirage.

J'ai vu encore employer une autre méthode qui a complétement réussi. On fit dissoudre environ une demi-livre de chaux dans une bouteille d'eau, à laquelle on ajouta un demi-litre de bonne eau-de-vie. On soutira quelques jours après, le vin avait entièrement perdu son goût d'aigre. Il s'était formé un acétate de chaux, par la combinaison de l'acide acétique avec l'oxide de calcium, qui avait neutralisé la saveur acide du vin. Malgré l'amélioration obtenue, je conseillai de le mélanger avec du vin nouveau, car le vin qui tourne à l'aigre ne le fait, ainsi que je l'ai déjà dit, que parce qu'il n'y a plus de principes sucrés dans le vin.

M. Gervais avait proposé l'application de la chaleur pour corriger le vin qui tendait à l'acétification. Voici son procédé : il place son appareil, qui a quelque analogie avec les serpentins des distillateurs d'alcool, dans une chaudière contenant de l'eau bouillante. Le vin qui le traverse s'échauffe sans contracter de mauvas goût. La chaleur , dit M. Gervais, corrige la verdeur du liquide , développe ses principes spiritueux , détruit le ferment acide , et rétablit le vin comme s'il n'eût pas souffert. Il répéta ses expériences en présence de commissaires nommés par l'Académie de Médecine ; elles ne furent pas heureuses, car il n'en résulta qu'un vin usé et qui ne ressemblait guère à un produit perfectionné. Je ne parle ici de ce moyen proposé, que parce qu'il a été préconisé par son auteur, et pour tenir en garde contre l'emploi de ce procédé.

Il est une maladie qui survient assez souvent à nos vins, lorsqu'ils se trouvent pendant les grandes chaleurs dans de mauvaises caves, et que je rapporterai à une prédisposition à l'acétification : c'est la pousse ou le goût d'échauffé, qui est nommé par syncope dans nos pays , *goût d'échaud.*

La pousse est ordinairement le résultat d'une fermentation très tumultueuse et contre nature , qui se fait remarquer dans les vins mal soignés , ou lorsqu'ils sont frappés d'une grande chaleur , comme cela arrive dans des magasins non voûtés. Lorsqu'on a à craindre un semblable accident, on doit veiller avec soin sur ses tonneaux , car si on ne leur donnait pas d'air, les fonds poussent avec force, et souvent le vin se perd. Pendant cette fermentation, qui paraît s'opérer principalement sur la matière colorante, le vin se trouble, devient noirâtre, et a un goût d'échauffé qui est désagréable.

Le meilleur moyen à employer dans cette circonstance, est le mutage. On mute de deux manières, ou par la semence de moutarde dont on introduit une livre ou deux dans le tonneau, ou par le *soufrage*. Pour ce dernier moyen, on opère de cette manière : On fait un trou avec un foret dans le milieu du fond du tonneau, et l'autre auprès de la bonde; on place sur le trou près de la bonde un morceau de mèche soufrée, et on ouvre le trou du milieu : le vin s'écoule, et à mesure qu'il sort la vapeur du soufre est attirée fortement dans le tonneau. Quand on juge le vin suffisamment soufré, on ferme les deux issues et on remplit la futaille avec le vin qu'on en a extrait. Dans cette opération, il y a formation de gaz sulfureux, qui a la propriété spécifique d'arrêter toute fermentation.

Il est encore un troisième procédé fort simple, si on était toujours, au milieu de l'été, à portée de se procurer de la glace. Il a été proposé par M. Bezu, pharmacien à Bourbonne-les-Bains, et qui assure en avoir obtenu un succès complet. Ce procédé consiste à plonger des vessies pleines de glace dans les tonneaux qui contiennent le vin qui tend à la pousse. Il est parvenu, par ce moyen, à suspendre la fermentation acide commençante, et à rétablir le vin. Mais dans ce cas, je pense que ce n'est pas assez d'avoir suspendu cette fermentation, il faut encore en prévenir le reteur en ajoutant un peu de vin généreux sur ce vin malade.

§ VI. La graisse des vins est une maladie assez rare dans nos pays : on pourrait même dire qu'elle n'existe jamais complétement pour nos vins rouges. Cependant ils éprouvent une sorte d'état particulier que nos tonneliers expriment par ces mots : *le vin est lourd*. Un soutirage suffit pour lui rendre toute sa qualité. Les vins blancs sont plus sujets à la graisse; j'indiquerai donc les divers procédés qui ont été proposés pour y remédier.

La cause précise de la graisse des vins est due, selon M. François, membre de la Société d'agriculture du département de la Marne, à la présence d'une matière soluble, quoique difficilement, dans l'alcool, mais complétement dans l'acide tartarique, et qui se trouve en suspension dans les vins filans. Cette substance, indiquée par le chimiste italien Taddey, et par M. Einhof, a reçu du premier le nom de *glaïadine* ou *gliadine*, d'un mot grec qui exprime gluten. La présence de cette substance dans les vins filans a été démontrée par des expériences positives.

Dès que M. François a eu trouvé la cause, il en a cherché le remède, et il a trouvé que la gliadine était complétement précipitée par le tannin. En sorte qu'on peut regarder cette substance comme le moyen le plus sûr de faire disparaître la graisse du vin.

La graisse attaque souvent les vins qu'on destine à devenir mousseux; et comme cette branche deviendra importante un jour dans nos pays, j'ai cru devoir indiquer ce moyen, qui consiste à verser une légère dose de décoction de noix de Galles dans le vin malade, et dont on augmente la dose en proportion de la force de la graisse.

Il a été indiqué d'autres procédés que je vais faire connaître. M. Herpin, dans un mémoire couronné par la Société d'agriculture de Chàlons-sur-Marne, qui avait proposé pour prix d'un concours les causes de la graisse des vins et les moyens d'y remédier; M. Herpin, dis-je, reconnaît comme une des causes de la graisse des vins, la décomposition incomplète du principe végéto-animal (gluten) par la fermentation. En conséquence, il propose de faire subir une nouvelle fermentation au vin qui tombe à la graisse.

Il emploie le procédé suivant : Prenez de quatre à huit

onces de crême de tartre et autant de sucre, mettez bouillir le tout ensemble dans trois litres de vin gras, jetez ce mélange tout chaud dans le tonneau de vin gras, fixez solidement le bondon à l'aide d'une chaîne, agitez le tonneau, et le remettez en place. Surveillez-le avec attention, parce qu'il ne tarde guère à se faire une vive fermentation ; percez avec un foret un trou dans lequel vous placez un fausset que vous enlevez de temps en temps pour faire échapper le gaz qui se développe pendant la fermentation. Quand elle est terminée, vous laissez encore le vin deux jours en repos ; vous collez, et au lieu de battre la colle avec le bâton, vous roulez le tonneau et l'agitez fortement. Au bout de quatre à cinq jours, vous pouvez soutirer ; le vin aura perdu son gras, et sera devenu sec et limpide. M. Herpin conseille encore, lorsqu'on a de la lie fraîche, de mettre le vin gras sur cette lie, avec une moindre dose de crême de tartre, et que ce moyen suffit pour rendre le vin sec.

La lie fraîche seule rétablit souvent le vin gras ; quelques tonneliers se servent d'alun en poudre dont ils introduisent deux à trois onces par pièce. Ce procédé est bon, cependant il convient de ménager l'introduction de ce sel, qui peut communiquer au vin un goût âpre, ou acerbe désagréable.

Lorsque le vin est en bouteilles, et tourne à sa graisse, il faut le dépoter, le remettre dans une futaille, et agir comme je l'ai indiqué ci-dessus.

Toutes les fois qu'on a employé un des procédés que j'ai énumérés, il est indispensable de coller le vin, et ensuite de le soutirer. Ce soutirage veut être fait à la sapine, pour agiter encore le vin et pour l'empêcher de retourner à la graisse. Il faut même ajouter dans le tonneau où se remet le vin, soit une bouteille de bonne eau-de-vie, soit un demi-litre d'esprit de vin.

§ VII. L'amertume est l'accident le plus funeste auquel nos vins soient sujets. Elle n'est annoncée pour rien, et c'est toujours sur ceux de première qualité qu'elle exerce ses effets délétères. J'avais pensé que cette décomposition dépendait du tannin qui se trouve dans la pellicule, et qui, devenant libre tout d'un coup par les divers états dans lesquels passe le vin, produisait sur ses autres parties une altération grave qui en faisait tomber la couleur, et le rendait pelure d'oignon ; mais les expériences que j'ai faites à ce sujet m'ont démontré que l'amertume était produite par la cessation de la fermentation insensible. Du moment où ce travail intestin cesse, toutes les parties constituantes du vin tendent tout naturellement à se séparer, on peut dire que ce n'est plus du vin, c'est l'amalgame de diverses substances qui ont un goût amer et désagréable. C'est, pour exprimer toute ma pensée, le *caput mortuum* du vin.

On a des exemples, cependant, où le vin tombé à l'amer s'est rétabli de lui-même, après un laps de temps assez considérable, mais c'est rare ; et dans ces circonstances le vin avait perdu presque entièrement sa couleur, et il avait un goût de vieux qui n'offrait rien de bien flatteur. Ceux qui veulent en courir les chances peuvent laisser leur vin tombé à l'amer se rétablir de lui-même, et cependant je leur donnerai le conseil de se hâter de le dépoter s'il est en bouteilles, de le mélanger avec d'autres plus nouveaux ; la fermentation insensible s'opérant, réunit alors les parties de celui qui est amer, le revivifie, et les nouveaux acquièrent par ce mélange un goût très-agréable.

Un tonnelier m'a assuré avoir rétabli du vin en tonneau qui tendait à l'amer, par le procédé suivant : Il fit brûler dans le tonneau destiné à recevoir le vin une dose assez forte d'esprit de vin, puis après il le mécha très-fort. Le lendemain, il soutira le vin malade, le colla en y ajoutant une demi-bouteille d'esprit de vin ; la tendance à l'amertume disparut, et le vin devint tout aussi bon qu'auparavant.

Les moyens dont je viens de parler sont pour rétablir le vin amer : ce n'est pas là l'objet essentiel pour notre commerce ; j'ai tenté diverses expériences à ce sujet. J'avais d'abord pensé que le vin devenant amer par défaut de fermentation insensible, le seul moyen d'y obvier était de donner au vin la substance fermentescible par excellence, c'est-à-dire du sucre. J'avais conseillé de mettre un grain de sucre candi dans chaque bouteille, mais la fermentation était plus forte que je ne l'eusse voulu, et le vin continuellement en travail n'était pas clair et limpide.

En réfléchissant attentivement sur l'état du vin tombé à l'amer, j'ai été conduit à penser qu'on parviendrait tout-à-fait à éviter ce grave accident, en ayant recours à l'esprit de vin. Ainsi, soit une feuillette de vin précieux que vous voulez mettre en bouteilles pour expédier, soutirez en brûlant dans le vase destiné au soutirage une certaine dose d'esprit de vin, méchez, collez aux blancs d'œufs, et ajoutez demi-litre d'esprit de vin ; quand vous jugerez le temps de mettre en bouteille arrivé, passez dans chacune une légère dose d'esprit que vous égouttez, et aussitôt introduisez le vin dans la bouteille. Vous obvierez par cet expédient au danger que vous ne pouvez prévoir de l'amertume du vin : et je vais plus loin, c'est que le vin ne tombera plus à l'amer. J'ai la certitude de l'efficacité de ce moyen.

§ VIII. Le goût de fût est un accident qui malheureusement est assez fréquent dans nos pays, où l'on est dans l'usage de mettre constamment les bons vins en tonneaux neufs. Ce goût est communiqué au vin par une ou plusieurs douves qui ont été piquées des vers, ou tarées. Il n'est aucun signe qui puisse faire connaître cet état du bois, et l'on ne peut accuser le tonnelier de cet accident.

Peu de temps après que le vin a été mis dans les tonneaux, lorsqu'on juge qu'il est à peu près dépouillé de sa grosse lie, on est dans l'usage de déguster le vin pour savoir s'il est franc. Lorsqu'on rencontre une pièce qui offre le goût de fût, on s'empresse de soutirer le vin et de le passer dans un tonneau frais vidangé. Malgré cette transvasation, le vin conserve fortement cette saveur ; on a recours à divers moyens qui souvent manquent leur effet. Je vais en indiquer un qui a eu plein succès et qui est fort simple.

On jette dans le tonneau de vin fûté un morceau de chaux vive à peu près de la grosseur du poing, on agite fortement le vin ; après cinq ou six jours de repos on goûte le vin : si la saveur du fût se fait toujours sentir, on recommence l'opération, et il est rare que le vin ne reprenne pas toute sa franchise.

M. Roard propose à peu près le même moyen, si ce n'est qu'au lieu de la chaux vive il conseille l'emploi de l'eau de chaux, à la dose de seize à dix-sept livres par feuillette de nos pays ; quand elle est dans le tonneau de vin gâté, il recommande de le rouler pendant dix ou douze jours ; on le laisse ensuite en repos. Cette eau de chaux, selon lui, améliore le vin, sans altérer aucun des principes utiles à sa conservation.

On lit dans les mercuriales du *Lycée de l'Aube*, un autre moyen pour ôter au vin le goût de fût, dont la simplicité fait le mérite. On verse dans le tonneau, de deux cent quarante bouteilles, deux bouteilles de lait chaud, sortant du pis de la vache; on agite le vin, on bondonne avec soin, et on soutire huit à dix jours après.

Un pharmacien de Salins, M. Pomier, a découvert un procédé fort simple pour enlever au vin le goût et l'odeur de fût ou de moisi, qui consiste à introduire dans le vin détérioré une certaine dose d'huile d'olives; on agite fortement le mélange; après vingt-quatre heures de séjour, l'huile est toute à la partie supérieure, et chargée du mauvais goût du vin. M. Pomier avait adressé à l'Académie royale de médecine une note contenant sa découverte. Des commissaires furent nommés pour répéter les expériences de l'inventeur. Ils détériorèrent du vin avec des moisissures prises sur des tonneaux dans une cave humide; après douze heures de contact de l'huile avec le vin, ils séparèrent les deux liquides, le vin avait perdu toute saveur et odeur désagréables. Ils ont rappelé, à ce sujet, que M. Lajour, secrétaire de la Société d'agriculture, avait recommandé d'enduire d'huile l'intérieur des vieux tonneaux moisis, et que, à l'aide de ce moyen, les tonneaux perdaient toute mauvaise odeur, et que le vin ne contractait aucun goût désagréable [1].

Ce procédé pourrait être employé avec beaucoup d'a-

[1] Il semble démontré, d'après les remarques de M. Virey, que la substance qui détériore le vin en cette circonstance, est de la nature des huiles essentielles. Il a observé que si l'on agite fortement des huiles fixes avec des eaux distillées aromatiques, celles-ci perdent entièrement leur arôme, qui alors se combine avec l'huile fixe.

vantage pour enlever à nos eaux-de-vie de marc le goût désagréable qu'elles ont, et qui, comme je l'ai dit précédemment, n'est causé que par l'huile qui est contenue dans le pépin. Déjà, dans le département de la Meurthe, on a tenté ce moyen pour ôter aux eaux-de-vie de pommes-de-terre le mauvais goût qu'elles ont naturellement, et on a obtenu un plein succès. Je l'ai indiqué à plusieurs distillateurs qui n'en ont pas encore fait l'épreuve, tant un essai seulement d'amélioration coûte à entreprendre !

On a encore conseillé plusieurs autres moyens pour ôter le goût de fût, tels que le chapelet d'*iris nostris*, la carotte rôtie suspendue à une ficelle et plongée dans le vin, etc. Je les passerai sous silence, parce que ceux que j'ai indiqués sont meilleurs, et offrent des chances d'un succès complet, tandis que les autres servent à masquer le goût plutôt qu'à l'enlever.

Ce que je viens de dire relativement au goût de fût, peut s'appliquer également à tous les vins qui ont un goût de pourri, de moisi, ou de fumée. Toutes ces saveurs, comme celle de fût, paraissent n'être causées que par une huile essentielle qui se combine au vin et qui le vicie; en sorte que les remèdes que j'ai indiqués contre l'une de ces saveurs, trouvent leur application pour toutes les autres.

En terminant cette Statistique de la vigne, je crois devoir présenter quelques considérations qui se rattachent à cet ouvrage. Je les abrégerai, pour ne pas prolonger outre mesure un travail peut-être déjà trop étendu.

Dans le tableau que j'ai esquissé du produit de la vigne, j'ai fait voir que nos vignobles n'étaient plus que d'un faible revenu, et que, par conséquent, ceux qui avaient leur existence attachée, en quelque sorte, aux produits de la vigne, étaient en souffrance. J'ai jeté les yeux sur les autres vignobles de France, et j'ai vu un même état de gêne et de privation. Partout le propriétaire de vignes se plaint; dans plusieurs endroits même il est réduit au désespoir. Il ne vend pas sa denrée, et sa propriété se trouve grevée d'un double impôt, l'un qui frappe le sol et l'autre son produit. Le peuple, et combien de gens sont peuple en ce point, attribue aux seuls impôts indirects la misère qui l'accable; peu s'en faut qu'on ne rende les employés responsables de cet excès de maux : on les en accuse du moins, et les outrages dont ils sont abreuvés, dans beaucoup de pays, sembleraient le prouver.

Je suis loin de nier que cette sorte d'impôts qui va pénétrant dans vos maisons, jauger, mesurer ce que vous consommez, qui vous inflige en quelque sorte une amende qui s'accroît en proportion de vos besoins, qui scrute dans la maison du commissionnaire ou du marchand de vin la valeur de ses affaires, en tient registre, et qui peut, s'il lui plaît, altérer ou détruire la confiance qu'on a dans une maison de commerce; je ne puis nier, dis-je, qu'un pareil impôt ne soit onéreux, vexatoire et préjudiciable ; et sans doute on doit le regarder comme une cause de dépérissement du commerce des vins.

Mais cette cause n'est pas la seule. Depuis 1804 jusqu'en 1815, les Droits-réunis existaient, le négoce sur les vins était gêné, grevé même, d'une contribution beaucoup plus forte, et cependant la vente des vins s'opérait facilement, les vignes étaient encore d'un revenu assuré. On voyait des achats de cette denrée se faire par spéculation.

De 1806 à 1815, la vigne a produit net par ouvrée près de 25 francs, et nous étions sous la verge des Droits-réunis ; il est donc d'autres motifs du discrédit dans lequel sont tombés les vins de France, je vais en indiquer succinctement quelques-uns.

1º Depuis 1815, la classe industrielle et moyenne, qui consommait une quantité considérable de vin, a vu décroître, chaque année, cette aisance dont elle avait joui depuis 1795. En perdant pièce à pièce ses moyens d'existence, soit par une diminution de main-d'œuvre, soit par l'immense concurrence qui s'est établie dans chaque genre d'industrie, cette classe, d'aisée qu'elle était, est devenue pauvre ; il a fallu qu'elle se fît des privations, et les premières qu'elle s'est imposées ont été celles du bon vin et même de l'ordinaire. Peu à peu on a vu les commandes diminuer, et on pourrait presque dire que depuis 1826 elles ont sinon cessé, du moins sont-elles devenues si exigues, qu'à peine a-t-on pu faire écouler la moitié des bons vins récoltés depuis cette époque.

Ce n'était pas assez de ce malaise général, les états voisins opposant à la France les mêmes armes qu'elle lui présentait, ont établi des tarifs de douanes qui sont devenus une espèce de prohibition de nos vins. Je puis bien lui donner ce nom, puisque depuis 1815, la Belgique et les provinces rhénanes n'ont que très-peu demandé de ces ordinaires excellens qui étaient d'une vente si facile et si avantageuse ; et en effet, comment se résoudre à acheter une pièce de vin qui vaut soixante-dix francs, et qui doit payer soixante-dix francs d'entrée à la douane étrangère ? On s'est donc borné à demander à nos marchands quelques pièces de grand vin, et comme le transport et les droits en absorbaient plus de moitié de la valeur, et par consé-

quent en augmentaient le prix d'autant, la consommation
en a été toujours de plus en plus faible.

On doit ajouter encore à cela une autre considération
qui a mis en baisse nos bons vins dans les pays du nord de
la France. Anciennement on tirait nos vins de fort bonne
heure, peu après les vendanges, et sur lie. Ils parvenaient
en Belgique dans toute leur vigueur ; on les buvait lorsqu'ils étaient arrivés à leur point, ils n'avaient pas à supporter, à cette époque, les secousses du transport, et par
conséquent ils étaient bien moins exposés à péricliter.
Tandis que, de nos jours, les demandes se font au moment
où on veut les consommer ; à leur départ ils sont délicieux, mais le voyage, mais les intempéries de l'air, ou
trop froid ou trop chaud, en altèrent la qualité ; leur nature se change, et au bout de quelque temps ils ne sont
plus ce qu'ils étaient : le vin même perd toute sa valeur.
Ces pertes dégoûtent insensiblement les acquéreurs qui,
au lieu d'en vouloir à nos vins, devraient reprendre les
habitudes de leurs pères, se pourvoir en primeur, et les
bien soigner : nos vins alors seraient ce qu'ils étaient autrefois.

Il est encore une autre cause qui a décidé une grande
diminution dans la consommation : c'est la mode. Elle paraîtra bien futile aux yeux du vulgaire, mais l'économiste
qui médite un peu sur les causes d'une altération dans la
consommation, la trouvera positive et réelle. Il y a un siècle
c'était la mode de boire beaucoup de vin, aujourd'hui c'est
la mode de n'en pas boire. Il était admis, et on ne trouvait
pas extraordinaire de voir un élégant, un homme du bon
ton, un gentilhomme, sortir d'un grand repas un peu
aviné. J'en pourrais fournir cent preuves, je n'en citerai
qu'une que ce sujet me rappelle.

Notre excellent comique Molé témoigna un jour, au célèbre Garrick, combien il était difficile de représenter sur la scène un homme de bonne compagnie et ivre, quoique cela se vît tous les jours dans le monde. Molé essaya alors un de ces rôles. Avinez, lui dit Garrick, un peu plus vos jambes, et moins votre buste et votre tête. L'ivresse du peuple est toute dans son corps, parce qu'il s'abandonne entièrement au vin; et un marquis ne lui abandonne jamais son élégance.

Certes, on ne donne pas de semblables conseils, quand on n'a pas été dans le cas de saisir le ridicule souvent et d'après nature. Aujourd'hui on montrerait au doigt tout homme bien élevé qui se livrerait au vin au point de paraître ivre; il serait exclus de toute bonne société. Si la mode, en ceci d'accord avec la saine raison, a pu produire un tel effet, la consommation a dû, de nécessité, éprouver une forte baisse : et une baisse dans la consommation du vin est toujours au détriment des vignobles.

Il y a donc beaucoup à faire pour voir refleurir le commerce de nos vins. Le premier point, et le plus essentiel, est de rendre à toutes les classes cet état d'aisance sans lequel toute société ne peut exister long-temps. La misère, à l'époque de civilisation où nous sommes parvenus, est un état contre nature qui devient bientôt insupportable.

2º Il convient d'adopter un autre système de douanes qui, au lieu de rendre les peuples les plus voisins ennemis des uns et des autres, établisse, au contraire, un accord parfait et un mutuel échange des denrées propres à chaque état, et qui, par une juste réciprocité, donne au commerce cette activité qui met en circulation les richesses ou le signe qui les représente. Qu'on augmente le consommateur, il se trouvera toujours assez de producteurs.

3º Enfin trouvons ce problème, jusqu'ici si difficile à résoudre, de procurer au trésor les mêmes sommes que l'impôt sur les boissons peut lui rapporter, sans infliger à la propriété, ni au commerce, les entraves dont ils sont accablés.

Ces questions importantes, et qui sont communes à la totalité des vignobles de France, doivent appeler toute l'attention du législateur. Les malheurs des vignobles sont à leur comble, c'est une véritable crise qu'il est instant de finir. Je n'ai qu'un vœu à former : c'est que cet ouvrage, où je me suis attaché à faire connaître de quels avantages peuvent être les produits vignobles sous le rapport agricole et commercial, excite en leur faveur toute la sollicitude d'un gouvernement aussi éclairé qu'ami de tout ce qui peut intéresser le bien-être des Français.

P.-S. En mettant sous presse, j'ai appris qu'un moine de Cîteaux, sur la demande d'un grand-duc de Toscane, avait fait, dans le milieu du siècle dernier, un ouvrage sur la culture de la vigne en Bourgogne, et dont une traduction en italien avait paru à Florence, en 1779 ; je l'ignorais, et je déclare que ce mémoire m'est absolument inconnu.

FIN.

TABLE

DES MATIÈRES.

—

Pages.

FIN DE LA TABLE.

IMPRIMERIE DE CH. BRUGNOT. — DIJON.

OBSERVATIONS

POUR LES

INSTITUTEURS.

OBSERVATIONS

POUR LES INSTITUTEURS,

SUR LES

ÉLÉMENS D'ARITHMÉTIQUE

A L'USAGE DES ÉCOLES PRIMAIRES ;

Précédées d'une notice sur la vie de CONDORCET, pendant sa proscription.

Ouvrage qui a obtenu le suffrage du jury des livres élémentaires, et qui a été couronné, et jugé digne d'être imprimé, par une loi du 11 germinal an IV.

Par J.-B. SARRET.

A PARIS,

Chez { Firmin Didot, libraire, rue Thionville.
{ Deterville, libraire, rue du Battoir.

An VII.

AVERTISSEMENT.

L'ouvrage qui paraît aujourd'hui sous mon nom, et dont quelques circonstances peu importantes à connaître ont retardé l'impression, a été publiquement attribué (1) à un homme justement célèbre, auquel les sciences et les lettres doivent beaucoup, et dont la fin déplorable et trop prématurée a laissé un grand vide dans cette carrière ; à un de ces hommes dont la nature est si avare ; à un homme à qui son génie et ses lumières ont assigné une place parmi les savans de première ligne ; à un philosophe dont le nom et les malheurs réveillent, chez tout vrai ami de la république, des idées bien déchirantes ; à un philantrope dont le souvenir sera toujours cher aux amis de l'humanité, et dont la perte a été si douloureuse pour tous ceux qui avaient le bonheur de le connaître ; enfin au vertueux, à l'illustre et infortuné CONDORCET.

Je dois à la mémoire de ce grand homme, et je me dois à moi-même, de lui faire hommage de la part qu'il a eue à mon travail. Mais avant de payer ce tribut, il est intéressant pour ceux qui aiment et recherchent la vérité, il est surtout important pour moi, vu la publicité qui fut donnée, dans le tems, à l'espèce de procès qui a existé, au sujet de cet ouvrage, entre la veuve Condorcet et

______

(1) On trouvera plus bas le rapport fait au conseil des Anciens, sur cet ouvrage.

moi (1) ; il est important, dis-je, que je fasse connaître quelle a été l'issue de cette contestation, et ce qui paraît lui avoir donné lieu. Je pense d'ailleurs que le lecteur ne sera pas fâché de trouver ici une notice sur les derniers mois de la vie de cet homme intéressant sous tant de rapports.

CONDORCET trouva, pendant sa proscription, et par un heureux hasard, un asile sûr, je dirai même agréable, chez une femme alors presque ignorée, quoique bien distinguée, sans contredit, par ses qualités morales. Je tairai son nom, elle m'en a fait la loi ; mais je puis dire que par les attentions délicates et constamment soutenues, les soins tendres mais purs, mais désintéressés qu'elle a prodigués à cette innocente victime du malheur, qu'elle avait reçue sans la connaître autrement que de nom ; par son dévouement à la conservation de ce précieux dépôt ; par son courage à braver les dangers évidens qui la menaçaient elle-même ; par son zèle, sa vigilance scrupuleuse à prévenir non-seulement les besoins, mais les desirs de son hôte ; par ses inquiétudes continuelles, dans la crainte

---

(1) Voyez l'article anonyme inséré dans la DÉCADE PHILOSOPHIQUE LITTÉRAIRE ET POLITIQUE du 30 messidor an 4 ; ma réponse dans le MONITEUR du 19 thermidor, ou dans le MERCURE FRANÇAIS du 20 du même mois ; et la réplique du rédacteur de la DÉCADE dans le MONITEUR du 1er fructidor ; réplique où la partialité est assez évidente, pour que tout le monde puisse la remarquer, et pour que j'aye cru pouvoir me dispenser d'y répondre.

de ne pas assez bien remplir les devoirs d'une hospitalité qui lui était devenue sacrée ; par ses vertus privées, surtout son humanité, sa bienfaisance envers tous les malheureux sans distinction ; par une noblesse et une délicatesse de sentimens peu communes; par cette sensibilité plus qu'humaine, dont la plus douce jouissance est dans le bonheur des autres, et dont tous les mouvemens tendent à le procurer ..... Je puis dire qu'elle honore un nom déjà illustré par un artiste célèbre, auquel elle était alliée.

Que votre modestie ne s'effarouche pas, trop généreuse amie, je m'impose silence sur tout ce que j'aurais à dire encore pour peindre les qualités, trop peu connues, de votre cœur, celles de votre esprit, et l'amabilité de votre caractère ; oui, quelque besoin que j'aye de manifester mes sentimens à votre égard, quel que soit mon désir pour que chacun puisse vous apprécier dignement, je m'arrête, de peur qu'on ne soupçonne d'adulation ce qui ne serait pourtant qu'un éloge mérité.

Pendant tout le tems que Condorcet passa dans cette retraite, c'est-à-dire pendant huit mois entiers, j'eus le bonheur, logeant sous le même toit, de vivre avec lui, et de seconder la vigilance, de partager, autant qu'il était en mon pouvoir, les soins de son ange tutélaire. Pendant ces huit mois où nous ne l'avons pas perdu de vue un seul instant, pour ainsi dire, nous avons été les témoins et les admirateurs de sa douceur, de sa patience, du calme inaltérable de son ame, de sa résignation à un sort immérité ; je pourrais dire de son indifférence pour lui-même, car les objets de ses plus vives sollicitudes étaient la république, sa femme, son enfant, ses amis.

Il partageait son tems entre le travail; la lecture (de romans principalement, dont il dévorait une quantité incroyable); la société de sa bienfaitrice, qu'il avait nommé sa seconde mère (titre dont elle était assurément bien digne) et avec laquelle il aimait beaucoup à converser; celle du citoyen Mancoz, membre de la Convention, qui habitait aussi la même maison, homme autant recommandable par sa moralité que par ses connaissances, et dont l'amitié m'est bien précieuse; (c'était lui qui procurait des livres, des journaux et autres papiers, et donnait les nouvelles du jour, surtout celles de la Convention); enfin la mienne, s'il m'est permis de me compter, et de tems en tems celle de quelques amis qui étaient dans le secret de sa retraite.

Il travaillait assez régulièrement toute la matinée, c'est-à-dire jusqu'à l'heure du dîner, et dans son lit jusqu'à midi, pour se garantir du froid des jambes, auquel il était sujet et sensible. l'après-dînée, jusqu'à sept ou huit heures, était consacrée à la société dont je viens de parler. Elle était employée à la lecture des journaux, et à des conversations dont on se doute bien qu'il faisait le principal agrément, soit par son esprit, par l'étendue de ses lumières, soit par une foule d'anecdotes piquantes dont sa mémoire était meublée. À huit heures il se remettait au travail, jusqu'à dix. L'intervalle entre dix heures et celle du coucher se passait entre lui, sa seconde mère et moi.

Telle était la manière de vivre habituelle de CONDORCET dans l'asile qui lui servit de refuge, et où *il ne lui manquait*, a-t-il dit plus d'une fois, *pour être heureux, que le bonheur de son pays, et la présence des personnes qui l'attachaient à la vie.*

C'est-là qu'il composa l'ouvrage posthume qu'on a de lui (1), et qui n'est que le sommaire d'un autre beaucoup plus considérable qu'il se proposait sur la même matière.

C'est-là qu'oubliant, nouvel Archimède, le péril imminent de sa vie, le glaive suspendu sur sa tête, il s'élevait dans les hautes mathématiques, et cherchait à résoudre ou proposait des problêmes de géométrie transcendante (2).

C'est-là que son génie actif jetait les fondemens d'une langue philosophique universelle (3).

C'est-là que son patriotisme éclairé, ne respirant que la gloire de la France et les succès de la République, méditait et com-

---

(1) *Esquisse du tableau des progrès de l'esprit humain.*

(2) Le citoyen MARCOZ remit plusieurs fois des problêmes à résoudre au citoyen ARBOGAST, membre aussi de la Convention, qui vraisemblablement ne soupçonnait pas, et qui peut-être ignore encore de quelle part ils lui venaient.

(3) Il avait imaginé et préparait l'établissement de cette langue, il en avait même tracé quelques signes.

a iij

muniquait les moyens qui pouvaient y contribuer (1).

C'est de là que, sous le voile de l'anonyme,
il dévoilait, à travers un persiflage amer, les
vues secrètes de PITT (2), et lançait le ridicule
sur les races royales (3).

Là il s'occupait de l'éducation à donner
à son ÉLISA (c'est le nom de sa fille , alors
âgée de quatre ans) , et traçait dans quelques
conseils pour elle , un cours complet de
morale (4).

Là......... mais je ne finirais pas , si je
voulais faire connaître tous les sujets sur lesquels s'exerçait son esprit fécond.

Une chose bien digne de remarque , et
qui seule suffirait pour peindre sa grande
ame , mais qui n'étonnera que ceux qui ne
le connaissaient pas : c'est qu'il ne lui est
jamais échappé la moindre injure , c'est que
même il n'a jamais témoigné de l'humeur
contre ses ennemis , ses calomniateurs , ses

---

(1) Le même MARCOZ fit parvenir au comité de salut
public plusieurs mémoires très-importans pour le succès
de la guerre contre la coalition. Ce comité était sans
doute bien éloigné d'imaginer que l'auteur était un de
ses proscrits.

(2) Voyez l'écrit ayant pour titre: *Junius à Wil-
liams Pitt*, imprimé dans le Mercure Français du 29
nivôse an 2.

(3) Il avait composé un petit écrit très-piquant, intitulé *Essai sur la dégradation physique des races
royales*, qui devait être imprimé, mais qui ne l'a pas été.

(4) Ces conseils sont connus de plusieurs personnes,
et méritent d'être entre les mains de tout le monde.

persécuteurs. *Que leur feriez-vous*, lui demandait un jour sa gardienne, *s'il arrivait que leur sort fût entre vos mains ?.... Tout le bien que je pourrais*, répondit-il sans hésiter, et avec cet air de bonté qui lui était naturel. Il le pensait.

Ce sont des animaux....... ils ne savent ce qu'ils font...... Voilà tout ce que j'ai entendu de plus fort, en fait d'injure, dans sa bouche, et lorsqu'il y avait quelque nouvelle loi, quelques nouvelles mesures qui lui paraissaient mauvaises, et qui l'affligeaient vivement.

Je dirai, pour ceux qui pensent que la sensibilité du cœur est étrangère à la philosophie, que c'était pourtant une des qualités de CONDORCET. J'ai eu plus d'une occasion de la remarquer dans ces tems désastreux, dans ces jours de sang et de deuil qu'on ne se rappelle qu'en frémissant ; mais je n'en citerai pour preuve que les larmes que je lui ai vu verser, lorsqu'il apprit l'arrêt de mort porté contre ses infortunés amis de la Gironde, et celles que lui arrachaient assez souvent la privation de sa fille, ainsi que ses inquiétudes sur le sort futur de cet enfant chéri. Je n'ai pas été témoin de celles-ci, car, disait-il, *les hommes ne pleurent pas devant les hommes* ; mais je sais qu'il les répandait souvent en son particulier, et quelquefois dans le sein de sa seconde mère, devant laquelle il ne craignait pas de montrer cette honorable faiblesse ; si toutefois on doit qualifier de faiblesse l'expression d'un sentiment aussi sacré.

Les bornes d'une notice ne me permettent pas de parcourir tous les traits saillans que je pourrais rassembler, et que j'offrirai peut-être quelque jour au public, sur ce grand homme bien digne, hélas, d'un meilleur sort ; mais je ne puis me refuser à faire de lui deux citations qui seules valent un volume d'éloge.

Deux ou trois mois avant sa mort, et dans un moment où il craignait pour les jours de sa femme, il avait fait, pour sa seconde mère, un écrit qui contenait ses derniers désirs au sujet de son ÉLISA, dans le cas où, comme il le dit dans cet écrit, *elle serait destinée à tout perdre*. Cette pièce est très-courte, mais je ne la donnerai pas, vu qu'elle est une propriété de celle à qui elle fut adressée ; j'en citerai seulement deux passages.

« Qu'elle (sa fille) soit élevée dans les
» mœurs et vertus républicaines. . . . .
» . . . .
» Qu'on éloigne d'elle tout sentiment de
» vengeance personnelle ; qu'on lui apprenne
» à se défier de ceux que sa sensibilité pour-
» rait lui inspirer ; qu'on le lui demande en
» mon nom ; qu'on lui dise que je n'en ai
» jamais conçu aucun ».

La gardienne de CONDORCET est Provençale, et en a l'aimable vivacité, la gaieté, la franchise. Elle a de plus un goût né, peut-être du talent pour la poësie, et fait par fois de très-jolis vers, quoiqu'elle n'ait reçu d'autre instruction, d'autre éducation que celle de la nature, au moins dans tout ce qui n'a pas rapport aux principes de la morale. Pour égayer son hôte, elle s'amusait de tems en tems à lui faire quelques couplets : *Savez-vous*, lui dit-il un jour, *que vous m'en ferez faire ?*........ En effet il composa peu de tems après une pièce de vers, les seuls qu'il ait faits, sous le titre d'Épitre d'un Polonais exilé en Sibérie, en 1768, a sa femme. Cette pièce ne m'appartenant pas plus que l'autre, je m'imposerai la même réserve, mais j'en citerai deux vers dignes d'être mis au bas du portrait de ce grand homme :

« Ils m'ont dit : *choisis d'être oppresseur ou victime ;*
» J'embrassai le malheur, et leur laissai le crime. »

Je viens à la cruelle catastrophe qui nous a coûté et nous coûte encore tant de pleurs et de regrets.

Nous étions depuis quelque temps menacés d'une visite domiciliaire, mais nous avions dans notre secret quelqu'un, à portée d'être bien instruit, qui devait nous prévenir à tems. La veille du jour que CONDORCET quitta son asile (c'était le 4 germinal, an 2), un inconnu se présenta chez la propriétaire de la maison (la gardienne du proscrit), sous prétexte de voir un appartement qui était à louer. Il fit connaître, par nombre de qués-tions singulières, et étrangères à l'objet qu'il disait l'avoir amené, qu'il n'était pas, comme le dit ensuite CONDORCET, qui de son réduit avait entendu tout le colloque, *un chercheur d'appartement*, et qu'il savait, ou au moins soupçonnait quelqu'un caché dans la maison.

Il parla de visites pour le salpêtre, et donna
à entendre que vraisemblablement on viendrait en faire ; ajoutant, et il le répéta plusieurs fois avec une sorte d'affectation, que *si
l'on avait quelque chose de précieux, il fallait y bien prendre garde, vu que ceux qui
étaient chargés de ces visites n'étaient pas
toujours des gens sur qui l'on pût compter.*

On doit juger que cet individu nous in-
trigua beaucoup, et nous ne pouvions deviner s'il était venu pour espionner ou pour
donner un avis généreux (je dois dire à sa
louange qu'il était venu dans cette dernière
intention, nous l'avons su depuis). Quoi qu'il
en soit, le lendemain matin CONDORCET reçut
une lettre qui lui annonçait qu'on devait,
peut-être le même jour, faire une visite dans
la maison qu'on soupçonnait recéler des fu-
gitifs du Midi.

Cette lettre, qui indiquait à l'infortuné une
autre retraite, l'obligea de quitter celle qu'il
s'était proposé d'habiter toute sa vie. Hélas !
nous ne prévoyions pas qu'une absence, qui
devait ne durer que trois ou quatre jours,
était une séparation éternelle. Je n'imaginais
pas que nos embrassemens dans la plaine de
Montrouge, où je l'avais accompagné seul et
en plein midi, étaient un dernier adieu.

Il se rendait alors à Fontenai-aux-Roses (1),
chez S...., son ancien ami. Je n'ai jamais
pu savoir au juste ce qui se passa entre eux ;
mais deux ou trois jours après, le malheureux

---

(1) Village auprès de Paris.

Condorcet fut arrêté à Clamart, sous Meudon (1), dans un cabaret où la faim l'avait conduit, et de-là traduit comme un criminel dans une prison du Bourg-Égalité (2), où celui que nous avions eu le bonheur de soustraire, pendant huit mois, à la hache décemvirale, termina lui-même ses jours par le poison.

Telle a été la fin de cet homme rare tant par ses qualités et ses vertus que par son génie et ses vastes connaissances.

Le jour et au moment même d'un départ devenu si funeste, Condorcet me remit un petit sac de toile renfermant des papiers, et me dit : *Tenez, voilà quelques papiers ; vous en ferez ce que vous voudrez.*

Une partie de ces papiers contenait des calculs algébriques ; une autre, quelques idées éparses sur différens sujets, quelques pensées isolées ; une autre, des matériaux, des essais de signes pour la langue philosophique dont j'ai parlé plus haut, et dont il nous avait plusieurs fois entretenus ; mais la plus grande partie contenait des notes relatives au grand ouvrage qu'il s'était proposé sur *le tableau des progrès de l'esprit humain.* Ceux-ci furent les seuls que je conservai (3), et je puis dire au péril de ma vie, quoiqu'en les cachant avec soin ; mais je jugeais qu'ils pourraient devenir un jour très-précieux pour lui, lorsqu'il continuerait cet ouvrage. Tout le reste fut brûlé comme à-peu-près inutile, et parce

––––––––––

(1) (2) Villages auprès de Paris.
(3) Ils ont été depuis remis à sa veuve.

que le volume eût été trop considérable,
par conséquent plus difficile à soustraire aux
visites.

Parmi ce qui fut ainsi sacrifié se trouvaient
trois ou quatre feuilles, écrites à mi-marge,
sur l'arithmétique ; c'est-à-dire contenant
quelques vues générales et une exposition
du plan qu'il s'était proposé de suivre dans
des élémens de cette science, qu'il destinait
au concours ouvert quelque tems auparavant
par la Convention nationale, pour des ouvrages élémentaires d'instruction publique ;
plus des réflexions et raisonnemens sur la
méthode qu'il croyait devoir être suivie dans
l'enseignement; plus un fragment de la première leçon, tant dans la partie destinée aux
élèves, que dans celle destinée aux instituteurs ; division qu'il avait adoptée pour son
ouvrage, et que j'ai conservée dans le mien.

Quand j'eus pris lecture de ces feuilles, je
fus singulièrement frappé de voir que les principes et la méthode de CONDORCET étaient
conformes à ceux que j'avais conçus et mis
en pratique ; dirai-je avec quelque succès,
dans une éducation particulière dont je m'étais
chargé quelques années auparavant. Cette
connaissance, qui me flatta grandement,
mais m'étonna bien davantage, m'inspira
le désir de travailler sur son plan, et d'exécuter à ma manière ce qu'il avait entrepris.

Mais une difficulté vint se présenter à mon
esprit : devais-je, ou non, faire usage des
feuilles que CONDORCET m'avait laissées (je
pourrais dire données) ? S'il eut été possible
de le nommer, la difficulté aurait été bientôt

levée, mais deux raisons péremptoires s'y opposaient.

L'une, qu'à cette époque je ne pouvais, sans exposer ma vie et celle de plusieurs autres personnes, prononcer son nom, ou du moins avouer des relations avec lui (1).

L'autre, qu'en le nommant, j'eusse contrevenu à la condition de l'anonyme expressément imposée pour être admis au concours (2).

Or il répugnait infiniment à ma délicatesse de me servir de l'ouvrage d'un autre, à son insu, et sans pouvoir le nommer. Cependant que pouvais-je faire de mieux que de prendre CONDORCET pour guide de mon travail, que d'adopter ses vues, que de suivre son plan, autant du moins que le comportent mes faibles moyens ?

Je fis part de mon embarras au citoyen MARCOZ, en lui communiquant les feuilles de CONDORCET (3). Il fut d'abord d'avis que je ne devais pas en faire usage, puisque je ne pouvais ni le nommer, ni avoir son consentement ; nous ne savions alors où il était (4). Mais après avoir discuté les rai-

---

(1) On sait qu', avant le 9 thermidor ; c'eut été se vouer à une mort presque certaine.

(2) Voyez le décret de la Convention Nationale du 9 pluviôse an 2.

(3) Ce fait et un autre, non moins important, sont attestés dans un certificat que j'ai de lui, et qu'on trouvera plus bas.

(4) Ceci se passait quelques jours après le départ de cet infortuné, et dans un moment où il n'existait plus ; mais nous l'ignorions. Il m'avait bien dit en me

sons pour et contre, nous finîmes par décider que je pourrais m'en servir, sauf à lui en faire hommage, si l'ouvrage avait du succès; sinon, qu'il serait inutile de faire mention de lui pour si peu.

Tel fut le motif qui me détermina à employer ces feuilles, ou plutôt à emprunter

---

quittant qu'il allait à FONTENAI, et que de là il se rendrait peut-être au PEQ (village auprès de St. GERMAIN-EN-LAYE), puis reviendrait dans son asile ; mais nous ne savions rien de plus à son sujet. Son silence à notre égard nous étonnait, mais nous imaginions, ou qu'il craignait de nous compromettre, ou que la personne qui lui donnait alors asile exigeait que nul ne fut dans son secret, ou bien qu'il avait trouvé le moyen de passer en Suisse, comme le bruit en courait. Un fait constant, mais qui surprendra sans doute, c'est que ce n'a été que long-tems après le 9 thermidor, que nous avons été certains de sa mort. Nous apprimes, il est vrai, et par hasard, environ trois mois après qu'il nous eut quittés, qu'un individu, dont on ignorait le nom, avait été arrêté quelque tems auparavant dans les bois de MEUDON, et était mort en prison ; ou selon une autre version : qu'on avait trouvé, dans le bois de MEUDON, un homme mort de faim, et qui était inconnu. Ces nouvelles nous donnaient de l'inquiétude, mais comme elles étaient vagues, et rapportées sur de simples oui-dire, par des gens qui ignoraient l'intérêt que nous pouvions y prendre; comme d'ailleurs elles pouvaient regarder tout autre que CONDORCET, d'autant plus que la mort de celui-ci eut été à cette époque, au moins nous le pensions, un événement auquel on n'eut pas manqué de donner de la publicité, nous ne tinmes pas grand compte de ces annonces, dont nous n'avions au surplus aucun moyen de vérifier l'authenticité, et sur lesquelles même il n'eut pas été prudent de faire des recherches. Hélas ! il n'était pourtant que trop vrai que ces avis sinistres étaient, à quelques circonstances près, le récit exact de la fin déplorable de notre malheureux ami.

les idées et une partie du plan de Condorcet.
Je dis une partie du plan, parce que la totalité eut été au-dessus de mes forces, et que
d'ailleurs le tems, dans lequel j'étais circonscrit (1), ne m'eut pas permis de l'embrasser
en entier, même quand j'en aurais été capable. D'un autre côté, comme dans le pro-
gramme du concours on demandait, en arithmétique, des instructions sur les premières
règles seulement, j'avais entendu par *premières règles* les quatre premières règles ordinaires, et je ne me serais occupé que de
celles-là, même quand j'aurais eu le tems
d'aller plus loin ; car j'ai traité mes Élémens
comme étant destinés à la première classe des
écoles (aux écoles primaires), et je pense
toujours que les quatre premières règles sur
les nombres entiers et les nombres fractionnaires doivent suffire pour cette classe.

Mais le plan de Condorcet était beaucoup
plus vaste, et embrassait, outre les quatre
premières règles d'arithmétique, des *élémens
de géométrie ; la théorie des proportions et
des équations du premier degré ; celles des
combinaisons ; les problêmes indéterminés,
et les problêmes linéaires.*

Quoiqu'il en soit, voici à quoi se réduit
tout ce que j'ai emprunté de lui : *la division
de l'ouvrage en leçons ; la division du même
ouvrage en deux parties : l'une pour les
élèves, l'autre pour les instituteurs ; une*

---

(1) Je commençai mon travail vers le 15 germinal, et
le concours n'était ouvert que jusqu'au 30 prairial inclusivement.

partie de l'espèce d'introduction qui devait sans doute servir de préface ; plus *un fragment de la première leçon dans chaque partie* (1).

Mon travail ne put être achevé que le lendemain de la clôture du concours, quoique trois mains différentes eussent été employées à le copier ; et ce fut encore le citoyen MARCOZ qui se chargea de le remettre au comité d'instruction publique de la Convention, où les ouvrages devaient être envoyés. Sa modestie l'a empêché de déclarer que je le lui soumettais à mesure que je composais, et que je dois à ses lumières et à son amitié plusieurs corrections très-judicieuses.

J'ignorai pendant près de deux ans le sort de mon ouvrage, et le jugement qui en avait été porté, quoique j'en eusse plus d'une fois demandé des nouvelles ; mais au bout de ce tems, je lus dans le Moniteur du 16 germinal an IV, un rapport fait à la tribune du conseil des Anciens, dans lequel on attribuait ouvertement , et nominativement à CONDORCET les élémens d'arithmétique que j'avais envoyés au concours. Je ne parle pas de l'éloge pompeux qu'on en faisait, il était moins donné au mérite de l'ouvrage qu'au nom de l'auteur présumé ; mais qu'on juge de mon étonnement , en voyant une semblable annonce , faite publiquement, et contre

———————————

(1) J'aurai soin d'indiquer, dans la Préface, tout ce qui est de CONDORCET. Quant au fragment , les idées de CONDORCET se trouvent confondues avec les miennes, dans les deux premières leçons de mon Ouvrage.

la

la vérité, et sans aucune démarche préalable pour la connaître (1).

Je me rendis aussitôt chez le rapporteur de la commission, pour réclamer contre une opinion que je n'attribuais qu'à l'ignorance des faits, ou tout au plus à une présomption conçue trop légèrement ; mais je le trouvai entièrement prévenu, absolument convaincu que je voulais m'approprier l'ouvrage en question, *qui*, disait-il, *n'était qu'une copie amplifiée d'un manuscrit qu'on avait de* CONDORCET (2) ; manuscrit dont j'entendais parler pour la première fois. En vain lui alléguai-je mon ignorance sur l'existence de ce manuscrit; en vain voulus-je lui donner connaissance des faits ; en vain lui présentai-je mon brouillon écrit en entier de ma main, et surchargé de ratures et d'apostilles; en vain lui citai-je des personnes dignes de foi qui avaient été témoins oculaires, l'une même co-opérateur de mon travail (3) ; en vain. . . . tout fut inutile. La vérité ne lui parut pas assez séduisante dans ma bouche, et je n'emportai de chez lui que des persiflages, très-spirituels sans

____

(1) Il me paraît qu', avant de se prononcer d'une manière aussi tranchante, aussi solennelle, on aurait dû s'enquérir des faits, on aurait dû, ne fût-ce que par égard pour le citoyen MARCOZ, qu'on savait avoir remis l'Ouvrage au comité d'instruction publique, s'informer auprès de lui, de qui il était, ou du moins s'il était de CONDORCET. Voilà, si je ne me trompe, quelle devait être la marche naturelle d'un ami de la vérité et de la justice, mais on ne la prit pas.

(2) Ce manuscrit a été imprimé; ainsi chacun est à portée de comparer les deux Ouvrages.

(3) On trouvera plus bas leurs certificats.

contredit, mais bien hors de saison, accompagnés de cette déclaration positive : *qu'il connaissait la manière de* CONDORCET......

Je n'entrerai pas dans d'autres détails sur la tracasserie qui me fut suscitée au sujet de mon ouvrage ; tracasserie aussi injustement soutenue que légérement intentée, à laquelle certes je ne devais pas m'attendre, et qui eut été étouffée dès sa naissance, si on eut daigné prendre en considération, et ma moralité qui n'a jamais mérité d'être suspectée, mais pour laquelle on trouva plus simple de n'avoir aucun égard ; et la preuve matérielle offerte par mon brouillon ; et les témoignages authentiques que je produisais ; et la déclaration formelle, mille fois réitérée, de la gardienne de CONDORCET, instruite comme moi de la vérité, et tout aussi incapable de l'altérer ; de la gardienne de CONDORCET, pour laquelle cependant on affiche, ou on affecte les sentimens les plus distingués d'amitié, d'affection, de reconnaissance, d'estime, de vénération, d'admiration (sentimens qui au reste lui sont certainement bien dus) ; et peut-être les rapports qui avaient existé entre CONDORCET et moi, pendant le tems que nous avons vécu ensemble ; je n'entrerai pas, dis-je, dans le détail des circonstances particulières de cette contestation, elles n'intéresseraient personne. Je me bornerai simplement à rapporter la décision qui mit fin à ce différend, et les certificats que mes adversaires ont jugé à propos de regarder comme insignifians.

ÉGALITÉ.   LIBERTÉ.

*Institut national des sciences et arts,
classe des sciences physiques et mathématiques.*

EXTRAIT *des registres de la classe, séance
du 21 fructidor, an 4 de la République
française, une et indivisible.*

Le citoyen Bossut *lit le rapport suivant :*

*Le ministre de l'intérieur ayant consulté
la première classe de l'Institut(1) sur l'iden-*

---

(1) *Note de l'auteur.* Le ministre (ou plutôt ceux
qui se couvraient de son nom) s'arrogeait un droit qui
ne lui appartenait pas. Il est en effet bien incontestable
que, quel que fût l'auteur de l'Ouvrage, nul autre que
celui qui l'avait envoyé au concours, n'était en droit
de le réclamer ; et que, celui-ci une fois reconnu, le
ministre simplement dépositaire, ne pouvait, sans partialité, sans une injustice évidente, accueillir la récla-
mation d'un autre. Il n'avait donc aucun motif légitime
pour refuser de me rendre l'Ouvrage, aucune raison
pour refuser de restituer le dépôt à celui qui était reconnu pour l'avoir confié (sauf à la veuve CONDORCET
à faire valoir, d'une manière quelconque, ses préten-
tions). Toute autre attribution, toute autre considération devaient lui être étrangères. Ainsi tout acte
contraire était une vexation, un abus de pouvoir ;
d'autant plus que je m'en étais formellement expliqué
(il ne s'agissait pas alors de l'Institut) dans une lettre
écrite antérieurement au chef de la 5.e division du mi-

b ij

*tité ou la différence de deux traités ma-
nuscrits d'arithmétique, qu'il lui a fait
passer avec diverses pièces qui y sont relatives, la section des mathématiques chargée de cet examen, en présente ici briéve-
ment le résultat.*

*L'un de ces traités est écrit de la main
de Condorcet; l'autre a été envoyé par le
citoyen Sarret au concours des livres élémentaires pour l'instruction publique, et a
obtenu le prix.*

*Le manuscrit de Condorcet contient les
quatre règles ordinaires de l'arithmétique,
accompagnées de plusieurs notes instructives
et assez étendues pour diriger les institu-
tuteurs dans l'enseignement. L'Ouvrage couronné contient également les quatre règles
de l'arithmétique ; il contient de plus la
théorie des fractions ordinaires, celle des
fractions décimales, et une instruction sur
les nouvelles mesures. L'auteur a formé une*

---

nistère de l'intérieur, qui, par sa place, avait presque
entièrement à sa disposition toute la conduite de cette
affaire. Je ne cherche pas au reste à pénétrer les
vues secrètes de ceux qui érigeaient ainsi arbitrairement en tribunal une assemblée auguste, pour laquelle
j'ai sans contredit toute la vénération due à ses lumières
et à ses travaux, mais à qui le droit attribué ne pouvait
évidemment appartenir que de mon consentement. Or on
ne me l'avait pas même demandé. Il n'eut donc tenu qu'à
moi de réclamer contre cette attribution, et de décliner
cette juridiction, comme incompétente par le droit ; mas
j'avais une pleine confiance en sa justice, mais j'étais bien
persuadé que cette justice est inaccessible à toute espèce
d'intrigue.

seconde partie d'un corps de réflexions pour les instituteurs.

Il y a dans ces deux Ouvrages, indépendamment de la ressemblance générale nécessitée par celle des matières, d'autres ressemblances particulières, quant à la méthode et à diverses observations métaphysiques sur la science. Le citoyen Sarret, en s'attribuant l'Ouvrage couronné, reconnaît lui-même qu'il doit plusieurs idées à Condorcet, en particulier la division de son traité en deux parties, l'une pour les élèves, l'autre pour les instituteurs. Mais les deux Ouvrages ne sont pas exécutés de la même manière ; le style en est différent ; celui qui a été couronné est plus développé et plus complet que l'autre. Enfin pour répondre avec précision à la question proposée, nous ne croyons pas qu'ils puissent être regardés comme le même Ouvrage.

A Paris, le 21 fructidor l'an 4, signés LAGRANGE, LAPLACE, LEGENDRE, BOSSUT.

La classe approuve le rapport, et en adopte les conclusions. Certifié conforme à l'original, à Paris, le 21 fructidor an 4 de la République Française, une et indivisible.

Signé, B. G. E. LACÉPÈDE, *Secrét.*

Je joins ici les certificats dont j'ai parlé plus haut, savoir : celui du citoyen MARCOZ; celui du citoyen LENOIR-LAROCHE, ex-constituant, aujourd'hui membre du conseil des Anciens; et celui du citoyen GUILLAUMET, alors secrétaire du citoyen Lenoir (1). La mort m'a privé de celui d'un autre citoyen, qui avait été, comme le citoyen Guillaumet, employé à mettre au net mon Ouvrage.

Copie du certificat du citoyen Marcoz.

Je soussigné déclare que le citoyen Sarret m'a remis pour le concours des ouvrages élémentaires d'instruction publique, un manuscrit intitulé, Élémens d'arithmétique, avec des Observations pour les Instituteurs; que cet Ouvrage auquel le jury a adjugé le prix, a été réellement composé par le citoyen Sarret, à l'exception d'une partie du discours préliminaire, du plan et de la division de l'Ouvrage, qu'il m'a annoncé avant même de se livrer à son travail, appartenir au célèbre et malheureux Condorcet, en me montrant trois ou quatre feuillets écrits par Condorcet, sur ce sujet, et en me témoignant le regret qu'il avait de ne pouvoir le citer alors, parce qu'il aurait exposé la vie de toutes les personnes qui, comme lui, avaient concouru à donner asile à Condorcet pendant sa proscription. En foi de quoi j'ai signé avec la plus parfaite connaissance des faits. Paris, le 28 prairial an 4 de la République Française, une et indivisible. Signé Marcoz, membre du Corps Législatif, ex-membre de la Convention Nationale

---

(1) Les originaux de ces certificats sont entre mes mains. Ils furent produits dans le tems au ministre de l'intérieur.

Copie du certificat du citoyen Lenoir-Laroche.

Je déclare que, dans nombre de visites que j'ai rendues au citoyen Sarret, pendant les mois de germinal, floréal et prairial de l'an 2, je l'ai trouvé constamment occupé d'un Ouvrage relatif à des élémens d'arithmétique, qu'il m'a dit être destiné pour le concours qui était alors ouvert; que j'ai vu son manuscrit écrit de sa main, et chargé de ratures; qu'il est de ma connaissance que le citoyen Guillaumet, qui travaillait chez moi, a été employé à le transcrire. Je déclare de plus, que la connaissance que j'ai depuis long-tems de la moralité et de la droiture du citoyen Sarret, le rend incapable à mes yeux de s'attribuer l'ouvrage d'autrui, et qu'il m'a dit plusieurs fois que le commencement de son Ouvrage appartenait à Condorcet, qui lui avait remis deux ou trois feuilles le jour même qu'il quitta son asile. En foi de quoi j'ai signé le présent. A Paris le 28 prairial, l'an 4 de la République Française. Signé à l'original LENOIR-DE-LAROCHE.

Copie du certificat du citoyen GUILLAUMET.

Je soussigné déclare et certifie que pendant le mois de prairial an 2, étant alors secrétaire du citoyen Lenoir-de-Laroche, j'ai été occupé pendant plusieurs jours chez le citoyen Sarret, à copier un Ouvrage sur *l'arithmétique, auquel ledit citoyen Sarret travaillait, et qu'il me dit être destiné pour le concours alors ouvert ; que cet Ouvrage était divisé en deux parties, intitulées l'une : Élémens d'arithmétique ; l'autre : Observations pour les Instituteurs ; que ce que j'ai copié dudit Ouvrage l'a été sur un brouillon en feuillets détachés, écrit en entier de la main du citoyen Sarret, et chargé de ratures en plusieurs endroits ; que j'ai vu le citoyen Sarret travaillant à la composition de cet Ouvrage dans le même tems que j'étais occupé à le copier, écrivant à côté de lui et sur la même table ; qu'il est à ma connaissance qu'une partie dudit Ouvrage a été copiée par un citoyen nommé Mignot, qui habitait la même maison que le citoyen Sarret, et une autre partie par le citoyen Sarret lui-même. Je déclare et certifie de plus, que la copie dudit Ouvrage ne put être achevée que le lendemain du jour fixé pour la clôture du concours, et que le citoyen Sarret me dit qu'il espérait qu'il serait admis malgré cela, parce qu'il le ferait présenter par le citoyen Marcoz , député à la Convention. En foi de quoi j'ai signé le présent, pour servir et valoir ce que de raison. A Paris le 28 prairial , l'an 4 de la République Française.* Signé à l'original ,

GUILLAUMET.

Voici maintenant le rapport fait, sur mon Ouvrage , à la tribune du Conseil des Anciens.

Extrait du rapport fait, au Conseil des Anciens, dans la séance du 11 germinal, an 4, par Lacuée, sur les livres élémentaires présentés au concours ouvert par la loi du 9 pluviose, an 2 (1).

« Le jury des livres élémentaires n'a fait qu'une seule et même classe des ouvrages qui contiennent les règles d'arithmétique et de géométrie-pratique, et de ceux qui font connaître les nouvelles mesures, et leur rapport avec les anciennes.

» Parmi un grand nombre d'écrits envoyés au concours, et qui, pour la plupart, sont plus recommandables par le sentiment qui les a produits, que par le talent qui les a exécutés, six ont été distingués par le jury ; mais un seul lui a paru digne d'être imprimé par les ordres du Corps législatif.

» Cet ouvrage est intitulé : *Élémens d'Arithmétique, avec des Observations pour les Instituteurs.*

» Il est divisé en deux parties : la première est destinée aux élèves, et la seconde aux professeurs. L'une et l'autre sont écrites avec la pureté et la précision qui caractérisent les ouvrages faits par une main très exercée, et un esprit supérieur à la matière qu'il traite. L'écrivain a bien reconnu le but qu'il doit frapper, et il s'en rapproche toujours d'un pas égal et ferme. Comme il suppose, ainsi qu'il le devait, que les élèves qu'il veut instruire n'ont aucune des connaissances qu'il

______

(1) Voyez le Moniteur du 16 germinal an 4.

veut leur donner, il ne néglige aucun détail; comme il sait qu'une chaîne non interrompue lie les vérités, et surtout les vérités mathématiques, il ne franchit aucun intermédiaire; comme il sait aussi que la plupart des erreurs prennent naissance dans l'abus des mots, il n'emploie aucune expression technique ou figurée, dont il n'ait fixé le sens avec une rigoureuse précision. Les hommes qui savent les mathématiques n'apprendront peut-être rien dans ce traité; mais ils connaîtront tous qu'on leur aurait épargné beaucoup de tems et d'étude, si on leur eut mis entre les mains un ouvrage semblable. Quelques-uns avoueront peut-être que, s'ils ne sont point devenus, en le lisant, plus profonds arithméticiens, du moins ont-ils fait des pas nouveaux dans l'art du raisonnement.

» Quelque mérite que réunisse l'Ouvrage destiné pour les élèves, votre commission a été encore plus vivement frappée du talent que décèlent les Observations pour les instituteurs, et de l'utilité dont cette seconde partie sera pour tous les Français.

» Composer un bon livre élémentaire est un travail difficile, et qui n'appartient qu'au génie capable de saisir d'un même coup-d'œil la liaison qui existe entre les bases et le faîte de l'édifice de chaque science; mais il est plus difficile encore, s'il est possible, d'indiquer aux instituteurs la méthode la plus naturelle, et par conséquent la plus prompte et la plus sûre, de faire parvenir la vérité jusqu'aux enfans, de la leur faire reconnaître, et de leur enseigner à l'apprécier ; et c'est-là ce que l'auteur a fait avec art et succès.

» D'après le compte que je viens de vous rendre de l'Ouvrage, peut-être paraîtra-t-il d'abord inutile d'en nommer l'auteur ; car aujourd'hui les noms n'ajoutent ni au mérite des actions, ni à celui des ouvrages. Cependant votre commission a voulu que je vous le fisse connaître ; elle a jugé que cet écrivain en fournissant un grand modèle à tous les gens de lettres, et une leçon sublime à tous les républicains, a acquis le droit d'être cité avec louanges à la tribune nationale ; elle a jugé que vous n'apprendriez pas, sans un vif intérêt, que c'est à Condorcet que nous devons les Élémens d'arithmétique, et qu'il les a composés dans l'intervalle qui s'écoula entre sa proscription et sa mort. Condorcet traçant un ouvrage élémentaire pour les descendans de ces mêmes hommes qui le poursuivaient avec un féroce acharnement, qui semblaient altérés de son sang, paraîtra, s'il est possible, plus grand à vos yeux, que Condorcet distribuant, au nom d'une association célèbre, l'éloge et, pour ainsi dire, la gloire à ceux de ses illustres confrères que la mort moissonnait autour de lui. Quant à moi, je l'avoue, si j'avais reçu du Ciel le don de peindre les grands hommes, je montrerais plus volontiers Condorcet dans l'obscur asile où les factieux l'avaient contraint de se réfugier, traçant les premiers élémens de l'énumération, que Condorcet reculant, dans les jours de sa gloire, les bornes des sciences mathématiques, ou appliquant les lumières de l'analyse et celles du calcul à l'art d'organiser les corps sociaux, et d'administrer les affaires publiques. Je le montrerais avec plus de plaisir enseignant combien font deux et deux, que s'élevant en quelque sorte au-dessus des sciences et des hommes, recherchant l'origine des premières sociétés, parcourant, à l'aide de l'histoire, la suite des siècles écoulés, à l'aide de son génie, celle des siècles à venir, mesurant d'une main hardie tous les degrés d'accroissement qu'ont obtenu les connaissances humaines, et tous ceux que la nature leur destine encore. Ici, je puis ne voir qu'un homme qui obéit aux élans de son génie, qui cherche à écarter l'image de la mort par des sensations fortes et une entière absorption de lui-même ; qui ne songe peut-être, en déployant tout son génie, qu'à faire rougir ses contemporains de leur férocité. Là, je reconnais Socrate mourant, et cependant encore occupé de l'instruction de ses contemporains : là je vois en un mot le plus beau modèle que puisse offrir à des gens de lettres, un philosophe consacrant à sa patrie ingrate jusqu'aux derniers momens de sa douloureuse existence.

» Votre commission s'est d'autant plus laissé entraîner aux regrets dont elle m'a rendu l'organe, qne l'Ouvrage de CONDORCET n'est, pour ainsi dire que commencé ; cependant comme il comprend les quatre premières règles de l'arithmétique appliquées aux entiers et aux décimales, et des explications aussi nettes que détaillées sur les nouvelles mesures de toute espèce, il nous suffira pour les écoles primaires : nous avons lieu d'espérer d'ailleurs que quelque autre savant excité par vos encouragemens, comme par l'exemple de Condorcet, ainsi que par celui que vient de leur donner le célèbre Lagrange, que quelque autre savant, dis-je, consacrera quelques momens au développement des principes élémentaires que nous désirons. Si notre espoir était trompé, nous ne devrions cependant pas en être trop vivement affectés; nous possédons quelques Ouvrages qui pourront, si ce n'est remplacer totalement, du moins suppléer, sous beaucoup de rapports, à ce dont le vandalisme et les factions nous ont privés ».

Si le rapport, qu'on vient de lire, ne regardait que le grand homme auquel on a voulu rendre un hommage sans contredit bien mérité, je ne me permettrais aucunes réflexions; et pénétré, plus que personne, des sentimens si dignement exprimés par le rapporteur, je le prierais seulement de souffrir que j'ajoute mon denier au tribut qu'il paye à cette cendre vénérée, que je joigne une palme aux lauriers dont il couvre la tombe de notre ami. Mais comme je me trouve personnellement intéressé dans ce rapport, je crois devoir témoigner, à son auteur, ma reconnaissance pour la part qui m'en revient. Je me rends trop de justice pour avoir la prétention d'imaginer que cette part devait être et eut été telle, si l'Ouvrage n'avait été cru de Condorcet; et je ne doute nul-

lement que mon principal mérite soit d'avoir
su suivre, quoique de bien loin, mon modèle.
Aussi je me plais à faire remarquer que l'éloge
qui, dans le rapport, regarde ce grand maître,
reste dans tout son entier. Il y a plus : c'est
que quand même Condorcet n'aurait eu aucune part à l'Ouvrage, cet éloge serait encore
justement appliqué, relativement aux autres
productions de ce génie sublime, surtout
celles qui l'occupaient dans sa retraite, et
notamment le traité qu'on m'a si gratuitement
accusé d'avoir amplifié. Ainsi, quoique le
rapporteur de la commission ait été induit en
erreur sur le véritable auteur de l'Ouvrage
dont il avait à rendre compte, il n'a pas été
moins fondé à acquitter, au nom de la généra-
tion présente et de la postérité, la dette con-
tractée envers l'homme célèbre, dont la vie
entière a été vouée au progrès des sciences,
au bonheur de l'humanité, et dont les derniers momens, pour me servir des termes du
rapporteur, étaient encore consacrés à une
patrie ingrate.

PRÉFACE.

La Convention Nationale a, par son décret du 9 pluviose (an II), ouvert un concours pour des ouvrages élémentaires destinés aux écoles nationales. Dans le nombre de ces ouvrages, elle a demandé des *instructions sur les premières règles d'arithmétique et de géométrie-pratique*, dans lesquelles devront entrer *des instructions sur les nouvelles mesures, et sur leurs rapports avec les anciennes les plus généralement répandues.* Mais quoiqu'elle ait désiré qu'on traitât, dans le même ouvrage, la partie arithmétique et la partie géométrique, elle n'a pas sans doute entendu exclure du concours celui qui ne traiterait que l'une des deux ; car tel homme peut, sans avoir de grandes connaissances en géométrie, présenter sur l'arithmétique une bonne méthode, ou seulement des vues utiles ; et je pense que ce serait mal servir la chose publique que de ne pas en profiter. En conséquence, persuadé que tout bon citoyen doit à sa patrie le fruit de son travail, le résultat de ses connaissances, je ne crains pas d'exposer, au concours, mes *Élémens d'Arithmétique*, tels que je les avais conçus long-temps avant cette époque, et dont j'ai eu, par expérience, occasion de reconnaître la bonté ; mais avant d'entrer en matière, je crois devoir rendre compte de la manière dont j'ai entendu et cherché à remplir les intentions de la Convention.

(1) « Il m'a paru qu'en général on ne de-

---

(1) Tout ce qui est précédé de guillemets a été emprunté de Condorcet.

» vrait rien enseigner aux enfans, sans leur
» en avoir expliqué et fait sentir les motifs.
» Ce principe me semble très-essentiel dans
» l'instruction , mais je le crois surtout
» fort avantageux en arithmétique et en
» géométrie. Ainsi des élémens de ces
» sciences ne doivent pas seulement avoir
» pour but de mettre les enfans en état
» d'exécuter sûrement et facilement par la
» suite, les calculs dont ils peuvent avoir
» besoin , mais doivent encore leur tenir lieu
» d'élémens de logique, et servir à déve-
» lopper en eux la faculté d'analyser leurs
» idées , de suspendre ou fixer leur juge-
» ment , de raisonner avec justesse.

» Si l'on a pour but unique d'enseigner
» une science, la méthode, par laquelle on
» peut sans fatigue apprendre davantage en
» un tems égal , est sans contredit la meil-
» leure. Il importe peu de laisser des doutes
» sur la marche , ou sur quelque principe
» de la science , comme aussi de ne pas
» donner aux vérités, et à leurs preuves, le
» tems de faire une impression durable ;
» parce qu', en avançant dans la science , les
» incertitudes disparaissent, et les vérités se
» représentant sans cesse sous divers aspects,
» se gravent insensiblement , sans pouvoir
» être oubliées. *Allez en avant, la foi vous
» viendra*, répondait un Géomètre à un jeune
» homme qui lui témoignait des doutes sur
» la légitimité des hypothèses qui servent de
» base aux calculs de l'infini.

» Mais il n'en est pas de même, si l'on doit
» se borner aux premiers élémens, si surtout
l'enseignement

» l'enseignement d'une science a pour objet
» plus éloigné de former les facultés intellec-
» tuelles des élèves ; alors il n'est qu'une
» seule bonne méthode, celle de l'invention,
» c'est-à-dire celle qui ne présente les diverses
» opérations de la science, qu'après en avoir
» montré le besoin et les motifs, qu'après
» avoir donné à l'élève qu'on instruit, l'idée
» de les chercher, et presque le moyen de les
» trouver lui-même. Il faut y joindre le soin
» de le familiariser sans ennui, avec toutes
» les vérités, par des applications multipliées.
» Dans un enseignement public où l'ins-
» tituteur a beaucoup d'élèves, il faut un
» livre aux enfans ; c'est le seul moyen
» d'établir quelque égalité d'instruction entre
» ceux qui ont reçu de la nature des facultés
» différentes. Mais on doit, dans ce livre,
» éviter à-la-fois une trop grande rapidité
» et une trop grande lenteur.
» La rapidité trop grande a l'inconvé-
» nient, même avec une égale clarté, de
» ne pas permettre aux enfans d'avoir la
» conscience distincte des opérations qu'ils
» exécutent.
» Une trop grande lenteur ennuie ; elle
» fatigue la mémoire en ménageant trop
» l'intelligence ; car la force d'attention est
» aussi une des facultés qu'il faut tâcher
» d'accroître par l'exercice.
» On demandera peut-être à quel signe
» un instituteur, dans une école publique,
» surtout nombreuse, pourra reconnaître
» qu'il s'est arrêté suffisamment sur un objet.
» Je pense qu'il doit se contenter d'être bien

» suivi par plus de la moitié des élèves. On
» risquerait de trop borner l'instruction, et
» de la rendre trop lente, si on s'arrêtait
» davantage. D'ailleurs, si l'instituteur est
» attentif, il connaîtra bientôt ceux des
» élèves qui restent en arrière ; et comme,
» dans l'enseignement ultérieur, on revient
» souvent sur ce qui a été vu, rien ne lui
» sera plus facile que d'exercer particulière-
» ment les élèves les plus faibles, sur les
» questions qui rappellent les leçons anté-
» rieures », de leur faire fréquemment appliquer les principes aux exemples, et proposer des exemples sur les principes. En
même-tems, pour fortifier les plus avancés,
captiver leur attention, et exciter ou entretenir, parmi tous, une émulation salutaire ; il pourra charger les plus instruits
de relever les erreurs des autres, dans
leurs réponses aux questions qu'il fera. Je
conseillerais même de faire faire des questions par ceux-ci, si je ne craignais qu'ils
en prissent de l'orgueil, de la pédanterie,
et ne devinssent par-là des objets d'envie
et de haine pour leurs compagnons ; deux
inconvéniens qu'on ne saurait mettre trop
de soin à éviter.

« Le texte de cet écrit renferme le livre
» qui doit être donné aux élèves (1).
» On y a joint des observations destinées
» aux instituteurs seuls. Elles ne doivent pas
» se trouver dans le livre des enfans ; ils en

---

(1) On sent que ceci a rapport aux Élémens d'arithmétique.

» concluraient que leurs maîtres sont des
» machines mues par des ressorts étrangers. »

La Convention a exigé des *instructions
sur le rapport des nouvelles mesures avec
les anciennes*, et il est aisé de voir quel a
été son but dans cette injonction. Je suis
sans contredit bien éloigné de vouloir le
blâmer, mais comme je ne me suis pas soumis à cette condition, je dois rendre compte
de mes motifs, et je vais en conséquence me
permettre quelques réflexions à cet égard.

Il me paraît que les instructions demandées
sur cet objet seraient au moins inutiles pour
l'enseignement, et ne serviraient de plus qu'à
retarder le succès de la salutaire institution
des nouvelles mesures. En effet, l'objet de
cette institution a été d'introduire, dans cette
partie, et pour toute la république, une uniformité constante et invariable, en abolissant
cette diversité si incommode pour le commerce, surtout si favorable à la mauvaise foi,
à la friponnerie. Mais quand on a détruit les
anciennes mesures, on n'a pas sans doute entendu qu'elles seraient en usage à l'avenir.
Pourquoi donc s'en occuper? pourquoi les
faire entrer encore dans un ouvrage d'instruction, puisque nous touchons à l'époque où
elles vont être bannies irrévocablement? Il me
semble que, bien loin d'en faire mention, on
devrait au contraire en anéantir, s'il était
possible, le souvenir; car je ne vois pas quel
avantage peuvent retirer les enfans de connaître des objets dont ils n'auront jamais à
faire usage, et de savoir le rapport qu'il peut y
avoir entre ces objets et ceux qui doivent leur

servir. Je pense qu'il n'y a pas, pour eux, plus de profit à apprendre le rapport des nouvelles mesures avec nos anciennes, que celui de ces mesures avec celles des peuples de l'antiquité, ou même des peuples d'aujourd'hui que nous ne connaissons pas. Il me paraît donc que ce serait fatiguer inutilement leur mémoire et leur intelligence, que d'exercer l'une et l'autre dans cette vue.

Si cet ouvrage n'était destiné uniquement aux enfans, je conçois et conviens qu'il eût pu être utile de traiter cette matière ; mais pour eux qui n'ont qu'à prendre de nouvelles connaissances, et non pas à en ré-former d'anciennes, je crois qu'on ne ferait, par-là, que mettre de la confusion dans leurs idées, que retarder leurs progrès, en leur faisant perdre un tems précieux. D'ailleurs, un ouvrage élémentaire, destiné aux écoles, est présumé devoir servir pour l'avenir comme pour le présent. Or, lorsque nous aurons entièrement perdu l'usage des anciennes me-sures, et que leurs noms même seront oubliés, à quoi bon les rappeler ?

Un autre motif plus digne encore de con-sidération, c'est que l'établissement des nou-velles mesures est trop avantageux, pour qu'on ne doive pas prendre tous les moyens possibles d'en accélérer et universaliser l'effet. Or quel meilleur moyen que de ne donner connaissance que de celles-là, que de laisser ignorer les autres ? Les enfans seront certaine-ment bien plus portés à faire usage de ce qu'ils connaîtront, qu'à rechercher ce qu'ils ignoreront. Je crois donc que, bien loin de faire entrer, dans aucun livre élémentaire, une instruction sur le rapport des nouvelles mesures avec les anciennes, on doit au contraire, obliger, ou au moins engager les instituteurs à ne jamais parler de celles-ci.

Au reste, s'il se trouve des élèves qui, pour acquérir de nouvelles connaissances, ou par curiosité, ou par un motif quelconque, soient desireux de s'instruire à cet égard, ils trouveront dans plusieurs autres ouvrages de quoi se satisfaire. Quant à moi, j'ai cru, d'après toutes ces considérations, devoir me dispenser de traiter le rapport demandé, et je me suis borné uniquement au nouveau système, c'est-à-dire à enseigner la nouvelle division et la nouvelle nomenclature des mesures et monnaies (1).

Mes Élémens sont divisés en trois parties :

La 1re. comprend la théorie de la numération et les quatres règles ordinaires sur les nombres entiers abstraits.

La 2e. comprend la théorie des fractions tant décimales que non-décimales, et le calcul décimal des nombres abstraits.

---

(1) Dans l'Ouvrage composé pour le concours, j'avais suivi la première nomenclature adoptée par la Convention Nationale ; mais, comme elle a été ensuite changée, au moins en partie, j'ai dû me conformer à ces changemens. En conséquence, je préviens que la division et la nomenclature, qu'on trouvera dans mes Élémens d'arithmétique, sont celles qui ont été décrétées le 18 germinal an III, sur le rapport de C. A. Prieur.

La 3e. comprend une instruction sur les nouvelles mesures et monnaies, et le calcul décimal des nombres concrets.

Je me suis permis quelques innovations, ou plutôt quelques changemens dans certains noms de nombre ; ils m'ont paru utiles, même importans, pour procurer aux enfans plus de facilité, à raison de l'analogie. Ces changemens consistent :

1°. A exclure dorénavant les mots ONZE, DOUZE, TREIZE, QUATORZE, QUINZE, SEIZE, et à les remplacer par ceux-ci : DIX-UN, DIX-DEUX, DIX-TROIS, DIX-QUATRE, DIX-CINQ, DIX-SIX (1).

Il est aisé de sentir l'avantage que procurera ce changement, en déchargeant la mémoire du soin de retenir six noms particuliers, qui ne servent dans aucune autre dixaine, et en rendant l'expression en noms semblable à à celle en chiffres. Il n'y a pas d'ailleurs plus d'inconvénient à dire *dix-un*, *dix-quatre*, *dix-six*, qu'à dire *dix-sept, dix-huit, dix-neuf*; et il n'y a pas plus de raison pour *qua-rante-quatre, trente-cinq, soixante-six*, que pour *dix-quatre, dix-cinq, dix-six*. Vaine-ment m'objecterait-on qu'il est reçu de dire *onze cents, douze cents, treize mille, qua-torze millions*, etc. ; ce n'est ici qu'une affaire d'usage, d'habitude, et je pense que cet usage doit être réformé. D'abord je ne vois pas

______

(1) C'est une des idées qu'on a prétendu que j'avais prises dans le manuscrit de CONDORCET ; mais comme je me fais une loi de rendre à chacun ce qui lui appar-tient, je déclare que je l'ai puisée dans les Élémens d'arithmétique de CAMUS.

qu'il y eut aucun désavantage à dire *dix et un cents*, *dix-deux cents*, etc., au lieu de *onze cents*, *douze cents*, etc.; mais j'ai cru devoir même supprimer ces expressions, pour m'en tenir à celles qui résultent des principes que j'ai établis. Ainsi nous dirons : *mille-cent*, *mille deux cents*, etc., comme nous disons *mille six cents*, *mille sept cents*, etc. Quant à *treize mille*, *quatorze millions*, etc., je ne trouve aucun inconvénient à leur substituer *dix-trois mille*, *dix-quatre millions*, etc.; et les enfans y en trouveront encore moins, quand ils ignoreront les autres manières de s'exprimer.

2°. A changer le mot VINGT en celui de DUANTE, pour que ce nom ait quelque rapport avec le mot DEUX, puisqu'il doit exprimer *deux* DIXAINES, et pour que la terminaison du mot soit la même que celle des autres dixaines.

J'aurais desiré, par la même raison, remplacer le mot DIX par UNANTE ; mais j'y ai vu un grand inconvénient par rapport à l'étimologie des mots DIXAINE, DIXIÈME, DÉCIMALE, DÉCUPLE, etc.; aussi quoiqu'il ne fût pas difficile, au moyen d'une courte explication, d'adopter l'un, sans rien changer aux autres, j'ai cru devoir ne rien innover à cet égard.

3°. A écrire désormais TRANTE au lieu de TRENTE.

4°. A dire et à écrire SIXANTE au lieu de SOIXANTE.

5°. A bannir les mots SOIXANTE-DIX, QUATRE-VINGT, QUATRE-VINGT-DIX, pour ne laisser sub-

sister que SEPTANTE, HUITANTE (non OCTANTE),
et NONANTE.

J'ignore quels sont les motifs qui ont fait préférer, dans le discours, les premiers noms aux derniers, et quelle est l'élégance qu'on y attache ; mais ce qu'il est essentiel de remarquer, et qui m'a été confirmé par l'expérience, c'est que la première manière est fort embarrassante pour les enfans qu'on veut instruire par principes. En effet ils apprennent bientôt, même les plus bornés, à appliquer le mot TRANTE à *trois* DIXAINES ; les mots CINQUANTE, SEPTANTE, HUITANTE, NONANTE, à *cinq*, à *sept*, à *huit*, à *neuf* DIXAINES ; mais quand il s'agit d'appliquer les mots SOIXANTE-DIX, QUATRE-VINGT, QUATRE-VINGT-DIX, et surtout les noms analogues des nombres intermédiaires, ils s'embrouillent très-facilement, et tombent long-tems dans des équivoques. D'ailleurs ces mots n'ont aucune analogie avec les noms des autres dixaines, et s'écarteraient par conséquent des principes que j'ai établis. Au surplus si l'on veut continuer d'admettre ces dénominations, il sera très-aisé de les leur apprendre par la suite, quand ils connaîtront bien les autres, et seront en état de faire des applications justes.

6°. Enfin à substituer DILLION à BILLION ou MILLIARD pour exprimer *mille millions*. Je n'ai pas sans doute besoin de faire observer que c'est toujours par raison d'analogie.

J'ai divisé mes Élémens par leçons, et j'ai, surtout dans les premières, fort limité l'instruction de chacune. Mon but étant de cultiver moins la mémoire que l'intelligence, j'ai dû éviter de trop charger celle-ci dans les commencemens. D'ailleurs les premières leçons, dans ma méthode, exigeront de la part des instituteurs une multiplicité de détails, d'explications, de raisonnemens ; et jamais l'entendement tout neuf des enfans ne pourrait suffire, si on leur présentait plusieurs objets à la fois.

C'est par la même raison que j'ai cru ne devoir pas faire marcher de front la manière d'exprimer un nombre dans le discours, et celle de l'exprimer en chiffres, quoiqu'elles pussent fort bien aller ensemble. J'ai craint que l'idée des chiffres n'embrouillât l'esprit des enfans, et ne vint traverser la compréhension des développemens qui font une partie essentielle des premières leçons, surtout de la seconde. J'ai voulu en même-tems qu'ils prissent une idée claire et distincte de tout ce qui appartient à chacun de ces objets, et qu'ils pussent classer l'un et l'autre sans confusion.

Je ne doute pas qu'il n'y ait des méthodes plus expéditives dans les commencemens, et où les élèves pourront paraître faire des pas de géant en comparaison ; mais je crois pouvoir assurer que ce succès ne sera que momentané, et que ceux instruits par la mienne auront bientôt, toutes choses égales, atteint, peut-être devancé les autres. De plus, et outre l'avantage inappréciable d'être convaincus de la vérité de leurs assertions, de pouvoir à chaque instant en fournir la preuve, même en donner la démonstration, ils auront celui non-moins important, de s'être formé le jugement, d'avoir appris à raisonner juste, et d'avoir fait, sans s'en douter, quelques pas dans la logique.

LES INSTITUTEURS ne doivent pas s'attendre, et ne s'attendent pas sans doute à trouver, dans la partie qui leur est destinée, toutes les propositions ou explications qui pourront et devront être présentées aux élèves. On sent que cela n'était pas possible dans un ouvrage aussi borné; car, pour les enfans, tout doit être éclairci; tout jusqu'à un mot, pour ainsi dire, doit être expliqué. D'ailleurs il est une infinité de dévelopemens dont l'idée et le besoin naissent d'une circonstance, d'une réponse ou d'une question faite par un élève, et qu'il m'était impossible de prévoir. Je me suis donc contenté d'indiquer ceux qui m'ont paru les plus importans, et je ne doute pas même qu'il ne m'en soit, parmi ceux-ci, échappé plusieurs; mais je laisse à la sagacité des INSTITUTEURS à suppléer à ce que je puis avoir oublié, et à ce que je n'ai pas pu dire.

ILS devront, surtout, ne pas perdre de vue la MÉTHODE indiquée par CONDORCET *celle de l'INVENTION; c'est-à-dire qu'ils devront toujours, autant qu'il sera possible, amener les élèves à trouver eux-mêmes ce qu'on veut qu'ils sachent; et pour cet effet, ménager adroitement les questions, les raisonnemens, afin de faire naître, dans l'esprit de l'enfant, l'idée qu'on veut lui donner.

On trouvera peut-être la manière, dont j'ai

traité mes Élémens, peu conséquente avec la méthode que je recommande ici, et avec le but que je me suis proposé, lequel est autant d'exercer les facultés intellectuelles des enfans, que de leur donner des connaissances en arithmétique ; je veux dire qu'on trouvera peut-être mes Élémens trop détaillés, et laissant trop peu de travail à l'intelligence. Je conviens en effet que, dans une éducation particulière, c'est-à-dire pour un petit nombre d'élèves, il serait peut-être avantageux qu'un livre élémentaire ne présentât que le sommaire, pour ainsi dire, de chaque objet ; et qu'on appliquât, dans presque toute la force du terme, la MÉTHODE DE L'INVENTION ; parce que l'INSTITUTEUR pourrait employer, auprès de chaque élève en particulier, le tems nécessaire pour la mettre en pratique, pour disposer par ses raisonnemens, par ses questions, l'esprit de l'enfant, et l'amener insensiblement à tirer une conséquence, à trouver la solution d'un problême, à sentir la vérité d'une démonstration, à deviner le mécanisme d'une opération, si je puis m'exprimer ainsi. Mais on doit sentir que, dans une école primaire, cette méthode serait impraticable, vu le nombre des élèves, vu leur bas âge et par conséquent la faiblesse de leur intelligence, vu même que peu d'instituteurs de ces écoles, surtout dans les campagnes, sauraient la pratiquer convenablement.

LES INSTITUTEURS devront aussi s'attacher à faire prendre aux enfans, des idées nettes et précises sur chaque objet ; à expliquer avec soin, dans chaque leçon, tout ce qui ne sera pas de nature à être facilement compris, sur-

tout le sens de chaque mot nouveau pour eux;
à leur faire souvent, pour exercer à-la-fois la
mémoire et le jugement, faire des applications des divers principes dont ils devront
avoir connaissance ; et à exiger, pour s'assurer s'ils ont bien saisi un principe ou une
explication, qu'ils les justifient par des
exemples ; à ne laisser jamais passer un raisonnement faux, ou une conséquence mal
tirée, mais à en proposer eux-mêmes de tels ;
on sent bien dans quelle vue. Je les invite
en outre à ne pas craindre de multiplier les
questions, même pour les choses les plus
simples, tant pour captiver l'attention des
élèves, que pour leur faire contracter, sans
qu'ils s'en apperçoivent, l'habitude d'analyser
leurs idées, et d'opérer avec méthode. Je crois
au reste superflu d'avertir les INSTITUTEURS
qu'ils doivent toujours se mettre à la portée
des enfans ; c'est-à-dire proportionner le langage, les explications au degré de leur intelligence, et ne pas négliger d'entrer dans
des détails souvent minutieux, mais toujours
importans quand ils sont utiles.

Quoique mes Élémens soient divisés par
leçons, et que j'aye cherché, autant du moins
que les matières ont pu me le permettre, à
rendre les leçons à peu près égales, je n'ai pas
prétendu pour cela que l'instruction de chacune dût faire l'objet d'une seule séance ; car
il en est beaucoup qui en exigeront peut-être
plusieurs, à raison des explications, des développemens nécessaires, et surtout quand il
y aura des opérations à faire ; mais les INS-
TITUTEURS devront, règle générale, éviter,

selon la recommandation de CONDORCET,
les deux excès opposés : la trop grande rapidité et la trop grande lenteur.

Quant à la manière dont les enfans devront
apprendre, les INSTITUTEURS choisiront celle
qui leur paraîtra la plus prompte et la plus
sûre ; mais voici quelle est mon opinion.

Je ne crois pas qu'on doive obliger les élèves
à apprendre par coeur le texte des Élémens,
bien moins encore à répéter machinalement,
à réciter mot à mot ce qu'ils ont appris. Cette
méthode ne ferait qu'exercer la mémoire, sans
rien donner à l'intelligence, et prendrait d'ailleurs trop de tems dans une école nombreuse.
Je pense que l'instituteur remplira mieux et
plus facilement son objet, en lisant d'abord
lui-même aux élèves la leçon ou la partie
de leçon qu'il veut leur enseigner, et en faisant, à mesure, les observations nécessaires ;
puis en faisant relire plusieurs fois la même
chose par différens élèves, et en interrogeant
tantôt l'un tantôt l'autre sur les explications
qu'il aura données. On voit que cette manière
devient à-la-fois leçon de lecture et leçon
d'arithmétique, et il pourra lui ajouter, comme
leçon d'écriture, de faire copier ce qu'il aura
jugé n'être pas facilement saisi.

Enfin, pour dernier avis, j'invite les INS-
TITUTEURS à considérer que, comme il y a,
dans la partie qui leur est destinée, des observations particulières pour chaque leçon,
et pour tel ou tel objet dans la même leçon,
il est important qu'ils en prennent connaissance d'avance, pour pouvoir les appliquer

à mesure qu'elles se présenteront, et sans avoir besoin de recourir au livre, en présence des élèves. Le but de cette précaution est assez évident : il ne faut négliger aucun des moyens qui peuvent faire naître ou entretenir, dans les écoliers, la confiance qu'ils doivent avoir dans les lumières de leurs maîtres.

ERRATA.

PAGE xj , de l'avertissement, lignes 9 et 10 : *rar tant*, *lisez* rare autant.

Page xx , 1re. ligne de la note : peut-être , dirigeaient, *lisez* peut-être dirigeaient.

Page 3 , ligne 20 : parce que UN , *lisez* parce qu'UN.

Ibid., ligne 22 : d'UN plus UN, plus UN , *lisez* d'UN plus UN plus UN.

Page 4, ligne 15 : HUIT, NEUF ?..... NEUF ?....., *lisez* HUIT, NEUF ?....

Page 11 , lignes 20 et 21 : tant sur la valeur, que sur le nom particulier à chaque dixaine , *lisez* tant sur la valeur que sur le nom particuliers à chaque dixaine.

Page 12 , ligne 2 : *pourquoi dites nous* , lisez *pourquoi dites-vous.*

Page 13, ligne 3 : que, en, *lisez* qu',en.

Ibid. ligne 16 : que, entre, *lisez* qu',entre.

Ibid. , ligne 18 : et que, en, *lisez* et qu',en.

Page 16 , ligne 24 : que, ici, *lisez* qu',ici.

Page 18 , ligne 21 : savoir nomme , *lisez* savoir nommer.

Page 22 , ligne 26 : aussi que, à, *lisez* aussi qu',à.

Page 42 , ligne 27 : puisque on , *lisez* puisqu'on.

Page 43 , ligne 12 : que, en ôtant 3 , *lisez* qu',en ôtant 3.

Ibid. ligne 13 : et que, en ôtant 6 , *lisez* et qu'en en ôtant 6.

Page 58 , ligne 12 : un nombre de chiffre suffisant ; *lisez* un nombre de chiffres suffisant.

Page 62 , ligne 17 : même e s, *lisez* même les.

 ERRATA.

Page 127, ligne 5 : enfin dans la 3.ᵉ, *lisez* enfin dans le 3ᵉ.

Page 137, ligne 19 : XLVIᵉ. *Leçon*, lisez XLIVᵉ. *Leçon.*

Page 156, ligne 2 : FRATIONS DE FRACTIONS, *lisez* FRACTIONS DE FRACTIONS.

Page 167, ligne 2 : *page 145*, lisez *page 245.*

Page 170, ligne 15 : DÉCA et DECI, *lisez* DÉCA et DÉCI.

OBSERVATIONS

OBSERVATIONS
POUR
LES INSTITUTEURS.

PREMIÈRE PARTIE.

Première Leçon.

L'INSTITUTEUR aura soin, dans cette leçon, d'expliquer aux ELÈVES comment l'idée du NOMBRE, née de la perception de plusieurs choses SEMBLABLES, s'applique à des choses NON-SEMBLABLES. Il leur dira donc que, dans l'un et l'autre cas, on attribue, à ces choses, une qualité semblable, et qu'on ne les considère que par rapport à cette qualité.

Ainsi quand on dit : *un homme et un homme*, ou *un homme plus un homme, sont deux hommes*, ce n'est pas sous la qualité d'HOMMES qu'on les considère, mais sous la QUALITÉ NUMÉRIQUE, c'est-à-dire, comme formant le nombre DEUX. Aussi on peut dire également : *un homme et un homme*, ou *un homme plus un homme* sont DEUX *choses*, DEUX *objets*, DEUX *corps*, ou bien plus simplement, sont DEUX.

Par la même raison on pourra dire : *un*

homme et un oiseau sont DEUX ; *un arbre et une maison sont* DEUX ; *une pomme et une pierre sont* DEUX ; mais c'est tout comme si l'on disait simplement : *un et un sont* DEUX.

IL fera donc bien sentir qu'il ne faut considérer ces objets que sous le rapport d'UN et UN, de DEUX, et non point comme *hommes, oiseaux, arbres, maisons, pommes, pierres.*

IL fera voir ensuite comment l'idée d'UN, de DEUX s'étend et se généralise de plus en plus, en ne faisant point attention aux qualités semblables ou dissemblables des objets, mais seulement au NOMBRE, considéré seul, et indépendamment de ces qualités. IL leur apprendra que c'est ce qu'on appelle FAIRE ABSTRACTION ; que les idées ainsi formées s'appellent IDÉES ABSTRAITES ; et que les nombres ainsi considérés sont appelés NOMBRES ABSTRAITS.

IL tâchera de leur faire concevoir le sens de ces mots ABSTRAIT, ABSTRACTION, en en faisant l'application à quelques objets qu'ils auront sous les yeux ; à un LIVRE, *par ex*, dont il pourra leur faire considérer en particulier, soit la FORME, soit la COULEUR, soit le POIDS, etc., en les avertissant que chacune de ces qualités, considérée ainsi séparément, est une QUALITÉ ABSTRAITE.

Il leur expliquera ce qu'on entend par
ligne, surface, solide, et comment l'un ou
l'autre est déterminé par le nombre des dimensions qu'il contient.

IIe. Leçon.

L'instituteur apprendra aux élèves ce
qu'on entend par chose simple, chose composée,
pour faire bien comprendre le sens du mot
élément, et faire voir comment l'unité est
l'élément des nombres.

Il les exercera sur la composition et décomposition des neuf premiers nombres, c'est-
à-dire sur les nombres moindres qui entrent
dans la composition d'un plus grand. Ainsi
il fera remarquer qu'un et un forment le
nombre deux, et que par conséquent deux
est composé d'un et un, de *deux fois* un;
que deux est plus grand d'*une unité* qu'un,
puisqu'il a *une unité* de plus; mais aussi
parce que un le précède immédiatement.

Trois est composé d'un ajouté à deux ou
de deux ajouté à un, d'un plus un, plus un, de
trois fois un. Donc un et un et puis encore un,
ou bien deux et un, un et deux forment le
même nombre qui est trois. Donc trois est
plus grand d'*une unité* que deux, et conséquemment plus grand qu'un de *deux unités*.

On peut former le nombre quatre, en

ajoutant UN à TROIS, ou TROIS à UN ; en ajoutant DEUX à DEUX ; en ajoutant, à DEUX, UN
plus UN ; en ajoutant, à UN, DEUX plus UN ;
en ajoutant, à UN, UN plus UN plus UN ; en
répétant UN *trois fois* ; en prenant UN *quatre
fois*. Donc etc.

Quels sont les nombres qui entrent dans
la composition du nombre CINQ ?..... de combien de manières ce nombre peut-il être
formé ?...... de combien d'unités est-il plus
grand que DEUX, qu'UN, que TROIS, etc. ?....
De combien d'unités est-il moindre que SEPT,
que NEUF, que SIX, etc. ?.... avec quel autre
nombre, ou quels autres nombres peut-il former HUIT, NEUF ?........ NEUF ?...... Pourquoi
TROIS et DEUX forment-ils CINQ, et pourquoi
ne peuvent-ils former un autre nombre ?....
etc., etc.

Mon but, ici, n'est pas seulement d'apprendre aux enfans les différentes compositions des nombres, et de les familiariser avec
la numération ; mais de leur former le jugement, en leur apprenant à suivre la marche
de leur intelligence, et de les accoutumer insensiblement à raisonner juste. Or, pour l'at-
teindre ce but, il faut que l'INSTITUTEUR soit
de la plus grande vigilance pour relever les
erreurs, et pour ne laisser passer aucune

fausse application. Il faut qu'il fasse, sur ces exemples et autres semblables, faire et observer des raisonnemens, même une suite de raisonnemens : Sur *la différence de valeur des nombres*; sur *le rapport qu'ont entre eux les nombres moindres qui entrent dans la composition d'un plus grand*, et sur *le rapport particulier de chacun d'eux avec ce plus grand*; sur *l'identité de résultat que donnent ceux qui par leur addition, produisent la même somme , quoiqu'ils soient de valeur différente, comparés entre eux*; sur *la* CONSÉQUENCE *d'une ou plusieurs propositions* , c'est-à-dire sur ce qui résulte nécessairement d'une ou plusieurs propositions *reconnues vraies*; etc., etc.

Il leur apprendra que TIRER UNE CONSÉQUENCE, c'est *conclure une proposition d'une autre* , c'est-à-dire reconnaître que la seconde est une suite nécessaire de la première; c'est reconnaître que la seconde ne peut manquer d'être vraie, si la première l'est. Il en est de même de la CONSÉQUENCE de deux ou plusieurs propositions.

Il leur apprendra aussi que, pour exprimer une CONSÉQUENCE, on se sert du mot DONC; et qu'on appelle un RAISONNEMENT la réunion d'une ou plusieurs propositions, regardées comme vraies, avec celle qui en est conclue.

Prenons pour exemple le nombre six :

Six est formé du nombre cinq, qui le précède immédiatement, et auquel on a ajouté un; six est donc plus grand que cinq, puisqu'il en est formé, et puisqu'il faut ajouter un à cinq pour faire six.

Un ajouté à cinq forme six; donc six est plus grand, d'*une unité*, que cinq; donc six est plus grand, qu'un, de *cinq unités*.

Quatre et un sont cinq, cinq et un sont six; donc quatre et deux sont six; donc six est plus grand, de *deux unités*, que quatre.

Six et un sont sept; donc six est moindre que sept. Six est moindre que sept, d'*une unité*, puisqu'avec un il forme sept, etc.

Un répété *cinq fois*; deux ajouté à quatre ou quatre ajouté à deux; trois ajouté à trois, ou trois pris *deux fois*; cinq ajouté à un, ou un ajouté à cinq; un ajouté à deux et trois, ou trois ajouté à deux et un, ou deux ajouté à trois et un; deux plus deux plus deux, ou deux pris *trois fois* produisent la même somme, le même nombre qui est six. Donc six est composé de *six* unités ou *six fois* un; d'un répété *cinq fois*; de quatre et deux; de trois et trois; de cinq et un; d'un,

DEUX et TROIS; de DEUX plus DEUX plus DEUX. Donc ces différens nombres ont, dans le résultat de leur addition partielle, la même valeur que SIX; donc ils ont tous, par cette addition, la même valeur, quoique UN, DEUX, TROIS, QUATRE, CINQ, SIX soient tous de valeur différente, si on les compare un à un; etc., etc.

IL fera remarquer aux élèves le sens du mot RÉPÉTÉ, et la différence de signification de ce mot, avec celle du mot PRIS. *Un* RÉPÉTÉ *deux fois* exprime la même chose que TROIS; au lieu que *un* PRIS *deux fois* n'exprime que DEUX. Je crois devoir faire cette observation, parce qu'il arrive très-souvent qu'on emploie le mot RÉPÉTER dans la même acception que le mot PRENDRE, mais surtout pour que les enfans prennent de bonne heure des idées précises sur chaque objet, ainsi que sur le sens propre de chaque mot.

Du reste, on n'exigera pas, sans doute, que je passe en revue toutes les explications qui peuvent être données, toutes les questions qui peuvent être faites; il doit me suffire, je crois, d'avoir indiqué la manière. C'est à l'INSTITUTEUR à faire le reste; mais je pense que, pour les premières instructions sur les nombres, surtout pour leurs différens rapports respectifs, pour les compositions et décompositions, il doit faire faire ces premières opérations avec des jetons, des pièces de monnaie, des pois, de petites pierres ou autres objets pareils, mélangés ou non mélangés, en avertissant toujours les élèves de s'attacher uniquement à la QUALITÉ NUMÉRIQUE, abstraction faite de toutes les autres, soit semblables, soit différentes. J'entends d'ailleurs que ces objets devront être bannis, aussitôt que les enfans connaîtront les chiffres; mais je crois très-utile de leur faire prendre de ces compositions et décompositions une idée juste, une connaissance bien distincte. Je desirerais même qu'ils fussent souvent exercés de cette manière, à mesure qu'ils avanceront; c'est-à-dire sur d'autres nombres, à mesure qu'ils les connaîtront.

Au surplus, s'il arrive, quant à présent, qu'ils demandent le nom d'un nombre formé par la somme de plusieurs nombres moindres, lorsque cette somme surpassera NEUF, l'INSTITUTEUR se contentera de leur montrer que ce nombre est plus grand que NEUF, en leur ajoutant qu'ils apprendront incessamment à le nommer; et je prends de là occasion de lui recommander d'éviter, dans toutes les leçons, d'anticiper sur les leçons subséquentes, tant pour tenir en haleine la curiosité des enfans, que pour qu'ils puissent se pénétrer davantage de l'instruction particulière à chaque leçon.

IIIe. LEÇON.

L'INSTITUTEUR tâchera de faire comprendre comment une QUANTITÉ, comment un NOMBRE peut être augmenté ou diminué, selon qu'on lui ajoute ou qu'on en retranche, soit une unité seulement, soit plusieurs unités, soit un ou plusieurs nombres. Il rappellera qu'un nombre ne peut être composé que de nombres moindres, et en fera conclure que, pour diminuer une quantité, il faut en ôter une quantité moindre; mais que, pour augmenter une quantité ou un nombre, l'on peut ajouter d'autres nombres, soit moindres, soit égaux, soit plus grands, parce que le nouveau nombre, qui en résulte, est toujours plus grand que chacun de ceux dont on l'a composé, et est égal à eux tous pris en masse.

Il rappelera aussi que l'UNITÉ est l'élément des nombres, et fera voir que, quels que soient ceux dont on compose un plus grand, celui-ci n'en est pas moins, en dernière analyse, composé, ainsi que tous les autres, simplement d'unités. D'où il résulte qu'*une* unité de plus ou de moins constitue une quantité différente, un autre nombre, et que par conséquent *une unité ajoutée à un nombre quelconque produit un nombre nouveau*; qu'ainsi, en ajoutant toujours *une* unité au nombre dernier nommé, l'on formerait successivement tous les nombres possibles.

Il tâchera de faire concevoir ce qu'on entend par l'infini.

Il fera observer, sur le nombre dix, que, quoique ce nombre paraisse ne différer, des neuf autres, que par sa valeur plus grande, puisque comme eux il prend un nom différent, et que comme eux il est formé par l'addition d'*une unité* au nombre qui le précède immédiatement, il mérite cependant une attention plus particulière : D'abord, parcequ'il constitue la *première* dixaine; ensuite par deux autres raisons qu'il se contentera pour le moment d'indiquer : l'une, que le mot dix, qui exprime ce nombre, sert à nommer tous les nombres intermédiaires entre la *première* et la *seconde* dixaines; l'autre, que le nombre dix est celui sur lequel principalement est fondé le système de numération.

Il démontrera l'identité que pr...entent ces expressions : *une* UNITÉ DE DIXAINES, *une* DIXAINE D'UNITÉS, *dix fois* UN, PREMIÈRE DIXAINE, etc.

IV*. LEÇON.

L'INSTITUTEUR fera observer la relation du nombre ordinal d'une dixaine avec le nombre de dixaines exprimé par le nom propre de cette même dixaine, et avec le nombre d'unités auquel répond le nom de cette dixaine. Ainsi il fera voir que la *troisième* DIXAINE, *par ex*, est exprimée par le mot TRANTE, qui répond à TROIS, et exprime par conséquent TROIS DIXAINES D'UNITÉS. D'où il résulte que TRANTE, OU TROISIÈME DIXAINE, OU TROIS DIXAINES, OU TROIS UNITÉS DE DIXAINES, OU TROIS DIXAINES D'UNITÉS expriment la même valeur, c'est-à-dire *trois fois* DIX UNITÉS.

Il exercera les élèves, tant sur la valeur, que sur le nom particulier à chaque dixaine, et pourra en conséquence leur faire des questions dans le genre de celles-ci : *comment s'appelle la* QUATRIÈME DIXAINE?..... *à quel nombre répond le mot* DUANTE?.... *comment forme-t-on le nom qui exprime* SIX DIXAI-

NES?..... *combien de dixaines exprime* NONANTE? *pourquoi dites-nous que* CINQUANTE *exprime cinq dixaines?*..... etc., etc.

IL leur fera remarquer qu'il y a le même rapport, la même raison, entre une dixaine et une autre quelconque, qu'entre les deux nombres d'unités auxquels répondent les noms de ces deux dixaines; et démontrera qu'il ne peut en être autrement, puisque ce sont toujours les mêmes nombres d'unités, et que toute la différence consiste en ce que les unes sont des UNITÉS DE DIXAINES, et les autres, des UNITÉS SIMPLES.

IL aura soin de leur expliquer ce qu'on entend ici par ces mots RAISON, RAPPORT, savoir : *là relation de deux nombres l'un avec l'autre*, c'est-à-dire la valeur de l'un par rapport à celle de l'autre; et il leur apprendra que, lorsqu'on veut comparer le rapport de deux nombres, de deux quantités, avec celui de deux autres, on s'exprime d'une manière semblable à celle-ci : TRANTE *est à* QUARANTE, *comme* TROIS *est à* QUATRE..... NONANTE *est à* DIX, *comme* NEUF *est à* UN. Ce qui signifie qu'il y a le même rapport, la même relation, la même raison entre TRANTE et QUARANTE, qu'entre TROIS et QUATRE; entre NONANTE et DIX, qu'entre NEUF et UN.

De ce que le rapport des DIXAINES, entr'elles, est le même que celui des UNITÉS, entr'elles, il fera conclure que, en ajoutant à une dixaine quelconque, soit la 1ere, soit la 2e, soit la 3e, etc., une dixaine seulement, une unité de dixaines, DIX, on doit obtenir la dixaine qui suit immédiatement; car, en ajoutant UN, ou *une* UNITÉ à un nombre quelconque, on a le nombre qui suit immédiatement. Si UN ajouté à TROIS donne QUATRE, DIX ou *une unité* de DIXAINES ajouté à TRANTE doit donner QUARANTE; DIX ajouté à SIXANTE doit donner SEPTANTE; NONANTE et DIX doivent faire CENT.

IL montrera comment il résulte, de là, que, entre une dixaine et la dixaine suivante, il ne peut y avoir que *neuf* nombres intermédiaires; et que, en ajoutant DIX à un nombre quelconque, on tombe nécessairement sur le même nombre d'unités dans la dixaine suivante. Ainsi DIX ajouté à QUATRE donne DIX-QUATRE; DIX ajouté à DUANTE-DEUX donne TRANTE-DEUX; SEPTANTE-HUIT et DIX donnent HUITANTE-HUIT; etc.

IL fera voir aussi comment il en résulte que chaque dixaine, considérée en particulier, est égale à une autre dixaine, relativement à celle qui précède et à celle qui suit;

c'est-à-dire que chaque dixaine est moindre,
de *dix* unités, que celle qui la suit immédiatement, et plus grande, d'autant, que celle
qui la précède immédiatement. TRANTE est à
QUARANTE et DUANTE, comme HUITANTE est
à NONANTE et SEPTANTE.

Il fera observer de plus que, par la même
raison, la composition et la décomposition
des dixaines, comme DIXAINES, comme UNITÉS
DE DIXAINES, est en tout semblable à celles
des UNITÉS; et il exercera les élèves à en pratiquer des deux manières, c'est-à-dire en
DIXAINES et en UNITÉS.

Il aura soin de les exercer aussi à nommer,
soit les nombres intermédiaires entre une
dixaine et une autre, tant dans l'ordre ascen-
dant que dans l'ordre descendant, soit successivement tous les nombres depuis UN jusqu'à CENT; tout comme à savoir déterminer
le nom de chacun de ceux dont il leur proposera la valeur, ou la valeur de ceux dont
il proposera le nom; c'est-à-dire à savoir répondre avec précision à toutes les questions
qu'il pourra faire à cet égard. Mais il devra
veiller à ce qu'ils le fassent, non point par
routine, mais par raisonnement, par application des principes. En conséquence il demandera toujours la raison d'une réponse

quelconque, juste comme erronée, même dans les cas les plus simples.

Ve. LEÇON.

L'INSTITUTEUR fera observer que le nombre CENT contient le nombre DIX autant de fois que celui-ci contient UN; qu'ainsi *une* UNITÉ DE CENTAINES contient autant d'UNITÉS DE DIXAINES qu'*une* UNITÉ de DIXAINES contient d'UNITÉS SIMPLES; et que par conséquent CENT *est à* DIX, comme DIX est à UN, ou réciproquement.

IL fera remarquer aussi l'identité d'*une* UNITÉ DE CENTAINES et d'*une* CENTAINE D'UNITÉS ou de CENT, et l'uniformité qui existe entre tous les nombres relativement à l'élément dont ils sont composés, c'est-à-dire relativement à l'UNITÉ, quoiqu'on puisse les composer et décomposer par des nombres autres que le nombre UN.

IL rappelera ce qu'il a dû indiquer dans une autre leçon, savoir : que *le système de numération est fondé principalement sur le nombre* DIX, ou du moins sur une proportion qui a rapport à ce nombre; et fera voir qu'en effet il faut *dix fois* l'UNITÉ pour faire DIX; *dix fois* DIX pour faire CENT; et *dix*

fois CENT pour faire MILLE. Il apprendra aux
élèves que cette proportion est, par cette raison, appelée PROPORTION DÉCUPLE, et
pourra, s'il le juge à propos, entrer dans quelques explications à cet égard ; mais il ne devra
pas s'y arrêter long-tems, parce que ceci sera,
dans une des leçons suivantes, le sujet d'une
instruction particulière.

Je n'ai pas besoin de dire qu'il devra les
exercer sur les nombres intermédiaires entre
une centaine quelconque et la centaine suivante, ou la précédente, et entre CENT et
MILLE ; car il est bien évident que cela est
sous-entendu. Je lui recommanderai seulement
de faire saisir la règle générale établie à la
fin de cette leçon, et d'en faire faire l'application aux différens nombres qu'il fera
nommer.

Si quelqu'un des élèves lui objectait que
dans le nombre DEUX CENTS QUARANTE-SIX,
par ex, on commence par le nombre DEUX
qui est moindre que CENT, que QUARANTE,
que SIX, il n'aura pas de peine à résoudre
cette difficulté, et à faire concevoir que, ici,
le mot DEUX fait partie du nombre DEUX CENTS,
et sert seulement à désigner le nombre de
CENTAINES qu'on veut exprimer ; qu'ainsi il
appartient à l'espèce des CENTAINES, laquelle
étant

étant la plus grande doit être nommée la première.

VIe. Leçon.

Les observations particulières à cette leçon étant analogues à celles des deux précédentes, L'INSTITUTEUR n'aura qu'à prendre celles-ci pour modèle du genre, soit des explications à donner, soit des questions à proposer, etc.

IL aura soin, dans celle-ci, comme dans toutes les autres, de développer tout ce qui lui paraîtra de nature à n'être pas compris facilement; et devra non-seulement donner tous les éclaircissemens qu'il jugera nécessaires, mais encore engager les élèves à lui en demander sur tout ce qu'ils ne conçoivent pas, même l'exiger d'eux.

IL leur fera remarquer qu'*une* UNITÉ DE MILLE est à l'égard d'*une* UNITÉ DE CENTAINES, comme celle-ci à l'égard d'*une* UNITÉ DE DIXAINES, comme *une* UNITÉ DE DIXAINES à l'égard d'*une* UNITÉ SIMPLE ; puisqu'en suivant l'ordre de grandeur c'est toujours le rapport de DIX à UN. D'où il fera conclure que MILLE est à DIX, comme CENT est à UN ; c'est-à-dire, que MILLE ou *une* UNITÉ DE MILLE contient *cent* DIXAINES, comme CENT ou *une*

UNITÉ DE CENTAINES contient *cent* UNITÉS SIMPLES.

Il pourra faire observer encore que MILLE est par rapport au premier nombre qui exigera un nom nouveau, c'est-à-dire par rapport à UN MILLION, comme UN est par rapport à MILLE ; car il faut autant d'UNITÉS DE MILLE pour faire UN MILLION qu'il faut d'UNITÉS SIMPLES pour faire MILLE.

VIIe. Leçon.

Les observations relatives à cette leçon sont encore du même genre que celle des précédentes, auxquelles je me contente encore de renvoyer.

L'INSTITUTEUR aura soin de rappeler que tous les nombres, malgré les différentes compositions et décompositions auxquelles on peut les soumettre, sont toujours primitivement composés du même élément, c'est-à-dire de l'UNITÉ plus ou moins répétée.

Il fera voir comment, pour savoir nommer tous les nombres jusqu'à un MILLION, ou un BILLION, ou un TRILLION, etc., il suffit de savoir les nommer tous depuis UN jusqu'à CENT ; car on n'a qu'à recommencer de la même manière, en ayant seulement l'attention de tenir compte, soit des CENTAINES, soit des MILLE, soit des MILLIONS, etc.

IL fera remarquer que le rapport est le même entre *un* MILLE et *un* MILLION, entre *un* MILLION et *un* DILLION, entre *un* DILLION et *un* TRILLION, etc ; et que, quoiqu'il ne suive pas immédiatement la PROPORTION DÉCUPLE qui existe entre UN et DIX, DIX et CENT, CENT et MILLE, il n'est pas moins une suite de celle-ci, et par conséquent déterminé par le nombre DIX, puisque c'est le rapport de DIX CENTS, et qu'*une* CENTAINE vaut *dix* DIXAINES.

Je me borne, comme l'on voit, à indiquer les points principaux sur lesquels les élèves doivent être exercés ; car l'on sent qu'il en est beaucoup d'autres, dont le détail ne saurait entrer ici, et que je délègue à la sagacité de l'instituteur ; mais je lui recommanderai expressément d'expliquer toujours les choses nouvelles, les mots inconnus, et de revenir sans cesse à l'application des principes. Je répète qu'il ne doit pas se contenter d'avoir obtenu une solution, une réponse juste, mais qu'il doit encore demander sur quoi, sur quel principe elle est fondée. Bien entendu qu'il ne s'en tiendra pas à un seul élève pour les diverses questions qu'il fera ; mais en exercera plusieurs, et de préférence les moins avancés, les moins intelligens, en chargeant les autres de relever les erreurs, tant pour captiver leur attention, que pour exciter l'émulation.

VIIIe. Leçon.

L'INSTITUTEUR pourra, d'après la forme des premières leçons, et qu'il retrouvera dans beaucoup d'autres, d'après l'explication donnée dans celle-ci sur le motif qui a fait imaginer les CHIFFRES, et d'après celle qui est relative à l'inconvénient qui aurait résulté d'avoir créé pour chaque nombre un caractère particulier; il pourra, dis-je, prendre une idée de la manière dont il doit, pour ce qui le regarde, pratiquer la MÉTHODE DE L'INVENTION; c'est-à-dire la manière dont il doit ménager ses raisonnemens, ses questions, pour faire deviner, en quelque sorte, aux élèves, soit une nouvelle connoissance qu'il veut leur donner, soit le motif qui a fait recourir à tel ou tel moyen.

Quant aux observations particulières à cette leçon, il n'aura qu'à exercer les élèves à écrire les chiffres, et à les savoir reconnaître, quand ils sont écrits.

Pour le premier objet, il pourra les faire

écrire successivement par ordre de valeur, soit en montant, soit en descendant, puis un à un pris arbitrairement ; mais il devra leur apprendre la meilleure manière de les former, et leur faire contracter de bonne heure l'habitude de les former d'une manière bien distinctive.

Pour le deuxième, il aura les chiffres écrits en gros caractères, chacun sur une feuille particulière, et les présentera alternativement selon sa volonté.

I X^e. L e ç o n.

L'instituteur devra s'appliquer avec le plus grand soin à faire bien saisir tout ce qui a rapport à la proportion décuple, car cette connaissance est extrêmement importante. Il veillera surtout à ce que les élèves ne tombent pas dans une erreur assez ordinaire, qui consiste à attribuer au mot décuple la signification de *dix fois plus*, tandis qu'il ne signifie que *dix fois autant*, comme il est facile de s'en convaincre par les applications et le raisonnnement. Il s'attachera donc à leur faire prendre une idée juste du sens de proportion continue décuple, et leur démontrera l'identité de résultat entre *dix fois au-*

B 3

tant; *neuf fois plus*, *neuf fois moins*, en même-tems qu'il les exercera sur cette proportion.

Il fera bien comprendre tout ce qui est relatif aux RANGS, et leur apprendra que les *unités* du 1er. rang sont appelées UNITÉS SIMPLES, par comparaison à celles des autres rangs, dont chacune a sa dénomination particulière, exprimant de même l'espèce des unités, comme ils le verront bientôt, et comme ils le voient déjà par celles du second.

Il leur rappelera qu'*une* DIXAINE ou *une* UNITÉ DE DIXAINES ont la même valeur, et, en fera conclure que le chiffre 1 doit valoir DIX, quand il est au *second* RANG, puisqu'alors il exprime *une* UNITÉ DE DIXAINES.

Il rappelera aussi ce qui a été dit, sur le ZÉRO, dans la leçon précédente; il montrera que ce chiffre n'a d'autre fonction que de remplir chaque rang où l'on ne pourrait mettre aucun chiffre significatif, sans changer le nombre; et qu'il n'a jamais par lui-même aucune valeur; que par conséquent il n'est d'aucune utilité, tant qu'il est seul, ou qu'il n'est précédé d'aucun chiffre significatif; mais aussi que, à raison de la PROPORTION DÉCUPLE, il augmente, dans cette proportion, tous les chiffres significatifs placés à sa gauche.

X°. Leçon.

L'instituteur exercera les élèves à exprimer en chiffres tous les nombres, jusqu'à 99 inclusivement, et emploira, pour cet effet, la même manière que dans la IV°. leçon ; mais il ne devra jamais, surtout dans les commencemens, perdre de vue l'application des principes ; c'est-à-dire qu'il devra toujours exiger, à chaque nombre qu'il proposera, qu'avant de l'écrire l'élève se dise : *dans tel nombre il y a tant de* DIXAINES *et tant d'*UNITÉS, etc. Il pourra leur faire remarquer aussi, que la manière d'exprimer ces nombres en chiffres, est entièrement conforme à celle dont on les exprime dans le discours.

Il fera voir qu'il résulte de la démonstration donnée sur NONANTE-NEUF, comme étant le plus grand nombre qui puisse être exprimé par *deux* chiffres, que DIX est le moindre qui puisse être de même représenté par *deux* chiffres ; parce que, dans un nombre quelconque exprimé en chiffres, le rang le plus à gauche doit toujours être occupé par un chiffre significatif, lequel ne peut être moindre que 1 ; et il fera conclure de là que le chiffre 1, suivi d'un ou plusieurs o, exprime

B 4

toujours le plus petit nombre qui puisse être représenté par un nombre de chiffres donné.

XI*. Leçon.

La répétition si multipliée de ces expressions UNITÉS DE DIXAINES, UNITÉS DE CENTAINES doit suffisamment annoncer à l'instituteur combien il est important que les élèves en prennent une idée bien précise, pour qu'ils sachent bien qu'*une* UNITÉ DE CENTAINES, *par ex*, signifie *cent* UNITÉS SIMPLES, et non pas *cent* UNITÉS DE DIXAINES ou de CENTAINES. Il devra donc revenir souvent, ou toutes les fois que l'occasion s'en présente, à les faire expliquer à cet égard, à s'assurer s'ils s'entendent bien eux-mêmes.

- IL fera répéter, ou rappelera ce qui est dit, au commencement de la Ve. leçon, (*des élémens*), sur le nombre CENT, et sur sa valeur relativement à DIX; et fera bien concevoir comment, d'après la PROPORTION DÉCUPLE, les UNITÉS du *troisième* rang doivent valoir *dix fois* autant que CELLES du *second*, et par conséquent *cent fois* autant que CELLES du *premier*.

IL aura soin de développer ce qui regarde les TRANCHES, et de le rendre sensible par des exemples.

Il les exercera, de la même manière que dans la leçon précédente, à exprimer en chiffres les nombres qui peuvent composer une tranche, mais toujours avec l'application des principes, jusqu'à ce qu'ils en soient bien pénétrés. Il devra ensuite les accoutumer insensiblement à écrire sur-le-champ le nombre demandé, sans être obligés de dire : *il y a tant de centaines, tant de dixaines*, etc., mais il ne négligera pas de les ramener de tems en tems à ces principes, toutes les fois entr'autres qu'ils feront erreur. Il devra au surplus les retenir à cette leçon, jusqu'à ce qu'ils sachent exprimer couramment tous les nombres qui peuvent entrer dans une tranche.

D'après ce qui est dit sur 99 et 999, il fera voir que le nombre le plus grand qui puisse être exprimé par un nombre de chiffres donné, est celui où chaque rang est rempli par le chiffre 9.

XIIe. Leçon.

L'instituteur fera répéter ce qui est dit au commencement de la VIe. leçon (*des élémens*), sur le nombre MILLE, pour faire bien concevoir que, puisque MILLE ou *une* UNITÉ

DE MILLE est décuple de CENT ou d'*une*
UNITÉ DE CENTAINES, le *quatrième* rang doit
contenir des MILLE, si le *troisième* contient
des CENTS.

IL demandera pourquoi il faut autant de
chiffres ou de rangs, pour exprimer *une*
UNITÉ DE MILLE, que pour en exprimer *neuf*,
et pourquoi avec le même nombre de chiffres on ne peut en exprimer que *neuf*; afin
de s'assurer si les élèves ont bien saisi l'instruction sur le chiffre 9, comme exprimant le plus grand nombre qui puisse entrer
dans un rang.

IL les interrogera aussi par rapport aux
tranches, pour savoir s'ils ont bien compris
ce qui a été enseigné à cet égard, et s'ils ne
confondent pas les TRANCHES avec les RANGS,
comme il arrive souvent à ceux qui sont peu
attentifs.

IL fera remarquer que, de même que les
rangs ne diffèrent entr'eux que par l'espèce,
c'est-à-dire la valeur, de leurs unités, ainsi
les tranches ne diffèrent pareillement entr'elles
que par l'espèce des unités; car elles sont,
à tout autre égard, parfaitement semblables,
comme on le voit par le nombre des rangs,
et leur valeur respective; d'où il fera conclure que, dans deux tranches quelconques

comparées l'une à l'autre, il y a le même rapport entre les deux *premiers* rangs, qu'entre les deux *seconds*, et entre les deux *troisièmes*.

Relativement à 1,000, il s'assurera s'ils ont compris et retenu que le chiffre 1, suivi par des o seulement, exprime le plus petit nombre qui puisse être représenté par un nombre de chiffres déterminé.

Il fera bien comprendre que, de même que, dans les noms de nombre, chaque quantité a son nom particulier, et différent de celui des autres; ainsi, dans les chiffres, chaque nombre est exprimé d'une manière particulière qui la distingue de celle des autres nombres; d'où il résulte que chacun des nombres, qui peuvent entrer dans une tranche, n'a qu'une seule manière d'être exprimé; et que par conséquent le même nombre d'únités doit être représenté par les mêmes chiffres, dans quelque tranche que ce puisse être; qu'ainsi, pour savoir exprimer en chiffres un nombre quelconque, il suffit de savoir exprimer tous les nombres, depuis o jusqu'à 999 inclusivement, etc., etc.

XIIIe. Leçon.

L'instituteur fera voir comment, d'après la proportion décuple, et d'après le nombre des rangs de chaque tranche, si la 1re. tranche contient des UNITÉS SIMPLES, la 2e. doit contenir des UNITÉS DE MILLE; la 3e. des UNITÉS DE MILLIONS, etc.; mais il aura soin de faire observer que toutes les espèces d'unités, quoique distinguées l'une de l'autre, à raison du rang et de la tranche, ne sont pas moins toujours composées du même élément, c'est-à-dire de l'UNITÉ PROPREMENT DITE.

IL fera bien saisir le sens précis de cette dernière expression, ainsi que celui des mots ABSOLU et RELATIF, et développera ce qui est établi sur les VALEURS ABSOLUE et RELATIVE de chaque chiffre.

IL rappelera les diverses applications qu'on fait du mot UNITÉ aux espèces déterminées par les différens rangs, d'où naît la distinction des UNITÉS SIMPLES, des UNITÉS DE DIXAINES, UNITÉS DE CENTAINES, UNITÉS DE MILLE, UNITÉS DE DIXAINES DE MILLE, etc; mais il fera bien observer que quand on dit l'UNITÉ PROPREMENT DITE, ou simplement l'UNITÉ, *une unité*, l'on n'entend jamais qu'UN ou *une fois* UN, c'est à dire l'UNITÉ considérée comme l'élément des nombres. Il fera remarquer aussi qu'*une* UNITÉ SIMPLE, exprime la même valeur que l'UNITÉ PROPREMENT DITE, et que cette dénomination n'est employée que pour désigner particulièrement l'espèce des unités de la 1re. tranche, et spécialement celles du 1er. rang de cette tranche.

Il exercera les élèves à exprimer en chiffres, ainsi qu'à énoncer différens nombres, en observant de les diversifier, quant au nombre des tranches, et quant aux rangs; c'est-à-dire quant aux chiffres, soit zéros, soit chiffres significatifs, qui occupent ou doivent occuper tel ou tel rang; mais je répète encore ici qu'il devra toujours exiger l'application des principes jusqu'à ce que les enfans en soient bien pénétrés, et soient familliarisés avec eux au point de savoir, sans hésiter, rendre raison *pourquoi tel rang doit être occupé par tel chiffre significatif, tel autre par zéro; pourquoi telle tranche doit être énoncée de telle manière, et non pas de telle autre; etc., etc.*

XIVe Leçon.

Il est dit, dans la Ire. leçon, qu'un nombre est *une quantité exprimée*; par conséquent chaque nombre exprime une quantité. Or il est évident que toute quantité peut être augmentée ou diminuée; donc tout nombre est susceptible d'augmentation ou de diminution.

Ce raisonnement est trop simple, trop clair pour exiger aucun développement. Aussi je n'ai d'autre but, en l'insérant ici, que de prendre occasion de rappeler à L'INSTITUTEUR qu'il doit en faire faire souvent de semblables, même dans les choses les plus évidentes, soit pour exercer le jugement des élèves, soit pour leur apprendre et les accoutumer à se rendre raison de tout, et par là produire insensiblement chez eux un esprit de méthode et d'analyse.

IL aura soin de faire bien comprendre ce qui constitue la différence qui existe entre les NOMBRES ENTIERS et les NOMBRES FRACTIONNAIRES, et pourra donner quelques notions sur ceux-ci ; mais il ne devra s'y arrêter que le tems nécessaire, pour que les élèves prennent une juste idée de leur nature, vû qu'ils auront, par la suite, une connaissance plus particulière de ces nombres.

L'INSTITUTEUR n'oubliera pas qu'il doit toujours éclaircir tout ce qui fait l'objet de chaque leçon, pour que les élèves conçoivent toujours chaque partie de l'instruction.

IL fera sentir combien il est important de mettre exactement chaque rang dans sa colonne, pour que dans l'opération l'on n'additionne pas des UNITÉS avec des DIXAINES ou des CENTAINES, etc.

IL fera voir aussi que la LIGNE, qui sépare de la SOMME les nombres à additionner,

ne change rien à la disposition des rangs ;
qu'ainsi, dans la SOMME, les chiffres doivent
être placés dans le même ordre ; et que c'est
la raison pour laquelle on enjoint d'écrire les
UNITÉS dans la direction de la *première* colonne, les DIXAINES sous la *seconde*, etc.

XVe. LEÇON.

L'INSTITUTEUR fera observer que, dans un
nombre composé, le dernier chiffre occupe
toujours le rang des UNITÉS, et doit exclusivement être écrit sous la colonne qui a été ad-
ditionnée, parce qu'il est le seul qui exprime
des unités de la même espèce que celles de
cette colonne. Il montrera qn'en effet, dans
l'addition d'une colonne d'UNITÉS DE CENTAINES,
par ex, le dernier chiffre de la SOMME exprime seul des UNITÉS DE CENTAINES, et qu'il
en est ainsi pour les autres.

IL apprendra aux élèves que cette dénomination de *dernier chiffre* donnée ici au chiffre du rang des UNITÉS, quoique ce rang soit
le *premier*, est relative à ce qu'il est écrit le
dernier, quand on exprime un nombre en
chiffres, et prononcé le dernier, dans un
nombre qu'on énonce, parce qu'alors on va
de gauche à droite. Et à ce sujet il les pré-

viendra que, par la suite, il pourra souvent être question de 1ᵉʳ., 2ᵉ., 3ᵉ., etc., rang, ou colonne, ou chiffre, soit à gauche, soit à droite, et leur recommandera, pour ne pas confondre, de faire bien attention, dans tous les cas, si l'on entend aller de gauche à droite, ou de droite à gauche.

Il fera remarquer que, dans les nombres à additionner, chaque espèce d'unités a sa colonne particulière; et que, comme on opère sur chaque colonne l'une après l'autre, chacune doit produire un résultat particulier, lequel doit nécessairement être représenté dans la somme; qu'ainsi, dans la somme, chaque espèce doit occuper le même rang que dans ces nombres; d'où résulte l'obligation, lorsque le nombre produit par l'addition des chiffres d'une colonne est composé, de n'écrire au-dessous que le chiffre des unités de ce nombre, parce que l'autre ou les autres expriment des dixaines de ces unités, et par conséquent ne représentent pas des unités de la même espèce.

Je dis que les autres chiffres expriment des dixaines, parce qu'en effet, quoique, d'après la proportion décuple, le *troisième* rang exprime des centaines du *premier*; le *quatrième*, des mille, etc.; il est évident que le

nombre,

nombre, produit par les chiffres à gauche d'un autre chiffre, peut être regardé comme un nombre de DIXAINES par rapport aux UNITÉS de cet autre chiffre; ce qui est d'autant plus vrai que, dans la pratique de l'ADDITION, ce nombre est toujours considéré sous ce rapport, puisqu'on porte toujours, à la colonne suivante, tout ce qui a été retenu de la précédente.

Ainsi dans 648, *par ex.*, il y a 8 UNITÉS et 64 DIXAINES.

Dans 1253 il y a 3 UNITÉS et 125 DIXAINES. Ainsi des autres nombres composés.

IL pourra faire voir aussi que, quand on retient plus de 9, c'est-à-dire plus de 9 DIXAINES, quoiqu'on les porte toutes à la *première* colonne qui suit, il n'est pas moins vrai que celles qui excèdent 9, et qui par conséquent sont des CENTAINES, se trouveront portées à la *seconde.*

Je n'ai pas besoin de dire qu'il devra faire pratiquer diverses ADDITIONS, et tâcher d'y présenter les différentes circonstances particulières qui peuvent se rencontrer dans cette opération, en exigeant, surtout dans les premières, l'application des principes; mais je l'inviterai à faire écrire par les élèves, sous sa dictée, les nombres à additionner: d'abord

C

pour les habituer de plus en plus à savoir
écrire sur-le-champ un nombre quelconque,
et bien former les chiffres, mais surtout pour
qu'ils apprennent de bonne heure à placer
exactement chaque rang dans sa colonne,
ce qu'on ne saurait trop leur recommander.

Si l'INSTITUTEUR a eu le soin d'exercer les
élèves dans la composition et la décomposition des nombres, ils en éprouveront de l'a-
vantage dans cette opération, par la facilité
qu'ils auront à trouver promptement le nouveau nombre produit par l'addition d'un nombre à un autre; mais il pourra leur apprendre aussi un moyen de connaître aisément le
nombre produit par l'addition de 9 à un nombre quelconque. Pour cet effet, il leur rappelera que 10, ajouté à un nombre, donne
toujours le même nombre d'unités dans la
dixaine qui suit immédiatement. Ainsi, pour
9, on n'a qu'à faire comme pour 10, puis
ôter 1. La même chose peut être pratiquée
pour 8, en ôtant 2.

XVIe. LEÇON.

Aussitôt que les élèves connaîtront un peu
la méthode de l'addition, l'INSTITUTEUR
devra les faire passer à celle de sa PREUVE,
et n'attendra pas qu'ils sachent parfaitement

la première, Je crois au contraire plus avantageux de les faire marcher ensemble, pour ainsi dire, car il est bon qu'ils apprennent de bonne heure à reconnaître les erreurs, et à les rectifier; et puis il évitera la perte du tems qu'il serait obligé d'employer à vérifier lui-même les opérations. D'ailleurs, comme, pour cette PREUVE, il faut aussi additionner, elle servira pareillement à exercer les élèves sous ce rapport. Mais je l'invite expressément, pour l'ADDITION comme pour les autres règles, à exiger toujours que chaque opération soit suivie de sa PREUVE, et que l'une et l'autre soient refaites jusqu'à ce qu'elles soient parfaitement justes; afin d'engager les élèves à mettre toute leur attention aux opérations qu'ils pratiquent, ne fut-ce que pour s'épargner la peine et le désagrément de les recommencer.

Il leur expliquera ce qu'on entend par *être égal à* o, et fera comprendre que dire *un reste de soustraction est égal à* o, ou bien *il n'y a pas de reste*, c'est dire de deux manières une même chose.

Il leur apprendra le motif de la recommandation d'additionner les nombres de bas en haut, et fera voir que le résultat ne peut être que le même : 4 ajouté à 3, ou 3 ajouté à 4 donnent toujours 7.

Il aura grand soin de leur faire bien sentir la différence de sens des mots JOINT et AJOUTÉ, parce qu'autrement ils les confondront sans cesse, et alors ne s'entendront pas plus qu'ils ne saisiront l'esprit de cette PREUVE, ni la manière de la faire.

Il démontrera que, dans cette PREUVE, on ne fait autre chose que retrancher de la SOMME de chaque colonne le nombre qu'on y avait porté en faisant l'opération, et rendre ce nombre à la colonne où on l'avait pris. D'où il résulte que, si l'ADDITION a été bien faite, la SOMME de chaque colonne doit, dans la PREUVE, être moindre, que le nombre dont on la soustrait, d'autant d'unités exactement qu'on en avait porté en faisant l'opération. Par conséquent, s'il se rencontre qu'une soustraction partielle ne puisse se faire, parce que le nombre à soustraire sera plus grand que l'autre, c'est une preuve que l'opération a été mal faite.

Il est clair aussi que, si l'on a bien opéré, soit dans l'ADDITION, soit dans la PREUVE, le reste de la dernière soustraction partielle devra être égal à o, puisqu'on aura rendu, à la SOMME de la colonne où l'on avait commencé à retenir, autant qu'on en avait retenu, et qu'ainsi cette SOMME doit être la même qu'auparavant. Je dis *la colonne où l'on avait commencé à retenir*, et non pas la 1re., ou la 2e, ou la 3e, etc., colonne; parce qu'en effet, celle dont on commence à retenir peut-être la 1re., comme la 2e., la 3e., etc.

Il est évident encore que, dans toutes les colonnes où la SOMME, en faisant l'opération, a été un nombre simple, la différence dans la preuve, doit être égale à 0.

L'INSTITUTEUR fera comprendre que, puisque la PREUVE de l'ADDITION consiste à retrancher de chaque colonne le nombre qui y avait été porté dans l'opération, si en faisant la PREUVE on avait toujours ce nombre présent à la mémoire, pour pouvoir le comparer avec le reste de chaque soustraction partielle, ce serait un moyen de reconnaître si, lorsqu'il y a erreur, c'est la PREUVE qui est fautive, ou bien l'opération. Comme c'est un moyen d'économiser le tems, il pourra le faire pratiquer par ceux qui le concevront, et qui seront capables de l'attention qu'il exige.

IL leur apprendra qu'il peut y avoir plusieurs manières de vérifier l'ADDITION : telles que de recommencer l'opération en additionnant de bas en haut, et quand les SOMMES des deux additions sont égales, on reconnaît que la première a été bien faite ; ou bien, celle par laquelle on retranche, de la SOMME, l'un des nombres qu'on a additionnés, puis on cherche la SOMME des autres nombres, et pour que l'opération ait été bien faite, il faut que cette dernière somme soit égale au reste de la soustraction. (Celle-ci ne peut être pratiquée que quand on connaît la SOUSTRACTION) ; ou bien, celle qui consiste à supprimer un des nombres additionnés, et à faire une nouvelle ADDITION sur les autres, puis à ajouter, à la SOMME de celle-ci, le nombre supprimé, et à voir si cette dernière SOMME est semblable à la première ; ou bien encore la PREUVE par 9 ; etc., etc. Mais toutes ces manières ne sont pas plus infaillibles que celle que j'enseigne. Elles ont toutes des inconvéniens, sans avoir, comme celle-ci, l'avantage de servir de preuve par la raison contraire, et par conséquent d'être aussi facilement senties.

XVIIe. LEÇON.

L'INSTITUTEUR n'aura, dans cette leçon, qu'à développer les raisonnemens qu'elle contient, et à en faire sentir la justesse ; mais il aura toujours soin de justifier par des exemples tout ce qu'il exposera.

Il fera bien saisir les définitions, et en fera faire des applications.

Il fera comprendre que *chercher ce qui reste d'un nombre après qu'on en a ôté un autre*, et *chercher le nombre d'unités dont le plus grand surpasse l'autre*, sont deux propositions identiques, parce que dans les deux cas le résultat est le même.

XVIIIe LEÇON.

Cette leçon est susceptible d'une infinité d'observations et explications, mais je me contenterai d'indiquer celles qui me paraissent les plus importantes ; l'INSTITUTEUR suppléera aux autres.

Il s'assurera d'abord si les élèves savent pourquoi les rangs à droite du *dernier* chiffre significatif doivent toujours être remplis par des o ; et pourquoi il n'en est pas ainsi pour les rangs à gauche du *premier*.

Il fera observer que, dans le 3e. cas, quoiqu'il puisse y avoir un ou plusieurs chiffres du nombre inférieur qui soient plus grands que ceux dont ils doivent être soustraits, c'est à dire ceux qui leur répondent dans le nombre supérieur, cela n'empêche pas que celui-ci, pris en entier, ne soit plus grand que l'autre; et, par suite, IL leur apprendra à savoir reconnaître sur-le-champ le plus grand de deux nombres quelconques exprimés en chiffres, sans avoir besoin de les énoncer. Il montrera donc que le plus grand est celui qui a plus de tranches ou de rangs ; et, en cas d'égalité dè de l'un et l'autre, celui où, les rangs étant comparés de gauche à droite, se trouve le le premier chiffre plus grand ; et il fera voir que ceci est une conséquence de la PROPORTION DÉCUPLE.

Il fera remarquer aussi que, d'après la même proportion et la manière dont on emprunte, il est impossible d'emprunter moins de 10 ; mais que ce nombre est le plus favorable de tous : d'abord en ce que celui qui résulte de son addition au chiffre empruntant, est toujours plus grand que le nombre à soustraire, et que par conséquent la soustraction peut se faire dans tous les cas ; puis en ce qu'il ne peut jamais être assez grand pour que le reste de la soustraction partielle soit un nombre composé, et ne puisse pas être contenu dans un rang.

Il démontrera la nécessité de laisser 9 sur chaque zéro intermédiaire, et en conséquence fera voir qu'elle vient de ce qu'on ne peut ajouter, à aucun rang, que des unités de l'espèce de celles qu'il détermine, et qu'un nombre de ces unités tel, que la différence, dans cette soustraction partielle, ne puisse jamais être qu'un nombre simple.

Ainsi, en empruntant *une* UNITÉ du *second* chiffre à gauche, *par ex*, on a une CENTAINE, qui peut être réduite en *dix* DIXAINES, ou bien en *cent* UNITÉS de l'espèce empruntante. Si on la réduit en DIXAINES, l'on ne pourra pas les porter au rang qui emprunte, puisqu'il contient des unités *neuf fois* moindres. Si on la reduit en *cent* UNITÉS, et qu'on les porte toutes au rang empruntant, l'on ajouterait bien à la vérité des unités de la même espèce, mais on voit que le reste de cette soustraction partielle ne pourrait jamais être un nombre simple. Pour tout concilier dans ce cas, on convertit l'UNITÉ empruntée en *dix* DIXAINES, dont on laisse *neuf* sur le o intermédiaire, qui occupe le rang des unités de cette espèce, et on ne porte, au rang empruntant, que *la dixième*, qu'on convertit en *dix* UNITÉS de l'espèce déterminée par ce rang ; de sorte que l'on fait absolument la même chose que si ces *dix* DIXAINES eussent été, dans le principe, à la place du o, et qu'on en eut emprunté *une*.

IL leur expliquera que c'est là la raison pour laquelle il est dit que le *chiffre empruntant ne peut jamais emprunter que du premier rang à sa gauche*. C'est pourquoi, quand le premier chiffre à gauche n'a rien à prêter, c'est-à-dire quand il est o, il est obligé d'avoir recours à son voisin ; si celui-ci est dans le même cas, il emprunte également du premier à sa gauche ; ainsi de suite, jusqu'à ce qu'il se trouve un rang dont le chiffre puisse prêter, et duquel alors on prend *une* UNITÉ. Cette unité doit être assimilée à l'espèce de celles qui sont déterminées par le rang qui a emprunté le dernier, et doit par conséquent être convertie en *dix* UNITÉS. Ce dernier o vaut donc alors 10, et comme il prête, à son tour, *une* UNITÉ à son voisin à droite, il ne lui reste donc que 9. Ainsi des autres.

Pour ce qui est des POINTS dont je fais marquer les chiffres, ceci ne regarde que les commençans, et L'INSTITUTEUR pourra les faire supprimer quand il le jugera à propos. IL devra même y veiller bientôt, pour que cette habitude soit perdue, quand on en sera à la DIVISION.

IL fera voir que quoique la manière, dont on pratique les emprunts, change les nombres des rangs prêtans et empruntans, elle ne change pourtant rien à la valeur du nombre considéré en entier, puisque on ne fait par là qu'un transport ; c'est-à-dire qu'on ne fait que prendre dans un rang, pour mettre dans un ou plusieurs autres, mais toujours la même quantité, et seulement sous d'autres espèces.

La connaissance de la composition et de la décomposition des nombres servira dans cette opération, comme dans la première; car elle procurera aux élèves l'avantage de savoir, sur-le-champ, et sans être obligés de compter par les doigts, ce qui reste d'un nombre, quand on en a ôté un autre. En effet, si je sais que 14, *par ex*, est composé de 8 et 6, ou que 8 et 6 font 14, je sais aussi que, en ôtant 8 de 14, il doit rester 6, et que, en ôtant 6, il doit rester 8.

XIXe. Leçon.

L'INSTITUTEUR n'aura, dans cette leçon, qu'à faire bien saisir tout ce qui est établi relativement à la PREUVE de la SOUSTRACTION, et à faire voir que cette preuve est fondée uniquement sur l'axiome suivant : *si l'on rend à une quantité autant qu'on lui avait ôté, elle redevient la même qu'auparavant.*

IL fera comprendre aussi comment une faute égale, mais en sens contraire, dans l'opération et dans la preuve, peut induire en erreur sur la justesse des résultats.

Il est bien clair au reste que, pour la sous-
TRACTION comme pour toutes les autres règles,
IL ne devra pas se contenter d'exiger que chaque
opération soit suivie de sa preuve, mais qu'IL
devra aussi s'assurer par lui-même si les preuves sont exactes; et je n'ai pas besoin d'en
dire la raison. Ce sera principalement pour la
MULTIPLICATION et la DIVISION qu'il faudra y
apporter plus de vigilance. Mais IL ne devra
pas perdre son tems à refaire lui-même la
preuve de chaque élève; IL n'aura qu'à faire
en son particulier chaque opération et sa
preuve, puis à comparer les résultats avec
ceux des élèves. Au surplus IL pourra aussi
les charger de se vérifier réciproquement.

X X^e L E Ç O N.

L'INSTITUTEUR démontrera que, dans une
longue addition dont on fait plusieurs, la
SOMME TOTALE, produite par celles de ces additions partielles, est la même que si l'on n'a-
vait fait qu'une seule addition sur tous les
nombres.

Je répète pour la dernière fois qu'IL doit
toujours bien éclaircir chaque définition nouvelle, et en faire des applications à des exemples très-simples.

Il aura soin d'expliquer cette expression *ajouter à lui-même, ou répéter, autant de fois, moins une*, en faisant bien saisir le sens du mot AJOUTER qui signifie *mettre de plus*, et non pas *prendre autant de fois*. Ainsi, AJOUTER UN NOMBRE A LUI-MÊME *deux fois*, *par ex*, ne veut pas dire PRENDRE CE NOMBRE *deux fois*, mais METTRE CE NOMBRE *deux fois* DE PLUS, ce qui est la même chose que PRENDRE *trois fois*; de sorte que pour multiplier un nombre par un autre, il faut, ou prendre le premier autant de fois exactement qu'il y a d'unités dans le second, ou bien ajouter le premier à lui-même *une fois* de moins, où autant de fois, *moins une*, qu'il y a d'unités dans le second.

On sent qu'il en est de même pour le mot RÉPÉTER, qui signifie ici *mettre de nouveau*.

Cette observation sera peut-être regardée comme minutieuse, mais il ne me paraît pas indifférent que les enfans prennent, de chaque chose, des idées précises et distinctes. D'ailleurs, je me suis permis d'ajouter à une expression qui est, pour ainsi dire, reçue; et j'ai cru devoir en expliquer les raisons. Quoiqu'il en soit, comme par la suite il sera souvent question de *prendre un nombre autant de fois qu'il y a d'unités dans un autre*, et *d'ajouter*, ou *répéter autant de fois, moins*

une, L'INSTITUTEUR fera remarquer la signification de chacune de ces expressions.

IL démontrera l'identité des deux problêmes suivans : *multiplier un nombre par un
autre, pour connaître le nouveau nombre qui
en résulte* ; et *ajouter un nombre à lui-même
un certain nombre de fois pour en avoir la
somme.*

IL fera comprendre comment chacun de
ces mots MULTIPLICANDE, MULTIPLICATEUR,
PRODUIT, FACTEUR exprime la fonction du nombre auquel il est appliqué.

La composition et la décomposition des
nombres sera encore ici très-utile, pour faire
concevoir ce qui est démontré sur 4 *fois* 1 ou
1 *fois* 4, et sur 2 *fois* 3 ou 3 *fois* 2, et pour
faire faire, sur d'autres nombres, des applications semblables ; afin de prouver que la
vérité de la proposition s'étend à tous les nombres à multiplier l'un par l'autre, quels qu'ils
puissent être. Ce sera aussi une nouvelle occasion d'exercer le jugement des élèves, et
de leur apprendre à suivre un raisonnement.

IL leur fera bien concevoir l'explication
donnée à la fin de la leçon, pour qu'ils prennent une juste idée du rapport sous lequel
doit être considéré chacun des nombres d'une
multiplication ; et fera dire comment, d'après

ce rapport, le multiplicande peut être ABSTRAIT ou CONCRET, et comment le produit doit toujours être ce qu'est le multiplicande. IL fera remarquer qu'une multiplication faite est tout comme une addition où le même nombre (le multiplicande) aurait été ajouté un certain nombre de fois ; et que le produit de la multiplication ne peut être d'une autre nature que la SOMME de cette addition ; qu'ainsi, puisque la SOMME d'une addition ne peut manquer de représenter la même espèce d'unités que les nombres additionnés, le produit doit aussi représenter la même espèce que le multiplicande.

Il aura soin de faire observer que, par *espèce* d'unités, on entend seulement ici, celle qui est relative aux unités considérées comme ABSTRAITES OU CONCRÈTES.

Pour ce qui est du multiplicateur, L'INSTITUTEUR pourra, s'il le veut, entrer dans quelques explications pour prouver que, quelle que soit l'espèce de ses unités, il doit toujours être considéré comme un NOMBRE ABSTRAIT ; ou bien IL se contentera de résoudre les difficultés qui pourront lui être proposées par les élèves, parce que cet article sera l'objet d'une observation particulière, lorsque je

traiterai de la multiplication des NOMBRES CON-
CRETS.

XXI°. LEÇON.

L'INSTITUTEUR rappelera l'instruction de la
leçon précédente, sur l'identité du produit
de deux nombres multipliés l'un par l'autre,
et qui sont alternativement multiplicande et
multiplicateur, pour faire voir que le LIVRET
abrégé, tel que je le présente, suffit pour connaître tous les produits de la multiplication
des nombres simples.

IL fera observer aux élèves que le LIVRET
ne contiént que les produits des nombres simples ; mais IL leur annoncera que, comme ils 'e
verront bientôt, il est suffisant pour t' .tee
sortes de multiplications, parce que dan, . ·uie
multiplication, soit simple, soit compo... ,
chaque multiplication partielle s'opère sur u.
nombres simples.

IL devra les retenir à cette leçon, jusqu'à
ce qu'ils sachent passablement le LIVRET, et
je n'ai pas besoin de faire remarquer combien
ils seront aidés en cela par la connaissance de
la composition et de la décomposition des
nombres. Mais, pour le leur rendre plus fa-
milier, IL pourra, lorsqu'ils connaîtront la
méthode de la multiplication composée, les

exercer

exercer pendant quelques jours, et même de
tems en tems, par la suite, à faire la multiplication de. 987654321
                par 123456789

Il aura soin de démontrer ce qui est établi
sur le produit de l'unité multipliée par les
autres nombres simples, et de ceux-ci multipliés par l'unité, et les exercera sur l'application de ces deux principes : *un nombre
multiplié par l'unité est toujours égal à lui-
même ; l'unité multipliée par un nombre est
toujours égale à ce nombre.*

XXIIe. Leçon.

Toute la tâche de l'instituteur se réduit,
dans cette leçon, à donner les explications
qu'elle lui paraîtra exiger ; à démontrer qu'un
o dans le multiplicande est absolument dans le
même cas qu'une colonne de o dans l'addition, et à faire pratiquer diverses multiplications simples.

Il pourra, en attendant que les élèves connaissent la manière de vérifier la multiplication par la division, leur faire faire une
espèce de preuve par une nouvelle multiplication sur les mêmes nombres, dont on prendra la moitié de l'un, et dont on doublera
l'autre, de préférence l'impair, s'il y en a un.

D

Mais si les deux nombres sont impairs, on retranchera *une* UNITÉ de celui dont on veut prendre la moitié, et l'on aura soin d'ajouter ensuite, au produit, la moitié de celui qui aura été doublé, c'est-à-dire le nombre tel qu'il était dans la première opération. Je n'ai pas sans doute besoin d'ajouter qu'IL devra leur faire comprendre comment le produit de cette seconde multiplication doit être parfaitement égal à celui de la première.

XXIII°. LEÇON.

L'INSTITUTEUR fera bien sentir la nécessité de faire répondre le premier chiffre de chaque produit au chiffre qui multiplie. Pour cet effet, IL développera ce qui est dit dans le courant de la leçon, pour démontrer que chaque chiffre du multiplicateur, quand il multiplie des UNITÉS SIMPLES, donne un produit de son espèce : qu'ainsi le chiffre des UNITÉS donne un produit d'UNITÉS; celui des DIXAINES un produit de DIXAINES, etc.

IL fera observer que si le premier chiffre du produit des DIXAINES, *par ex*, était placé sous le 1er. du produit des UNITÉS, le rang des CENTAINES de ce 2e. produit se trouverait sous le rang des DIXAINES du 1er.; le rang des

MILLE sous celui des CENTAINES, etc.; et que
le produit total ne serait plus tel qu'il doit être,
outre qu'on n'observerait pas la règle, pres-
crite pour l'ADDITION, de mettre chaque rang
dans sa colonne.

IL montrera qu'en faisant une multiplication composée, l'on pratique la même chose,
et l'on arrive au même résultat que si l'on faisait plusieurs multiplications simples ; c'est-à-
dire si l'on multipliait le même multiplicande
par chaque chiffre du multiplicateur séparément, ce qui donnerait également un produit
d'UNITÉS, un de DIXAINES, un de CENTAINES, etc;
et ces produits étant additionnés fourniraient
évidemment un produit total semblable à
l'autre, pourvu qu'on eut eu soin de disposer convenablement les nombres à additionner, c'est-à-dire de placer chaque chiffre dans
sa colonne, à raison de l'espèce d'unités que
chacun exprime.

Pour ce qui est des POINTS par lesquels je
fais remplir les rangs qui doivent être vides,
je les ai préférés aux ZÉROS qu'on y met ordinairement, afin qu'on voye tout de suite la
valeur précise de chaque produit particulier,
sans qu'aucun de ces produits puisse être censé
avoir plus de chiffres qu'il n'en a réellement.
Au surplus ces POINTS ne sont que pour les

commençans, et L'INSTITUTEUR jugera quand il pourra les faire supprimer.

X X I V⁰. L ᴇ ç ᴏ ɴ.

La démonstration du principe qui établit que o *multiplicateur ne peut jamais produire que o ,* cette démonstration sera donnée ailleurs, comme je l'annonce dans la leçon ; ainsi L'INSTITUTEUR pourra différer, jusques-là, toute explication à cet égard. Cependant si l'un des élèves lui demande quelque éclaircissement sur cet article, il devra le donner ; parce qu'il est important qu'ils sachent toujours se rendre raison de ce qu'ils pratiquent, et de tel ou tel principe.

Il fera bien comprendre tout ce qui est exposé sur les manières abrégées de faire la multiplication, lorsqu'il se trouve un ou plusieurs zéros dans le multiplicateur.

Quant à celle qui est relative aux zéros qui se rencontrent à la fin de chacun des deux facteurs, il aura soin de bien en développer et faire concevoir la démonstration. Il pourra montrer aussi que, dans l'exemple proposé, c'est-à-dire dans la multiplication de 6080 par 400, l'on doit prendre le multiplicande 400 *fois,* ou le rendre 400 *fois* aussi grand ; et que si l'on multipliait ce multiplicande tout entier ,

(6080), par 4, en ajoutant ensuite *deux* o au produit, ce nombre seroit réellement rendu 400 *fois* aussi grand. En effet 6080 multiplié par 4 est pris 4 *fois* ; si au produit par 4 on ajoute *un* o, l'on aura un nombre *dix fois* aussi grand que ce produit, on aura donc un nombre *dix fois* 4 *fois*, ou 40 *fois*, aussi grand que le multiplicande ; si l'on ajoute un *second* o, l'on aura un nombre *dix fois* aussi grand que le produit de 40 *fois* ; ou *cent fois* aussi grand que le produit de 4 *fois* ; ou 400 *fois* aussi grand que le multiplicande. Donc en multipliant 6080 par 4, et ajoutant ensuite *deux* o au produit, on a rendu le multiplicande 400 *fois* aussi grand, et obtenu par conséquent un produit égal à celui de 6080 multiplié par 400.

Si l'on retranche le o qui est à la fin du multiplicande, et qu'on multiplie 608 au lieu de 6080, le produit sera encore le même, au o près qui aura été supprimé ; car alors on multipliera 608 DIXAINES, qui ont la même valeur que 6080 UNITÉS, de sorte que, pour faire de ce produit un nombre de DIXAINES, il suffira de lui ajouter un o (le o retranché).

Bref L fera comprendre en deux mots que, puisque o, soit multiplicande, soit multiplicateur, produit toujours o, peu importe,

D 3

pourvû qu'on ait soin d'en ajouter, au produit, autant qu'il y en a à la fin de chaque
facteur ; peu importe, dis-je, qu'ils soient
écrits avant, ou après, ou pendant l'opération.

Il s'assurera si les élèves se souviennent
qu'un o dans le multiplicande est absolument
la même chose qu'une colonne de o dans une
addition. S'ils l'ont oublié, il en donnera de
nouveau la démonstration, en présentant une
multiplication sous la forme d'une addition.

XXVe Leçon.

L'instituteur pourra exercer le jugement
des élèves, en leur faisant des questions, ou
en leur faisant observer des raisonnemens sur
la multiplication considérée comme une addition abrégée.

Il aura soin de démontrer que les différens
problêmes proposés, et tous ceux qu'on peut
proposer, relativement à la division, se rédui-
sentà celui-ci : *chercher le nombre de fois
qu'un nombre est contenu dans un autre;*
et il fera bien comprendre que, dans une division à faire sur deux nombres donnés, peu
importe qu'on veuille obtenir un résultat selon
tel ou tel problême, parce que cela ne peut

rien changer, ni à la manière d'opérer, ni à la valeur du résultat considéré comme nombre proprement dit, comme NOMBRE ABSTRAIT.

IL fera concevoir aussi comment la SOUSTRACTION peut suffire pour procurer ce résultat ; mais IL prouvera en même tems, par quelques exemples de nombres plus ou moins considérables, plus ou moins différens en valeur, combien cette méthode serait longue, et comme elle le devient davantage, à mesure que cette différence augmente.

XXVIe. LEÇON.

Cette leçon ne contenant que des définitions et une simple nomenclature, L'INSTITUTEUR observera ce qui, à cet égard, lui a été recommandé dans la XXe leçon.

IL pourra aussi, par les questions convenables, conduire les élèves à faire les raisonnemens suivans et d'autres semblables.

Puisque le dividende contient le diviseur, il doit toujours être plus grand que lui, ou tout au moins égal.

Puisque le quotient marque combien de fois le diviseur est contenu dans le dividende, il doit toujours être moindre que le dividende (excepté quand le diviseur est l'UNITÉ); mais il peut être égal au diviseur, ou moindre, ou plus grand que lui, selon que la valeur du diviseur est plus ou moins rapprochée de celle du dividende.

Le quotient d'une division peut être considéré comme exprimant, soit le nombre de fois que le diviseur est contenu dans le dividende, soit une partie du dividende partagé en autant de parties égales qu'il y a d'unités dans le diviseur; d'où il résulte que le quotient est un nombre ABSTRAIT quand le diviseur est CONCRET, et qu'il est CONCRET quand le diviseur est ABSTRAIT. Il en résulte encore que le diviseur et le quotient marquent réciproquement, l'un combien de fois l'autre est contenu dans le dividende; et il suit de là que, lorsqu'on connaît le quotient d'une division, si l'on divisait le dividende par ce quotient, on obtiendrait, pour quotient de cette seconde division, le diviseur de la 1re. Il s'ensuit encore qu'en prenant le diviseur autant de fois qu'il est marqué par le quotient, ou celui-ci autant de fois qu'il est marqué par l'autre, c'est-à-dire, en multipliant l'un par l'autre, on devra obtenir un produit entièrement égal au dividende, etc.

Bien entendu que L'INSTITUTEUR **aura soin**

de développer et faire bien comprendre chaque proposition, ainsi que les corollaires ou les conséquences qu'on en déduit, mais surtout de les rendre sensibles par des exemples très-simples.

X X V I I^e. L e ç o n.

L'instituteur proposera des exemples de dividendes d'abord simples, puis composés successivement de *deux* chiffres, de *trois*, de *quatre*, etc, auxquels il donnera le même diviseur; et fera voir combien il serait difficile, en prenant le dividende entier, de connaître le nombre de fois que le diviseur y est contenu, et comment la difficulté augmente, à mesure que le dividende devient plus grand.

Il fera faire une attention particulière à la signification du mot PARTIEL, pour que les élèves ne soient pas embarrassés quand ils le trouveront joint à quelque autre mot : DIVISION PARTIELLE, MULTIPLICATION, SOUSTRACTION PARTIELLES, QUOTIENT PARTIEL, etc.

Il rappelera la signification du mot DIVIDENDE, pour faire concevoir que chaque chiffre du dividende, pris en particulier, est un dividende, puisque c'est un nombre *qui doit être divisé*, et qui doit par conséquent donner un quotient.

Il fera dire *pourquoi le o est inutile, quand il n'est précédé d'aucun chiffre significatif; pourquoi, dans une division simple, le 1er. dividende partiel ne doit jamais contenir plus de deux chiffres; pourquoi, d'après les règles que nous établissons, le 1er dividende partiel doit toujours contenir le diviseur.*

Il montrera que la recommandation *de ne prendre pour 1er. dividende partiel qu'un nombre de chiffre suffisant pour contenir le diviseur*, a uniquement pour but de simplifier l'opération, tout comme la méthode qui prescrit d'opérer successivement sur chaque chiffre l'un après l'autre; car autrement le résultat serait bien le même, mais ce serait, à plus ou moins près, la même chose que si l'on cherchait tout de suite combien de fois le diviseur est contenu dans le dividende tout entier.

Il fera voir aussi que c'est par une suite nécessaire de cette pratique, qu'une division partielle ne peut jamais donner, au quotient, plus de 9, c'est-à-dire plus d'*un* chiffre.

Il fera comprendre comment un dividende partiel, ou un nombre quelconque, quand il n'est pas contenu dans un autre nombre, composé d'autant de chiffres, ne peut manquer d'y être contenu, si l'on joint, à ce dernier, un nouveau chiffre, quel qu'il soit ; d'où il résulte qu'un DIVIDENDE PARTIEL BIEN PRIS (IL aura soin d'expliquer ce qu'on entend par là) ne peut, dans tous les cas, qu'être égal en chiffres au diviseur, ou tout au plus avoir *un* chiffre de plus.

IL prouvera qu'un nombre est contenu *une fois* en lui-même ou dans un nombre semblable, et que, par conséquent, lorsqu'on dit qu'*un dividende partiel doit être* AU MOINS *égal au diviseur,* c'est tout comme si l'on disait qu'*un dividende partiel doit contenir* AU MOINS UNE FOIS *le diviseur,* ou *doit avoir* AU MOINS *la même valeur que le diviseur.*

Au reste L'INSTITUTEUR aura soin de développer, de faire bien apprendre, bien comprendre tout ce qui appartient à cette leçon, qui est comme la clef des suivantes.

XXVIIIe. LEÇON.

L'INSTITUTEUR pourra, dans cette leçon, exercer de nouveau les élèves sur les dividendes partiels, pour les fortifier de plus en plus à cet égard ; et s'attachera particulièrement à leur faire bien saisir la manière d'opérer sur le 1er. et le 2e., qui guideront pour tous les autres.

Sur le précepte relatif au o *à mettre au quotient toutes les fois qu'un dividende partiel ne contient pas le diviseur,* il fera bien sentir la nécessité de l'observer, puisqu'il faut que chaque membre de division donne un chiffre au quotient. Or chaque quotient partiel doit exprimer le nombre de fois que le diviseur est contenu dans le membre de division sur lequel on vient d'opérer. Donc, quand le diviseur n'est pas contenu, le quotient doit exprimer qu'il ne l'est pas ; le quotient doit donc être o. Sans cette précaution le dividende partiel ne serait pas représenté au quotient, et il en résulterait, pour le quotient total, une différence proportionnée au nombre des o, ou des rangs, qui auraient été ainsi supprimés. Comme l'application de ce précepte se présente très-souvent, soit dans la division simple, soit dans la composée, il est essentiel d'y faire faire une attention particulière.

Il fera dire pourquoi, si l'on faisait à tort une application de ce précepte, le nouveau membre de division ne serait pas régulièrement composé, et pourquoi il contiendrait le diviseur plus de *neuf fois.*

X X I X^e. L e ç o n.

L'INSTITUTEUR demandera ce que c'est, d'après la signification du mot PARTIEL, qu'une MULTIPLICATION PARTIELLE, et fera voir que la multiplication dont il est question, est en effet *partielle*, puisqu'elle n'est qu'*une partie* de celle qui serait faite, si l'on opérait sur le dividende entier tout-à-la-fois. Mais, pour que les élèves prennent une idée plus précise à cet égard, IL leur dira qu'il faut entendre, par MULTIPLICATION PARTIELLE, *celle qui a lieu dans une division partielle*. Il en est de même pour SOUSTRACTION PARTIELLE.

IL demandera pourquoi la soustraction ne pourrait pas se faire, si le produit d'une multiplication était plus grand que le dividende partiel dont il doit être soustrait; et comment cela est une preuve que le chiffre mis au quotient est trop fort.

A l'égard d'un reste de soustraction égal au diviseur, IL rappelera qu'un nombre est contenu *une fois* dans lui-même, ou dans un nombre semblable; d'où il résulte que le diviseur est contenu encore *une fois* dans un reste de soustraction qui est égal à ce diviseur.

Pour ce qui est du reste de la dernière soustraction, IL fera voir ou dire pourquoi ce reste ne peut pas être regardé comme un dividende partiel, ni par conséquent donner un chiffre au quotient, pas même un o, quoiqu'il ne contienne pas le diviseur ; et fera observer que le reste de chaque autre soustraction partielle aurait été traité de la même manière, s'il se fut trouvé le dernier.

IL exercera les élèves sur la manière de trouver promptement, par le moyen du LIVRET, le nombre de fois que le diviseur est contenu dans un dividende partiel.

Dans les divisions qu'IL fera pratiquer, IL devra veiller à ce qu'ils marquent exactement chaque membre de division, et à ce qu'ils vérifient toutes les soustractions, même e s plus simples, afin qu'ils en contractent l'habitude.

X X X^e. L E Ç O N.

L'INSTITUTEUR fera répéter, ou, s'il en est besoin, apprendre de nouveau l'instruction donnée dans la XIIIe leçon (*des élémens*), sur les VALEURS ABSOLUE et RELATIVE des chiffres, et sur ce qu'on entend par UNITÉS PROPREMENT DITES.

IL tâchera de faire concevoir comment, par sa nature, le calcul ne peut porter que sur la VALEUR ABSOLUE; c'est-à-dire ne peut jamais porter sur l'espèce des unités de tel ou tel rang, de telle ou telle colonne, mais seulement sur le nombre des unités contenues dans chaque rang, ou dans chaque colonne. En conséquence IL fera voir, dans l'ADDITION et la SOUSTRACTION, que, quoique les unités de la même espèce occupent la même colonne, l'on opère sur les nombres d'unités contenues dans chacune, sans avoir aucun égard à l'espèce de ces unités, et absolument de la même manière que si l'on faisait autant d'opérations séparées qu'il y a de colonnes, et comme si chaque colonne ne contenait que des UNITÉS PROPREMENT DITES.

Si quelqu'un des élèves lui objectait que cependant, dans l'ADDITION et la MULTIPLICATION, l'on retient des DIXAINES d'une colonne pour une autre, et que, dans la SOUSTRACTION, on emprunte également une DIXAINE d'un chiffre pour porter à un autre, etc; IL n'aura pas de peine à démontrer que ces circonstances, et autres analogues, ne détruisent en rien ce qui est avancé.

Ainsi, pour ce qui regarde l'ADDITION et la MULTIPLICATION, il fera observer que le trans-

port, qui se fait d'une colonne à une autre,
n'a lieu que parce que la SOMME ainsi que le
PRODUIT, dont on retient, étant des nombres
composés ne sauraient être écrits en entier,
vû qu'ils occuperaient plus d'*un* rang ; mais
que ce transport ne constitue pas l'opération
dans laquelle on le pratique, et que c'est seulement pour abréger qu'on le pratique ainsi
dans le cours de cette opération ; car on parviendrait au même résultat, en écrivant toujours en entier chaque SOMME, chaque PRO-
DUIT PARTIELS, comme l'on fait pour la colonne la plus à gauche, lorsqu'il y a un chiffre à avancer ; et en plaçant ensuite, au dessous, la SOMME ou le PRODUIT de la colonne
suivante, ainsi de suite ; puis en faisant l'addition de ces sommes ou produits partiels,
pour en avoir le TOTAL-

EXEMPLES.

Addition.		*Multiplication.*	
	437		
	185		694
	642		8
Somme de la 1re. *colon..*	14	1er. *produit............*	32
Somme de la 2e.............	15	2e. *produit...........*	72
Somme de la 3e..........	11	3e. *produit.........*	48
SOMME TOTALE....	1264		1552
		PRODUIT TOTAL	5552

Il

IL montrera pareillement que le transport, qu'on fait dans la SOUSTRACTION , ne constitue pas non plus cette opération , qui ne consiste pas à augmenter le nombre des unités d'un rang, mais à retrancher un nombre d'un autre ; et que ce transport a également pour but d'en abréger , d'en simplifier la pratique; ce qu'IL pourra prouver par quelques exemples , tels que celui qui est ici , dans lequel IL fera voir que lorsqu'on emprunte du 3e. rang pour les deux 1ers , c'est parce qu'il est plus court et plus facile de soustraire d'abord 8 de 10; puis 2 de 9 ; ensuite 4 de 13, etc. , etc., que de faire quatre soustractions : c'est-à-dire de soustraire d'abord 8 de 21400 , puis du reste les deux *unités* du second rang , c'est-à-dire 2 (DIXAINES); ou, si l'on veut, 20 (UNITÉS SIMPLES) etc., etc.

$$\begin{array}{r} 21400 \\ 9428 \\ \hline 11972 \end{array}$$

$$\begin{array}{r} 21400 \\ 8 \\ \hline 21392 \\ 2 \\ \hline 21372 \\ 4 \\ \hline 20972 \\ 9 \\ \hline 11972 \end{array}$$

IL fera donc bien sentir que ces pratiques, de retenir d'une colonne pour une autre , ou d'emprunter d'un chiffre pour un autre , ne sont que des accessoires des opérations où elles ont lieu, et n'empêchent pas que le calcul partiel d'une colonne quelconque ne porte seulement sur la VALEUR ABSOLUE des chiffres qu'elle contient. Ce qui est d'autant plus vrai que chaque colonne, quel que soit son rang, est calculée absolument comme si elle en occupait un autre, ou comme si elle était une colonne isolée, une colonne d'UNITÉS PROPREMENT DITES.

IL pourra faire remarquer encore, par rapport à la MULTIPLICATION, que, quoiqu'on multiplie des DIXAINES, CENTAINES, etc, par des UNITÉS SIMPLES ou des DIXAINES, etc, ou réciproquement, on ne s'attache cependant qu'à la VALEUR ABSOLUE des chiffres sur lesquels on opère ; car, pour multiplier 4 par 3, *par ex*, on ne fait nulle attention à la VALEUR RELATIVE, soit du chiffre multiplicande, soit du multiplicateur, mais on dit simplement : 3 *fois* 4 *valent* 12, quel que soit le rang de chacun des deux chiffres.

IL démontrera ensuite la même vérité par rapport à la DIVISION ; c'est-à-dire qu'IL développera toute l'explication donnée à ce sujet, pour faire bien concevoir que, dans chaque division partielle, le dividende doit toujours être regardé comme exprimant des UNITÉS PROPREMENT DITES.

IL expliquera comment un nombre composé, quel qu'il soit, ne peut jamais, quand il est pris en entier, exprimer que des UNITÉS SIM-

PLES; et comment par cette raison le diviseur, soit simple, soit composé, n'est jamais qu'un nombre d'UNITÉS PROPREMENT DITES.

Pour ce qui est de l'observation qui termine la leçon, IL n'aura qu'à faire voir que ce qui y est établi ne peut ni changer la manière d'opérer, ni détruire l'explication qui précède ; puisque dans le calcul on ne s'occupe que de la QUALITÉ NUMÉRIQUE des nombres, et sans aucun égard pour les objets auxquels ils peuvent être appliqués. Or, un nombre pouvant être appliqué à toutes sortes d'objets, peu importe, pour l'opération et pour son résultat, qu'on regarde le quotient d'une division comme exprimant telle ou telle espèce d'unités concrètes ; car, comme nombre proprement dit, comme NOMBRE ABSTRAIT, il est toujours le même.

XXXIe. LEÇON.

Cette leçon ne comporte, pour ainsi dire, que l'observation générale d'exercer les élèves sur les principes, précédemment établis, qui peuvent y être relatifs, et celle de développer la méthode abrégée, que L'INSTITUTEUR ne devra toutefois faire pratiquer que lorsqu'ils connaîtront parfaitement l'autre.

IL s'informera s'ils conçoivent comment ,

par le moyen de la 2e. opération, c'est-à-dire de la multiplication du diviseur par le chiffre mis au quotient, on reconnaît si ce chiffre n'est pas trop fort; et comment, par la soustraction, l'on reconnaît s'il n'est pas trop petit.

Il fera bien comprendre ce qui est établi sur la division proprement dite, et sur ce que la multiplication et la soustraction n'en sont qu'auxiliaires ou confirmatives.

Il se fera rendre raison pourquoi, dans une division simple, le reste d'une soustraction partielle ne doit jamais être qu'un nombre simple.

XXXII°. Leçon.

L'instituteur s'assurera d'abord si les élèves ont présente à l'esprit l'instruction de la XXVIIe. leçon (*des élémens*) concernant les dividendes partiels, surtout le premier.

Il les exercera sur la manière de reconnaître si un nombre est contenu dans un autre, en leur rappelant que cette manière est la même que celle qu'il leur a enseignée pour la soustraction.

Il fera dire pourquoi, lorsque le dividende partiel et le diviseur ont un nombre égal de chiffres, l'on ne compare, dans les deux nombres, que le 1er. chiffre; et pourquoi, dans l'autre cas, on compare le 1er. du diviseur aux deux 1ers. du membre de division.

IL expliquera ou fera trouver la raison pour laquelle le diviseur entier n'est pas toujours contenu, dans un dividende partiel, autant de fois que le 1er. ou les deux 1ers. chiffres de celui-ci contiennent le 1er. chiffre de l'autre.

IL fera bien comprendre tout ce qui est relatif aux ÉPREUVES; et rappelera, au sujet de ce qui est dit dans la leçon, savoir : qu'*une* ÉPREUVE *se fait par un nombre simple, c'est-à-dire par le chiffre qu'on croit devoir être mis au quotient*; IL rappelera, dis-je, ou fera répéter ce qui a été précédemment établi sur ce qu'une division partielle ne doit jamais pouvoir donner au quotient qu'un nombre simple; *et comme cette règle est commune à toute division, soit simple, soit composée,* IL en fera conclure que, lors même que le 1er. chiffre du diviseur est contenu plus de *neuf fois*, dans les deux 1ers. du dividende partiel, il est inutile d'éprouver par un nombre au-dessus de 9; parce que, si le diviseur partiel a été bien pris, il ne peut, dans aucun cas, contenir plus de *neuf fois* le diviseur entier.

IL démontrera cette dernière vérité, et la

prouvera par quelques exemples semblables à celui-ci : supposons un diviseur composé de trois chiffres, 101, *par ex*, et un dividende partiel dont les trois 1ers. chiffres ne contiendront pas le diviseur, c'est-à-dire 100 ; il est clair qu'il faudra un quatrième chiffre pour former le dividende partiel. Prenons, pour 4e. chiffre, celui qui exprime le plus grand des nombres simples, le plus grand nombre qui puisse entrer dans un rang, c'est-à-dire 9, nous aurons alors pour membre de division 1009. Or ce nombre ne contient pas 101 plus de *neuf fois*, car *dix fois* seulement 101 vaudraient 1010. Si cette vérité est démontrée à l'égard de 1009 comparé à 101, c'est-à-dire à l'égard du plus grand nombre, dans ce cas, comparé au plus petit, elle le sera à bien plus forte raison pour deux nombres plus rapprochés de valeur. Donc, dans un dividende partiel bien pris, le diviseur ne peut être contenu plus de *neuf fois*. Donc aucune division partielle ne doit pouvoir donner plus de 9 au quotient. Donc, etc., etc.

XXXIIIe. Leçon.

'INSTITUTEUR tâchera, dans les divisions qu'il donnera à faire, de parcourir les différentes circonstances qui peuvent se présenter

dans cette sorte d'opérations. Mais il veillera
surtout à ce que les élèves opèrent toujours
par application des principes, et ne s'habituent pas à agir par routine, sans s'entendre
bien eux-mêmes, et sans être en état de pouvoir toujours donner la raison pour laquelle
ils exécutent telle ou telle chose. Dans cette vue,
IL devra les questionner souvent à cet égard,
surtout les ramener aux principes, toutes les
fois qu'ils font erreur.

Quand ils seront un peu exercés dans la
pratique de la division composée, et par conséquent dans la manière de faire les épreuves,
IL leur apprendra comment on peut reconnaître, sans être obligé de faire une épreuve
toute entière, si le diviseur entier est contenu,
dans le dividende partiel, autant de fois que
le marque le chiffre par lequel on veut éprouver; ce qui économise le tems, principalement lorsque le diviseur est un nombre considérable. Pour cet effet, IL fera répéter ce
qui est dit dans la leçon précédente sur la manière de reconnaître si le diviseur est contenu
dans un dividende partiel qui n'a qu'autant de
rangs, et montrera que le produit d'une épreuve
est absolument dans le même cas; qu'ainsi,
lorsqu', en comparant les rangs de gauche à
droite, le 1ᵉʳ. chiffre moindre se trouve dans

le produit, il est évident que ce produit est contenu dans le dividende partiel ; d'où il fera conclure qu'il suffit de comparer les rangs en allant de gauche à droite ; c'est-à-dire, de voir d'abord ce qu'est, par rapport au 1.ᵉʳ. chiffre du dividende partiel, le produit du 1ᵉʳ. chiffre, aussi à gauche, dans le diviseur, en ayant égard toutefois à ce qui doit être retenu, ou plutôt ce qui est supposé avoir été retenu de la multiplication du 2.ᵉ. chiffre, qui par conséquent doit être aussi multiplié. (Bien entendu que ces multiplications se font simplement de tête). Si le produit de ce 1ᵉʳ. chiffre est moindre, il est clair que le chiffre éprouvé est bon. Si le produit est égal, alors il faut faire pour le 2ᵉ. chiffre ce qu'on a fait pour le 1ᵉʳ. Ainsi des autres.

X X X I V⁰. L e ç o n.

L'instituteur fera pratiquer plusieurs des divisions susceptibles d'être abrégées par la suppression d'un nombre égal de zéros à la fin du dividende et du diviseur.

Il fera observer, par ces exemples comparés aux mêmes divisions faites en entier, que cette manière ne change absolument rien à la valeur du quotient, et qu'elle ne peut rien y changer ; car les deux nombres, après qu'on a retranché les mêmes rangs dans chacun, ne peuvent manquer de conserver entre eux le même rapport, et doivent en conséquence donner le même résultat que si la suppression n'eut pas été faite.

Mais, pour en donner la démonstration, il aura soin de l'appliquer à des exemples très-simples : 3o et 1o, *par ex.* IL fera voir que le premier de ces deux nombres exprime *trois* UNITÉS DE DIXAINES, et le second *une* UNITÉ de la même espèce, et qu'il s'agit par conséquent de savoir combien de fois *une* UNITÉ DE DIXAINES, est contenue dans *trois* UNITÉS DE DIXAINES; ou, ce qui revient au même : combien de fois 1 est contenu dans 3. Or, en retranchant le o dans chaque nombre, chacun devient *neuf fois* moindre, et il reste également à diviser 3 par 1. Donc le résultat des deux opérations doit être le même. Il est aisé de voir qu'il n'en serait pas autrement si l'on avait à diviser 3oo par 1oo, ou 3ooo par 1ooo, etc.

Si le dividende était 3oo et le diviseur 1o, on aurait à chercher combien de fois *une* UNITÉ DE DIXAINES, est contenue dans *trante* UNITÉS DE DIXAINES; et, en retranchant, dans chaque nombre un o, il resterait à diviser 3o par 1. Or l'on voit que c'est toujours le rapport de 1 à 3o, et qu'*une* unité simple est contenue 3o *fois* dans 3o unités simples , comme *une* unité de dixaines dans 3o unités de dixaines ou 3 unités de centaines. Donc, etc.

Il prouvera aussi que cette démonstration est la même absolument pour les cas où le diviseur seul est terminé par un ou plusieurs zéros ; mais fera voir que le reste de la division, ou la fraction jointe au quotient, seraient moindres qu'ils ne doivent être, si l'on ne tenait compte des chiffres retranchés dans le dividende.

S'il fait pratiquer la méthode abrégée , il aura soin de développer l'instruction donnée à cet égard ; et montrera que cette méthode est la même que dans la division simple, avec cette différence que, dans celle-ci, chaque multiplication partielle se fait sur le diviseur entier, puisqu'il est un nombre simple, et que chaque soustraction partielle se fait sur tout le membre de division ; au lieu que, dans la composée, l'on n'opère que successivement sur chaque chiffre, soit du diviseur, soit du dividende partiel, attendu qu'il serait trop difficile d'opérer sur tous les rangs pris à la fois.

X X X V^e L e ç o n.

L'INSTITUTEUR pourra exercer les élèves sur les différentes définitions dont peuvent être susceptibles la MULTIPLICATION et la DIVISION, et, en les opposant l'une à l'autre, faire voir comment ces deux opérations sont inverses l'une de l'autre.

IL pourra faire faire aussi la même observation par rapport à ce qui se passe dans la pratique de ces mêmes opérations, et par rapport à leurs résultats, etc. Ainsi IL pourra présenter les comparaisons suivantes et autres analogues :

Dans la MULTIPLICATION l'on augmente un nombre; dans la DIVISION on le diminue.

Dans la MULTIPLICATION l'on augmente un nombre en l'ajoutant à lui-même un certain nombre de fois, ou en lui ajoutant d'autres nombres semblables à lui; dans la DIVISION l'on diminue un nombre en en retranchant un certain nombre de fois un autre nombre, ou bien en en ôtant d'autres nombres égaux entre eux.

Dans la MULTIPLICATION l'on prend un nombre autant de fois qu'un autre contient l'UNITÉ; dans la DIVISION l'on prend l'UNITÉ autant de fois qu'un nombre en contient un autre.

Dans la MULTIPLICATION le résultat de l'opération, c'est-à-dire le produit, doit contenir le multiplicande autant de fois que le multiplicateur contient l'UNITÉ, et le multiplicateur autant de fois qu'il y a d'unités dans le multiplicande ; dans la DIVISION le résultat, ou le quotient, doit contenir l'UNITÉ autant de fois que le dividende contient le diviseur, et le diviseur doit contenir l'UNITÉ autant de fois que le dividende contient le quotient; etc., etc.

L'INSTITUTEUR aura soin de développer ces comparaisons, et de les justifier par des exemples simples ; puis IL fera voir comment il résulte de là que la MULTIPLICATION et la DIVISION doivent naturellement se servir de preuve.

IL fixera particulièrement l'attention des élèves sur le principe qui sert de base à la preuve de la multiplication, et leur en fera faire l'application à divers exemples ; car il est très essentiel, pour la démonstration de cette preuve, qu'ils ayent de ce principe une idée claire et distincte, une connaissance certaine.

IL fera bien sentir la justesse des raisonnemens tendans à prouver que la division doit vérifier la multiplication, et fera voir, par des exemples, qu'il y a toujours le même rapport entre le PRODUIT et le MULTIPLICANDE.

qu'entre le MULTIPLICATEUR et l'UNITÉ; et entre le PRODUIT et le MULTIPLICATEUR, qu'entre le MULTIPLICANDE et l'UNITÉ.

Relativement à la preuve de la multiplication, en divisant le produit par le multiplicateur, IL fera comprendre comment elle est une conséquence nécessaire du principe rappelé à cet égard, et montrera comment, d'après cela, la démonstration donnée pour la première est la même pour celle-ci.

Au moyen des raisonnemens qui sont présentés, dans la leçon, pour montrer que la multiplication peut être vérifiée par la division, IL prouvera que le quotient doit toujours être parfaitement égal au multiplicateur, dans un cas, et dans l'autre, au multiplicande; et que, par conséquent, il y a erreur toutes les fois qu'il y a un reste de la division qui sert de preuve, lors même que le quotient est le nombre qu'on cherche; car il est bien clair qu'alors le résultat de cette preuve est plus grand, que le nombre cherché, de tout le reste de la division.

XXXVIe. LEÇON.

Je n'ai pas sans doute besoin d'avertir L'INSTITUTEUR que les observations et explications applicables à la preuve de la division sont absolument du même genre que celles de la leçon précédente, et exigent de sa part des développemens, et des démonstrations analogues, mais surtout l'attention de faire bien saisir le principe qui sert de base, et de choisir toujours des exemples très-simples pour faire les applications

Il aura soin de bien expliquer, de faire bien concevoir la différence qui existe entre *le nombre tout entier qui était à diviser* et *le nombre seulement qui a été divisé*, pour montrer que le reste de la division, quand il y en a un, ne peut jamais faire partie de ce dernier, quoiqu'il fasse partie de l'autre, et que par conséquent il ne peut jamais être représenté par le produit de la preuve.

Il fera comprendre comment le nombre qui a été divisé contient et doit contenir tout juste le diviseur et le quotient autant de fois que l'un le marque pour l'autre ; et que ce nombre est conséquemment le même que serait la somme du diviseur pris autant de fois qu'il y a d'unités dans le quotient, ou de celui-ci pris autant de fois qu'il y a d'unités dans l'autre. Or, puisque le produit d'une multiplication n'est autre chose que la somme du multiplicande pris autant de fois qu'il y a d'unités dans le multiplicateur, il est évident que si l'on multiplie le diviseur par le quotient, ou celui-ci par le diviseur, le produit devra contenir tout juste l'un, autant de fois que le marque l'autre, et devra en conséquence être entièrement semblable au nombre qui a été divisé.

Quand L'INSTITUTEUR aura bien développé cette explication, IL s'assurera si elle a été saisie, et fera, pour cet effet, les questions suivantes, ou d'autres dans le même genre :

Pourquoi est-il dit (dans la leçon) *que le produit de la preuve doit être absolument le même nombre que le dividende entier, toutes les fois qu'il n'y a point eu de reste de division ?...,*

Pourquoi, quand il y a eu un reste, le produit de la preuve ne doit-il égaler le dividende qu'au reste près ?....

- Pourquoi l'addition du reste au produit doit-elle donner un nombre parfaitement égal au dividende entier ? ...

Pourquoi, etc., etc.?

Fin de la Première Partie.

OBSERVATIONS

POUR

LES INSTITUTEURS.

SECONDE PARTIE.

XXXVIIe. LEÇON.

L'INSTITUTEUR expliquera ce qu'on entend par *un* TOUT, *un* ENTIER ; IL fera sentir l'identité entre *un* ENTIER, *un* TOUT, *un* NOMBRE, *une* QUANTITÉ, *une* GRANDEUR, relativement à ce que chacun de ces noms exprime un objet susceptible d'être divisé en deux ou plusieurs parties, et montrera que., sous ce rapport, l'UNITÉ doit être considérée comme *un* TOUT.

IL fera remarquer qu'*une chose* quelconque est *un* TOUT, et n'est jamais qu'*un* TOUT, soit qu'elle soit exprimée par un nom appellatif, ou par un nom collectif ; ainsi *une* PIERRE, *un* TAS DE PIERRES ; *une* POMME, *une* CORBEILLE DE POMMES ; *un* MOUTON, *un* TROUPEAU ; *un* GRAIN DE BLÉ, *un* SAC DE BLÉ ; *un* SOLDAT, *une* COMPAGNIE, *un* BATAILLON, *une* ARMÉE,

ARMÉE ; *un* ARBRE, *un* BOIS , *une* FORÊT ; *une* MAISON , *un* VILLAGE, *une* VILLE ; *une* UNITÉ, *une* DIXAINE, *une* CENTAINE, etc., etc. , sont autant de TOUTS.

IL fera connaître les différentes vérités , les axiomes reçus par rapport au TOUT comparé à ses parties, tels que ceux-ci :

Le TOUT *est plus grand que sa partie , et que plusieurs de ses parties , quand on ne les prend pas toutes.*

Le TOUT *est égal à toutes ses parties prises ensemble.*

Quand on a pris quelques parties d'un TOUT , *il est diminué d'autant.*

Quand on a pris une ou plusieurs parties d'un TOUT, *si on les lui rend , il redevient le même qu'auparavant.*

Mais je désirerais que L'INSTITUTEUR fît seulement les questions convenables , pour amener les élèves à trouver eux-mêmes ces vérités. Je prends même, de là, occasion de l'avertir que dorénavant sa tâche doit consister principalement à les exercer sur les connaissances qu'il doivent avoir prises , et sur celles qu'ils acquerront, à mesure qu'ils avanceront ; c'est-à-dire que L'INSTITUTEUR ne devra plus, pour ainsi dire, rien enseigner lui-même. Il aura soin cependant d'éclaircir, d'expliquer tout

F

ce qu'il jugera ne devoir pas être compris facilement ; mais, pour tout le reste, pour les
raisonnemens, pour l'application des principes antérieurs, il se contentera de se faire
rendre raison, de faire des questions, et devra
les ménager de manière à ce que les élèves
soient en quelque sorte inventeurs de ce qu'ils
apprennent.

Il leur fera voir que, quand *un* TOUT, ou
une UNITÉ, ou l'UNITÉ est divisée en deux ou
plusieurs parties, chacune de ces parties, prise
en particulier, devient à son tour *un* TOUT,
une UNITÉ, parce qu'elle est aussi susceptible
d'être divisée en parties moindres qu'elle.

Il fera voir, de plus, que ces nouvelles parties moindres peuvent également être divisées
en plus ou moins d'autres parties plus petites ;
ainsi de suite à l'infini.

Il fera voir encore que les parties d'*un*
TOUT quelconque, étant réputées égales entr'elles, sont tout autant d'UNITÉS, si on les
considère une à une ; car le mot UNITÉ signifie
seulement *ce qui est* UN ; et que par conséquent on a raison de dire que l'UNITÉ est composée d'UNITÉS MOINDRES.

Relativement à ce qui est dit sur les parties
de l'UNITÉ, lorsqu'elles sont inégales entre
elles, il fera comprendre qu'il serait impos-

sible de les soumettre à des règles générales,
puisque le nombre des parties peut varier à
l'infini, et puisque la valeur respective de ces
parties peut varier de même.

Supposons *un* TOUT partagé en *dix* parties :
si l'une de ces parties vaut le *double* d'une
autre ; si une troisième vaut *cinq fois* la 1re.,
et par conséquent *deux fois* et *demie* la seconde ; si une quatrième a une valeur encore
différente ; ainsi des autres ; à quelle opération
pourrait-on les assujettir ? quelle serait celle
de ces parties qui devrait servir d'objet de
comparaison pour fixer la valeur des autres ?
Quelle qu'elle fût, il faudrait donc ramener
toutes les autres à la valeur de celle-là, c'est-
à-dire, voir ce que chacune des autres vaudrait
par rapport à celle-là ; mais alors il y aurait
plus ou moins de *dix* parties, et ce serait
d'ailleurs rendre les parties égales. D'un autre
côté, si l'on avait un ou plusieurs autres TOUTS
divisés pareillement en *dix* parties inégales
entr'elles, et différentes des *dix* premières,
et si l'on voulait faire une ADDITION, *par ex,*
on sent que cela serait, sinon impossible, au
moins extrêmement difficile, et que ce serait encore pis pour d'autres opérations ;
etc., etc.

IL fera concevoir comment *un* TOUT est divisible à l'infini, et comment, par cette raison, le nombre des parties peut varier de même.

Dans le reste de la leçon, IL exercera les élèves, soit à composer les noms des différentes unités fractionnaires, soit à savoir sur-le-champ assigner la valeur, par rapport à l'UNITÉ, d'une fraction quelconque, ainsi qu'à prendre une idée juste et précise du sens et de la définition du mot FRACTION, surtout de l'expression UNITÉS FRACTIONNAIRES, pour les préparer à ne pas la confondre avec celle de NOMBRES FRACTIONNAIRES dont il sera question dans la leçon suivante.

XXXVIII*. LEÇON.

Dans la XXXVII° leçon (*des élémens*), une FRACTION est définie *une partie de l'*UNITÉ, et dans celle-ci *un nombre quelconque d'unités fractionnaires*; or les élèves apprendront bientôt la raison de cette seconde définition. Mais L'INSTITUTEUR fera observer, quant à présent, que les parties de l'UNITÉ divisée sont appelées UNITÉS FRACTIONNAIRES, et que, puisqu'une fraction contient plus ou moins de ces parties, elle peut être considérée comme *un nombre* (quelconque) *d'unités fraction\naires*.

Il montrera comment la valeur des unités fractionnaires est déterminée par leur nombre, et l'espèce par la valeur.

D'après la signification des mots NUMÉRATEUR et DÉNOMINATEUR, et d'après la fonction de chaque terme, il fera trouver la définition de chacun, et reconnaître que le dénominateur n'est proprement qu'un nom d'espèce, mais surtout que c'est le numérateur qui constitue la fraction, puisque lui seul exprime le nombre qu'on prend des unités fractionnaires, c'est-à-dire, la partie qu'on prend du TOUT ou de l'UNITÉ.

Il fera remarquer l'explication donnée sur la signification propre des mots FRACTION et NOMBRE FRACTIONNAIRE, et fera voir qu'une fraction quelconque exprime, ou une seule, ou plusieurs unités fractionnaires; mais que, dans ce dernier cas, les unités fractionnaires ne peuvent être que de la même espèce, et par conséquent égales entre elles; au lieu qu'un NOMBRE FRACTIONNAIRE contient plusieurs espèces, puisqu'il contient plusieurs fractions.

Il fera bien faire aussi la distinction de NOMBRE FRACTIONNAIRE avec UNITÉ FRACTIONNAIRE.

Il expliquera comment la première définition du mot ꜰʀᴀᴄᴛɪᴏɴ fait supposer que le numérateur doit être moindre que le dénominateur, et comment il résulte de la seconde qu'il peut lui être égal, ou moindre, ou plus grand que lui.

Iʟ aura soin de faire bien concevoir ce qui a lieu dans les trois cas, et fera faire des raisonnemens, ou au moins tirer des conséquences sur ce que doit être le numérateur à l'égard du dénominateur, dans les différens rapports du ᴛᴏᴜᴛ envers ses parties, ou des parties envers le ᴛᴏᴜᴛ.

Puisque le ᴛᴏᴜᴛ *est plus grand qu'une ou plusieurs de ses parties, comment doit être le numérateur, quand la fraction n'exprime qu'une ou quelques-unes des parties de l'*ᴇɴᴛɪᴇʀ *?*

Puisque le ᴛᴏᴜᴛ *est égal à toutes ses parties prises ensemble, comment doit être le numérateur quand la fraction contient l'*ᴜɴɪᴛᴇ, *ou l'*ᴇɴᴛɪᴇʀ *une fois exactement?*

Qu'arrive-t-il quand le numérateur est plus grand que le dénominateur?

Qu'annonce une fraction où. etc, etc.

Iʟ prouvera que, dans le troisième cas, la fraction contient l'ᴜɴɪᴛᴇ autant de fois que le numérateur contient le dénominateur; et fera voir que, pour connaître ce nombre de fois, ou pour extraire les ENTIERS contenus dans cette fraction, ou ce qui revient au même, pour réduire cette fraction en ENTIER, il n'est besoin que de diviser le numérateur par le dénominateur ; d'où il fera conclure qu'une fraction peut être considérée comme une division, où le numérateur est dividende, et le dénominateur diviseur ; et réciproquement qu'une division peut être considérée comme une fraction, où etc.

Quoique, dans cette leçon et dans celles qui vont suivre, je m'exprime toujours de la même manière : il *expliquera*, il *prouvera* ; il *fera voir*, etc., L'INSTITUTEUR ne doit pas perdre de vue l'avertissement de la leçon précédente, et se souviendra d'employer toujours, autant qu'il sera possible, la MÉTHODE DE L'INVENTION.

XXXIX°. LEÇON.

L'INSTITUTEUR fera bien comprendre le sens de MÊME RAISON, MÊME RAPPORT, et montrera que cette expression AUGMENTER OU DIMINUER EN MÊME RAISON DEUX OU PLUSIEURS QUANTITÉS ne signifie pas *ôter ou ajouter autant de fois le même nombre*, mais *rendre deux ou plusieurs quantités plus grandes, ou plus petites, de telle manière, qu'elles ayent toujours la même valeur, l'une à l'égard de l'autre*. Et il pourra, dans cette vue, exercer les élèves sur l'identité de valeur entre une fraction quelconque, et celles dont les termes sont multiples ou sous-multiples de ceux de la première, comme $\frac{1}{2}$; $\frac{2}{4}$; $\frac{4}{8}$; $\frac{8}{16}$; etc; $\frac{18}{27}$; $\frac{6}{9}$; $\frac{2}{3}$; etc., etc., ou d'autres analogues.

Il fera voir que et comment le même nombre, ôté ou ajouté à deux quantités données, ne peut laisser le même rapport, que lorsque ces deux quantités sont égales.

Il prouvera, par des exemples, que la démonstration donnée sur deux nombres seulement (6 et 12) est la même pour plusieurs, et pour tous les nombres dans le même cas, quels qu'ils puissent être; ce qui ne saurait être autrement, puisque, dans plusieurs objets à comparer l'un à l'autre, la comparaison ne peut jamais porter que sur *deux* à la fois.

Il rappelera qu', en multipliant un nombre on l'augmente, et qu'en divisant on le diminue; et démontrera, toujours à l'aide des exemples, comment l'effet de la multiplication de deux nombres par le même, est nécessairement de les augmenter dans la même proportion, comme celui de la division de les diminuer de la même manière; d'où il fera conclure que, etc.

Il reviendra sur l'instruction de la leçon précédente relativement aux trois cas où le numérateur peut se trouver par rapport au dénominateur, et fera observer que la valeur d'une fraction est déterminée par le numérateur, c'est-à-dire par le nombre qu'on prend des unités fractionnaires, des unités exprimées par le dénominateur; qu'ainsi cette valeur est d'autant plus grande que le numérateur contient plus de ces unités; c'est-à-dire que la valeur est plus ou moins grande, selon que le nombre numérateur approche plus ou moins du nombre dénominateur, dans les cas où la fraction est moindre que l'unité; et selon qu'il le surpasse plus ou moins, dans les cas où la fraction est plus grande que l'unité.

Par le moyen des exemples donnés ci-devant, ou d'autres analogues, il fera voir que deux ou plusieurs fractions ont la même valeur, quand les deux termes de l'une sont, entre eux, en même rapport que ceux de l'autre, parce qu'alors elles expriment une quantité égale, une égale partie de l'entier, et ont par conséquent le même rapport avec l'unité.

Il pourra faire observer, à ce sujet, que la valeur des unités fractionnaires est en raison inverse de leur nombre; c'est-à-dire que plus le nombre des unités fractionnaires est grand, ou ce qui revient au même, plus le dénominateur d'une fraction est un nombre considérable, plus la valeur de chaque unité fractionnaire, de chacune des unités de ce dénominateur, est petite, et réciproquement ; ou bien en d'autres termes : la valeur des unités fractionnaires augmente dans la même proportion que leur nombre diminue, et diminue dans la même proportion que leur nombre augmente. D'où il résulte que la valeur d'une fraction ne peut qu'être la même, toutes les fois que les deux termes sont augmentés ou diminués dans la même proportion; parce qu'alors, l'un gagnant autant que l'autre perd, ils ne peuvent manquer, étant pris ensemble, de représenter la même quantité; ce qui ne saurait être, dans aucun cas, si l'on ne changeait que l'un des deux termes, ou si on les changeait tous les deux, mais dans une proportion différente. Je répète trop souvent peut-être qu'il faut toujours des exemples, et des exemples simples, mais c'est pour que l'instituteur se pénètre bien que c'est le meilleur, et pour ainsi dire le seul moyen de faire comprendre les explications qu'il est dans le cas de donner.

Quant à la démonstration qui occupe le reste

de la leçon, elle n'exige que des éclaircissemens et le rappel des principes qui y sont relatifs.

X L^e. L e ç o n.

L'instruction de cette leçon étant fort développée, l'instituteur n'aura, pour ainsi
dire, qu'à donner des explications pour faire
bien comprendre tout ce qu'elle renferme,
mais en ayant toujours soin de revenir aux principes, de se faire rendre raison des choses,
entr'autres, qu'il soupçonnera n'être pas bien
saisies.

Il fera pratiquer, sur des nombres plus ou
moins considérables de semblables divisions
abrégées, et fera remarquer la conformité
entre cette manière et les autres, dans tout ce
qui regarde les dividendes partiels et les restes
de soustractions; comme aussi il fera concevoir en quoi le but de cette méthode diffère
de celui des autres, c'est-à-dire comment,
dans les autres, l'on se propose de connaître
le nombre de fois que le diviseur est contenu
dans le dividende; au lieu que, dans celle-ci,
l'on veut connaître la valeur qu'aurait une des
parties du dividende, s'il était partagé en autant de parties égales qu'il y a d'unités dans
le diviseur. Mais il s'attachera surtout à faire

bien sentir que, dans l'une ou l'autre des trois méthodes, le résultat ne peut qu'être le même.

XLIe LEÇON.

Cette leçon est dans le même cas que la précédente, et n'exige également que les développemens nécessaires.

L'INSTITUTEUR prouvera, par des exemples très-simples, que prendre la MOITIÉ, ou le TIERS, etc., d'un nombre, est la même chose, quant au résultat, que diviser ce nombre par 2, ou par 3, etc.

Relativement à ce que, dans une division à faire, l'on peut regarder le dividende et le diviseur comme les deux termes d'une fraction, IL fera voir que c'est le cas d'une fraction où le numérateur se trouve plus grand que le dénominateur, et qui par conséquent contient des ENTIERS ; et IL prouvera que *prendre une partie du dividende, en le supposant partagé en autant de parties égales qu'il y a d'unités dans le diviseur, ne diffère pas du tout, quant au résultat, de prendre le dénominateur d'une fraction, dans le numérateur, autant de fois qu'il y est contenu ; ou bien, de diviser le numérateur par le dénominateur.*

Il fera bien concevoir aussi ce qui est établi sur les deux rapports sous lesquels on peut considérer le dénominateur d'une fraction quelconque.

Il y a une infinité d'autres instructions et explications à donner sur les fractions en général, car je n'ai fait qu'effleurer, pour ainsi dire, la matière ; et L'INSTITUTEUR pourra s'y livrer, s'il le juge à propos. Pour ce qui est de moi, ce que j'ai exposé m'a paru devoir être suffisant. Je me serais même moins étendu à cet égard, si je n'avais eu pour objet d'exercer et former le jugement des élèves ; car ces connaissances pourraient, au moins en partie, être regardées presque comme superflues, puisqu'ils vont apprendre à faire, par le moyen des fractions décimales, tous les calculs dont ils peuvent avoir besoin.

XLIIe. LEÇON.

L'INSTITUTEUR interrogera les élèves sur l'instruction de la IXe leçon (*des élémens,*) relativement à la PROPORTION DÉCUPLE, et ne les laissera prendre connaissance des fractions décimales que lorsqu'ils auront bien présent tout ce qui a rapport à cette proportion.

Il rappelera comment la valeur et la déno-

mination des unités fractionnaires sont déterminées par le nombre de ces unités, et fera
voir, par l'effet de-la PROPORTION DÉCUPLE
sur les NOMBRES ENTIERS, que, puisque cette
proportion est dans le rapport de 10, ou
100, ou 1000, etc. à 1, les unités fractionnaires décimales doivent également, si elles suivent la même proportion, être dans le rapport
de 10, ou 100, ou 1000, etc., à 1; qu'en conséquence leur dénominateur ne peut jamais
être que l'un de ces nombres. Mais IL aura
soin de ne pas laisser perdre de vue l'observation qu'il a dû faire faire dans une des leçons précédentes, et qui sera rappelée à la fin
de celle-ci, savoir : que *la valeur des unités
fractionnaires est en raison inverse de leur
nombre*; d'où il résulte que la PROPORTION
DÉCUPLE est DÉCROISSANTE, pour la valeur de
chaque unité fractionnaire, dans le même rapport qu'elle est CROISSANTE, pour le nombre
de ces unités; qu'ainsi la valeur est *neuf fois*
moindre que l'UNITÉ, quand le dénominateur
est 10; 99 *fois* moindre, quand il est 100;
etc., etc.

IL fera bien concevoir qu'un DIXIÈME est à
l'UNITÉ comme l'UNITÉ est à une DIXAINE, et
qu'en conséquence un chiffre mis à la suite
d'un NOMBRE ENTIER quelconque, ne peut

manquer d'exprimer des DIXIÈMES, tout comme quand il est mis à droite d'un zéro qui représente l'ENTIER, puisqu'alors il exprime, en vertu de la PROPORTION DÉCUPLE, des unités d'une valeur *neuf fois* moindre que celle du premier rang à sa gauche.

Il fera remarquer que, dans les DÉCIMALES, le mot RANG signifie bien, comme dans les ENTIERS, *la place qu'occupe un chiffre*, mais ne veut pas dire que l'ordre des rangs se prenne de la même manière. Il fera voir qu'au contraire cet ordre se prend ici en sens opposé de celui des ENTIERS, c'est-à-dire en allant de gauche à droite. Ainsi le *premier* rang, à droite de la virgule, est le *premier* des DÉCIMALES; celui qui le suit immédiatement est le *second*; ainsi de suite.

Il exercera les élèves sur le nombre ordinal du rang de chaque espèce d'unités fractionnaires décimales, ainsi que sur l'espèce qui appartient à tel ou tel rang, c'est-à-dire qu'il devra les interroger à cet égard, jusqu'à ce qu'ils sachent répondre couramment à l'une et l'autre de ces deux questions :

Quel est (en ordre) *le rang de telle espèce?...... Quelle est l'espèce qui appartient à tel rang, ou qui est déterminée par tel rang?*

Pour leur procurer plus de facilité, IL pourra faire observer l'espèce de correspondance qui existe entre les rangs des DÉCIMALES et ceux des NOMBRES ENTIERS; c'est-à-dire comment, si l'on considère le rang des UNITÉS SIMPLES, seulement comme un point de départ, soit pour aller de gauche à droite, soit pour aller de droite à gauche, chaque rang des DÉCIMALES détermine autant de parties de l'UNITÉ, qu'une unité du même rang, dans les ENTIERS, vaut d'UNITÉS SIMPLES.

IL fera voir, en conséquence, que, sous ce rapport, le rang des DIXIÈMES répond à celui des DIXAINES, les CENTIÈMES aux CENTAINES, les MILLIÈMES aux MILLE, etc; et qu'ainsi, pour connaître le nombre d'ordre de tel ou tel rang de DÉCIMALES, ou l'espèce d'unités fractionnaires qui appartient à tel ou tel rang, il suffit de savoir quel est, dans les ENTIERS, le rang qui détermine l'espèce correspondante, ou quelle est l'espèce qui appartient au rang correspondant. Or, au moyen de la connaissance que les élèves doivent avoir, tant de l'ordre des tranches, que des espèces d'unités qui entrent dans chacune, il ne leur sera pas difficile de savoir assigner le rang par l'espèce, et l'espèce par le rang. Il faudra seulement qu'ils n'oublient pas que, dans

cette

cette hypothèse, le rang des DIXAINES devient le 1er; celui de CENTAINES, le 2e.; celui des MILLE, le 3e.; ainsi de suite.

XLIIIe. Leçon.

L'INSTITUTEUR s'assurera si les élèves savent, c'est-à-dire se rappellent pourquoi, dans un NOMBRE ENTIER, le chiffre le plus à gauche doit toujours être significatif; et comment, si l'on ne remplissait pas, par o, chaque rang qui ne doit pas être occupé par un chiffre significatif, le nombre à exprimer en chiffres serait, en PROPORTION DÉCUPLE, diminué à raison du nombre des rangs qui se trouveraient supprimés.

IL fera voir que, dans les ENTIERS comme dans les DÉCIMALES, pour que le nombre des unités de chaque espèce puisse se trouver dans le rang qui convient à cette espèce, il faut absolument que chacun des rangs, qui précèdent le dernier, soit rempli, ou par un chiffre significatif, ou par un zéro; d'où résulte la nécessité, pour les ENTIERS, de remplir chaque rang à droite du dernier, parce que l'ordre des rangs s'y prend de droite à gauche; et, pour les DÉCIMALES au contraire, les rangs à gauche, parce que l'ordre des rangs s'y prend de gauche à droite.

G

Mais IL fera remarquer aussi que, quoiqu'il soit établi dans la leçon que, dans les DÉCIMALES, les rangs à gauche doivent *indispensablement* être remplis par des zéros, cela ne veut pas dire qu'on ne puisse pas mettre un ou plusieurs zéros à droite du dernier chiffre significatif; car ils verront, dans la leçon suivante, qu'on peut, sans changer la valeur d'une fraction décimale, lui ajouter autant de zéros qu'on veut.

IL se fera rendre raison comment, si l'on supprimait des rangs de décimales, le nombre des unités fractionnaires serait diminué à raison du nombre des rangs supprimés, et comment la valeur de la fraction serait augmentée en même raison.

IL fera observer que chaque rang des décimales détermine exclusivement une espèce d'unités fractionnaires, et fera dire pourquoi, dans une fraction décimale qu'on exprime en chiffres, le dernier chiffre du nombre à représenter, doit occuper le rang auquel appartient l'espèce des unités fractionnaires.

IL montrera comment le nombre des rangs d'une fraction décimale est déterminé, mais d'après la PROPORTION DÉCUPLE, par l'espèce des unités fractionnaires, et comment il résulte de là qu',en connaissant le nombre ordinal du rang de chaque espèce, on connaît aussi le nombre de rangs qu'exige une fraction décimale quelconque.

Dans le reste de la leçon, IL n'aura que des développemens à donner, pour faire bien comprendre ce qui y est exposé, et à exercer les élèves à exprimer en chiffres, ainsi qu'à énoncer toutes sortes de fractions décimales, mais par application des principes, jusqu'à ce qu'ils en soient bien pénétrés.

S'IL leur a fait remarquer l'espèce de correspondance, dont j'ai parlé dans la leçon précédente, entre les rangs des DÉCIMALES et ceux des NOMBRES ENTIERS, cette connaissance pourra les aider à savoir exprimer en chiffres une fraction décimale quelconque, ou du moins à trouver promptement le nombre de rangs qu'elle exige ; car quand on sait, *par ex,* qu'il faut *quatre* rangs (de plus que celui des UNITÉS SIMPLES) pour exprimer des DIXAINES DE MILLE, l'on sait bientôt qu'il faut *quatre* rangs de DÉCIMALES pour exprimer des DIX-MILLIÈMES ; ainsi des autres.

Il aura soin d'expliquer et faire concevoir, par le moyen de plusieurs exemples, comment dans une fraction décimale exprimée par plus d'un chiffre significatif, la valeur est la même, soit qu'on l'énonce comme une fraction, ou comme un nombre fractionnaire.

XLIVᵉ. LEÇON.

L'INSTITUTEUR fera remarquer qu'une fraction décimale exprimée en chiffres ne présente que son numérateur, et que ce numérateur est décuplé quand on lui ajoute un zéro. Or ce numérateur ne peut pas être décuplé, sans que son dénominateur le soit aussi; car le nombre des unités fractionnaires est, à chaque nouveau rang ajouté à la fraction, augmenté en raison décuple. Donc, en ajoutant à une fraction décimale un ou plusieurs zéros, on augmente également les deux termes, et l'on produit par conséquent le même effet que lorsqu'on ajoute, aux deux termes d'une fraction non-décimale, un égal nombre de zéros. IL rendra cela sensible par le moyen de quelques exemples.

IL fera comprendre comment ce qui est établi, relativement aux zéros en décimales ajoutés à un NOMBRE ENTIER, est une suite nécessaire de la PROPORTION DÉCUPLE. Il fera voir que les zéros qu'on ajoute, dans ces cas, ne font autre chose que changer le nombre entier en une fraction, où le numérateur est égal au dénominateur, ou plus grand que lui, et qui par conséquent contient des ENTIERS (XXXVIIIe leçon *des élémens*) ; mais que le nombre des ENTIERS contenus dans cette fraction ne peut jamais être qu'égal au nombre entier lui-même.

IL prouvera ces vérités par des exemples, et les appuiera de raisonnemens convenables pour faire conclure que l'on peut toujours convertir en fraction non-décimale, de la même valeur, un nombre entier quelconque, en donnant à celui-ci l'UNITÉ pour dénominateur. La FRACTION $\frac{4}{1}$ est égale en valeur au NOMBRE ENTIER 4. Ainsi des autres.

X L V^e L E Ç O N.

Il n'y a pas d'observations particulières pour cette leçon. L'INSTITUTEUR fera voir seulement comment la valeur est égale entre les différens nombres fractionnaires que l'on peut former de la fraction o, 3o45, et que la valeur de cette fraction est la même que celle de chacun d'eux.

IL aura soin, au reste, d'expliquer ce qui exigera de l'être, notamment le sens de ces expressions : *identité rigoureusement exacte, identité approximative ; identité rigoureuse,* etc.

G 3

XLVI*e*. Leçon.

Comme cette leçon est fort développée, et comme les démonstrations dont elle seroit susceptible seront données par la suite, toute la tâche de l'INSTITUTEUR se réduit à des explications, ou aux questions convenables pour s'assurer si les élèves saisissent bien tout, et s'ils savent faire à propos l'application des principes. En conséquence, IL fera rendre raison *pourquoi*, par ex., *lorsque le quotient n'exprime que des* CENTIÈMES, *il faut remplir par* o *le rang des* DIXIÈMES?..... *Pourquoi, lorsqu'il n'y a pas d'*ENTIERS, *il faut un* o *à gauche de la virgule?.... Pourquoi il faut mettre un* o *au quotient, toutes les fois que l'addition d'un zéro au numérateur ne lui fait pas contenir le dénominateur?.... Pourquoi etc., etc.*

IL pourra aussi, indépendamment de la démonstration qui sera donnée dans la XLVII*e*. leçon, faire voir comment le résultat de chaque réduction d'une fraction non-décimale ne peut présenter que la valeur de cette fraction.

Pour cet effet, IL commencera par s'assurer si les élèves ont présentes à l'esprit, 1°. l'instruction contenue dans la XXXIXe. leçon (*des élémens*); 2°. celle de la XLIe. leçon portant qu'*une fraction est à l'*UNITÉ *comme le numérateur au dénominateur.*

Il établira de plus que les termes d'une fraction ne peuvent pas être en même rapport que ceux d'une autre, sans qu'il y ait, entre les numérateurs, le même rapport qu'entre les dénominateurs ; de sorte que l'identité de rapport entre les termes d'une fraction et ceux d'une autre entraîne nécessairement l'identité de rapport entre les deux numérateurs et les deux dénominateurs, et l'identité de valeur entre les deux fractions, ou réciproquement ; car deux fractions ne peuvent pas se trouver dans l'un de ces trois cas, sans être en même-tems dans les deux autres. Ainsi ce qui est démontré pour l'un doit être regardé comme démontré pour les autres. Or il résulte de là que deux fractions ont la même valeur, toutes les fois qu'il y a le même rapport entre les termes de l'une qu'entre ceux de l'autre, et le même entre les numérateurs qu'entre les dénominateurs.

Il montrera ensuite que la conversion qui s'opère par la réduction ne fait qu'augmenter en même raison les deux termes de la fraction non-décimale, et que par conséquent la valeur ne change pas.

Il donnera la preuve de cette vérité dans quelques exemples simples de réductions qu'il fera pratiquer, et sur ceux qui sont proposés dans la leçon.

Ainsi, sur le 1.er, il fera voir que, dans la fraction 0,8 ($\frac{8}{10}$), les deux termes de la fraction $\frac{4}{5}$ sont doublés, et par conséquent augmentés en même raison.

Dans le 2.e, il montrera que la fraction 0,0625, ou $\frac{625}{10000}$ est égale en valeur à $\frac{32}{512}$, puisqu'il y a le même rapport entre 625 et 10000 qu'entre 32 et 512, et le même entre 625 et 32 qu'entre 10000 et 512.

Il prouvera ces deux vérités en divisant ou faisant diviser, d'abord 10000 par 625, et 512 par 32, car chacune de ces divisions donnera pour quotient 16 sans aucun reste ; puis 10000 par 512, et 625 par 32. Les quotients de ces deux dernières seront : l'un 19 $\frac{272}{512}$, l'autre 19 $\frac{17}{32}$, qui sont les mêmes, à la fraction près. Mais ces deux fractions ont, d'après ce qui a été dit plus haut, la même valeur ; car il y a le même rapport entre 272 et 17 qu'entre 512 et 32, et le même entre, etc. Ces deux quotients sont donc parfaitement égaux. Donc, dans la réduction, les deux termes de la fraction $\frac{32}{512}$ ont été augmentés en même raison. Donc les deux nombres produits par cette augmentation sont entr'eux en même rapport que les deux premiers. Donc la fraction $\frac{625}{10000}$, c'est-à-dire la fraction décimale 0,0625, a la même valeur que la fraction non-décimale $\frac{10}{160}$.

Sur le 3e. exemple, l'INSTITUTEUR fera voir que 8 est à 832, comme 9607 à 1000000, puisque 8 est contenu 104 *fois* dans 832, comme 9607 dans 1000000. Mais IL fera observer que, comme la réduction n'a pas été faite complétement, la proportion ne peut pas être rigoureusement exacte. Aussi trouvera-t-on que 8 est contenu précisément 104 *fois* dans 832, au lieu que 1000000 contient 104 *fois* 9607, mais avec un excédant qui est 872. Or IL démontrera, en continuant la réduction, que cette différence, ou cet excédant, diminue à mesure qu'on poursuit, parce qu'on approche toujours plus de l'identité parfaite ; d'où il résulte qu'il finirait par être nul, si, comme dans l'exemple précédent, l'on parvenait à une réduction complète.

XLVIIe. L$_E$ÇON.

L'INSTITUTEUR s'assurera si les élèves se rappellent l'instruction de la XXXVIIIe. leçon (*des élémens*), sur les trois cas où le numérateur peut se trouver par rapport au dénominateur; et s'ils savent par conséquent comment une fraction contient des ENTIERS, quand ce premier terme est plus grand que le second.

Il expliquera comment il est impossible de représenter, en DÉCIMALES, la valeur d'*une seule* UNITÉ ENTIÈRE, et fera voir que c'est une suite nécessaire de la PROPORTION DÉ-CUPLE ; puisque, d'après elle, chaque rang de décimales peut contenir tout au plus 9 *dixièmes* d'une unité du rang le plus voisin à gauche. D'où il résulte que le 1er. rang , *par ex.*, de décimales peut contenir tout au plus 9 *dixièmes* de l'UNITÉ ; le 2e. rang , 9 *dixièmes* d'un DIXIÈME , ou 99 *centièmes* de l'UNITÉ ; le 3.e, 9 *dixièmes* d'un CENTIÈME ou 99 *centièmes* d'un DIXIÈME, ou 999 *millièmes* de l'UNITÉ ; etc. , etc. Il fera donc comprendre que, même en remplissant par le chiffre 9 chaque rang de décimales, on ne pourrait jamais exprimer *un seul* ENTIER, puisqu'alors la fraction vaudrait toujours, de moins que l'ENTIER, *une unité* du dernier des rangs employés ; à plus forte raison si les rangs étaient remplis par tout autre chiffre.

Bien entendu qu'il devra faire pratiquer des réductions, en décimales, de fractions non-décimales contenant des ENTIERS.

Il rappelera les points d'instruction indi-qués dans la leçon précédente, et en dé-

duira les raisonnemens ou les questions nécessaires pour faire concevoir comment, pour
que la fraction décimale obtenue par la
réduction ait la même valeur que la première fraction, il faut que le numérateur de
celle-là soit à son dénominateur, comme le
numérateur de l'autre est au sien ; et comment par ce moyen les deux fractions ont
le même rapport avec l'UNITÉ.

IL fera observer que la fraction $\frac{4}{5}$ vaut les
quatre cinquièmes de l'UNITÉ, et que la fraction décimale o, 8 ($\frac{8}{10}$), quoique ses deux
termes soient différens de ceux de la première,
a précisément la même valeur, puisque les
deux termes de cette première ont été augmentés en même raison. Or IL prouvera, par
d'autres exemples, qu'il en est de même dans
toutes les réductions, quelque différence qu'il
y ait entre les termes de la fraction décimale
et ceux de l'autre, parce que, dans tous les
cas, les deux termes de celle-ci se trouvent,
par l'effet de la réduction, augmentés en même
raison.

IL rappelera aussi l'observation qu'il a dû
faire dans une des leçons précédentes, savoir : qu'*un nombre entier, auquel on donne*
*l'*UNITÉ *pour dénominateur, est converti en*
fraction sans changer de valeur; d'où IL

fera conclure que la fraction $\frac{4}{7}$, a la même valeur que le nombre entier 8, et prouvera ensuite que l'un et l'autre de ces nombres valent *dix fois* autant que $\frac{4}{7}$.

Il expliquera le sens du mot *arbitrairement;* puis IL montrera que, quand on augmente un dividende, sans rien changer au diviseur, le quotient doit nécessairement se trouver augmenté en même raison ; et qu'ainsi, lorsque le dividende a été décuplé, le quotient doit être décuple de ce qu'il aurait été, si l'on eût fait la division sans augmenter le dividende.

IL fera voir ensuite que si, après avoir augmenté, dans un rapport donné, un nombre quelconque, on diminue, dans le même rapport, la valeur des unités de ce nombre ainsi augmenté, la quantité exprimée par celui-ci ne pourra qu'être égale à celle qui est exprimée par l'autre.

Supposons le nombre 2 exprimant des EN-TIERS : si l'on double *par ex.*, ce nombre, sans rien changer à l'espèce des unités, il deviendra 4, et exprimera 4 ENTIERS. Mais si l'on diminue, dans le même rapport, la valeur des unités, il n'exprimera que 4 MOITIÉS ; quantité qui, comme l'on voit, est égale à deux ENTIERS.

Or l'INSTITUTEUR fera tirer de là cette conséquence que, quand le quotient a été *décuplé*, si l'on diminue ensuite en PROPORTION DÉCUPLE la valeur de ses unités, c'est-à-dire, si de ses unités on fait des DIXIÈMES, lorsqu'elles devraient être des ENTIERS, la quantité exprimée alors par le quotient sera parfaitement égale à celle qu'il aurait représentée, s'il n'eût pas été *décuplé*. On sent qu'il en sera de même si le quotient, après avoir été *centuplé*, est mis au rang des CENTIÈMES; etc.

Pour ce qui est de la démonstration de l'identité de valeur entre les deux fractions, l'INSTITUTEUR a dû la donner dans la leçon précédente, et IL pourra exercer de nouveau les élèves dans l'application des principes sur lesquels elle est appuyée.

X L V I I I². L E Ç O N.

L'INSTITUTEUR fera répéter aux élèves ce qui a été enseigné sur la nature des FRACTIONS et sur les UNITÉS FRACTIONNAIRES, parce que, s'ils en ont pris des idées justes et précises, ils concevront très-facilement ce que c'est qu'une FRACTION DE FRACTION.

IL rappellera que c'est le numérateur qui constitue proprement la fraction, en ce qu'il exprime la partie qu'on prend de l'UNITÉ, et

fera observer que ce terme peut indifféremment contenir une seule unité fractionnaire,
ou plusieurs ; mais que, quel que soit le nombre qu'il en contient, ce nombre, pris en
masse, ne forme qu'une QUANTITÉ ; d'où il
résulte que plusieurs unités fractionnaires sont,
de la même manière qu'une seule, susceptibles d'être partagées en un plus ou moins grand
nombre de parties, et peuvent par conséquent
produire de même des fractions.

Pour que les élèves puissent prendre d'une
FRACTION DE FRACTION une idée bien précise,
IL leur dira de ne voir, dans la fraction dont
on prend une fraction, que la quantité qu'elle
représente ; c'est-à-dire d'oublier en quelque
sorte que c'est une FRACTION, et de la regarder simplement comme une QUANTITÉ, comme
un TOUT, dont on prend une partie. IL fera
voir que c'est la même chose pour une FRAC-
TION DE FRACTION, DE FRACTION etc., et comprendre comment ces subdivisions de l'UNITÉ
pourraient aller à l'infini.

IL fera bien saisir la manière d'opérer la réduction, à une seule fraction, des membres
ou fractions qui composent une FRACTION DE
FRACTION quelconque, et fera pratiquer plusieurs de ces réductions, puis convertir en décimales.

Il fera observer que, quoique les fractions ou membres qui composent une FRACTION DE FRACTION DE FRACTION, etc., soient dans un ordre déterminé, il n'est pas nécessaire de suivre cet ordre dans les multiplications ; parce que leur résultat, c'est-à-dire le produit de la dernière multiplication, ne peut qu'être le même, soit qu'on ait commencé par les deux premières fractions, ou par les deux dernières, ou par quelles autres que ce puisse être, puisque ce résultat est toujours produit par la multiplication des mêmes nombres. Il aura soin de justifier par des exemples cette vérité.

Il fera remarquer aussi, relativement à l'ordre de ces fractions, que cet ordre est en sens inverse de celui dans lequel elles sont écrites ou énoncées ; c'est-à-dire que la fraction la plus à droite est la *première* ; celle qui vient ensuite, la *seconde* ; ainsi en suivant. Il fera comprendre qu'il ne peut en être autrement ; car chacune de ces fractions, quel qu'en soit le nombre, appartient exclusivement à celle qui est à sa droite, puisqu'elle est une partie de la quantité exprimée par celle-ci. Ainsi la 1re. de ces fractions, ou la plus à droite, est une partie directe de l'UNITÉ ; la 2e. une partie de la 1re. ; la 3e. une partie de la 2e. ; ainsi de suite.

Il apprendra qu'on entend, par FRACTIONS DE FRACTIONS ENTIÈREMENT DÉCIMALES, celles où les dénominateurs, des fractions qui composent les fractions de fractions, sont en PROPORTION DÉCUPLE entr'eux, et par rapport à l'unité.

Il fera bien concevoir tout ce qui est relatif à la démonstration de l'identité de valeur, entre la fraction résultante de la réduction, et la fraction de fraction qu'elle représente; et comme cette démonstration est fondée principalement sur l'instruction de la XXXIX leçon, IL devra ramener les élèves à ces principes, et en faire faire l'application.

Il fera voir que le résultat de la réduction qui s'opère sur deux fractions, est toujours le même que si l'on multipliait les deux termes de l'une par le dénominateur de l'autre (ce qui donnerait une nouvelle fraction de même valeur que la première, puisque les deux termes auraient été multipliés par le même nombre), et si l'on ôtait ensuite à cette nouvelle fraction, c'est-à-dire si l'on prenait à son numérateur (on sait que c'est ce terme qui constitue la fraction, et que le dénominateur est simplement un nom d'espèce); si l'on prenait, dis-je, à son numérateur la quantité déter-

tion,

minée par la fraction dont le dénominateur a servi de multiplicateur.

Ainsi, dans la fraction de fraction $\frac{1}{4}$ de $\frac{7}{8}$, si je multiplie par le dénominateur 4 les deux termes de la fraction $\frac{7}{8}$, j'aurai la nouvelle fraction $\frac{7}{32}$ qui est égale à $\frac{7}{8}$, de sorte qu'en prenant, au numérateur de cette nouvelle fraction, la quantité déterminée par la fraction de la fraction $\frac{7}{8}$, c'est-à-dire par la fraction $\frac{1}{4}$, je prendrai les TROIS QUARTS de $\frac{7}{8}$, et j'aurai par conséquent un résultat égal en valeur à la fraction de fraction $\frac{1}{4}$ de $\frac{7}{8}$. Or, en prenant les TROIS QUARTS ou *trois fois* LE QUART du numérateur 28 $\left(\frac{28}{32}\right)$, je trouve 21 $\left(\frac{21}{34}\right)$, qui exprime les TROIS QUARTS de $\frac{28}{32}$ ou de $\frac{7}{8}$, et qui est entièrement semblable au résultat de la réduction.

Bref IL fera comprendre que la réduction a le même effet que si l'on multipliait, par le même nombre, les deux termes de la fraction dont on prend une fraction, et si l'on prenait ensuite, à cette nouvelle fraction, la même quantité que celle qui est déterminée par la fraction de la fraction. Mais IL fera observer que, quoique l'on pût, sans changer la valeur de la fraction multiplicande, multiplier ses deux termes par un nombre quelconque, il arriverait le plus souvent, si l'on prenait un multi-

H

plicateur arbitraire, qu'on ne pourrait pas ensuite exprimer, par une seule fraction, la fraction de fraction toute entière ; au lieu que cet inconvénient ne peut jamais avoir lieu, quand on prend, pour multiplicateur, le dénominateur de la fraction de fraction. L'INSTITUTEUR développera ces différentes vérités, et les prouvera par des exemples.

Il fera remarquer en outre que, quoique, d'après l'explication ci-dessus, il paraisse que, dans une fraction de fraction à réduire, l'on doit faire, de la fraction dont on prend une fraction, le multiplicande, cependant on peut indifféremment prendre pour multiplicande l'une ou l'autre, parce que le résultat est toujours le même.

Il y a plus : c'est que l'on peut, sans changer la valeur d'une fraction de fraction quelconque, intervertir l'ordre des membres ou fractions qui la composent. En effet $\frac{7}{8}$ de $\frac{3}{4}$ expriment la même quantité que $\frac{3}{4}$ de $\frac{7}{8}$.... La fraction de fraction de fraction $\frac{2}{3}$ de $\frac{1}{2}$ de $\frac{1}{4}$ a la même valeur que $\frac{1}{4}$ de $\frac{2}{3}$ de $\frac{1}{2}$, ou $\frac{1}{4}$ de $\frac{1}{2}$ de $\frac{2}{3}$, ou $\frac{1}{2}$ de $\frac{2}{3}$ de $\frac{1}{4}$, ou $\frac{1}{2}$ de $\frac{1}{4}$ de $\frac{2}{3}$, ou $\frac{2}{3}$ de $\frac{1}{4}$ de $\frac{1}{2}$. Il en est ainsi de toutes les autres.

Il fera concevoir aussi comment, quel que soit le nombre des fractions qui composent une fraction de fraction, la réduction, par les multiplications, ne s'opère jamais que sur *deux* fractions à la fois ; et comment par conséquent la démonstration, donnée sur une fraction de fraction composée de *deux* membres seulement, peut s'appliquer à toute autre composée d'un plus grand nombre.

XLIXe. LEÇON.

Cette leçon, étant une explication très-détaillée de ce qui avait été avancé dans la XLVIe. (*des élémens*), n'exige de la part de L'INSTITUTEUR que de faire bien comprendre ce qu'elle renferme, et de faire pratiquer des réductions sur des fractions prises au hasard, et sur d'autres ayant pour dénominateur des multiples de 3 ou de 7.

IL fera seulement remarquer que, dans les cas où la réduction ne peut être complète, et dans ceux où elle ne le serait qu'après plusieurs divisions, plus on pousse la réduction, plus on approche de la valeur de la fraction à transformer ; ou, ce qui revient au même, plus la différence entre les deux fractions diminue. De sorte qu', après un grand nombre de divisions, cette différence est réduite à bien peu de chose, et peut par conséquent être négligée.

Mais IL aura grand soin de faire observer

que cette différence, quoique déterminée successivement par le reste de chaque division,
ne s'évalue pas par chaque reste comparé au
reste précédent, d'après le *nombre* de ses unités, mais d'après l'*espèce* de ces unités ; car
le reste d'une de ces divisions, autres que la
première, peut fort bien être, et est même
très-souvent plus grand, par le *nombre*, que
celui ou ceux qui l'ont précédé, mais il est
toujours d'une moindre valeur, relativement
à l'*espèce* de ses unités. Il est en effet bien
évident que le reste, quel qu'il puisse être, de
l'une de ces divisions, est toujours d'une valeur moindre qu'une seule unité du rang qui
précède dans le quotient ; et moindre par conséquent que le reste, quel qu'il soit, de la dernière division, puisque ce reste est un nombre d'unités de ce rang précédent; à plus forte
raison si on le compare (le premier reste)
avec celui d'une division plus antérieure.
L'INSTITUTEUR pourra aussi faire voir que c'est
absolument la même chose que ce qui se passe
dans une division de nombres entiers.

Il fera comprendre, relativement au 2e.
cas, des fractions non réductibles complètement, comment la période des mêmes chiffres doit revenir, quand le reste d'une division
est le même que celui de l'une des divisions

antérieures ; et fera en conséquence remarquer
que ce reste, joint au zéro qu'on lui ajoute,
forme, pour la division suivante, le même
dividende que celui qui a suivi la même division antérieure ; d'où il résulte que cette division suivante doit donner le même quotient
et le même reste que celle qui a suivi l'autre,
puisque c'est aussi toujours le même diviseur ;
ensorte que ce n'est qu'une répétition des
mêmes divisions, qui ne peuvent, par conséquent, donner que les mêmes résultats.

L^e. LEÇON.

L'INSTITUTEUR fera faire quelques raisonnemens sur la nature des FRACTIONS DÉCIMA-
LES, et sur la valeur respective des unités
fractionnaires déterminées par tel ou tel rang,
pour prouver que ces fractions doivent être
regardées comme une suite des NOMBRES EN-
TIERS, et que, puisque ceux-ci sont calculés
d'après leur rapport décimal, elles peuvent
être calculées de la même manière, soit entre
elles, soit à l'égard des entiers, et être par
conséquent soumises aux mêmes règles.

IL se fera rendre raison pourquoi, dans l'AD-
DITION et la SOUSTRACTION des nombres entiers,
chaque rang ou chaque espèce d'unités doit

être placé dans sa colonne ; afin de faire sentir la nécessité de placer de même chaque rang des décimales, et par suite les virgules.

Il s'assurera si les élèves ont présente à l'esprit l'instruction de la XLIVe leçon (*des élémens*) sur l'effet que produisent un ou plusieurs zéros ajoutés à une fraction décimale, ou en décimales à un nombre entier.

Il aura soin aussi de faire comprendre l'explication sur la manière de reconnaître la plus grande de deux fractions, et montrera pourquoi celle-là est plus grande qui, selon l'ordre des rangs, a, dans un rang égal, un chiffre plus grand ; ou qui, toutes choses égales d'ailleurs, a un chiffre significatif de plus.

LIe. Leçon.

L'instituteur fera bien comprendre que la manière dont on écrit les deux facteurs, pour la multiplication des décimales, ne ressemble à celle qui est employée dans les entiers que relativement à ce qu'on y observe l'ordre des rangs, en allant de droite à gauche, mais non pas relativement à l'espèce des unités des rangs qui se trouvent dans la même colonne. Il fera remarquer que, dans les entiers, l'ordre des rangs, étant pris de droite à gauche,

emporte nécessairement, pour chaque colonne, l'identité d'espèce d'unités, ou réciproquement ; mais que , par la raison contraire,
c'est-à-dire parce que l'ordre des rangs se
prend de gauche à droite, il ne peut en être
ainsi, dans les décimales, que lorsque les
deux facteurs ont un égal nombre de rangs
fractionnaires.

Il aura soin de rappeler, au besoin, les
principes établis pour la multiplication des
nombres entiers.

Il rappelera aussi l'instruction de la XIII°.
leçon (*des élémens*) sur la VALEUR ABSOLUE
et la VALEUR RELATIVE des chiffres, de même
que celle de la XXX°. leçon sur celle de ces
valeurs qui est considérée dans le calcul ; et
fera voir qu'il résulte, de celle-ci, que la multiplication des décimales peut être pratiquée
de la même manière que celle des nombres
entiers. En effet, si le calcul porte uniquement
sur la VALEUR ABSOLUE des chiffres, peu importe que ceux, sur lesquels on opère, expriment des entiers ou des décimales ; car le produit de chaque multiplication partielle ne peut
jamais, comme nombre proprement dit, être
que le même dans les deux cas.

Je répète encore qu'il faut toujours des exemples, et que L'INSTITUTEUR doit, autant qu'il

est possible, se borner à des questions, à des raisonnemens; bref, à faire trouver par les élèves ce qu'il veut leur apprendre.

IL demandera par quelle raison o multiplicateur ne peut jamais produire que o.

IL démontrera la différence qui résulterait, pour le produit total, de la suppression entière des produits particuliers de la multiplication par les zéros à gauche dans le multiplicateur; et fera voir comment, dans les cas dont il s'agit, le produit de la multiplication, par le zéro le plus voisin des chiffres significatifs, ne peut donner, au produit total, un rang de plus, que lorsqu'il n'y a pas eu de chiffre avancé dans le produit précédent; et comment il faut par conséquent un zéro de moins, lorsqu'il y a eu un chiffre avancé.

IL fera bien concevoir tout ce qui a rapport à la 2⁰. manière d'abréger ces multiplications, et fera observer qu'elle ne diffère de la 1ʳᵉ. qu'en ce que, dans celle-ci, les zéros nécessaires sont ajoutés *deux fois*, au lieu que, dans la 2⁰., ils ne le sont qu'*une fois*.

IL aura soin d'expliquer aussi ce qui regarde la suppression des produits partiels de la multiplication des zéros à gauche dans le multiplicande, et de montrer que cette suppression ne peut rien changer au produit total.

L I I^e. L E Ç O N.

L'INSTITUTEUR aura soin d'expliquer tout ce qui est relatif à la multiplication abrégée dans les cas où le multiplicateur est 10, ou 100, ou 1000, etc; et de faire concevoir comment la transposition de la VIRGULE, sur la droite, procure un résultat égal, en valeur, au produit qu'on obtiendrait par la multiplication ordinaire.

En conséquence, IL fera les questions convenables pour rappeler : 1°. que l'effet de la multiplication est d'augmenter le multiplicande à raison du nombre des unités du multiplicateur ; qu'ainsi le multiplicande doit être rendu 10 *fois* aussi grand, quand le multiplicateur est 10 ; 100 *fois*, quand le multiplicateur est 100 ; 1000 *fois*, quand il est 1000, etc ; et que par conséquent, dans une multiplication quelconque, où le multiplicateur est 10, ou 100, ou 1000, etc., la valeur du produit doit représenter 10 *fois*, ou 100 fois, ou 1000 *fois*, etc., celle du multiplicande.

2°. Que chaque chiffre augmente de valeur en PROPORTION DÉCUPLE, à raison du nombre des rangs qu'il gagne à gauche ; qu'ainsi, pour avoir le produit d'un nombre multiplié par 10, il suffit d'avancer d'*un* rang chaque chiffre du multiplicande ; d'avancer de *deux* rangs, quand le multiplicateur est 100, etc ; et IL fera voir que c'est-là ce qu'on exécute en reculant la VIRGULE, puisqu'alors chaque chiffre non-seulement des ENTIERS, s'il y en a, mais encore des DÉCIMALES, s'il en reste, est avancé d'autant de rangs que la VIRGULE a été reculée.

En effet, quand la VIRGULE a été reculée d'*un* rang, les DIXIÈMES sont devenus des UNITÉS SIMPLES, et par une suite nécessaire les UNITÉS sont devenues des DIXAINES, les DIXAINES des CENTAINES, ainsi de suite. Par la même raison, les CENTIÈMES sont devenus des DIXIÈMES, les MILLIÈMES des CENTIÈMES, etc. D'où il résulte que tout le multiplicande a été decuplé, et que par conséquent la valeur du nouveau nombre doit être la même que celle du produit qu'on aurait obtenu en multipliant à l'ordinaire par 10.

Si la virgule a été reculée de *deux* rangs, le multiplicande aura été centuplé ; ainsi de suite.

L'INSTITUTEUR pourra aussi rappeler, et au besoin faire revoir la démonstration donnée dans la XXIVe. leçon (*des élémens*), relativement à la manière d'abréger la multiplication, lorsque le multiplicateur est terminé par des zéros ; ou plutôt sur ce qui arrive quand on ajoute des zéros à un nombre entier ; et IL

montrera qu',en reculant la VIRGULE, lorsqu'il
y a des décimales, on produit absolument le
même effet. IL fera trouver ensuite, d'après
cela, et d'après tout ce qui vient d'être exposé,
la raison pour laquelle il faut, quand le nombre des zéros du multiplicateur excède celui
des décimales du multiplicande, non-seulement supprimer la VIRGULE, mais encore ajouter, au multiplicande, autant de zéros qu'il
y en a d'excédants dans l'autre facteur.

IL aura soin de rappeler le sens précis du
mot DÉCUPLE, pour faire remarquer que c'est
la même chose de dire *augmenter en proportion décuple* la valeur d'un nombre, ou
rendre cette valeur 9 *fois*, 99 *fois*, 999 *fois*,
etc., *plus grande*; ou bien 10 *fois*, 100 *fois*,
1000 *fois*, etc., *aussi grande*.

IL fera au surplus justifier, par l'application du principe rappelé dans la leçon, l'exactitude du résultat de chaque multiplication
ainsi abrégée.

Dans le reste de la leçon, l'instruction ne
roule que sur les différentes applications du
même principe ; mais elle exigera, de la part
des élèves, beaucoup d'attention et de justesse
de jugement, et par conséquent, de la part
de l'INSTITUTEUR, beaucoup d'explications,

de développemens, de répétitions, surtout de patience.

La démonstration que j'y donne, ou plutôt les applications que j'y fais du principe, sont surtout relatives à l'espèce ou valeur des unités, tandis que, pour la multiplication des nombres entiers, j'ai fait cette application relativement à ce que le produit contient le multiplicande autant de fois que le multiplicateur contient l'unité, et contient par conséquent le multiplicateur autant de fois qu'il y a d'unités dans le multiplicande. Or l'instituteur fera voir que cela n'établit aucune différence entre les deux sortes de multiplications, et que l'identité n'en est pas moins parfaite, soit sous le rapport de l'espèce des unités, soit sous celui de la proportion entre le produit et un facteur, et entre l'autre facteur et l'unité.

Il rappelera d'abord l'instruction de la XXXe. leçon (*des élémens*) relativement à ce que le calcul ne porte que sur la valeur absolue des chiffres; et fera observer que, sous ce rapport, il en est de la multiplication des décimales, comme de celle des nombres entiers ; c'est-à-dire que, dans l'une ainsi que dans l'autre, le produit, considéré comme nombre absolu, contient un facteur

autant de fois que l'autre contient l'UNITÉ.
Car multipliez 4 par 3, *par ex.*, le produit
sera toujours 12, sera toujours le même, sous
le rapport de sa valeur absolue, soit que les
deux facteurs expriment des ENTIERS, soit
qu'ils expriment des DÉCIMALES, soit que l'un
exprime des ENTIERS, et l'autre une FRACTION
DÉCIMALE.

Il montrera ensuite que, sous le rapport de
l'espèce des unités, l'application du principe
est aussi la même pour les entiers que pour
les décimales ; c'est-à-dire que l'espèce des
unités du produit doit, dans tous les cas possibles, être à celle de l'un des facteurs, comme
celle de l'autre facteur est à l'UNITÉ.

D'où il résulte que, dans les entiers, l'espèce des unités du produit doit toujours être
la même que celle des unités de chaque facteur ; non pas que cela provienne de ce que
l'espèce est identique dans les deux facteurs,
car la même chose (et il le prouvera par des
exemples) peut arriver dans les décimales, et
doit toujours produire un résultat différent;
mais de ce que les ENTIERS, multipliés par des
ENTIERS, ne-peuvent produire que des ENTIERS.
Il est facile en effet de concevoir que les
nombres entiers ne peuvent, dans aucun cas,
produire une espèce d'unités moindres que

des UNITÉS ENTIÈRES. Ils ne peuvent pas non-plus en produire de plus grandes ; car les nombres entiers, quels qu'ils soient, et quelque grands qu'ils puissent être, sont tous composés du même élément, et ne sont jamais que des nombres d'UNITÉS (entières).

L'INSTITUTEUR montrera donc que, dans les ENTIERS, l'espèce des unités du produit doit nécessairement, en vertu du principe, être la même que celle des deux facteurs ; mais IL fera observer que, par le même principe, il ne peut jamais en être ainsi dans les DÉCIMALES, parce que les deux facteurs, ou au moins l'un des deux, exprimant toujours une espèce moindre que l'UNITÉ, il est évident qu'il faut que le produit exprime une espèce moindre, dans le même rapport, que celle de chaque facteur, quand ils ont tous deux des décimales ; et s'il n'y en a que dans un, une espèce égale à celle de ce facteur, et par conséquent moindre que celle de l'autre.

E X E M P L E S.

o, 4	o,4	4
o, 3	3	o,3
——	——	——
o,12	1,2	1,2

IL fera voir, dans le premier exemple, que le produit exprime des CENTIÈMES, c'est-à-dire une espèce moindre que celle de chaque facteur ; dans le 2e., qu'il exprime une espèce égale à celle du multiplicande, mais moindre que celle du multiplicateur ; enfin dans la 3e., que . . . etc. Mais IL fera bien concevoir que cette différence, entre les ENTIERS et les DÉCIMALES, dans l'espèce des unités du produit comparée à celle de chaque facteur, ne détruit nullement l'identité résultante du principe, puisque cette différence est une conséquence nécessaire de ce principe.

IL expliquera ensuite comment cette identité est également exacte, sous le rapport de la proportion entre le produit et un facteur, et entre l'autre facteur et l'UNITÉ ; c'est-à-dire comment, dans les DÉCIMALES ainsi que dans les ENTIERS, la valeur du produit, quand l'opération a été faite correctement, est toujours à celle du multiplicande, comme celle du multiplicateur est à l'UNITÉ, et par-conséquent à celle du multiplicateur, etc. Cependant, dans les ENTIERS, la valeur du produit est, et doit toujours être plus grande que celle de chaque facteur (excepté pourtant, comme il est aisé de le sentir, lorsque l'un des facteurs ou tous les deux sont l'UNITÉ) ; au lieu que, dans les DÉCIMALES, cette valeur est plus grande, ou moindre, selon que les facteurs contiennent, ou non, dés ENTIERS.

Ainsi, dans le premier des trois exemples ci-dessus, la valeur du produit est moindre que celle de chaque facteur, parce que ni l'un ni l'autre ne contiennent des ENTIERS. Dans le 2e., où le multiplicateur exprime des ENTIERS, la valeur du produit est moindre que celle de ce facteur, mais est plus grande que celle de l'autre. Enfin dans le 3e. etc.

Si chaque facteur contenait des ENTIERS, il est clair qu'alors la valeur du produit serait, comme dans une multiplication d'entiers, plus grande que celle de chaque facteur; car les DÉCIMALES précédées d'ENTIERS peuvent bien opérer une augmentation de nombre pour ceux-ci, mais non-pas diminuer l'espèce ou la valeur de leurs unités.

Donc, dans les DÉCIMALES, la valeur du produit doit être moindre ou plus grande que celle de chaque facteur, selon qu'il y a, ou non, des ENTIERS dans ceux-ci; mais l'identité résultante du principe, n'en existe pas moins sous ce rapport, comme sous les autres; car, dans tous les cas, la valeur du produit sera à celle de l'un des facteurs, comme celle de l'autre facteur est à l'UNITÉ.

L'INSTITUTEUR aura toujours soin de justifier

tifier chaque explication par des exemples simples tels que ceux ci-dessus. Il pourra faire voir dans le 3°., *par ex.*, que 12 DIXIÈMES sont à 4 ENTIERS ou 4 UNITÉS, comme 3 DIXIÈMES sont à l'UNITÉ ou 1 ENTIER. En effet, si l'on prend le *quart* du produit 12 et du multiplicande 4, on aura d'un côté 3, et de l'autre 1, qui sont en même rapport que 12 et 4. Or il est évident que 3 DIXIÈMES (du produit) sont à 1 ENTIER ou 1 UNITÉ (du multiplicande) comme 3 DIXIÈMES (du multiplicateur) à l'U-NITÉ ou 1 ENTIER ; ou bien que chaque UNITÉ du nombre entier 4 est à 3 DIXIÈMES (par con-séquent 4 ENTIERS à 12 DIXIÈMES), comme l'U-NITÉ à 3 DIXIÈMES (1 ENTIER à 3 DIXIÈMES). Donc, dans cet exemple, la valeur du pro-duit est à celle du multiplicande, comme celle du multiplicateur à l'UNITÉ , etc.

Peut-être quelqu'un des élèves proposera-t-il ici une difficulté , qui toutefois n'est qu'appa-rente : il a été établi, pour la multiplication des nombres entiers, que *le produit est la somme du multiplicande pris autant de fois qu'il y a d'unités dans le multiplicateur* ; d'où il paraît résulter que le produit doit valoir le multiplicande autant de fois que le multiplica-teur vaut l'UNITÉ, ou contient d'unités. Or, s'il en est ainsi, comment se fait-il que, dans certains

I

cas, la valeur du produit doive être moindre que celle du multiplicande ?

L'INSTITUTEUR n'aura pas de peine à faire comprendre que cette prétendue difficulté ne provient que de ce qu'on applique faussement, AUX UNITÉS FRACTIONNAIRES, un raisonnement qui ne peut être fait que pour les UNITÉS EN-TIÈRES. Il commencera en conséquence par établir que le principe, dont il est si souvent fait mention, est une base exclusive, de laquelle il ne faut jamais s'écarter, et à laquelle tout le reste est subordonné; qu'ainsi, lorsque, dans une multiplication quelconque, soit de DÉCIMALES, soit de NOMBRES ENTIERS, les proportions établies par ce principe sont exactes, toutes les autres circonstances, quelles qu'elles puissent être, doivent nécessairement en être des conséquences.

IL fera voir ensuite que, d'après le principe, le produit devant être au multiplicande, comme le multiplicateur est à l'UNITÉ, il est clair que, dans les ENTIERS, le produit doit valoir plus, ou au moins autant que le multiplicande, attendu que le multiplicateur vaut toujours plus, ou au moins autant que l'UNITÉ. Mais, dans les DÉCIMALES, la valeur du produit peut être moindre que l'UNITÉ, et alors le produit doit, aussi en vertu du principe, valoir moins que le multiplicande, en même raison que le multiplicateur vaut moins que l'unité. Appliquons encore ceci au même exemple, c'est-à-dire à la multiplication de 4 entiers par 3 dixièmes.

Si le multiplicateur, au lieu d'être o, 3 (3 dixièmes) était 1 (1 entier ou l'unité), il est clair d'abord que le produit serait égal au multiplicande ; car le produit d'un nombre multiplié par l'unité est toujours égal à ce nombre. Il est clair aussi que la valeur du produit, pour être à celle du multiplicande comme celle du multiplicateur est à l'unité, devrait être égale à la valeur du multiplicande. Ce produit serait donc alors 4 entiers.

Mais le multiplicateur o , 3 n'exprime et ne vaut que 3 dixièmes de l'unité ; le produit ne doit donc exprimer et valoir que 3 dixièmes de 4 entiers, et sa valeur doit par conséquent être moindre que celle du multiplicande. Aussi 12 dixièmes valent moins que 4 entiers, et ne sont, comme nous l'avons prouvé, que les 3 dixièmes de 4 entiers.

L'instituteur aura soin de bien développer ces différentes explications ; mais, je le répète, comme elles exigeront, dans les élèves, beaucoup d'attention et de justesse de jugement, il devra s'armer de patience, et aller fort lentement, ne traiter que l'un après l'autre, les différens points, et ne changer d'objet que lorsque ce qui précède aura été bien saisi.

Il insistera surtout sur les applications du principe, qu'il étendra à un plus grand nombre de décimales que je ne l'ai fait dans la leçon, et exercera beaucoup les élèves à cet égard, pour qu'ils apprennent à les faire avec exactitude et précision ; parce que cette connaissance est nécessaire, non-seulement pour cette leçon, mais encore pour l'intelligence des deux suivantes.

LIIIe Leçon.

Toute la tâche de l'instituteur, dans cette leçon, consiste à faire faire les applications dont il est parlé dans la leçon précédente. En conséquence, il fera d'abord voir, par là, que les cent millièmes multipliant des dixièmes doivent produire des millionièmes ; puis il prouvera, de la même manière, que les entiers multipliés par des cent-millièmes, ou réciproquement, doivent produire des cent-millièmes, tout comme les dixièmes multipliés par des dix-millièmes, ou multipliant des dix-millièmes, etc., etc. D'où il résulte qu', à chaque nouvelle multiplication partielle, le

multiplicande doit avoir un chiffre de plus
que celui de la précédente ; et que l'espèce des
unités de chaque produit partiel, autre que le
premier, doit être la même que dans celui-ci ;
que par conséquent le premier chiffre de chacun de ces produits doit être placé sur la même
colonne, etc., etc.

Il aura soin de faire concevoir comment la
fraction 0,00003671935 ne vaut pas *un* DIX-
MILLIÈME ; et, pour cet effet, IL rappelera
l'explication qu'IL a dû donner au commencement de la XLVIIe. leçon.

LIVe. LEÇON.

L'INSTITUTEUR n'aura, dans cette leçon,
qu'à donner les explications et éclaircissemens
nécessaires, pour faire bien saisir tout ce qu'elle
contient, et à présenter, dans les multiplications abrégées qu'IL fera pratiquer, les différentes circonstances dans lesquelles peuvent
se trouver les facteurs.

Il aura soin surtout de faire faire de fréquentes applications du principe, en vertu
duquel doit être fixée l'espèce des unités de
chaque produit ; pour que les élèves sachent
toujours mettre chacun d'eux dans son rang,
et rendre raison pourquoi tel ou tel rang,

multiplié par tel autre, doit donner un produit de telle espèce ; et pour qu'ils sachent par conséquent placer toujours exactement le premier chiffre de chaque produit partiel.

IL expliquera aussi tout ce qui a rapport à la preuve par la DIVISION, et la fera pratiquer par ceux qui la concevront. Les autres se contenteront de celle qui résulte d'une nouvelle multiplication sur les mêmes facteurs qu'on aura substitués l'un à l'autre.

L V^e. L E Ç O N.

L'INSTITUTEUR rappelera les observations qu'IL a dû faire (LIe. leçon), sur ce que les DÉCIMALES sont une suite des ENTIERS ; sur ce que les chiffres sont calculés d'après leur valeur numérique seulement ; etc., etc.

IL fera, sur les principes établis pour la division des entiers, les questions qu'IL jugera convenables, et particulièrement sur ce que le nombre des chiffres du quotient doit être égal à celui des dividendes partiels.

IL fera bien saisir le précepte mis en avant relativement au 2e. exemple ; puis IL s'assurera si les élèves ont présente l'instruction de la XLIIIe. leçon (*des élémens*), sur la nécessité de remplir, par o, chaque rang qui ne doit pas être occupé par un chiffre significatif, et leur fera voir la conformité qui existe dans les deux cas.

Il fera remarquer aussi que si, au lieu de mettre avant le résultat de la division les zéros qu'on ajoute, on les mettait après, le quotient se trouverait bien avoir autant de rangs de décimales dans un cas que dans l'autre; mais il montrera qu'alors ce quotient ne serait ni le même, ni tel qu'il doit être. Et il pourra provisoirement le prouver au moyen du 2e. exemple ou de quelque autre semblable, en attendant la démonstration annoncée dans la leçon.

Pour cet effet, il rappelera ce qui a été exposé dans la XXXe. et la XXXVIe. leçons (*des élémens*), sur ce que le diviseur et le quotient marquent réciproquement l'un combien de fois l'autre est contenu dans le dividende; et fera voir, d'après cela, que, dans le 2e. exemple, le quotient 0,08 (8 centièmes) est contenu *quatre fois* dans le dividende 0,32 (32 centièmes). Il montrera ensuite que si le zéro, qui est avant le 8, eût été mis après, le quotient aurait été 0,80. Or ce quotient a bien le nombre de décimales exigé par le principe, mais il est plus grand que l'autre, et n'est pas exact; car il n'est pas,

comme le premier, contenu 4 *fois* dans le dividende, c'est-à-dire, autant de fois que l'u-
nité dans le diviseur.

L'instituteur fera donc bien concevoir que
ce n'est point ici le cas d'appliquer ce qui a
été établi dans la XLIVᵉ leçon (*des élémens*)
relativement à ce qu'on peut, sans changer la
valeur d'une fraction décimale, lui ajouter un
nombre quelconque de zéros.

Il fera observer aussi que, dans le dernier
exemple, le quotient 64 est exact, parce que
le diviseur 0,24 (24 centièmes) est contenu
64 *fois* dans 15,49 (1549 centièmes).

LVIᵉ. Leçon.

L'instruction de cette leçon étant très-dé-
veloppée, l'instituteur n'aura qu'à la faire
bien saisir dans tous ses points.

Il aura soin de fixer particulièrement l'attention des élèves sur le principe établi au
commencement, et sur la précaution qui en
est la suite.

Il reviendra sur l'instruction de la XLIVᵉ.
leçon (*des élémens*) pour faire bien concevoir
que l'addition, faite à un dividende, d'un nombre quelconque de zéros, soit nécessaires,

soit excédans, ne change nullement la valeur de ce dividende.

Il prouvera, par quelque exemple, tel que celui-ci : 12 à diviser par 0,4 (c'est-à-dire 12,0 à diviser par 0,4), qu', en ajoutant, au dividende, un plus grand nombre de zéros que ne le prescrit le principe établi au commencement de la leçon, il en résulte, pour le quotient, des zéros inutiles, toutes les fois que l'on parvient à une division sans reste, avant d'avoir épuisé tous les zéros du dividende; parce qu'alors chacun des derniers quotients partiels ne peut être que 0, vû qu'aucun des membres de division restans ne contient le diviseur. Or quand, dans une fraction décimale exprimée en chiffres, les rangs les plus à droite sont occupés par des zéros, on peut les supprimer tous, sans changer sa valeur (XLVIe. *leçon des élémens*).

Quant à l'autre circonstance, c'est-à-dire celle des chiffres significatifs qui rendraient la valeur du quotient plus rapprochée de celle du quotient exact, il est évident qu'elle aurait lieu toutes les fois qu'on épuiserait tous les chiffres du dividende, avant d'arriver à une division complète; et l'instituteur montrera que cette circonstance est parfaitement analogue à celle qui est l'objet du dernier exemple.

Il est dit, à la fin de l'explication donnée sur ce dernier exemple, que *le quotient ne diffère pas d'un* MILLIÈME *du quotient exact, vu que le reste de la division ne contient pas le diviseur, etc., etc.*

Or, pour faire comprendre ce qui est établi à cet égard, l'INSTITUTEUR fera d'abord répéter l'instruction donnée au commencement de la XXIX⁰. leçon (*des élémens*), pour démontrer que le reste de chaque soustraction partielle doit toujours être moindre que le diviseur, et que, sous ce rapport, le reste de la division, qui n'est que le reste de la dernière soustraction partielle, ne diffère pas des autres.

IL rappelera que les chiffres ont une VALEUR ABSOLUE et une VALEUR RELATIVE. (XIII⁰. *leçon des élémens*), et qu'un nombre exprimé en chiffres est toujours, ou peut toujours être regardé et énoncé comme un nombre d'unités de l'espèce déterminée par le rang le plus à droite.

IL fera voir ensuite que, dans une division faite correctement, le *premier* quotient partiel, c'est-à-dire le plus à gauche, ne peut jamais différer, d'*une seule* UNITÉ de son espèce, du quotient exact ; qu'il en est de même pour le *seond* ne faisant avec le premier qu'un seul nombre ; de même pour le *troisième*, joint aux deux autres ; et ainsi de suite.

Ainsi, dans l'exemple dont il s'agit, le *premier* quotient partiel 2, qui est au rang des UNITÉS, ne diffère pas d'*une* UNITÉ du quotient exact ; le 2e., qui joint au 1er. vaut 24 DIXIÈMES, n'en diffère pas d'*un* DIXIÈME ; le 3e., valant avec les deux précédens 240 CENTIÈMES, n'en diffère pas d'*un* CENTIÈME ; enfin le 4e. qui joint aux trois autres, vaut 2405 MILLIÈMES, n'en diffère pas d'*un* MILLIÈME.

En effet, pour que ce quotient 2,405 différât, du quotient exact, d'*un seul* MILLIÈME, il faudrait que le dernier quotient partiel 5 se trouvât trop faible, et que par conséquent le dernier dividende partiel 20400 contînt plus de *cinq fois* le diviseur 3704 ; ou ce qui revient au même : il faudrait que le reste de la division, qui n'est qu'une partie, que l'excédant de ce dividende partiel, contînt encore le diviseur, et fût plus ou au moins aussi grand que lui. Or il est bien évident qu'alors la division aurait été mal faite. Donc, dans cet exemple, où la division a été faite correctement, le

quotient 2,405 ne peut pas différer d'*un* MIL-
LIÈME du quotient exact.

IL fera remarquer toutefois que, quoique
l'explication qui vient d'être donnée, roule
presqu'entièrement sur la VALEUR RELATIVE
des chiffres du quotient, cela ne détruit en
rien ce qui a été démontré dans la XXXe. leçon (*des élémens*), savoir : que *le calcul
porte uniquement sur la valeur absolue des
chiffres.*

L V I I^e. L E Ç O N.

Cette leçon ne comporte pas d'observations
particulières, et l'INSTITUTEUR n'aura qu'à
faire bien comprendre tout ce qu'elle contient, et à rappeler les principes qui y sont
relatifs.

IL fera voir que quand, dans les cas dont
il s'agit, on parvient à une division sans
reste, avant d'avoir épuisé tous les zéros du
dividende, on a obtenu le quotient exact,
et que par conséquent les zéros restans sont
superflus.

IL montrera que, si l'on achevait alors l'opération, on aurait seulement de plus, au
quotient, les zéros inutiles dont il est fait
mention dans la leçon précédente ; mais IL

fera remarquer que ceci n'a lieu que parce
que les chiffres restans sont des zéros, et qu'il
n'en serait pas ainsi, s'ils étaient significatifs, ou s'il y en avait parmi eux de significatifs ; car si, dans ces cas, il arrivait qu'une
des divisions partielles, autre que la dernière,
fût sans reste, et qu'on négligeât le surplus
du dividende, il est bien évident que le quotient total ne serait pas exact, et serait
moindre qu'il ne doit être.

L V I I I^e. L e ç o n.

Les observations à faire sur cette leçon
étant, en sens inverse, presque entièrement les
mêmes que celles de la LIIe., je crois superflu
de les répéter, et je me borne à renvoyer
l'instituteur à celles-ci, en l'invitant à suivre
la même marche, sauf les modifications ou
changemens nécessités par la différence des
opérations, et qu'avec un peu d'attention
il lui sera facile de reconnaître. Je lui recommande seulement d'éviter, dans les explications qu'il donnera, de confondre ce qui est
propre à la division, avec ce qui appartient
à la multiplication ; car cela lui arrivera
fréquemment, s'il n'y apporte une grande
attention.

Il prendra garde surtout, dans les exemples qu'il proposera pour démontrer l'exactitude du résultat d'une division faite selon les règles; il prendra garde, dis-je, à déterminer bien régulièrement les proportions établies par le principe, sur lequel est fondée cette démonstration; et devra parconséquent ne pas perdre de vue que, dans la division, l'on ne considère point le rapport du résultat (du quotient) avec le diviseur, mais avec l'unité, ou avec le dividende; au lieu que, dans la multiplication, l'on considère le rapport du résultat (du produit) avec l'un ou avec l'autre facteur, et nullement avec l'unité.

Il aura soin au reste de multiplier ces exemples, c'est-à-dire qu'il devra exercer beaucoup les élèves sur l'application du principe dont il s'agit, afin qu'ils sachent connaître par raisonnement, aussi bien qu'en comparant mécaniquement le nombre de rangs des décimales du dividende à celui des décimales du diviseur, combien doit en avoir le quotient.

Il fera remarquer aussi que, quoique les applications du principe soient ici relatives à l'espèce ou valeur des unités, tandis que, dans la division des nombres entiers, elles ont été faites relativement à ce que le quotient est contenu dans le dividende, autant de fois que l'unité dans le diviseur, et contient par conséquent l'unité autant de fois que le dividende contient le diviseur; il fera remarquer, dis-je, que cela n'établit aucune différence dans la théorie, et n'empêche pas que l'identité soit parfaitement exacte sous tous les rapports.

Il fera donc voir que dans la division des décimales, comme dans celle des nombres entiers, le quotient, considéré comme nombre absolu, contient l'unité autant de fois que le dividende contient le diviseur; et est contenu dans le dividende, etc.

Il montrera ensuite que, sous le rapport de l'espèce des unités, la proportion existe dans les entiers tout comme dans les décimales; car, dans les entiers, le quotient ne peut jamais, ainsi que le dividende et le diviseur, exprimer que des unités entières. Par conséquent l'espèce des unités du quotient y est toujours à l'unité, comme l'espèce des unités du dividende à celle des unités du diviseur; et est toujours à l'espèce des unités du dividende, etc. Dans les entiers, l'espèce des unités du quotient ne peut donc jamais être autre que celle des unités du dividende, et celle des unités du diviseur; mais il ne saurait en

être ainsi dans les DÉCIMALES ; car, puisque
l'espèce des unités du quotient est déterminée
par l'excédant de nombre des rangs de décimales du dividende sur ceux des décimales
du diviseur, il est bien évident que l'espèce
des unités du quotient ne peut jamais être à
la fois identique avec celle des unités du dividende et celle des unités du diviseur ; mais
peut, selon les circonstances, différer des
deux, ou être identique avec l'une, et différente de l'autre. L'INSTITUTEUR rendra cette
vérité sensible par le moyen de quelques
exemples, puis IL expliquera comment cette
espèce de différence , entre la division des DÉ-
CIMALES et celle des NOMBRES ENTIERS, est une
conséquence nécessaire du principe.

IL fera voir, après cela, qu'il en est de
même sous le rapport de la valeur du quotient, relativement à celle du dividende, et
relativement à l'UNITÉ. Je veux dire que, dans
les ENTIERS, la valeur du quotient est, et doit
toujours être plus grande que l'UNITÉ, (excepté, comme on le sent bien, quand le diviseur est le même nombre que le dividende),
et que cette valeur doit toujours être moindre
que celle du dividende (excepté quand le
diviseur est l'UNITÉ) ; mais, dans les DÉ-
CIMALES , la valeur du quotient peut être

moindre

moindre ou plus grande que celle du dividende, moindre ou plus grande que l'unité;
et cela dépend de ce que la valeur du diviseur est plus ou moins grande que celle du
dividende, et plus ou moins grande que
l'unité.

En effet, si le quotient doit être à l'unité,
comme le dividende est au diviseur, il est
clair que le quotient vaudra plus ou moins
que l'unité, selon que le dividende vaut
plus ou moins que le diviseur.

Si le quotient doit être au dividende,
comme l'unité, est au diviseur, il s'ensuit
nécessairement que le quotient doit valoir
plus que le dividende, quand le diviseur vaut
moins que l'unité; et que, dans le cas contraire, c'est l'opposé.

Ainsi l'espèce de différence qui existe,
sous ce rapport, entre la division des décimales et celle des entiers, est pareillement
une conséquence nécessaire du principe.

Quelque élève pourra peut-être proposer
ici une difficulté analogue, en sens inverse,
à celle dont il est parlé dans la LIIe. leçon,
savoir : qu'il a été établi, pour la division des
nombres entiers, que *le quotient marque le
nombre de fois que le dividende contient le
diviseur*; d'où il paraît résulter que le quo-

K

tient doit toujours avoir moins, ou tout au plus autant d'unités que le dividende ; car un nombre quelconque ne peut pas être contenu, dans un autre, plus qu'il n'y a d'unités dans celui-ci. Or, s'il en est ainsi, comment se fait-il que, dans certains cas, le quotient doive valoir plus que le dividende ?

Comme cette prétendue difficulté n'est fondée, ainsi que celle de la LIIe. leçon, que sur ce qu'on attribue, à tort, aux UNITÉS FRACTIONNAIRES ce qui n'appartient qu'aux UNITÉS ENTIÈRES, l'INSTITUTEUR emploîra les mêmes moyens, pour en faire sentir la futilité. En conséquence, il établira ici, comme là, qu'il faut toujours s'attacher exclusivement au principe ; qu'ainsi, lorsque dans une division quelconque, soit de DÉCIMALES, soit de NOMBRES ENTIERS, les proportions portées par ce principe sont exactes, toutes les autres circonstances, de quelque nature qu'elles puissent être, doivent leur être subordonnées.

IL fera voir ensuite que, d'après ce principe, la valeur du quotient doit toujours, dans les ENTIERS, être moindre que celle du dividende, ou tout au plus lui être égale, parce que la valeur du diviseur ne peut jamais qu'excéder, ou tout au moins égaler l'unité ; au lieu que, dans les DÉCIMALES , il peut arriver que la valeur du diviseur soit moindre que l'unité, et alors la valeur du quotient doit, en vertu du même principe, être plus grande que celle du dividende, en même raison que l'unité est plus grande que la valeur du diviseur.

Il n'oubliera pas de faire les applications à des exemples simples, analogues à ceux indiqués dans la LIIe. leçon ; et en un mot, je le répète, il n'aura qu'à suivre la marche qui y a été tracée, en adaptant à la division les raisonnemens faits pour la multiplication.

L I X^e. L e ç o n.

L'instituteur n'aura, dans cette leçon, qu'à rappeler les principes établis, et les raisonnemens faits pour la PREUVE de la multiplication et CELLE de la division des nombres entiers. Il prouvera, par le moyen des observations de la LIIe. leçon et de la précédente, que ces principes et ces raisonnemens sont ici absolument les mêmes ; et il exercera les élèves à en faire l'application.

L X^e. L e ç o n.

L'instituteur expliquera ce qu'on entend quand on dit qu'on peut retrancher des rangs d'une fraction décimale, *lorsqu'on n'a besoin que d'une valeur qui ne diffère, que jusqu'à un certain point, de celle de la fraction entière ; ou lorsqu'on veut représenter, avec le moins de différence possible, cette fraction, par un moindre nombre de rangs ;* et IL fera voir que ces deux circonstances produisent le même effet. Car *par ex.,* représenter, au plus près possible, par *trois* rangs, la valeur d'une fraction qui en a *six ;* et représenter, à un MILLIÈME près, la valeur de cette fraction, c'est toujours la borner à *trois* rangs.

IL s'assurera si les élèves savent comment l'addition d'un ou plusieurs zéros à une fraction décimale, ne change aucunement sa valeur ; et s'ils conçoivent comment il résulte de là que la suppression d'un, ou de plusieurs, même de tous les zéros, qui terminent une fraction décimale, ne change également rien à sa valeur.

IL montrera comment la diminution, dans la valeur de la fraction, est relative au nombre et à l'espèce des rangs supprimés, ainsi qu'à la valeur des chiffres qui occupent ces rangs ; et fera dire comment il résulte de là que, toutes choses égales, cette diminution doit être en raison inverse du nombre des rangs de la fraction ; d'où IL fera conclure que lorsqu'une fraction exige, pour être exprimée entièrement, un grand nombre de rangs, la suppression de quelques-uns des derniers diminue bien peu sa valeur. Mais IL fera bien observer que, dans aucun cas, cette suppression ne doit porter sur le rang de l'espèce d'unités dont on a besoin, ou à laquelle on veut se borner, mais seulement sur ceux d'une espèce inférieure.

IL expliquera comment la valeur des chiffres supprimés ne peut jamais égaler celle d'*une* UNITÉ du dernier des rangs conservés, et fera voir que c'est une suite nécessaire de la PROPORTION DÉCUPLE; puisque, d'après cette proportion, chaque rang ne peut contenir tout au plus que les *neuf* DIXIÈMES d'une unité du rang le plus voisin à gauche; d'où il résulte que, quel que soit celui-ci, et en supposant, dans les chiffres qui le suivent, la plus grande valeur qu'ils puissent avoir, ces chiffres vaudront toujours, de moins qu'*une* UNITÉ de ce rang, *une* UNITÉ du dernier d'entre eux. Bref l'INSTITUTEUR fera usage des raisonnemens qu'il a dû employer dans la XLVIIe. leçon, pour prouver qu'une FRACTION DÉCIMALE quelconque ne peut jamais valoir *une* UNITÉ ENTIÈRE ; car il est aisé de voir que les argumens sont ici les mêmes.

Il fera comprendre, et au besoin démontrera qu'une quantité qui excède la *moitié* d'une quantité plus grande, approche plus de celle-ci que de zéro ; et que par conséquent, lorsque cette quantité plus grande est 10, tout ce qui vaut plus de 5 en approche plus que de zéro ; d'où il résulte que quand le premier des chiffres supprimés est au-dessus de 5, la valeur de ces chiffres excède la *moitié* d'une unité du dernier des rangs conservés. Or, en donnant alors à ce dernier rang une unité de plus, on augmente bien un peu, à la vérité, la valeur de la fraction, mais il est évident qu'on l'augmente moins qu'elle ne serait diminuée, si les chiffres, et par conséquent leur valeur, étaient simplement anéantis.

On sent parfaitement qu'il en est, sous tous les rapports, entièrement de même, lorsque le premier des chiffres supprimés est 5, mais suivi de chiffres significatifs ; car puisque 5 tout seul est la moitié de 10, et vaut par conséquent la *moitié* d'une unité du dernier des rangs conservés, il est bien clair que la valeur des chiffres significatifs qui suivent celui-là est un excédant de cette *moitié*.

Les observations que je viens de présenter pour le premier cas, indiquent suffisamment celles que peuvent exiger les deux autres; c'est-à-dire, celui où la valeur des chiffres supprimés est égale à la MOITIÉ d'*une* UNITÉ du dernier des rangs conservés, et celui où elle est moindre. Ainsi je me dispense de les exposer.

Mais, en terminant cette seconde partie, je crois devoir rappeler à l'INSTITUTEUR que, dans toutes les leçons, IL doit avoir soin de donner et demander les éclaircissemens et développemens nécessaires, non-seulement pour que tous les préceptes et enseignemens soient bien saisis, mais encore pour exercer l'intelligence des enfans. Car, je le répète, et on le voit assez, le but de ma méthode est autant de former le jugement, que de donner des connaissances en arithmétique, et c'est un objet que l'INSTITUTEUR ne doit jamais perdre de vue. En conséquence il doit, chaque fois que l'occasion s'en présente, soit donner des explications, soit rappeler les principes, ou seulement des instructions anté-rieures, soit demander la raison de telle ou telle règle, telle ou telle pratique, même des choses les plus simples, pour s'assurer si les élèves en ont connaissance; mais en même tems pour

voir s'ils raisonnent juste ; pour les familiariser avec l'exercice de leurs facultés intellectuelles, et les habituer à savoir se rendre
compte de ce qu'ils exécutent.

Je répète aussi qu'IL doit toujours se mettre
à la portée des enfans, et exercer de préférence les moins avancés, en chargeant les
autres de relever les erreurs.

Fin de la seconde Partie.

OBSERVATIONS

POUR

LES INSTITUTEURS.

TROISIÈME PARTIE.

LXIe. LEÇON.

L'INSTITUTEUR verra, dans cette leçon, que je suis fidelle au plan de ma méthode, qui est d'aller toujours du CONNU à l'INCONNU ; et ce doit être, pour lui, un nouvel avertissement de suivre la même marche.

IL fera concevoir comment les nombres seraient sans aucune utilité, seraient un objet de spéculation tout-à-fait oiseuse, s'ils devaient n'être considérés que sous le rapport de nombres ABSTRAITS.

IL s'assurera si les élèves connaissent la distinction des nombres en SIMPLES et COMPOSÉS, ENTIERS et FRACTIONNAIRES ; et leur fera observer que, dans l'un ou l'autre de ces quatre états, ils peuvent être ABSTRAITS ou CONCRETS.

IL fera sentir aussi que le CALCUL ne peut

avoir pour objet que les nombres, sans aucun égard pour les choses auxquelles ils sont appliqués.

Il pourra entrer dans des explications sur l'origine des différentes mesures, relativement aux besoins de la société, et donner quelques notions sur la marche et les progrès de l'esprit humain, etc., etc. On sent que je n'ai pas dû traiter cette matière, qui n'entre qu'indirectement dans mon sujet, et qui m'eut mené trop loin. D'ailleurs une conversation est, pour cela, bien plus favorable qu'un écrit, surtout à l'égard des enfans. Au reste, c'est simplement ici, pour l'instituteur, une occasion, et non pas une obligation, de développer ces connaissances.

Il fera faire une attention particulière à la note sur le mot mesure, et à l'étendue de sens que je donne à ce mot, qui est employé ici comme un terme générique applicable à tout ce qui peut servir à *évaluer*, de quelque manière que ce soit, un objet quelconque. Il fera savoir que le mot valeur n'exprime autre chose que *l'estimation qu'on fait d'un objet par rapport à un autre objet*; c'est-à-dire que le mot valeur, employé pour une chose quelconque, exprime que cette chose est, sous un rapport déterminé, estimée plus ou moins que

telle autre à laquelle elle est comparée. Or,
comme on peut comparer, sous plusieurs rapports, un objet à un autre, on peut l'estimer, et
par conséquent déterminer sa valeur, sous plusieurs rapports aussi; car il est évident que
l'objet peut être estimé ou évalué sous autant
de rapports qu'il peut être comparé, puisque
la comparaison n'a d'autre effet que cette évaluation. L'INSTITUTEUR rendra cela sensible
par des exemples d'objets comparés, soit en *pesanteur*, soit en *longueur*, soit en *volume*, etc.;
et fera voir comment, d'après ce raisonnement,
les MONNAIES peuvent, en quelque façon, être
considérées comme des MESURES.

IL expliquera le sens du mot ARBITRAIRE,
et fera sentir la vérité de cette assertion que
toutes les mesures sont arbitraires; d'où a
dû naître une grande diversité de mesures.

IL donnera une idée de ce qu'on entend par
la SOCIÉTÉ, le COMMERCE, les SCIENCES, les
ARTS.

IL enseignera ce que c'est que DISTANCE,
PESANTEUR, MONNAIE.

Quant aux SURFACES et SOLIDES, IL rappelera ce qu'il en a dit dans la première leçon,
et tachera de les faire mieux connaître.

IL apprendra aux élèves ce qu'on entend
par DIVISIONS et SOUS-DIVISIONS; et leur fera

voir qu'elles ne sont autre chose que des ꜰʀᴀᴄᴛɪᴏɴs, et des ꜰʀᴀᴛɪᴏɴs ᴅᴇ ꜰʀᴀᴄᴛɪᴏɴs d'une
unité quelconque. Iʟ ajoutera que cette unité
est alors appelée ᴜɴɪᴛÉ ᴘʀɪɴᴄɪᴘᴀʟᴇ, parce que
c'est à celle-là que se rapportent toutes les
autres d'une valeur, soit moindre, soit plus
grande.

Iʟ expliquera la signification des mots ɴᴏ-
ᴍᴇɴᴄʟᴀᴛᴜʀᴇ, ᴍÉᴛʜᴏᴅɪǫᴜᴇ, ʀᴇᴘʀÉsᴇɴᴛᴀᴛɪᴠᴇ,
et tâchera de faire concevoir ce qui constitue
une nomenclature de cette espèce, en en
faisant remarquer les avantages; mais ɪʟ ne
s'y arrêtera pas long-tems, parce qu'ɪʟ aura
occasion d'y revenir dans une des leçons suivantes.

Iʟ aura soin de ne pas perdre de vue la
ᴍÉᴛʜᴏᴅᴇ ᴅᴇ ʟ'ɪɴᴠᴇɴᴛɪᴏɴ, et de se rappeler
ce que j'ai dit, à cet égard, dans la XXXVIIe.
et la XXXVIIIe. leçons.

LXIIe. Leçon.

L'ɪɴsᴛɪᴛᴜᴛᴇᴜʀ rappelera la note qui est à
la page 2ʃ5 (*des élémens*), pour faire concevoir que l'ʜᴇᴜʀᴇ, le ᴊᴏᴜʀ, l'ᴀɴɴÉᴇ, etc. sont
des ᴍᴇsᴜʀᴇs, puisqu'ils servent à évaluer
quelque chose (le ᴛᴇᴍs).

Iʟ fera remarquer que chacune de ces mesures détermine un espace de tems , et que le TEMS ne peut être mesuré qu'au moyen d'un ou plusieurs espaces quelconques déterminés.

IL étendra cette explication aux autres mesures, aux MESURES DE LONGUEUR, aux MESURES DE PESANTEUR, etc., et fera voir que toute mesure est *une quantité quelconque déterminée*; vû qu'un objet qu'on veut mesurer ou évaluer, sous quelque rapport que ce soit, ne peut l'être que par le moyen d'une ou plusieurs quantités, plus ou moins grandes, mais toujours d'une valeur déterminée.

IL pourra donner quelques notions sur le JOUR et l'ANNÉE, c'est-à-dire, sur les révolutions diurne et annuelle de la terre , ou rappeler aux élèves les connaissances qu'ils doivent avoir prises à cet égard en étudiant la géographie.

IL pourra égalemeut faire quelques observations sur le MOIS, et montrer comment il a aussi été pris dans la nature, d'où est venu le nombre auquel on les a fixés, etc., etc; mais on sent que ces explications n'entraient pas dans ma tâche.

IL donnera une idée de ce qu'on entend par la NATURE et la MARCHE DE la NATURE ; et fera voir, par des exemples, que cette marche est constante et uniforme, parce que, dans des circonstances égales, la nature produit constamment des effets égaux.

Il fera bien observer que, quoique la durée du jour et celle de la nuit, considérées chacune à part, varient continuellement pendant toute l'année, il n'est pas moins vrai qu'un jour et une nuit consécutifs, pris ensemble, ou considérés comme un seul espace de tems, sont toujours égaux à un autre jour et une autre nuit pris et considérés de même; et que par conséquent le jour, pris d'un minuit au minuit suivant, est une mesure invariable.

Il démontrera que les heures, les minutes, les secondes, etc. ne sont que des fractions du jour; et fera voir que les minutes, secondes, etc., peuvent aussi être regardées comme des fractions de fractions de cette unité principale, par rapport à laquelle il rappelera ce qu'il a dû enseigner, dans la leçon précédente, sur les unités principales en général, et en fera faire l'application.

Il est vraisemblable que quelque élève demandera quels étaient les inconvéniens attachés aux anciennes mesures du tems plus grandes que le jour ; et l'instituteur pourra facilement, s'il le juge à propos, satisfaire cette curiosité, en faisant remarquer le défaut d'uniformité qui en résultait pour les mois : d'a-

bord parce que les uns étaient de 31 jours, les
autres de 30, un seul de 28 et quelquefois 29;
ensuite parce que, la SEMAINE étant composée
de 7 jours, il fallait, pour la valeur d'un
mois, tantôt quatre semaines tout juste, tantôt
un jour de plus, tantôt deux, tantôt trois; de
sorte que deux mois consécutifs (autres que
celui de 28 jours) ne commençaient ni finis-
saient jamais par le même jour de la semaine;
ce qui faisait qu', à moins d'avoir sous les yeux
un almanach, on était souvent embarrassé
pour savoir si tel ou tel mois était de 30 ou
de 31 jours, et par quel jour de la semaine
il devait ou avait dû commencer ou finir. De
plus les mois de 31 jours, et celui de 29 ne
pouvaient être divisés juste que par l'UNITÉ,
et n'étaient pas susceptibles d'être partagés
exactement, soit en deux parties, soit en trois,
soit en plus. En outre les noms des mois étaient
pour la plupart insignifians; et les autres pré-
sentaient une idée qui, vraie d'abord, était
ensuite devenue fausse (SEPTEMBRE, OCTOBRE,
NOVEMBRE, DÉCEMBRE n'étaient plus les 7e.,
8e., 9e., et 10e., mois de l'année), etc., etc.;
au lieu que dans le nouveau calendrier, etc.

Dans le reste de la leçon, il n'y aura que
des développemens à donner pour faire bien
concevoir l'instruction sur les MOIS, les JOURS

COMPLÉMENTAIRES, le BISSEXTE, et l'ANNÉE BISSEXTILE.

IL apprendra aux élèves que le mot COMPLÉ-MENTAIRE signifie *qui appartient au complé-ment*, et qu'on entend par COMPLÉMENT *la quantité nécessaire à une quantité moindre pour en égaler une plus grande*, ou bien *ce qui manque à un nombre pour compléter un nombre plus grand*; 4 est le complément de 8 à 12. Le complément de 360 à 365 est 5.

IL faudra aussi expliquer ce que c'est que l'ÈRE RÉPUBLICAINE FRANÇAISE (*a*), l'ATMOS-PHÈRE (*b*), etc., etc.

On conçoit que, dans cette leçon, il est facile d'entrer dans beaucoup d'autres expli-cations et raisonnemens, soit pour exercer l'intelligence des enfans, soit pour leur faire prendre sur chaque objet des idées justes et précises, et qu'il ne m'est pas possible de les indiquer toutes. D'ailleurs l'entreprendre, ce serait et me charger d'un soin superflu, et faire injure, pour ainsi dire, à la sagacité des

------

(*a*) ÈRE. Point fixe d'où l'on commence à compter les années, dans la chronologie.

(*b*) ATMOSPHÈRE. La masse d'air qui environne la terre, et où se forment les météores : la pluie, la neige, la grêle, le tonnerre, etc.

INSTITUTEURS.

INSTITUTEURS. En conséquence je me contente
d'inviter de nouveau ceux-ci à ne négliger
aucune occasion de former le jugement des
élèves, ou de leur donner quelque nouvelle connaissance ; à ne pas craindre de multiplier les
questions ; surtout à expliquer toujours le sens
de chaque mot nouveau pour eux, et à définir avec clarté et précision tout ce qu'ils
n'entendent pas.

LXIIIe LEÇON.

L'INSTITUTEUR expliquera ce que je n'ai fait
qu'indiquer dans la leçon, relativement à la
manière d'exprimer en chiffres, sans rien
changer, et en désignant seulement chaque
espèce, des nombres de mesures du tems plus
grandes que le JOUR ou l'UNITÉ PRINCIPALE.

IL fera bien saisir la méthode par laquelle
on peut, soit convertir en JOURS des espèces
plus grandes ou moindres que le JOUR, soit
convertir des JOURS en espèces plus grandes ;
et exercera les élèves à pratiquer ces conversions, tant pour les familiariser avec celles qui
peuvent être faites sur les mesures du tems,
que pour leur montrer comment on peut en
appliquer de semblables à des objets d'une autre nature.

L

IL rappelera ou fera répéter les instructions données ailleurs pour la conversion, en décimales, d'une fraction ou d'un nombre fractionnaire non-décimaux, et en fera faire l'application à différens nombres de mesures du tems qu'IL fera convertir en décimales ; mais IL fera bien observer que, dans ces conversions, et en général dans toute conversion en décimales, il ne faut considérer chaque espèce, qu'on veut réduire, que relativement à sa valeur par rapport à l'UNITÉ PRINCIPALE, et nullement à celle qu'elle peut avoir par rapport à d'autres espèces, soit moindres, soit plus grandes que cette unité ; que par conséquent lorsqu'on a à convertir en décimales un nombre d'une espèce quelconque, moindre que l'UNITÉ PRINCIPALE, il ne faut jamais prendre, pour diviseur, que le nombre d'unités fractionnaires qu'il faut de cette espèce pour composer cette unité ; ou, ce qui est la même chose, il faut toujours prendre pour diviseur le dénominateur de cette fraction de l'UNITÉ. Il fera faire l'application de ceci à l'exemple présenté dans la leçon, où les MINUTES et SECONDES sont considérées par rapport au JOUR seulement, sans aucun égard pour la valeur de la MINUTE par rapport à l'HEURE, ni pour celle de la SECONDE par rapport à l'HEURE et à la MINUTE.

Je sais que les astronomes ne s'astreignent
pas à ce précepte, et qu'ils réduisent arbitrairement en décimales, soit les fractions du
JOUR, soit celles de la MINUTE, ou celles de
la SECONDE, etc. ; mais je crois, pour les enfans, devoir prescrire, à cet égard, une
règle fixe et commune à toutes les MESURES,
POIDS, MONNAIES, et qui d'ailleurs est une
suite des principes que nous avons établis.
Rien au surplus n'empêche l'INSTITUTEUR de
leur montrer que l'une et l'autre manière
sont également praticables, et que, dans tous
les cas où la valeur ne pourra pas être rigoureusement la même, la différence est susceptible d'être diminuée au point de pouvoir
être regardée comme nulle.

IL exercera les élèves à exprimer en chiffres,
sous forme et décimale et non-décimale, différens nombres de mesures du tems, ainsi
qu'à les énoncer des deux manières.

L X I V⁰ L E Ç O N.

L'INSTITUTEUR aura soin de faire bien saisir
la signification propre du mot LONGUEUR, dont
la connaissance est indispensable pour l'intelligence de cette leçon, et de faire comprendre que toute *distance*, tout *espace*

entre deux points quelconques, sont des LONGUEURS.

IL rappelera la distinction qui a été faite dans la 1re. leçon (*des élémens*), de la QUANTITÉ DISCRÈTE et de la QUANTITÉ CONTINUE; et fera remarquer que la LONGUEUR n'est autre chose qu'une QUANTITÉ CONTINUE, qu'une LIGNE.

IL pourra faire quelques questions sur la LIGNE, la SURFACE, le SOLIDE; puis IL montrera que chaque dimension considérée à part, est une LONGUEUR; que les mots LONGUEUR, LARGEUR, PROFONDEUR, n'expriment que l'étendue, que la LONGUEUR prise en différens sens; et que c'est tout comme si l'on disait: LONGUEUR *en long*, LONGUEUR *en large*, LONGUEUR *en profond*.

Comme les élèves auront sans doute appris, dans l'étude de la géographie, ce que c'est que le MÉRIDIEN, il ne sera pas difficile à l'INSTITUTEUR de leur donner une connaissance exacte du QUART de ce cercle, et de leur faire comprendre qu'il est une mesure de longueur.

IL fera voir comment la valeur d'une mesure de longueur quelconque peut être rapportée à celle-là, et comment par conséquent celle de l'UNITÉ PRINCIPALE de ces mesures est

déterminée directement par son rapport avec
le QUART DU MÉRIDIEN.

IL pourra ensuite donner une idée de la
manière dont cette UNITÉ PRINCIPALE détermine celles des mesures d'une autre espèce;
mais IL passera légèrement sur cet objet, qui
se représentera plus d'une fois par la suite.
IL fera seulement remarquer que les mesures
de longueur, autres que le MÈTRE, se rapportent toutes à cette UNITÉ PRINCIPALE, et
sont par conséquent également déduites du
QUART DU MÉRIDIEN. Or les mesures, d'un autre
genre que celles de longueur, sont toutes dans
le même cas que celles-ci; c'est-à-dire qu'elles
se rapportent chacune à son UNITÉ PRINCI-
PALE. Si donc toutes ces UNITÉS PRINCIPALES
sont déterminées par celle des mesures de longueur, il en résulte que celle-ci est une espèce
d'étalon des autres, et qu'elle est l'UNITÉ PRI-
MORDIALE de toutes les mesures. C'est pourquoi on lui a donné le nom de MÈTRE (*mesure*) comme pour dire la *mesure par excellence*. Mais, comme le MÈTRE est lui-même
déterminé par le QUART DU MÉRIDIEN, il s'ensuit que toutes les mesures sont déduites de
celui-ci; et que par conséquent il est la base,
l'UNITÉ FONDAMENTALE de toutes les mesures
des solides.

L 3

Il fera bien sentir la différence qui existe entre UNITÉ FONDAMENTALE, UNITÉ PRIMORDIALE, et UNITÉ PRINCIPALE.

Il s'attachera, dans le reste de la leçon, à faire bien concevoir ce qui y est enseigné, surtout relativement aux mots DÉCI, CENTI, DÉCA, HECTO, KILO, MYRIA. Il exercera les élèves sur les valeurs qu'ils expriment, ainsi que sur les rapports respectifs des différentes mesures de longueur.

L X Ve. L E Ç O N.

L'INSTITUTEUR donnera toutes les explications nécessaires pour faire sentir les avantages de la NOMENCLATURE REPRÉSENTATIVE, soit relativement à ce qu'exprime le nom de chaque mesure de longueur, soit relativement à la facilité qu'elle procure pour convertir, tant les grandes espèces en moindres, que les petites en plus grandes.

Il pourra exercer les élèves à pratiquer des deux manières ces conversions, c'est-à-dire, par le moyen de la nomenclature, et par les moyens indiqués dans la LXIIIe. leçon (*des élémens*).

Il les exercera à exprimer en chiffres, et à énoncer différens nombres de mesures de longueur.

IL rappelera la note sur le mot MESURE (*page* 145 *des élémens*) pour faire saisir la distinction de ce que j'appelle MESURES MESURANTES et MESURES ÉVALUANTES ; et comme cette distinction sera également appliquée aux mesures d'un autre genre, IL établira que j'entends en général, par MESURE MÉSURANTE, *tout instrument servant à mesurer*, quels qu'en soient la matière, la forme, le nom, la valeur, etc. ; et, par MESURE ÉVALUANTE, *toute manière d'évaluer une quantité mesurée, d'exprimer la valeur d'une quantité mesurée ;* ce qu'IL pourra facilement rendre sensible par le moyen d'un instrument quelconque mesurant, et de la quantité déterminée par cet instrument.

IL fera ensuite remarquer que tout ce qui est qualifié de mesure de longueur pourrait, à la rigueur, être employé comme MESURE MESURANTE, et comme MESURE ÉVALUANTE ; mais que des instrumens de la valeur d'un MYRIAMÈTRE ou d'un KILOMÈTRE, même d'un HECTOMÈTRE, seraient trop embarrassans pour l'usage, et que c'est la raison pour laquelle j'en fais des mesures seulement ÉVALUANTES ; d'autant plus qu', avec un DÉCAMÈTRE (*instrument*) ou toute autre mesure moindre, on peut facilement mesurer une distance.

L 4

IL aura soin surtout de montrer que toutes les mesures de longueur, autres que le MÈTRE, sont des multiples ou des fractions de celle-ci, laquelle doit par conséquent être, en dernière analyse, regardée comme la seule mesure de longueur, soit MESURANTE, soit ÉVALUANTE.

LXVIe. LEÇON.

L'INSTITUTEUR demandera ce qu'on entend quand on dit que les mesures agraires sont toutes ÉVALUANTES.

IL fera bien comprendre ce qui est contenu dans la note sur le mot SUPERFICIE, et montrera comment le DESSUS d'un corps ou d'un solide, d'une TABLE, *par ex.*, d'un LIVRE, etc. ne présente jamais que deux dimensions, tout comme un CHAMP, une SUPERFICIE quelconque.

IL fera voir, par le moyen des mêmes objets, ou autres à sa portée, comment une SUPERFICIE peut être mesurée dans chacune de ses dimensions en particulier, et comment on ne mesure alors que des LONGUEURS; comment par conséquent il n'est alors besoin, soit pour mesurer, soit pour évaluer, que des MESURES DE LONGUEUR.

IL montrera ensuite, par le moyen de quelque instrument, d'une corde, *par ex.*, disposée d'abord en carré de la valeur d'un mètre ou d'un demi-mètre carré, puis en carré long, en triangle , etc. (et IL fera bien concevoir que cette différence de forme n'en établit aucune dans la valeur de l'étendue); IL montrera, dis-je, qu'on aurait bien pu avoir des instrumens qui, sous une forme quelconque, eussent mesuré les deux dimensions à-la-fois ; mais qu'ils eussent été fort incommodes et pénibles dans l'usage, et n'auraient de plus pu servir à mesurer que des surfaces nues et praticables ; au lieu que les mesures de longueur peuvent être employées avec beaucoup de facilité et dans tous les cas.

IL fera connaître la signification propre du mot AIRE (*place unie et préparée pour y battre les grains*), puis les autres acceptions dans lesquelles il se prend (AIRE *d'un bâtiment* ; AIRE *d'un carré, d'un cercle* ; etc. ; AIRE *de vent* ; AIRE *ou* NID *d'oiseaux de proie*, parce qu'ils font ordinairement leur nid dans un endroit plat et découvert), pour faire comprendre comment ce mot exprime toujours une SUPERFICIE ; et que c'est la raison pour laquelle on en a dérivé le mot ARE.

IL lui sera facile, par le moyen de la corde représentant soit un mètre, soit un demi-mètre carré, de faire concevoir ce que c'est qu'un DÉCAMÈTRE CARRÉ; mais il s'attachera surtout à démontrer comment l'ARE (le *décamètre carré*) contient 100 mètres carrés; ce qui ne sera pas difficile au moyen d'un damier polonais, ou d'une feuille de papier sur laquelle IL aura tracé 100 carrés égaux, et disposés comme les cases d'un échiquier.

Je n'ai pas sans doute besoin, dans cette leçon, non plus que dans les suivantes, de lui recommander d'exercer de nouveau les élèves sur les mots MYRIA, KILO, etc., pour les leur rendre familiers, ainsi que les valeurs qu'ils expriment; mais IL aura soin surtout de multiplier les questions sur DÉCA et DÉCI, et de faire faire de nombreuses applications, soit du nom à la valeur, soit de la valeur au nom.

Je pourrais aussi me dispenser de lui rappeler qu', à chaque leçon, IL devra pareillement les exercer à exprimer en chiffres, et à énoncer différens nombres des mesures dont on traite, tout comme à convertir l'une en l'autre les différentes espèces.

IL fera faire, sur les mesures agraires, la remarque qui a été faite par rapport aux mesures de longueur, savoir: qu'il n'y a proprement qu'une seule mesure agraire (l'ARE),

puisque toutes les autres ne sont que des multiples ou des fractions de celle-là.

Il expliquera comment le DÉCAMÈTRE CARRÉ
est déterminé par le MÈTRE, et comment il
en résulte que l'ARE est déduit du QUART DU
MÉRIDIEN. Il rappelera aussi la distinction qui
existe entre UNITÉ FONDAMENTALE, UNITÉ PRI-
MORDIALE et UNITÉ PRINCIPALE.

LXVIIe. Leçon.

Je répète encore ici que l'INSTITUTEUR doit
toujours entrer dans les principaux développemens dont est susceptible le sujet de chaque
leçon, tout comme expliquer et définir chaque
mot nouveau pour les élèves, chaque chose
qu'il jugera leur être inconnue.

Il fera voir comment une capacité quelconque réunit les mêmes dimensions que le
solide qui la remplirait ; et comment elle peut
être occupée, soit par un solide proprement
dit, tel qu'une PIERRE, un MORCEAU DE BOIS
ou de toute autre matière solide, soit par une
substance susceptible de prendre la forme d'un
solide, comme l'EAU ou un autre liquide, le
SABLE, la FARINE, le BLÉ, etc.

Il fera bien concevoir comment les mesures
de capacité sont réputées MESURANTES, quoiqu'elles soient proprement ÉVALUANTES ; et

comment une mesure de solidité peut servir de mesure mesurante, pour connaître ou comparer la contenance d'une capacité : comment un litre de blé, *par ex.*, versé d'une mesure dans une autre, peut servir à déterminer si la seconde mesure tient plus ou moins d'un litre, et si elle est plus ou moins grande que la première.

Il fera comprendre que les mesures de capacité ne peuvent pas servir à mesurer ceux des solides qui ne sont pas susceptibles d'y être contenus, ni la contenance d'aucune capacité; et montrera la manière dont les mesures de longueur remplissent cette fonction.

Il aura soin de donner une connaissance précise du cube, et par suite du mètre et du décimètre cubiques, ce qui sera facile au moyen d'un dé à jouer, ou de tout autre corps cubique; mais il fera bien remarquer que l'expression décimètre cubique ne signifie pas *un* dixième de mètre cube, comme semble l'annoncer le mot décimètre, mais un corps cubique dont chaque côté offre un décimètre, et par conséquent chaque face un décimètre carré (et il aura soin d'expliquer ce qu'on entend par les mots côté et face); parce que, si on suppose un mètre cube divisé en *mille* parties égales, et à chacune de ces parties la forme d'un cube, chaque côté de ces cubes sera égal à un décimètre. D'où il résulte que le décimètre cubique est, non pas *un* DIXIÈME, mais *un* MILLIÈME de mètre cube.

Pour ce qui est de la forme des mesures, tant de capacité que de solidité, IL pourra facilement, par le moyen de quelque substance solide mais susceptible de prendre aisément et de conserver toutes les formes que l'on veut lui donner : un morceau de pâte, *par ex.*, ou de cire molle, ou de terre glaise, qu'il réduira successivement en cube, en cylindre, en cône, en boule, etc., et sur lequel IL fera observer que la quantité de matière est toujours la même ; IL pourra facilement, dis-je, prouver et faire concevoir que la forme des mesures de solidité est absolument indifférente, et qu'il en est de même pour celles de capacité, puisque c'est la forme de celles-ci qui détermine celle des autres.

IL fera comprendre ce qui est dit sur le STÈRE et sur les mesures qui y ont rapport, et expliquera comment le LITRE et le STÈRE sont déterminés par le MÈTRE.

L X V I I I^e. L e ç o n.

L'INSTITUTEUR fera bien saisir les deux significations principales du mot POIDS, et la différence de la première avec celle du mot PESANTEUR. IL expliquera comment le poids d'un objet ne peut être jugé que par comparaison à celui d'un autre objet.

IL fera surtout bien comprendre la signification du mot MASSE; et pour cet effet IL tâchera de donner une idée de ce qu'on entend par MATIÈRE PROPRE.

IL établira donc que tout ce qui existe, que tous les corps sont formés d'une chose quelconque; car il est bien évident que le *corps* d'un homme, *par ex.*, ou *celui* d'un animal, qu'une *pierre*, un *morceau de bois*, de l'*eau*, etc., etc., sont formés de quelque chose; or c'est ce quelque chose qu'on appelle MATIÈRE; qu'il y a peut-être plusieurs matières premières, c'est-à-dire plusieurs principes, plusieurs corps simples qui entrent dans la formation des corps composés (il paraît même, d'après les connaissances acquises jusqu'à ce jour, qu'il en est ainsi; car il y a plusieurs substances qu'on n'a point encore pu parvenir à décomposer); mais qu'il se peut aussi qu'il n'y en ait qu'une ; c'est-à-dire qu'il peut se faire qu'il y ait une substance première, unique, qui soit l'élément universel des corps, tant solides que fluides, et alors les différences qu'on remarque entre eux proviennent des différens arrangemens, des différentes modifications dont cette substance est susceptible. Or, dans l'une et l'autre de ces deux hypothèses, c'est la substance primitive des corps qu'on appelle MATIÈRE PROPRE ; c'est la quantité de cette matière, dans un corps quelconque, qui constitue la MASSE de ce corps, et c'est le plus ou le moins de cette masse, de cette quantité de matière propre qui produit le plus ou le moins de POIDS. D'où il résulte que c'est par le poids d'un objet qu'on juge de sa masse, et que par conséquent le poids et la masse sont en raison directe réciproque ; c'est-à-dire que plus un objet a de masse, plus il a de poids, et que plus il a de poids plus il a de masse.

Donc *une quantité d'une substance quelconque, comparée à une autre, a plus, ou autant, ou moins de poids que celle-ci, selon qu'elle a plus, ou autant, ou moins de masse.*

Bien entendu que l'INSTITUTEUR expliquera ce qu'on entend par CORPS SIMPLE et CORPS

COMPOSÉ, et en quoi consiste la distinction des corps en SOLIDES et FLUIDES, puis la différence des FLUIDES aux LIQUIDES.

Un FLUIDE est une substance dont les parties n'ont point ou presque point de cohésion entre elles, et sont susceptibles de se mouvoir indépendamment les unes des autres : Tels sont l'*air*, la *fumée*, un *tas de blé* ou de *sablon*, une *liqueur* quelconque etc., etc. Mais si toute liqueur est fluide, tout fluide n'est pas nécessairement liqueur. Pour qu'un fluide soit liqueur, il faut que ses molécules, ses parties soient constituées de manière à ce que la surface supérieure soit toujours parallèle à l'horison. Ainsi de l'*eau*, du *vin*, de l'*huile*, etc., sont des FLUIDES LIQUIDES ; mais un *tas de blé* ou de *sablon*, l'*air*, la *fumée*, etc., sont des FLUIDES NON-LIQUIDES.

Cette instruction et celle qui sera exposée tout à l'heure sont entièrement du ressort de la physique, et seront sans doute au-dessus de la portée des élèves ; mais c'est à l'instituteur à juger ce qu'ils pourront en entendre, et à proportionner les explications, à accommoder son langage à leur capacité, à leur intelligence.

IL fera sentir que si l'on n'avait jamais besoin que de savoir si deux objets donnés sont,

sont, ou non, égaux en poids, les mesures de pesanteur seraient presque toujours inutiles ; car la main seule suffirait, excepté quand les poids seraient très-peu différens. Mais lorsqu'il est question de savoir combien un objet pèse de plus ou de moins qu'un autre, alors il faut nécessairement rapporter les poids respectifs à une mesure quelconque, pour qu'on puisse connaître combien de fois l'objet le plus pesant contient, de plus que l'autre, la mesure convenue ; ou, si c'est la mesure elle-même qui soit le seul objet de comparaison, combien de fois l'objet comparé vaut cette mesure, ou combien de fois la mesure vaut l'objet comparé.

Il fera connaître, autant qu'il lui sera possible, les divers instrumens dont on se sert pour peser.

Il aura soin de faire bien entendre tout ce qui est exposé dans la note sur l'EAU DISTILLÉE, et apprendra aux élèves que toute eau naturelle, quelle qu'elle soit, contient plus ou moins de particules étrangères, et que des particules en sont séparées par la distillation.

Il tâchera aussi de leur donner une idée de la RARÉFACTION, c'est-à-dire de l'état d'expansion, de dilatation que produit la chaleur dans tous les solides et fluides. Il leur apprendra donc que tous les corps connus, sans en excepter aucun, sont susceptibles de raréfaction, c'est-à-dire d'augmenter en volume, d'occuper plus d'espace qu'auparavant, dès qu'ils sont exposés à l'action du feu (du calorique).

Il pourra facilement leur en donner une preuve physique au moyen d'un thermomètre qu'il échauffera dans sa main, ou dont il fera remarquer les variations à différentes époques. A défaut de thermomètre, il pourra faire chauffer et bouillir devant eux de l'*eau*, ou du *vin*, ou du *lait*, ou un autre liquide; ou du moins leur expliquer ce qui se passe dans cette opération dont chacun d'eux doit avoir connaissance.

Il leur apprendra ensuite qu'il en est de même pour tous les autres corps, mais qu'ils ne sont pas tous également dilatés au même degré de chaleur; car la raréfaction est, toutes choses égales d'ailleurs, en raison inverse de la densité du corps raréfié; c'est-à-dire que moins le corps est dense, plus la raréfaction est considérable, *et vice versâ*.

La densité est, dans les corps, une qualité relative, qui est en raison directe de la quantité de matière renfermée sous un cer-

tain volume ; c'est-à-dire qu'un corps est plus
dense qu'un autre, lorsqu'il contient plus de
matière sous un volume égal ; de sorte que
la densité ne peut être jugée que par comparaison. Et il ne faut pas la confondre avec
la MASSE.

Deux corps sont égaux en densité, quand
ils sont égaux en poids et en volume. Mais
deux corps peuvent être égaux en masse, sans
l'être en volume ; ce qui arrive quand ils ont
un volume différent et un poids égal.

Il résulte de là que la raréfaction et la
densité peuvent servir l'une à mesurer l'autre,
et sont en raison inverse réciproque.

Ainsi les FLUIDES ÉLASTIQUES, les GAZ, les
différentes sortes d'AIR, qui sont les corps
les moins denses, sont, toutes choses égales
d'ailleurs, les plus raréfiés à un degré de
chaleur donné. Après eux viennent les LI-
QUIDES ; puis enfin les SOLIDES. Bien entendu
que, dans chacune de ces classes, la raré
faction est toujours en raison inverse de la
densité ; et c'est pourquoi l'OR et la PLATINE,
qui sont les solides les plus denses connus,
sont, toutes choses égales, les moins raréfiés
de tous les corps.

L'INSTITUTEUR prouvera que le GRAMME est
déterminé par le MÈTRE, en faisant observer

que le GRAMME est fixé par le DÉCILITRE, ou
par le CENTIMÈTRE CUBE, et que l'un et l'autre
sont déterminés par le MÈTRE. Il s'assurera
si les élèves savent pourquoi le DÉCILITRE
équivaut au CENTIMÈTRE CUBE.

Il fera comprendre comment les POIDS,
dont on se sert dans les balances, ne sont
proprement que des mesures évaluantes, quoique, par l'emploi auquel ils sont destinés,
ils puissent être regardés comme mesures
mesurantes.

LXIXe. LEÇON.

L'INSTITUTEUR développera l'explication qui
est au commencement de cette leçon, et rappelera celle qu'IL a dû donner, dans la LXIe.,
sur ce qu'exprime le mot VALEUR.

Il expliquera ce qu'on entend par VALEUR
IDÉALE ou d'OPINION, et fera concevoir comment celle qui est établie par les MONNAIES est
de ce genre, au contraire de celle qui est considérée sous le rapport de l'ÉTENDUE, de la
SOLIDITÉ, de la PESANTEUR, qui sont des qualités physiques et essentielles de la matière ;
car la VALEUR, considérée sous ce dernier
rapport, est une dépendance nécessaire de
ces propriétés de la matière, et doit par conséquent exister comme elles.

Ainsi, la longueur déterminée par un MÈTRE, *par ex*, est un être réel, puisqu'elle est l'espace compris entre deux points qui existent eux-mêmes.

De plus, cette longueur est invariable : je veux dire qu'elle ne peut jamais être moindre ni plus grande ; car si on l'augmentait ou diminuait, ce ne serait plus le même espace, ce ne serait plus l'espace compris entre les mêmes points, ce serait une autre longueur.

Il en est de même aussi pour une valeur en SUPERFICIE, en SOLIDITÉ, de quelque manière qu'on l'évalue.

Mais il n'en est pas ainsi pour une valeur estimée en MONNAIE ; car, n'étant déterminée que par l'opinion, et étant par conséquent tout-à-fait arbitraire, elle doit être sujette à varier. Aussi voyons-nous tous les jours que le même objet, vendu et revendu plusieurs fois, l'est presque toujours à un prix différent : prix de 1re. main, prix de 2e. main, de 3e. de 4e., etc ; prix relatif à l'abondance ou la rareté de l'objet ; prix relatif à la mode, etc., etc.

Il tâchera de faire concevoir comment les monnaies ne sont que des objets d'échange, ce qu'IL rendra facilement sensible, en faisant observer qu'une chose, au lieu d'être payée en monnaie, au lieu d'être échangée contre de la monnaie, peut l'être de même contre autre chose, qui sera jugée par les individus échangeans, c'est-à-dire par le vendeur et l'acheteur, équivalente à la première. Il ajoutera qu', avant l'établissement des monnaies, tous les marchés se faisaient de cette manière, et qu'aujourd'hui même il s'en exécute souvent de pareils.

Il pourra entrer dans quelques détails sur l'origine des monnaies; sur leur utilité, c'est-à-dire, la facilité qu'elles procurent; sur la cause de la différence de valeur dans les différens métaux dont elles sont faites, etc., etc.

Il fera connaître aux élèves la monnaie d'espèces, c'est-à-dire les différentes pièces de monnaie en usage en France, et fera remarquer la valeur de chacune, soit par rapport à celle d'une autre pièce, soit relativement à l'unité principale.

Il les exercera sur la manière d'exprimer en chiffres, et celle d'énoncer une somme quelconque; mais surtout à convertir, en monnaie de compte, différentes sommes énoncées en monnaie d'espèces, ou en monnaie d'espèces, des sommes de monnaie de compte; afin de les habituer à opérer facilement ces conversions, d'abord avec le secours de la plume, puis simplement de tête.

L X X^e. L e ç o n.

L'INSTITUTEUR n'aura, dans cette leçon, qu'à s'assurer si les élèves savent ce que c'est que NOMBRE ABSTRAIT et NOMBRE CONCRET ; à les exercer sur les principes et les règles établis pour l'ADDITION et la SOUSTRACTION, tant des ENTIERS que des FRACTIONS DÉCIMALES ; et à en faire faire des applications aux différens exemples.

Je répète encore ici qu'IL devra toujours faire écrire, tantôt sous sa dictée, tantôt sous celle de l'un ou l'autre des élèves, les différens nombres sur lesquels on devra opérer ; afin qu'ils se fortifient de plus en plus dans la manière de les écrire correctement , et de placer exactement les *unités* sous les *unités*, les *dixaines* sous les *dixaines*, etc. IL n'oubliera pas non plus de faire, en son particulier, chaque opération et sa preuve, puis de comparer l'une et l'autre avec celles de chaque élève. IL aura soin aussi de veiller à ce que chacun d'eux remplisse entièrement sa tâche, et ne se contente pas de copier l'ouvrage d'un autre.

Je lui recommanderai en outre, lorsqu'IL proposera lui même les nombres à écrire, de varier la manière de les énoncer ; c'est-à-dire d'énoncer, tantôt toutes les espèces pour que les enfans s'habituent à savoir assigner sur-le-champ à chacune le rang qu'elle doit occuper, tantôt le nombre tel qui doit être écrit. Il fera aussi énoncer de l'une et l'autre manière le résultat de chaque opération.

Je n'ai pas besoin d'avertir que tout ce qui est prescrit ici pour l'ADDITION et la SOUSTRACTION doit également être observé dans la MULTIPLICATION et la DIVISION.

Ces détails paraîtront sans doute minutieux, mais je ne les crois pas indifférens. Il est des cas où il vaut mieux s'exposer à dire des choses superflues, qu'à en omettre d'utiles.

L X X Ie. L e ç o n.

L'INSTITUTEUR fera bien comprendre l'explication donnée au commencement de cette leçon, afin que les élèves sachent toujours trouver à quel objet doit être appliqué le produit.

Il leur rappelera ce qui a été dit dans la XXe. leçon (*des élémens*), savoir : que *le produit n'est autre chose que la somme du multiplicande ajouté à lui-même autant de fois que le marque le multiplicateur;* d'où il suit que le produit doit toujours être appliqué au même objet que le multiplicande ; car la somme d'une addition quelconque ne peut jamais être appliqué à aucun objet autre que celui auquel sont appliqués les nombres qui ont été additionnés, les nombres qu'elle représente.

Il fera remarquer que, dans une multiplication de nombres abstraits, il ne peut en être autrement, vû que les nombres ne peuvent que se ressembler, sous le rapport de la qualité abstraite; que, dans celle des nombres concrets, il en est de même, sous le rapport de la qualité concrète, toutes les fois que les deux facteurs sont appliqués à des objets de même genre, quoique celui auquel est appliqué le multiplicateur doive être compté pour rien, puisque ce facteur, lors même qu'il est concret, est toujours censé n'exprimer qu'un nombre de fois, un nombre abstrait (car *nombre abstrait*, ou *nombre de fois*, ou *nombre d'unités* n'expriment qu'une même chose); mais que, lorsque les facteurs sont appliqués à des objets de genre différent, l'objet, auquel doit être appliqué le produit, ne sera identique avec celui du multiplicande, qu'autant qu'on aura conservé le véritable multiplicande, c'est-à-dire, qu'autant que, dans l'opération, on aura pris, pour multiplicande, le nombre, soit moindre, soit plus grand que l'autre, qui aura été déterminé par la réponse à la question.

Puisque le calcul a pour objet les nombres, non les choses auxquelles ils sont appliqués, il est clair qu'on pourrait bien se dispenser de désigner, dans les facteurs, les UNITÉS PRINCIPALES; car on n'y a aucun égard dans l'opération.

IL exercera les élèves, tant sur les exemples donnés dans la leçon, que sur ceux qu'IL proposera, et qu'il devra varier de même; IL les exercera, dis-je, à faire la question indiquée, et à y répondre, ainsi qu'à faire des applications des principes et règles établis pour la multiplication des nombres abstraits, soit entiers, soit fraction naires.

IL fera remarquer 1º. que, dans toute multiplication de nombres concrets, on opère sans avoir égard aux objets auxquels les facteurs sont appliqués; et qu'ainsi, dans l'opération, un multiplicateur concret est traité tout comme s'il était abstrait; 2º., que, quand l'opération est faite, on ne s'occupe plus du multiplicateur. D'où il résulte que ce facteur n'est jamais considéré, soit dans l'opération, soit dans le résultat, que comme un nombre abstrait.

LXXIIe. Leçon.

L'INSTITUTEUR n'aura, dans cette leçon, qu'à faire bien saisir ce qui est exposé sur le procédé à suivre pour évaluer la contenance d'une superficie présentant un CARRÉ PARFAIT ou un CARRÉ LONG, et IL aura soin de faire connaître ces deux figures.

IL fera les questions nécessaires pour rappeler ou faire trouver quel est, dans un nombre contenant des décimales, l'effet de la VIRGULE avancée d'un ou plusieurs rangs; et montrera que, dans les cas dont il s'agit, on rend 99 *fois* moindre la VALEUR ABSOLUE du nombre où l'on transporte ainsi la VIRGULE; (j'entends, ici, par VALEUR ABSOLUE, *la valeur considérée sous le rapport de nombre abstrait*) mais que la VALEUR RELATIVE est toujours la même. 1 ARE, ou 100 mètres carrés expriment une même valeur, une même superficie.

IL fera dire pourquoi un nombre de mètres carrés, qui serait moindre que 100, n'exprimerait pas la valeur d'*un* ARE, et pourquoi, etc.

IL exercera les élèves à pratiquer des conversions analogues à celles des exemples donnés dans la leçon.

LXXIIIe. Leçon.

Mêmes observations que dans la leçon précédente, en ayant égard, toutefois, aux considérations et circonstances particulières à celle-ci : telles que la double multiplication ; l'obligation de reculer la VIRGULE de *trois* rangs, au lieu de l'avancer de *deux* ; celle de mettre les zéros après, au lieu de les mettre avant, dans les cas où il faut en ajouter ; etc.

L'INSTITUTEUR aura soin aussi de bien expliquer le procédé par lequel on parvient à connaître la solidité, soit d'un CYLINDRE, soit d'un CÔNE, etc. ; et par conséquent de faire bien saisir ce qu'expriment les mots AIRE, CERCLE, DIAMÈTRE, BASE, HAUTEUR, GRAND CERCLE, etc ; ce qu'IL rendra facilement sensible, en mettant les objets sous les yeux.

IL devra en outre s'assurer si les élèves se rappellent la manière de prendre le TIERS, le QUART, etc., d'un nombre ; c'est-à-dire s'ils ont présente la manière abrégée de faire la division en prenant une partie du dividende partagé en autant de parties égales qu'il y a d'unités dans le diviseur (XLe. *leçon des élémens*).

Quant à la démonstration géometrique de la

vérité du résultat de chacune de ces opérations ; comme elle exigerait des connaissances que n'ont pas les élèves, L'INSTITUTEUR se contentera d'affirmer que, quand ces opérations ont été faites correctement, les résultats concrets sont très-exacts ; c'est-à-dire que les quantités de matière déterminées par ces résultats existent réellement.

LXXIVe LEÇON.

L'INSTITUTEUR fera répéter aux élèves la signification propre des mots DIVIDENDE, DIVISEUR et QUOTIENT.

IL leur rappelera qu'un NOMBRE DE FOIS ou un NOMBRE ABSTRAIT expriment la même chose, et que les nombres abstraits ne peuvent qu'être tous semblables sous le rapport de cette qualité (la qualité abstraite) ; d'où IL fera conclure que, dans une division faite sur des nombres de cette espèce, le quotient peut toujours être considéré comme un nombre abstrait.

IL rappelera aussi les instructions qu'il a dû donner dans la XXXVIe. leçon, pour bien faire comprendre comment le diviseur et le quotient marquent, l'un combien de fois l'autre est contenu dans le dividende.

Il s'assurera s'ils conçoivent pourquoi, dans une division concrète, il importe peu, relativement au calcul proprement dit, de quelle manière on considère, soit le diviseur, soit le quotient.

Il les exercera sur les cas où le quotient doit être considéré comme abstrait, et ceux où il est concret; c'est-à-dire qu'il proposera plusieurs exemples à ce sujet, et il aura soin de leur rappeler et faire concevoir qu', *en partageant un nombre en autant de parties égales qu'il y a d'unités dans un autre*, ou bien, *en prenant une partie d'un nombre qu'on suppose partagé en autant de parties égales que le marque un autre nombre*, on arrive au même résultat qu'en divisant un nombre par un autre.

Il s'attachera surtout à ce qu'ils se pénètrent bien de la manière dont on peut reconnaître quel est, dans une division concrète proposée, le nombre qui doit être pris pour dividende. Pour cet effet, il aura soin de multiplier les exemples, et de les varier, tant sur les nombres que sur les objets, en faisant toujours faire, sur chacun, la question indiquée ainsi que la réponse, jusqu'à ce qu'ils comprennent bien cette manière, jusqu'à ce qu'ils s'entendent bien eux-mêmes; ce qui n'exige qu'un peu d'attention.

L X X V^e. L e ç o n.

L'instituteur n'aura, dans cette leçon, que des principes, des règles à rappeler et à faire appliquer, tant aux exemples présentés dans la leçon, qu'à ceux qu'il donnera lui-même.

Bien entendu qu'il fera pratiquer toutes sortes de divisions; c'est-à-dire qu'il parcourra toutes les circonstances qui peuvent se rencontrer dans cette opération. Le dernier exemple sur-tout et tous ceux du même genre lui fourniront de nombreuses applications à faire des principes antérieurs; et il ne devra pas les négliger, au moins jusqu'à ce que les élèves sachent bien en rendre raison.

Il rappelera les différens problêmes proposés dans la XXVe. leçon (*des élémens*), et fera remarquer sur les exemples donnés dans la présente, ainsi que sur tout autre quelconque, que, de quelque manière qu'on puisse s'énoncer en proposant une division, que de quelque manière que soient conçus les problêmes, l'opération se réduit toujours, en dernière analyse, à *chercher combien de fois un nombre est contenu dans un autre.*

Iʟ aura soin de développer les raisonnemens qui terminent la leçon, pour en faire sentir la justesse.

Fin de la Troisième et dernière Partie.